Gerhard H. F. Seehausen

Halbleiterschaltungstechnik

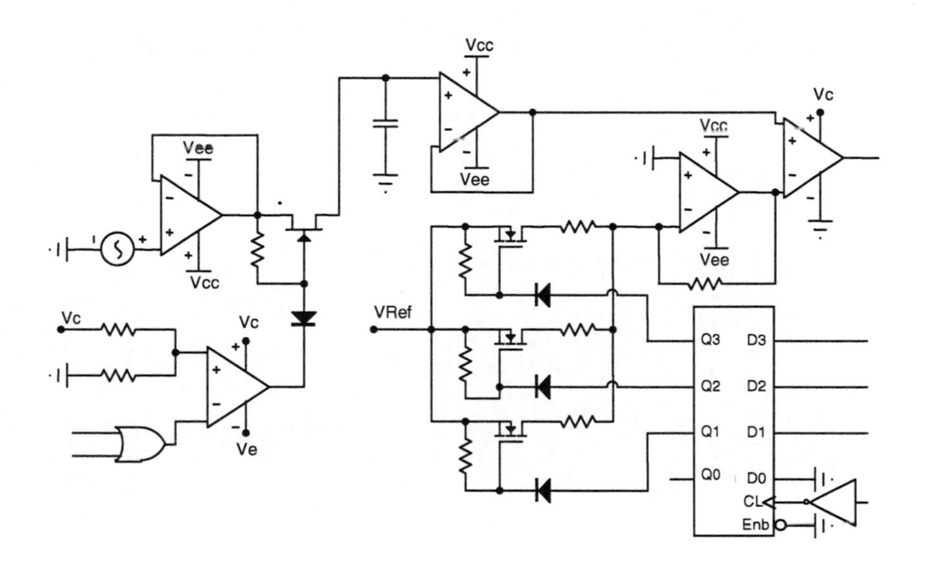

Prof. Dr.-Ing. Gerhard H. F. Seehausen
FH Aachen / University of Applied Sciences
Fachbereich Elektrotechnik und Informationstechnik
Forschungsschwerpunkt Optische Übertragungs- und Speichersysteme

Bibliografische Information der Deutschen Nationalbibliothek

Die Deutsche Nationalbibliothek verzeichnet diese Publikation in der Deutschen Nationalbibliografie; detaillierte bibliografische Daten sind im Internet über http://dnb.d-nb.de abrufbar.

Zweite überarbeitete Auflage, 2011

ISBN 978-3-8325-2218-6

Logos Verlag Berlin GmbH
Comeniushof, Gubener Str. 47,
10243 Berlin
Tel.: +49 030 42 85 10 90
Fax: +49 030 42 85 10 92
INTERNET: http://www.logos-verlag.de

1. Inhaltsverzeichnis

2. Vereinfachte Ersatzmodelle nicht linearer Bauelemente

Elektronische Schaltungen, die in der Regel sowohl analoge als auch digitale Komponenten enthalten können, bestehen aus einer Vielzahl von passiven und aktiven Bauelementen. Zu den passiven Bauelementen zählen Widerstände, Kondensatoren und Spulen, die ein nahezu lineares Verhalten bezüglich ihrer Kennlinien aufweisen. Die aktiven Bauelemente, zu denen im Wesentlichen Dioden und Transistoren gehören, haben jedoch ein nicht lineares Kennlinienverhalten, so dass deren mathematische Behandlung bei der Analyse, Synthese und Simulation von Schaltungen erschwert wird.

Bei der Entwicklung von elektronischen Schaltungen wird üblicherweise in der folgenden Reihenfolge vorgegangen:

a) Entwurf von Schaltungskomponenten gemäß einer vorgegeben Aufgabenstellung
b) Dimensionierung der Schaltungskomponenten mit vereinfachten mathematischen Analysemethoden
c) Simulation der Schaltungskomponenten mittels eines Software-Simulationsprogramms, das auf einem Personal Computer (PC) ausführbar ist
d) Optimierung der Dimensionierung an Hand der Simulationsergebnisse
e) Anfertigung des Lay-Out für eine gedruckte Schaltung (Printed Circuit Board)
f) PCB-Herstellung, Bestückung und Test
g) Optimierung der fertigen Schaltung
h) Serienfertigung des PCB

Im Rahmen dieses Buches werden nur die Schritte a) und b) behandelt, wobei unterstützend die Simulation zur Präsentation von vergleichenden Ergebnissen herangezogen wird. Den Schritten a) und b) kommt eine besondere Bedeutung zu, da hier vom Schaltungsentwickler ein Erfahrungshintergrund vorausgesetzt wird, der nicht durch automatisierte Entwurfsverfahren zu ersetzen ist.

In diesem Kapitel werden vereinfachte mathematische Analysemethoden unter Zugrundelegung von abstrahierten Ersatzmodellen für nicht lineare Bauelemente vorgestellt.

2.1. Dioden

In der technologischen Entwicklung elektronischer Bauelemente kommt den Dioden eine tragende Bedeutung zu, da sie häufig Bestandteil dieser Bauelemente sind. In diesem Kapitel sollen einige wesentliche Diodentypen und deren Kennlinienverhalten behandelt werden.

2.1.1. pn-Dioden

2.1.1.1. Kennlinie und Großsignal-Ersatzschaltung

Eine pn-Diode, die aus einer negativ und einer positiv dotierten Schicht besteht, hat das in Bild 2-1 gezeigte Schaltsymbol und den zugehörigen typischen Kennlinienverlauf für Germanium (Ge) und Silizium (Si). Im Bereich der Schaltungstechnik wird Silizium als Halbleiterkristall deutlich häufiger verwendet als Germanium.

Die Kennlinie der pn-Diode kann durch Gl. 2-1 idealisiert beschrieben werden:

Gl. 2-1: $$I_D = I_{D0} \cdot \left(e^{U_D/U_T} - 1\right)$$

In dieser Gleichung ist I_{D0} der Sperrstrom der Diode für eine vorgegebene Temperatur und U_T die Temperaturspannung. Um eine Übereinstimmung mit realen Diodenkennlinien zu erreichen, werden für die Spannung U_T in der Regel Werte zwischen 25 mV und 50 mV eingesetzt.

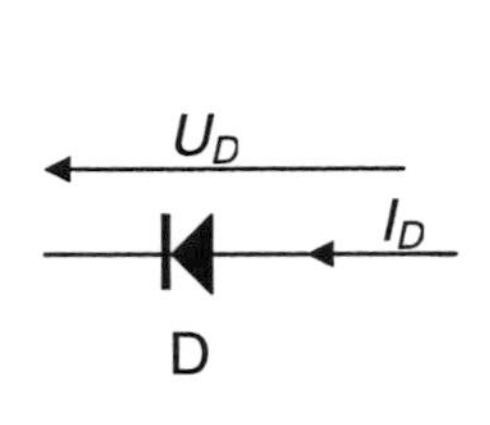

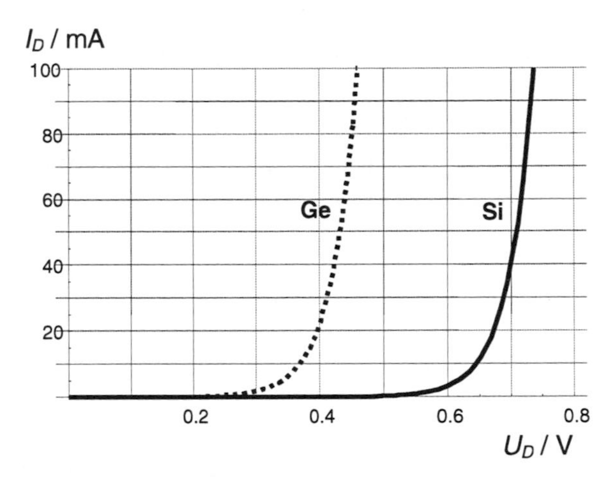

Bild 2-1: Schaltsymbol einer pn-Diode und typischer Kennlinienverlauf

Die folgende Tabelle 2-1 enthält für Germanium- und Siliziumdioden typische Werte von I_{D0} und U_T.

	Germanium	Silizium
Temperaturspannung U_T	40 mV	40 mV
Sperrstrom I_{D0}	10 μA	10 nA

Tabelle 2-1: Kennwerte für Germanium- und Siliziumdioden bei der Temperatur von 25 °C

Wegen des deutlich kleineren Sperrstroms haben Siliziumhalbleiter in nahezu allen Bereichen Germaniumhalbleiter vollständig abgelöst.

Wenn der Verlauf der Kennlinie einer pn-Diode bekannt ist (z. B. als Datenblatt des Herstellers), so können die Werte von I_{D0} und U_T mittels zweier Wertepaare (U_{D1}, I_{D1}) und (U_{D2}, I_{D2}), die dieser Kennlinie entnommen sind, bestimmt werden.

Halbleiterbauelemente unterliegen einer nicht zu vernachlässigenden Temperaturabhängigkeit, die sich im Allgemeinen durch die Verschiebung von Arbeitspunkten in den Schaltungen bemerkbar macht. Diese Temperaturabhängigkeit kann als Funktion in den Sperrstrom folgendermaßen eingebracht werden:

Gl. 2-2: $$I_{D0}(\vartheta) = I_0(\vartheta_0) \cdot e^{\lambda_0(\vartheta - \vartheta_0)}$$

Hierbei sind ϑ_0 die Bezugstemperatur (z. B. ϑ_0 = 25° C) und λ_0 die Temperaturkonstante der Diode eines bestimmten Typs (z. B. λ_0 = 0,1°/C).

Bei realen Dioden steigt bei großem Diodenstrom dieser mit der Diodenspannung nicht mehr so steil an, wie sich das aus Gl. 2-1 ergeben würde, da dann der so genannte ohmsche Bahnwiderstand dominiert. Bei negativer Diodenspannung setzt bei Unterschreitung einer bestimmten Sperrspannung U_{Dmin} ein Durchbruch ein, während bei positiver Diodenspannung zur Vermeidung thermischer Überlastung ein bestimmter höchstzulässiger Strom I_{Dmax} nicht überschritten werden darf.

Zur Vereinfachung der mathematischen Beschreibung von nicht linearen Kennlinien können diese stückweise durch Geraden angenähert werden. Eine besonders einfache Form dieser Näherungsmethode ist es, die Kennlinie durch eine Tangente im Nullpunkt und eine Tangente in einem beliebigen anderen Punkt P auf der Kennlinie zu ersetzen. Dabei wird aus der Steigung der Tangente im Punkt P der differentielle Widerstand R_D und aus dem Schnittpunkt der Tangenten die Schwellenspannung U_S der Diode festgelegt. Auf diese Weise ergibt sich das Ersatzbild der Diode, das in Bild 2-2 zusammen mit der linearisierten Kennlinie dargestellt ist.

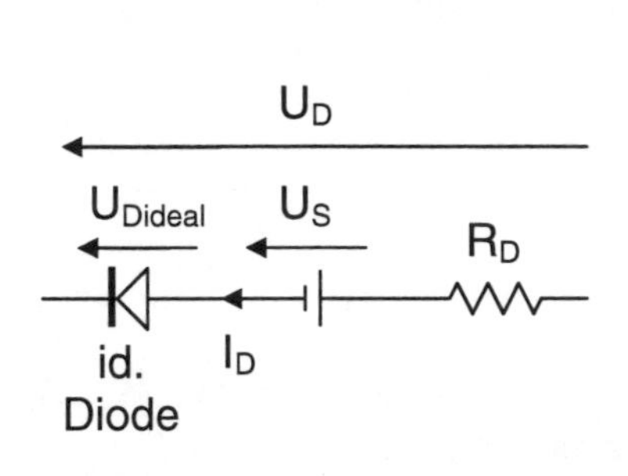

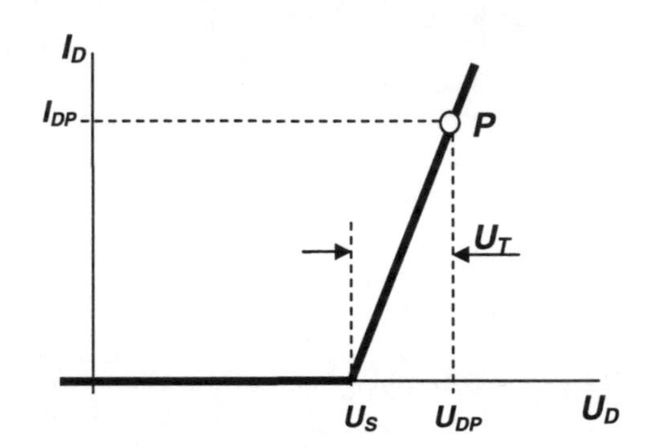

Bild 2-2: Großsignal-Ersatzbild und linearisierte Kennlinie einer pn-Diode

Die ideale Diode in Bild 2-2 hat eine ideale Kennlinie, die durch

Gl. 2-3: $$I_{Dideal} = \begin{cases} I_D \ \text{für} \ U_{Dideal} = 0 \\ 0 \ \text{für} \ U_{Dideal} < 0 \end{cases}$$

beschrieben wird. Das Ersatzbild in Bild 2-2 wird als Großsignal-Ersatzbild bezeichnet, da es für den gesamten Wertebereich der realen Kennlinie gültig ist und somit große Spannungsaussteuerungen erlaubt. Allerdings wird die Aussagefähigkeit umso fehlerhafter, je größer die Aussteuerung und somit die Abweichung vom Punkt P wird.

Bei Kenntnis von I_{D0} und U_T einer Diode können der Widerstand R_D und die Schwellenspannung U_S mit Hilfe von Gl. 2-1 berechnet werden, die noch zu

Gl. 2-4: $$I_D = I_{D0} \cdot e^{U_D / U_T}$$

vereinfacht werden kann. Denn für $U_D > U_T$ wird die e - Funktion sehr schnell größer als 1, so dass der Wert 1 in Gl. 2-1 im Durchlassbereich der Diode ($U_D >> U_T$) vernachlässigbar ist. Der Kehrwert des Widerstandes R_D resultiert aus der Ableitung von Gl. 2-4:

Gl. 2-5: $$R_D = \frac{1}{\partial I_D / \partial U_D \Big|_{U_D = U_{DP}}} = \frac{U_T}{I_{D0} \cdot e^{U_{DP}/U_T}} = \frac{U_T}{I_{DP}}$$

Hierbei sind U_{DP} die Diodenspannung und I_{DP} der Diodenstrom im Punkt P. Da sich die Steigung der Tangente im Punkt P gemäß Gl. 2-5 als Stromänderung I_{DP} bezogen auf die Spannungsänderung U_T einstellt, wird die Schwellenspannung zu

Gl. 2-6: $$U_S = U_{DP} - U_T$$

berechnet. Aufgrund der geringen Abweichung gemäß Gl. 2-6 zwischen der Diodenspannung im Punkt P und der Schwellenspannung U_S kann für einen Aussteuerbereich, der in der Größenordnung des zweifachen Diodenstromes im Punkt P liegt, zur weiteren Vereinfachung der Widerstand zu $R_D \approx 0$ und die Diodenspannung als $U_D \approx U_S$ angenommen werden. Das entsprechend vereinfachte Großsignal-Ersatzbild ist in Bild 2-3 gezeigt.

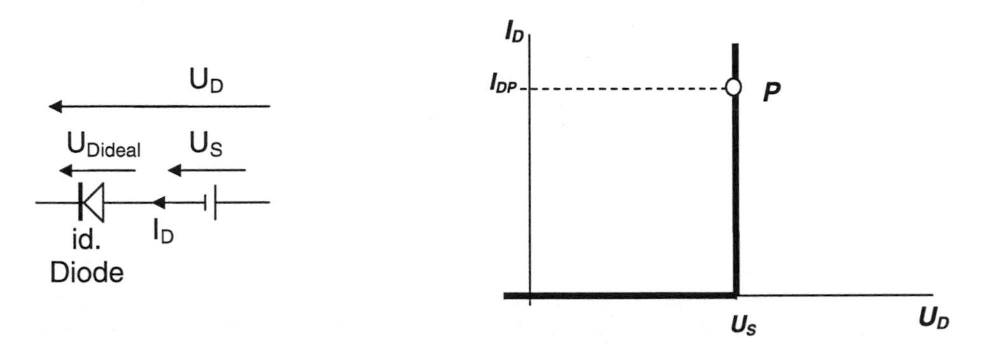

Bild 2-3: Vereinfachtes Großsignal-Ersatzbild und Kennlinie einer pn-Diode

2.1.1.2. Anwendung als Begrenzer

Das Hauptanwendungsfeld von pn-Dioden ist ihr Einsatz als Gleichrichter oder Begrenzer. Hierzu wird mit Hilfe einer Gleichspannung U_0 ein Arbeitspunkt AP auf der Kennlinie eingestellt und um diesen Arbeitspunkt AP mittels einer zeitlich veränderlichen Spannung $u_0(t)$, die häufig eine sinusförmige Wechselspannung ist, ausgesteuert. Folglich kann als Berechnungsgrundlage die Gleichstromtheorie und die komplexe Wechselstromtheorie eingesetzt werden. Dieses ist auch der Fall, wenn $u_0(t)$ nicht sinusförmig ist, denn dann kann $u_0(t)$ mittels der Fourieranalyse in eine Reihe von sinusförmigen Spannungen unterschiedlicher Amplitude, Frequenz und Phasendifferenz zerlegt werden.

Für die weiteren Ausführungen soll vereinbart werden, dass

- zeitlich nicht veränderliche Signale mit großen Buchstaben
- zeitlich veränderliche Signale mit kleinen Buchstaben

bezeichnet werden.

In Bild 2-4 ist eine Begrenzerschaltung mit der Diode D und deren Kennlinie dargestellt. Die Analyse dieser Schaltung soll getrennt bezüglich ihres Wechselspannungs- und Gleichspannungsverhaltens durchgeführt werden. Bei der Gleichspannungsanalyse wird die Wechselspannung $u_0(t)$ zu Null gesetzt, während bei der Wechselspannungsanalyse, bei der nur die veränderlichen Größen berücksichtigt werden, die Gleichspannung U_0 unberücksichtigt bleibt. Hierbei ist allerdings darauf zu achten, dass der Gleichspannungsarbeitspunkt AP der Diode nicht verändert wird. Abschließend werden die Ergebnisse der beiden Analysen gemäß des Superpositionsprinzips überlagert.

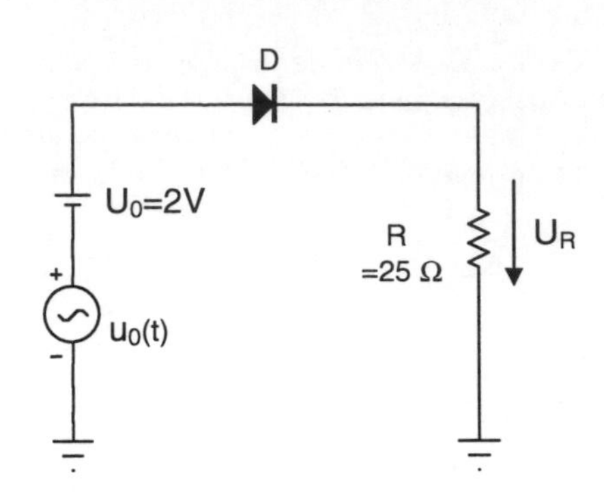

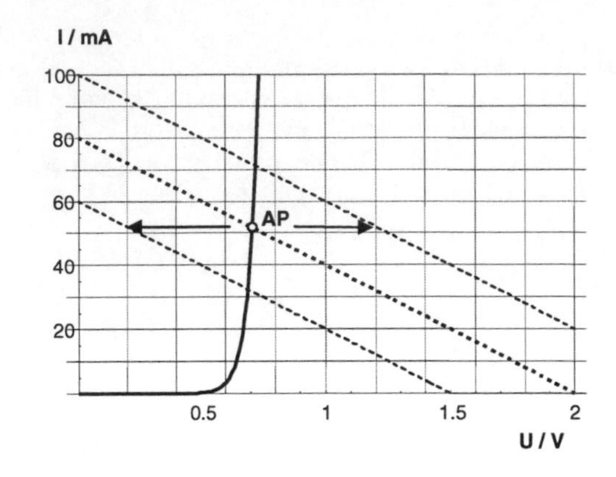

Bild 2-4: Begrenzerschaltung mit pn-Diode

Für die Gleichspannungsanalyse, bei der $u_0(t) = 0$ ist, kann beispielsweise die Ersatzspannungsquelle bezüglich der Diodenklemmen ermittelt werden. Die Ersatzspannungsquelle hat die Leerlaufspannung $U_L = U_0$, den Kurzschlussstrom $I_K = U_0 / R$ und den Innenwiderstand $R_i = R$. Folglich erhält man für die Ersatzspannungsquelle die Strom/Spannungskennlinie, die auch als Gleichspannungsarbeitsgerade bezeichnet wird:

Gl. 2-7: $$I = I_K - \frac{U}{R_i} = \frac{1}{R}\left(U_0 - U\right)$$

In Bild 2-4 ist diese Arbeitsgerade als die gestrichelte Linie eingetragen, die mit der Diodenkennlinie den Schnittpunkt im Arbeitspunkt *AP* liefert. Für das Beispiel in Bild 2-4 wird demnach im Arbeitspunkt AP der Diodenstrom $\underline{I_{DAP} \approx 52\,\text{mA}}$ und die Diodenspannung $\underline{U_{DAP} \approx 0{,}7\,\text{V}}$ abgelesen.

Bei der Wechselspannungsanalyse muss der Arbeitspunkt *AP*, der mit der Gleichspannung U_0 eingestellt wurde, aufrecht erhalten werden, so dass die Gleichspannung U_0 nicht verändert werden darf. Die Ersatzspannungsquelle bezüglich der Diodenklemmen in Abhängigkeit der Wechselspannung $u_0(t)$ liefert die zeitabhängige Wechselspannungsarbeitsgerade:

Gl. 2-8: $$i(t) = i_K(t) - \frac{u(t)}{R_i} = \frac{1}{R}\left(u_0(t) - u(t)\right)$$

Die resultierende Arbeitsgerade ergibt sich aus der Addition (Superposition) der Gleichspannungsarbeitsgeraden Gl. 2-7 und der Wechselspannungsarbeitsgeraden Gl. 2-8 zu:

Gl. 2-9: $$I + i(t) = I_K + i_K(t) - \frac{U}{R_i} - \frac{u(t)}{R_i} = \frac{1}{R}\left(U_0 + u_0(t) - \left(U + u(t)\right)\right)$$

In Bild 2-4 sind die resultierenden Arbeitsgeraden aus Gl. 2-9 für die Aussteuergrenzen der Wechselspannung $u_0(t) = 0{,}5\text{V} \cdot \sin(2\pi f_0 t)$, also für den Maximalwert $u_{0max} = +0{,}5\text{V}$ und den Minimalwert $u_{0min} = -0{,}5\text{V}$ eingetragen. Die beiden horizontalen Pfeile kennzeichnen diesen Aussteuerbereich von $\pm 0{,}5\text{V}$ um den Arbeitspunkt *AP*. In Bild 2-4 liefert der Schnittpunkt mit der Arbeitsgeraden für $u_{0max} = +0{,}5\text{V}$ den maximalen Diodenstrom $I_{Dmax} \approx 71\text{mA}$, während der Schnittpunkt mit der Arbeitsgeraden für $u_{0min} = -0{,}5\text{V}$ den minimalen Diodenstrom $I_{Dmin} \approx 33\text{mA}$ liefert.

Da die Krümmung der Kennlinie in dem hier betrachteten Aussteuerbereich von ±0,5V noch vernachlässigbar ist, entspricht der Mittelwert von I_{Dmax} und I_{Dmin} dem Diodenstrom im Arbeitspunkt *AP* und es ergibt sich ein nahezu sinusförmiger Stromverlauf

Gl. 2-10: $$i_D(t) = \hat{i}_D \sin(2\pi f_0 t), \quad \hat{i}_D = (I_{D\max} - I_{D\min})/2 \text{ ,}$$

dessen Amplitude $\hat{i}_D = 19\,mA$ beträgt.

Da die zeichnerische Lösung, die mit Hilfe von Arbeitsgeraden gefunden wird, nur bei einfachen Schaltungen mit einem einzigen nicht linearen Bauelement ökonomisch durchführbar ist, soll an dieser Stelle noch die Verwendung von Ersatzbildern als alternativer Lösungsweg behandelt werden. Dieser Lösungsweg offenbart die Möglichkeit, auch bei einer Vielzahl von nicht linearen Bauelementen Gleichungssysteme aufzustellen, deren Lösungen die Dimensionierung und die Funktion komplexerer Schaltungssysteme zulassen.

Zur Wechselspannungsanalyse der Schaltung in Bild 2-4 kann das Wechselspannungsersatzbild der Diode herangezogen werden, das aus dem Großsignal-Ersatzbild Bild 2-2 abgeleitet wird. Hierbei werden alle nicht veränderlichen Spannungen zu Null gesetzt, so dass nur noch der differentielle Diodenwiderstand R_D im Wechselspannungsersatzbild übrig bleibt. Wenn vereinfachend der typische Temperaturspannungswert von U_T = 40 mV aus Tabelle 2-1 angenommen wird, so ergibt sich für den Diodenstrom I_{DAP} = 52 mA der Schaltung aus Bild 2-4 der Widerstand R_D im Arbeitspunkt *AP* aus Gl. 2-5 zu

Gl. 2-11: $$R_{DAP} = \frac{U_T}{I_{DAP}} = 0{,}77\,\Omega$$

Da für die Wechselspannungsanalyse der Schaltung in Bild 2-4 nur die veränderlichen Spannungen berücksichtigt werden dürfen, wird der Dioden-Wechselstrom berechnet zu:

Gl. 2-12: $$i_D(t) = \frac{u_0(t)}{R_D + R} = \frac{0{,}5V \sin(2\pi f_0 t)}{25{,}77\,\Omega} = 19{,}4mA \cdot \sin(2\pi f_0 t)$$

Die Wechselspannung $u_R\,(t)$ am Widerstand *R* ist dann:

Gl. 2-13: $$u_R(t) = R \cdot i_D(t) = \hat{u}_R \sin(2\pi f_0 t) = 0{,}485V \cdot \sin(2\pi f_0 t)$$

Folglich erhält man die Gesamtspannung am Widerstand *R*:

Gl. 2-14: $$\begin{aligned} U_R + u_R(t) &= R \cdot (I_{DAP} + i_D(t)) = U_R + \hat{u}_R \sin(2\pi f_0 t) \\ &= 1{,}3V + 0{,}485V \cdot \sin(2\pi f_0 t) \end{aligned}$$

Die Gesamtspannung am Widerstand *R* besteht also aus einer Gleichspannung und einer Wechselspannung. Die Gleichspannung wird durch die Spannung U_0 definiert, die den Arbeitspunkt *AP* festlegt, und die Wechselspannung entsteht durch die Aussteuerung mittels $u_0(t)$ um diesen Arbeitspunkt.

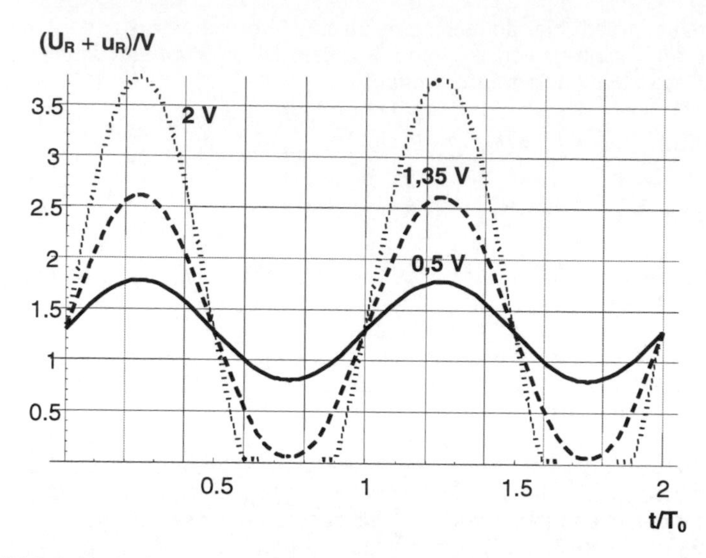

Bild 2-5: Verlauf von $U_R + u_R(t)$ für verschiedene Amplituden von $u_0(t)$

In Bild 2-5 ist der Verlauf der Spannung $U_R + u_R(t)$ am Widerstand R für verschiedene Amplituden (0,5V, 1,35V, 2V) von $u_0(t)$ dargestellt. Die maximale Amplitude, bei der sich gerade keine Begrenzung einstellt, kann unter Verwendung des Wechselspannungsersatzbildes der Diode, das nur aus dem Widerstand R_D besteht, berechnet werden. Mit den Ergebnissen aus Gl. 2-11 und Gl. 2-14 ergibt sich die maximale Amplitude zu:

Gl. 2-15:
$$\hat{u}_{0\max} = \frac{R + R_D}{R} U_R = 1{,}34V$$

Aus Bild 2-5 ist ersichtlich, dass sich die Begrenzung bei der etwas größeren Amplitude von 1,35 *V* nicht durch einen scharfen Knick im Spannungsverlauf äußert sondern durch Stauchung. Im Bereich der Begrenzung hat nämlich die Diodenkennlinie einen stark gekrümmten Verlauf, so dass die Linearisierung, die durch die Verwendung des Wechselspannungsersatzbildes impliziert ist, zu Rechenabweichungen führt. Bei der erheblich größeren Amplitude von 2 *V* ist die begrenzende Wirkung der Diode deutlich erkennbar.

Die maximale Amplitude $\hat{u}_{0\max}$ kann mit Hilfe des Diodenstroms I_{DAP} im Arbeitspunkt *AP*, der mittels der Gleichspannung U_0 eingestellt wurde, verändert werden. Unter Verwendung des Großsignal-Ersatzbildes aus Bild 2-2 gilt folgende Näherung:

Gl. 2-16:
$$\hat{u}_{0\max} \approx (U_0 - U_S)$$

Mit Gl. 2-6, der ermittelten Diodenspannung von $U_{DAP} \approx 0{,}7V$ im Arbeitspunkt *AP* und der hier angenommenen Temperaturspannung von $U_T = 40$ mV erhält man die maximale Amplitude aus Gl. 2-16 zu $\hat{u}_{0\max} \approx 1{,}34V$, die mit dem Ergebnis aus Gl. 2-15 übereinstimmt.

2.1.1.3. Anwendung als Gleichrichter und Frequenzverhalten

Bei der Anwendung als Gleichrichter wird die Gleichspannung U_0 zu Null gesetzt, so dass nur eine Halbwelle der sinusförmigen Spannung $u_0(t)$ auf die Spannung am Widerstand R der Schaltung in Bild 2-4 abgebildet wird. Zu beachten ist allerdings, dass aufgrund der begrenzenden Wirkung der Diode erst die Schwellenspannung U_S überwunden werden muss, bevor ein Spannungsanstieg am Widerstand R auftritt. Näherungsweise gilt:

Gl. 2-17:

$$u_R(t) \approx \begin{cases} u_0(t) - U_S & \text{für } u_0(t) > U_S \\ 0 & \text{für } u_0(t) \leq U_S \end{cases}$$

In Bild 2-6 ist der Verlauf der Spannung $u_R(t)$ am Widerstand R für verschiedene Amplituden (0,6 V, 1 V, 2 V) von $u_o(t)$ dargestellt. Es ist erkennbar, dass sich die Spannung am Widerstand R gemäß Gl. 2-17 als sinusförmige Spannung $u_0(t)$ einstellt, die nach unten begrenzt und um ca. U_S = 0,66V verschoben ist.

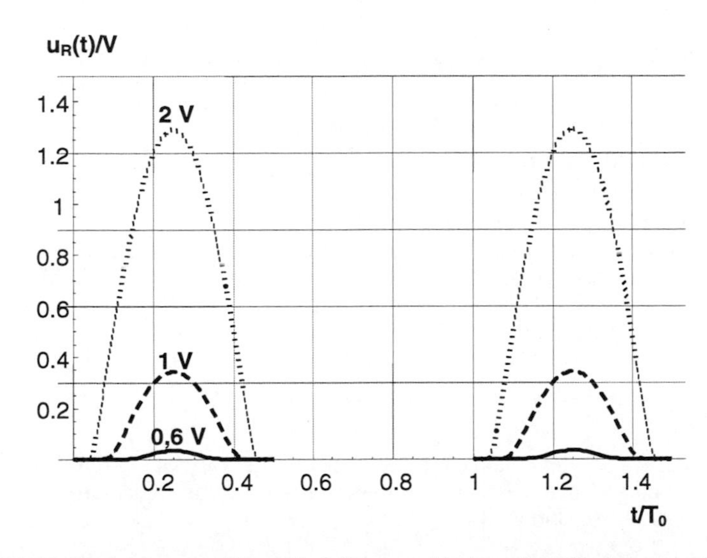

Bild 2-6: Verlauf von $u_R(t)$ bei U_0=0 für verschiedene Amplituden von $u_0(t)$

Das begrenzende Verhalten der pn-Diode geht verloren, wenn die Frequenz der Spannung $u_0(t)$ die Maximalfrequenz f_{max}, für die diese Diode ausgelegt ist, deutlich überschreitet. Für diesen Fall ist in Bild 2-7 der Spannungsverlauf $u_R(t)$ am Widerstand R dargestellt. Vergleichend zeigt die gestrichelte Linie den Spannungsverlauf von $u_0(t)$. Im Sperrbereich (U_D <0) fließt demnach ein erheblicher Diodenstrom, der im Wesentlichen auf die parasitäre Kapazität C_p der Diode zurückzuführen ist. Um das Frequenzverhalten im Großsignal-Ersatzbild in Bild 2-2 zu berücksichtigen, muss zusätzlich die parasitäre Kapazität C_p parallel zu den Anschlussklemmen der Diode eingebracht werden.

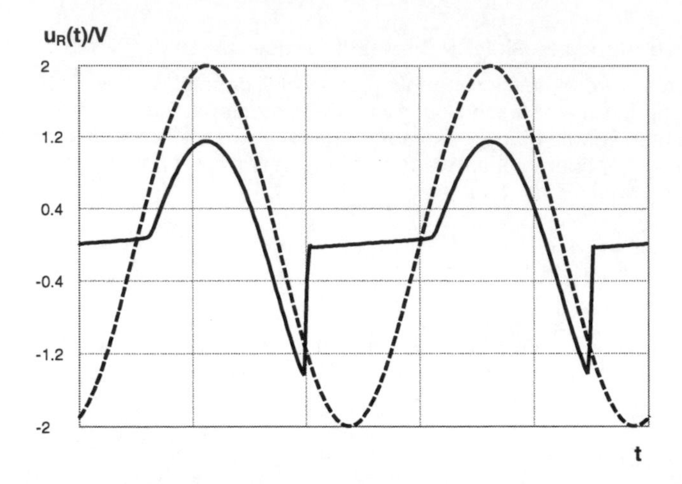

Bild 2-7: Verlauf von $u_R(t)$ bei U_0=0 für $f >> f_{max}$ einer realen Diode (1N9004)

2.1.2. Dioden für spezielle Anwendungen

2.1.2.1. Schottky-Dioden

Zur Anhebung der Maximalfrequenz f_{max}, d. h. zur Reduzierung der parasitären Kapazität C_P einer Diode wird der pn-Übergang durch einen Metall-Halbleiterübergang ersetzt. Hierdurch wird zusätzlich eine kleinere Schwellenspannung U_S als bei der pn-Diode erzielt. Typisch sind eine Reduzierung von U_S um den Faktor 2 und eine Anhebung von f_{max} um den Faktor 100 gegenüber der pn-Diode. Das Schaltsymbol der Schottky-Diode ist in Bild 2-8 gezeigt.

Bild 2-8: Schaltsymbol der Schottky-Diode

Schottky-Dioden werden beispielsweise verwendet, um die Sättigung bei Bipolar-Transistoren zu verhindern. Hierzu wird eine Schottky-Diode parallel zur Basis-Kollektor-Diode geschaltet, wie es in Kapitel 8.1.1.1 noch näher erläutert werden wird.

2.1.2.2. Zenerdioden

Zenerdioden, die nach ihrem Erfinder Zener benannt sind, werden auch abkürzend als Z-Dioden bezeichnet. Das Schaltsymbol der Zenerdiode ist in Bild 2-9 dargestellt.

Bild 2-9: Schaltsymbol der Zenerdiode

Zenerdioden sind speziell für den Betrieb im Durchbruchbereich gedacht. Die Diodenkennlinie verläuft im Durchbruchbereich sehr steil, so dass man für schwankende Werte des Durchbruchstromes nahezu den gleichen Wert für die Spannung an der Diode erhält. Dieser Effekt wird vornehmlich zur Spannungsstabilisierung genutzt, bei der Schwankungen der Versorgungsspannung unterdrückt oder Hilfsspannungen von größeren Spannungen abgeleitet werden sollen. Es gibt derartige Dioden in verschiedenen Ausführungen mit nach Normenreihen gestuften Durchbruchspannungen, die als Zenerspannungen bezeichnet werden. Weiterentwicklungen der Zenerdioden mit besonders konstanter Durchbruchspannung sind die so genannten Referenzdioden.

In Bild 2-10 ist eine einfache Schaltung zur Spannungsstabilisierung mittels einer Zenerdiode gezeigt. Zusätzlich ist in dem daneben abgebildeten Diagramm für fünf Dioden der Baureihe BZX84C, die unterschiedliche Zenerspannungen (2.4 V, 2.7 V, 3.3 V, 3.9 V und 4.7 V) aufweisen, die Spannung an der Zenerdiode U_Z in Abhängigkeit der zu stabilisierenden Spannung U_0 dargestellt. Die Diagramme zeigen, dass die Stabilisierung erst ab einer bestimmten Mindestspannung von U_0 einsetzt, ab der U_Z nahezu konstant den Wert der jeweiligen Zenerspannung annimmt. So ergibt sich beispielsweise für die Diode vom Typ BZX84C3V3 in dem abgebildeten Diagramm als Mindestspannung $U_{0min} \approx 4$ V, ab der die Spannung U_Z nahezu stabil bei der Zenerspannung von $U_{Z\,typ} = 3{,}3$ V bleibt. Folglich beträgt der zur Stabilisierung erforderliche Mindeststrom durch die Diode Z für $R = 250\ \Omega$ der Schaltung in Bild 2-10:

Gl. 2-18: $$I_{Z\min} \approx \left(U_{0\min} - U_{Z\,typ}\right)/R \approx 3\,mA$$

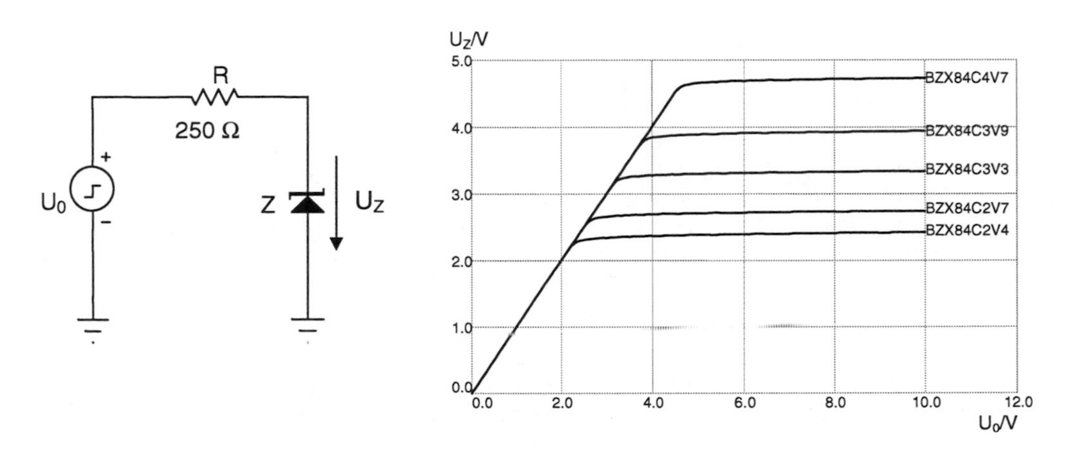

Bild 2-10: Spannungsstabilisierung mit Zenerdiode

Zur Beurteilung der Stabilisierungseigenschaft kann bezüglich der Zenerdiode *Z* eine Ersatzspannungsquelle definiert werden, die als Innenwiderstand den differentiellen Diodenwiderstand R_Z hat. Je kleiner dieser Widerstand ist, desto besser ist die Stabilisierungsqualität. Aus dem Diagramm in Bild 2-10 erhält man für die Diode vom Typ BZX84C3V3 durch Festlegung zweier Punkte, z. B. $\{(U_{01} = 4$ V, $U_{Z1} = 3{,}28$ V$), (U_{02} = 10$ V, $U_{Z2} = 3{,}34$ V$)\}$ auf dem waagerechten Ast der Kennlinie:

Gl. 2-19: $$R_Z = \frac{R}{(\Delta U_0 / \Delta U_Z) - 1} \approx 2{,}5\ \Omega$$

Wenn die Spannung der Zenerdiode durch einen Lastwiderstand R_L belastet wird, so muss zur Aufrechthaltung der Stabilisierung gewährleistet sein, dass der erforderliche Mindeststrom I_{Zmin} der Zenerdiode nicht unterschritten wird. Folglich muss bei zunehmender Belastung die Spannung U_0 angehoben oder der Widerstand *R* reduziert werden. Es ergibt sich der Zusammenhang:

Gl. 2-20: $$U_0 = R \cdot I_{Z\min} + U_{Z\,typ}\left(1 + \frac{R}{R_L}\right)$$

Beispielsweise wäre demnach für einen Lastwiderstand $R_L = R = 250\ \Omega$ für $I_{Z\,min}$ aus Gl. 2-18 und $U_{Z\,typ} = 3{,}3$ V die Mindestspannung $U_{0min} = 7{,}35$ V erforderlich, um die Stabilisierung gerade noch aufrecht zu erhalten.

2.1.2.3. Kapazitätsdioden

Die parasitäre Kapazität einer Diode nimmt mit zunehmender Sperrspannung ab. Dieser Zusammenhang, der nicht linear ist, wird bei den so genannten Kapazitätsdioden ausgenutzt. Sie werden als spannungsgesteuerte Kapazitäten eingesetzt, z.B. zur elektronischen Abstimmung von Schwingkreisen. Je nach Ausführungsform kann die maximale Kapazität zwischen 5 pF und mehr als 100 pF betragen, wobei das Verhältnis zwischen Minimal- und Maximalkapazität in der Größenordnung von 1/5 liegt.

Das Schaltsymbol der Kapazitätsdiode ist in Bild 2-11 dargestellt.

Bild 2-11: Schaltsymbol der Kapazitätsdiode

2.1.2.4. Lumineszenz- und Photodioden

Lumineszenzdioden oder Leuchtdioden geben bei ausreichendem Stromdurchfluss eine Lichtstrahlung einer bestimmten Farbe ab. Es existiert eine Vielzahl von Farben, die mittels Leuchtdioden erzeugt werden können. Als Standardfarben sind weiß, rot, grün, blau und gelb zu nennen. Aufgrund ihres deutlich geringeren Stromverbrauchs gegenüber konventionellen Lichtquellen werden Leuchtdioden vermehrt im Fahrzeugbau und zur Signalisierung eingesetzt.

Photodioden oder Photodetektoren erzeugen bei Strahlungseinfall einen Strom, der zur einfallenden Lichtintensität annähernd proportional ist. Derartige Photodetektoren werden zum Beispiel in der optischen Datenübertragung zur Umwandlung von Laserlicht eingesetzt. Ein weiteres wichtiges Anwendungsfeld ist die Energieerzeung aus Sonnenlicht (Photovoltaik).

Die Kombination aus Lumineszenz- und Photodiode, die auch als aktives Element in Form des Phototransistors ausgeführt werden kann, ist der so genannte Optokoppler. Hierbei wird in Abhängigkeit einer Signalsspannung eine Lichtstärke erzeugt, die anschließen wieder in die korrespondierende Signalspannung umgewandelt wird. Auf diese Weise entsteht eine potentialfreie Signalübertragung, die vor allem in industriellen Umgebungen mit starker EMV-Strahlung von Bedeutung sein kann.

2.2. Bipolar-Transistoren

Die Weiterentwicklung der pn-Diode ist ein aus drei Schichten (npn oder pnp) bestehender Bipolar-Transistor, der im Allgemeinen auf Silizium-Basis hergestellt wird. In Bild 2-12 sind die unterschiedlichen Schaltsymbole für den npn-Transistor und für den pnp-Transistor dargestellt.

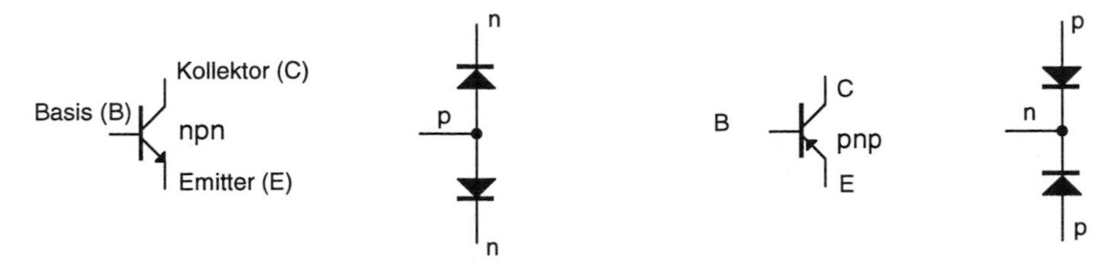

Bild 2-12: Schaltsymbole von Bipolar-Transistoren

Zusätzlich zeigt Bild 2-12 den Schichtaufbau der Transistoren, der durch pn-Dioden in der dargestellten Weise repräsentiert werden kann. Die Funktionsweise des Transistors ist es, den Basisstrom I_B zu einem hierzu annähernd proportionalen, größeren Kollektorstrom I_C zu verstärken. Das Verhältnis von Kollektorstrom I_C zu Basisstrom I_B wird als Stromverstärkung B bezeichnet:

Gl. 2-21: $$I_C = B \cdot I_B$$

Um einen erheblichen Basisstrom zu bewirken, muss die Basis-Emitterspannung U_{BE} größer als die Schwellenspannung der Basis-Emitterdiode werden. Für diesen Fall ist der Transistor leitend. Die annähernde Proportionalität zwischen Basis- und Kollektorstrom ist nicht mehr vorhanden, wenn die Basis-Kollektordiode leitend wird. In diesem Zustand, der „Sättigung" genannt wird, muss somit die Basis-Kollektorspannung größer als die Schwellenspannung der Basis-Kollektordiode sein. Der Bereich, in dem annähernde Proportionalität zwischen I_C und I_B vorliegt, wird als Linearbereich bezeichnet.

Während beim npn-Transistor Basis- und Kollektorstrom in den Transistor hinein fließen, ist beim pnp-Transistor die Flussrichtung dieser Ströme umgekehrt. Die Basis-Emitterspannung ist beim npn-Transistor positiv und beim pnp-Transistor negativ.

2.2.1. Ersatzbild nach Ebers und Moll

Das Ersatzbild des idealisierten npn-Transistor in Bild 2-13, das von Ebers und Moll eingeführt wurde, beruht auf der Diodendarstellung zur Repräsentierung der drei Schichten npn in Bild 2-12. Hierbei wird angenommen, dass im Normalbetrieb die Basis-Emitterdiode mit dem Strom I_{ED} eine steuernde Wirkung aufweist, die durch die gesteuerte Stromquelle mit dem Strom $A_N\, I_{ED}$ ausgedrückt wird. Der Verstärkungsfaktor A_N ist etwas kleiner als 1:

Gl. 2-22: $$A_N < \approx 1, \quad A_I < A_N$$

Aufgrund des symmetrischen Aufbaus kann ein Transistor unter Vertauschung der "normalen" Kollektor- und Emitterfunktion auch "invers" betrieben werden. Für diesen Fall berücksichtigt $A_I\, I_{CD}$ die „invers" wirksame steuernde Wirkung. Bei realen Transistoren ist jedoch $A_I < A_N$, so dass der inverse Betrieb nicht gleichwertig zum Normalbetrieb ist.

Unter Anwendung von Gl. 2-1, die die Kennlinie der pn-Diode idealisiert beschreibt, ergeben sich die Diodenströme des Transistors zu:

Gl. 2-23:

$$I_{ED} = I_{E0}\left(e^{\frac{U_{BE}}{U_T}} - 1\right)$$

$$I_{CD} = I_{C0}\left(e^{\frac{U_{BC}}{U_T}} - 1\right)$$

Hierbei sind I_{E0} und I_{C0} vom jeweiligen Transistortyp abhängende Emitter- und Kollektor-Diodensperrströme. Die Strombilanz an den Knotenpunkten für Kollektor (C), Basis (B) und Emitter (E) führt zu den Beziehungen:

Gl. 2-24:
$$I_C = A_N \cdot I_{ED} - I_{CD} = A_N \cdot I_{E0}\left(e^{\frac{U_{BE}}{U_T}} - 1\right) - I_{C0}\left(e^{\frac{U_{BC}}{U_T}} - 1\right)$$

Gl. 2-25:
$$I_E = I_{ED} - A_I \cdot I_{CD} = I_{E0}\left(e^{\frac{U_{BE}}{U_T}} - 1\right) - A_I \cdot I_{C0}\left(e^{\frac{U_{BC}}{U_T}} - 1\right)$$

Gl. 2-26:
$$I_B = I_E - I_C$$

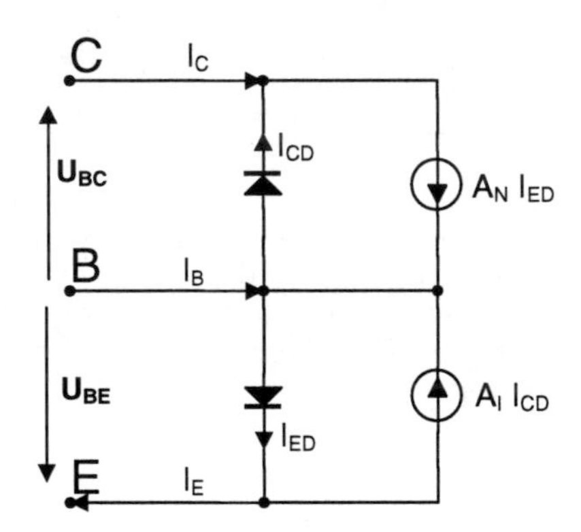

Bild 2-13: Gleichspannung-Ersatzbild des idealisierten npn-Transistors

Durch Einsetzen von $U_{BC} = U_{BE} - U_{CE}$ in Gl. 2-24, Gl. 2-25 und Gl. 2-26 ergeben sich die Transistor-Kennlinien in der üblichen Form der

Eingangskennlinie : I_B in Abhängigkeit von U_{BE} und U_{CE}
Ausgangskennlinie : I_C in Abhängigkeit von U_{BE} und U_{CE}

Die parametrische Darstellung der Kennlinien I_C in Abhängigkeit von U_{CE} mit U_{BE} als Parameter und I_B in Abhängigkeit von U_{BE} mit U_{CE} als Parameter wird auch Kennlinienfeld genannt.

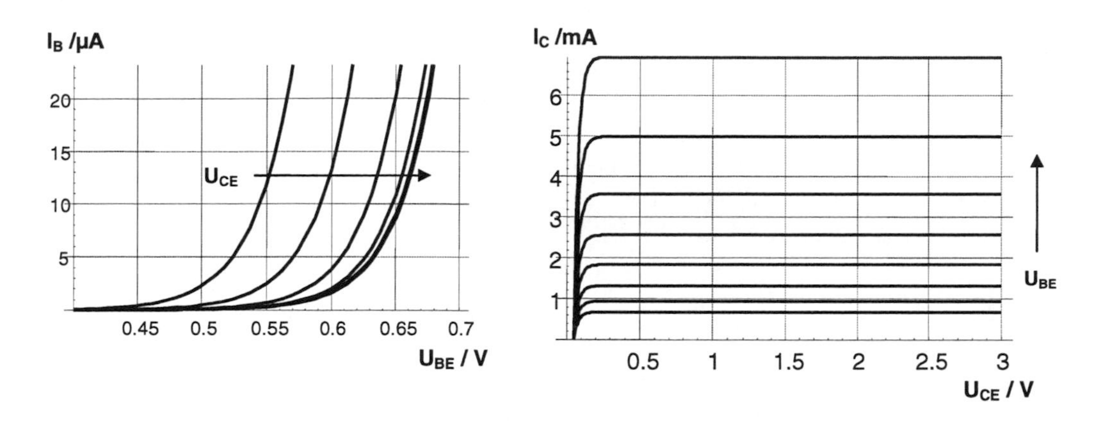

Bild 2-14: Kennlinienfeld des npn-Transistors aus dem Ersatzbild nach Ebers und Moll

Ein derartiges Kennlinienfeld, das auf Basis des Ersatzbildes Bild 2-13 berechnet wurde, ist beispielhaft für I_{E0} = 1pA, I_{C0} = 0,2 I_{E0}, B = 300 und U_T = 30mV in Bild 2-14 dargestellt. Die Ausgangskennlinien in Bild 2-14 wurden für U_{BE} als Parameter berechnet, wobei U_{BE} von 0,61V bis 0,68V in einer Schrittweite von 0,01V verändert wurde. Bezüglich der Eingangskennlinien, bei denen U_{CE} von 0,05V bis 0,4V in einer Schrittweite von 0,05V verändert wurde, zeigt sich, dass oberhalb von $U_{CE\ min}$ = 0,4V die Kollektor-Emitterspannung keinen Einfluss mehr auf den Kennlinienverlauf nimmt. In diesem Bereich, der als Linearbereich bezeichnet wird, ist die Basis-Kollektor-Diode gesperrt und der zugehörige Diodenstrom Strom I_{CD} vernachlässigbar gegenüber dem Strom I_{ED} der Basis-Emitter-Diode. Im Linearbereich, in dem also der Verlauf der Ausgangskennlinien im Idealfall unabhängig von U_{CE} ist, gilt die annähernde Proportionalität zwischen I_B und I_C gemäß Gl. 2-21.

Der Bereich (U_{CE} < 0,4V in Bild 2-14), in dem der Verlauf der Ausgangskennlinien abhängig von U_{CE} ist, wird als Sättigungsbereich bezeichnet. Der Sättigungsbereich wird durch eine nicht unterschreitbare Kollektor-Restspannung U_{CR}, die in Bild 2-14 ca. 0,1V beträgt, nach unten begrenzt. Der Grund hierfür ist, dass im Sättigungsbereich sowohl die Basis-Kollektor-Diode als auch die Basis-Emitter-Diode leitend sind, so dass an ihnen ungefähr ihre Schwellenspannung $U_{S,BC}$ und $U_{S,BE}$ abfällt. Aufgrund der unterschiedlichen Dotierung der beiden Dioden sind auch ihre Schwellenspannungen unterschiedlich, wobei die Kollektor-Restspannung U_{CR} die Differenz dieser Schwellenspannungen ist:

Gl. 2-27: $$U_{CR} = U_{S,BE} - U_{S,BC}$$

Im Sperrbereich, in dem $U_{BE} < U_{S,BE}$ ist, fließt nahezu kein Basisstrom I_B und somit auch kein Kollektorstrom I_C.

Bei realen Transistoren sind die Ausgangskennlinien im Linearbereich nicht steigungslos sondern haben eine von U_{BE} abhängige Steigung, wie es in Bild 2-15 für dieselben Parameter, die dem Bild 2-14 zu Grunde liegen, gezeigt ist.

Im Linearbetrieb, bei dem der Transistor mit gesperrter Basis-Kollektor-Diode und leitender Basis-Emitter-Diode (d. h. $U_{BE} >> U_T$) betrieben wird, kann der über die Kollektordiode fließende Strom I_{CD} und damit auch $A_I\ I_{CD}$ gegenüber I_{ED} bzw. $A_N\ I_{ED}$ vernachlässigt werden. Folglich ergeben sich aus Gl. 2-24, Gl. 2-25 und Gl. 2-26 die vereinfachten Beziehungen:

Gl. 2-28: $$I_C = A_N \cdot I_{ED} = A_N \cdot I_{E0} \cdot e^{\frac{U_{BE}}{U_T}}$$

Gl. 2-29: $$I_B = I_{ED} - A_N \cdot I_{ED} = (1 - A_N) \cdot I_{E0} \cdot e^{\frac{U_{BE}}{U_T}}$$

Gl. 2-30: $$B = \frac{I_C}{I_B} = \frac{A_N}{1 - A_N} >> 1$$

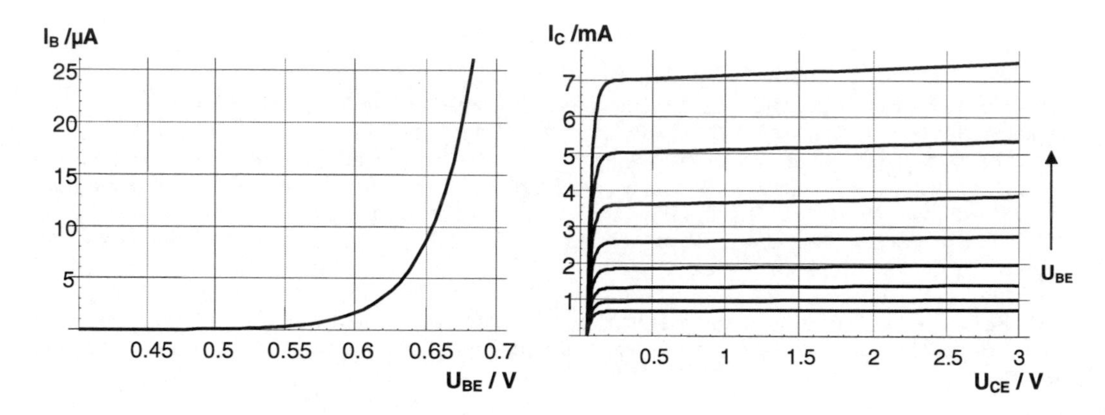

Bild 2-15: Reale Kennlinien des npn-Transistors

Die Abhängigkeiten $I_C (U_{BE})$ in Gl. 2-28 und $I_B (U_{BE})$ in Gl. 2-29 haben die Form einer Diodenkennlinie und sind somit nicht linear, während der Zusammenhang $I_C (I_B)$ in Gl. 2-30 linear ist. Bei realen Transistoren ist die Stromverstärkung B allerdings starken Streuungen bei gleichen Transistortypen unterlegen ist.

Gl. 2-28 und Gl. 2-29 enthalten keine Abhängigkeit von der Kollektor-Emitterspannung U_{CE}. Somit ist es nahe liegend, den idealisierten Transistor im Linearbetrieb als spannungs- oder stromgesteuerte Stromquelle aufzufassen. Statt U_{BE} wird oft I_B als Parameter der Ausgangskennlinien $I_C (U_{BE})$ gewählt.

Zur Beschreibung realer Kennlinien, wie sie in Bild 2-15 dargestellt sind, kann die gegenüber Gl. 2-28 erweiterte Beziehung im Linearbereich

Gl. 2-31: $$I_C = B\ I_B = I_{C0} \cdot e^{\frac{U_{BE}}{U_T}}\ KB_{EA},\quad I_{C0} = A_N\ I_{E0}$$

verwendet werden. Dabei stellt der von U_{CE} abhängige Faktor KB_{EA} die Steigung der Ausgangskennlinien her. Für diesen Faktor gilt:

Gl. 2-32: $$KB_{EA} = \left(1 - \frac{U_{CE}}{U_{EA}}\right)$$

Hierbei ist U_{EA} die Spannung, die sich als Schnittpunkt zwischen der Spannungsachse und der Ausgangskennlinien-Tangenten im Linearbereich einstellt. Vereinfachend wird hierbei angenommen, dass sich alle Tangenten in einem gemeinsamen Schnittpunkt treffen. Zur Annäherung an reale Kennlinien muss U_{EA} negativ sein. Diese Spannung wird als „Early"-Spannung bezeichnet.

Die Aussagen, die bisher für den npn-Transistor gemacht wurden, sind ebenfalls für den pnp-Transistor unter der Voraussetzung gültig, dass Spannungs- und Stromrichtungen invertiert werden. Werden also als Bezeichner die Beträge der Ströme und Spannungen in die Kennlinienfelder eingetragen, so sind die Kennlinienfelder sowohl für npn- als auch für pnp-Transistoren anwendbar.

2.2.2. Wechselspannungsersatzbild

Die mathematische Behandlung eines Schaltkreises wird getrennt in Form der Gleichspannungsanalyse und der Wechselspannungsanalyse durchgeführt, wie sie bereits in Kapitel 2.1.1.2 angewendet wurde. Diese Vorgehensweise soll nun auch auf den Transistor übertragen werden, wobei wiederum der npn-Transistor exemplarisch behandelt wird. Bei Umkehr der Strom- und Spannungsrichtungen gelten die nachfolgenden Aussagen auch für den pnp-Transistor.

Zwecks Gleichspannungsanalyse wird das Verhalten des Transistors durch das Kennlinienfeld beschrieben, das durch die folgenden funktionalen Abhängigkeiten definiert wurde:

Gl. 2-33: $$I_B = f(U_{BE}, U_{CE})$$

Gl. 2-34: $$I_C = g(U_{BE}, U_{CE})$$

Das Wechselspannungsverhalten kann für kleine Signale als nahezu linear angenommen werden, da die Kennlinien durch Tangenten im Arbeitspunkt *AP* ersetzen werden können. Mathematisch ergeben sich die Tangentensteigungen durch die jeweils zugehörigen partiellen Differentialquotienten im Arbeitspunkt. Die funktionalen Abhängigkeiten aus Gl. 2-33 und Gl. 2-34 ergeben sich dann in linearisierter Form zu:

Gl. 2-35: $$\Delta I_B = \frac{\partial I_B}{\partial U_{BE}} \cdot \Delta U_{BE} + \frac{\partial I_B}{\partial U_{CE}} \cdot \Delta U_{CE}$$

Gl. 2-36: $$\Delta I_C = \frac{\partial I_C}{\partial U_{BE}} \cdot \Delta U_{BE} + \frac{\partial I_C}{\partial U_{CE}} \cdot \Delta U_{CE}$$

Die obigen Gleichungen gelten für kleine Änderungen ΔI und ΔU, die durch Wechselgrößen u und i kleiner Amplitude ersetzt werden sollen:

Gl. 2-37: $$i_B = y_{11}\, u_{BE} + y_{12}\, u_{CE}$$

Gl. 2-38: $$i_C = y_{21}\, u_{BE} + y_{22}\, u_{CE}$$

Zwecks einfacherer Schreibweise wurden die Differentialquotienten in Gl. 2-35 und Gl. 2-36 durch die mit y_{ik} bezeichneten Parameter ersetzt. Der Transistor wird somit als Vierpol gemäß Bild 2-16 aufgefasst.

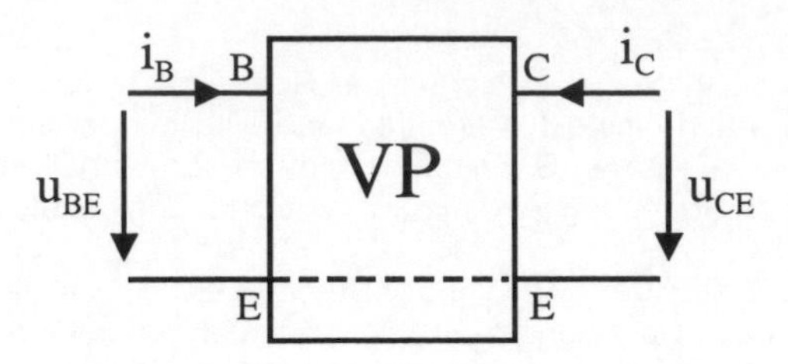

Bild 2-16: Transistor als Vierpol für Kleinsignal-Wechselgrößen

Für die weiteren Betrachtungen ist ausschließlich der Linearbereich des Transistors von Interesse, da Kleinsignal-Anwendungen, wie z. B. bei Verstärkern, Filtern, Funktionsschaltungen usw., nur unter Voraussetzung der Linearität sinnvoll sind. Folglich kann bei diesen Schaltungen von einer sinnvollen Einstellung des Arbeitspunktes *AP* im Linearbereich des Transistors ausgegangen werden, so dass hier die vereinfachte Beziehung in Gl. 2-31 zur Darstellung des Kennlinienfeldes (Bild 2-15) berücksichtigt werden kann. Hiermit ergeben sich dann:

Gl. 2-39:
$$y_{11} = \left.\frac{i_B}{u_{BE}}\right|_{u_{CE}=0} = \left.\frac{\partial I_B}{\partial U_{BE}}\right|_{U_{CE}=U_{CE\,AP}} = \frac{I_{C0}}{B\,U_T}\,e^{U_{BE\,AP}/U_T}\,KB_{EA\,AP} = 1/R_{BE\,AP}$$

Gl. 2-40:
$$y_{12} = \left.\frac{i_B}{u_{CE}}\right|_{u_{BE}=0} = \left.\frac{\partial I_B}{\partial U_{CE}}\right|_{U_{BE}=U_{BE\,AP}} = \frac{-I_{C0}}{B\,U_{EA}}\,e^{U_{BE\,AP}/U_T} = -\frac{I_{B\,AP}}{U_{EA}} \approx 0$$

Gl. 2-41:
$$y_{21} = \left.\frac{i_C}{u_{BE}}\right|_{u_{CE}=0} = \left.\frac{\partial I_C}{\partial U_{BE}}\right|_{U_{CE}=U_{CE\,AP}} = \frac{I_{C0}}{U_T}\,e^{U_{BE\,AP}/U_T}\cdot KB_{EA\,AP}$$
$$= \frac{I_{C\,AP}}{U_T} = B\,y_{11} = \frac{B}{R_{BE\,AP}} = S_{AP}$$

Gl. 2-42:
$$y_{22} = \left.\frac{i_C}{u_{CE}}\right|_{u_{BE}=0} = \left.\frac{\partial I_C}{\partial U_{CE}}\right|_{U_{BE}=U_{BE\,AP}} = \frac{-I_{C0}}{U_{EA}}\,e^{U_{BE\,AP}/U_T} = \frac{I_{C\,AP}}{U_{CE\,AP}-U_{EA}}$$

Der Parameter y_{11} entspricht dem Eingangsleitwert des Transistors, der sich aus der Steigung der Eingangskennlinie $I_B = f(U_{BE})$ im Arbeitspunkt *AP* ableitet. Folglich erhält man als Kehrwert von y_{11} den differentiellen Eingangswiderstand R_{BEAP} zwischen Basis und Emitter des Transistors.

Im Linearbereich ist der Parameter y_{12} gegenüber y_{11} vernachlässigbar, da in praktischen Anwendungen die Spannungsverstärkung u_{CE} / u_{BE} wesentlich kleiner als U_{EA} / U_T ist. Der Parameter y_{21} ist die Steilheit des Transistors im Arbeitspunkt *AP*, die gemäß Gl. 2-41 aus

a) der Steigung der Kennlinie $I_C = B \cdot f(U_{BE})$
b) der Stromverstärkung *B* und dem Eingangswiderstands $R_{BE\,AP}$ im Arbeitspunkt *AP*
c) dem Kollektorstrom $I_{C\,AP}$ im Arbeitspunkt *AP* und der Temperaturspannung U_T

ermittelt werden kann.

Der Ausgangsleitwert $1/R_{CEAP}$ des Transistors, der durch den Parameter y_{22} ausgedrückt wird, ist proportional zum Kollektorstrom $I_{C\,AP}$ und wird durch die Steigung der Ausgangskennlinien

(Bild 2-15) im Arbeitspunkt *AP* definiert.

Zusammenfassend können Gl. 2-37 und Gl. 2-38 in der folgenden Weise geschrieben werden:

Gl. 2-43:
$$i_B = \frac{1}{R_{BE\,AP}}\,u_{BE}$$

Gl. 2-44:
$$i_C = S_{AP}\,u_{BE} + \frac{u_{CE}}{R_{CE\,AP}}$$
$$= B\,i_B + \frac{u_{CE}}{R_{CE\,AP}}$$

Aus diesen Gleichungen lässt sich das in Bild 2-17 gezeigte Kleinsignal-Wechselspannungsersatzbild, das abkürzend als K-WEB bezeichnet werden soll, ableiten.

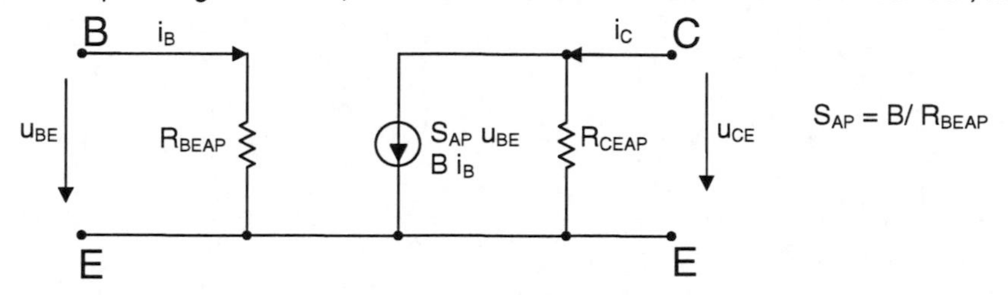

Bild 2-17: Kleinsignal-Wechselspannungsersatzbild (K-WEB) des npn- und pnp-Transistors

Das K-WEB in Bild 2-17 ist sowohl für npn- als auch für pnp-Transistoren gültig. Denn die jeweilige Bezugsrichtung der Eingangssignale i_B oder u_{BE} entscheidet auch über die Bezugsrichtung der mittels i_B oder u_{BE} gesteuerten Stromquelle, die wiederum über die äußere Beschaltung an den Klemmen C und E die Richtung der Ausgangssignale i_c oder u_{CE} festlegt.

Zur Abbildung des Frequenzverhaltens eines realen Transistors muss das K-WEB noch um die parasitären Kapazitäten erweitert werden, die sich zwischen den Klemmen B, C und E einstellen. Auf diese Weise gelangt man zu der Darstellung in Bild 2-18.

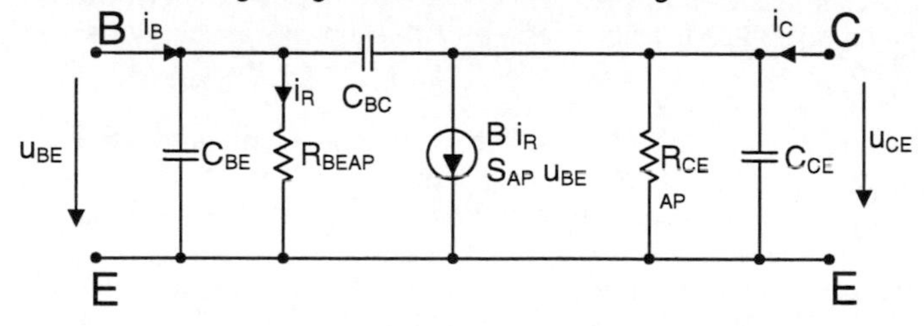

Bild 2-18: K-WEB unter Einbeziehung des Frequenzverhaltens eines Transistors

Der Wertebereich der parasitären Kapazitäten hängt mit der Transitfrequenz f_T des jeweiligen Transistors zusammen. Bei der Transitfrequenz ist die Stromverstärkung *B* bis auf den Wert Eins abgefallen. Für Standard-Transistoren, die nicht für den Hochfrequenzbereich ausgelegt sind, sind Transitfrequenzen im Bereich von 100 MHz bis 1 GHz und Kapazitätswerte von weniger als 1 pF bis ca. 100 pF üblich.

Wie noch erläutert wird, hängt die Transitfrequenz, oberhalb der keine Stromverstärkung mehr erzielbar ist, nicht nur von den parasitären Kapazitäten sondern auch von der Beschaltung und dem Arbeitspunkt des verwendeten Transistors ab.

Simulationsprogramme, wie PSPICE™ und Microcap™ verwenden erheblich umfangreichere Ersatzbilder, die weitere Effekte der Transistoren berücksichtigen und damit der Realität deutlich näher kommen. Im Allgemeinen liegen diese Ersatzbilder für die jeweiligen Transistoren als SPICE-Modelle vor, die von den Herstellern entwickelt und z.B. im Internet (World Wide Web) zur Verfügung gestellt werden.

2.2.3. Großsignal-Ersatzbilder

Für den Linearbereich des Transistors, dessen Kollektorstrom vereinfachend durch Gl. 2-31 beschrieben wird, kann das Gleichspannung-Ersatzbild (Bild 2-13) reduziert werden. Das reduzierte Ersatzbild, das an die Struktur des K-WEB in Bild 2-17 angelehnt ist, zeigt Bild 2-19 für den Linear- und Sperrbereich eines npn-Transistors.

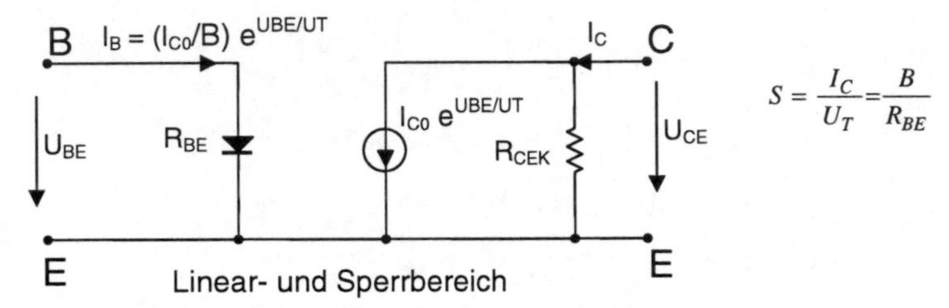

$$S = \frac{I_C}{U_T} = \frac{B}{R_{BE}}$$

Bild 2-19: Großsignal-Ersatzbild des npn-Transistors

Der von I_C abhängige Kollektor-Emitter-Widerstand R_{CE} wird entsprechend Gl. 2-42 ermittelt zu:

Gl. 2-45: $$R_{CE} = \frac{U_{CE} - U_{EA}}{I_C},$$

Die Early-Spannung U_{EA}, der Kollektor-Reststrom I_{C0} und die Temperaturspannung U_T sind aus dem Kennlinienfeld oder den SPICE-Modellen, die vom Hersteller des jeweiligen Transistors verfügbar sind, zu bestimmen. Der Zusammenhang zwischen I_C und dem Basis-Emitterwiderstand R_{BE}, der als differentieller Widerstand der Basis-Emitter-Diode aufzufassen ist, resultiert aus Gl. 2-41.

Die Vorgehensweise zur Bestimmung der Größen U_{EA}, I_{C0} und U_T wird nun an Hand des realen Kennlinienfeldes in Bild 2-15 erläutert. Zur Ermittlung von I_{C0} und U_T werden auf der Eingangskennlinie zwei beliebige Wertepaare, die nicht zu dicht beieinander liegen sollten, bestimmt. Als Beispiel sollen die beiden Wertepaare {(U_{BE1}= 0,6 V, I_{B1} = 2 µA), (U_{BE2}= 0,68 V, I_{B2} = 25 µA)} herangezogen werden. Aus Gl. 2-31 erhält man mit $KB_{EA} \approx 1$ die nachfolgenden Bestimmungsgleichungen:

Gl. 2-46: $$U_T = \frac{U_{BE2} - U_{BE1}}{\ln(I_{B2} / I_{B1})}$$

Gl. 2-47: $$I_{C0} = B\ I_{B2}\ e^{-U_{BE2}/U_T}$$

Aus diesen Gleichungen werden dann $U_T \approx 31{,}7$ mV und $I_{C0} \approx 3{,}6$ pA berechnet, wobei die Stromverstärkung des Transistors zu B = 300 angenommen wurde. Um U_{EA} zu bestimmen, müssen zwei Wertepaare auf den Ausgangskennlinien herangezogen werden. Als Beispiel werden hier die beiden Wertepaare {(U_{CE3}= 0,5 V, I_{C3} = 7 mA), (U_{CE4}= 3 V, I_{C4} = 7,5 mA)} gewählt. Aus Gl. 2-45 erhält man die Bestimmungsgleichung

Gl. 2-48: $$U_{EA} = U_{CE4} - R_{CE}\, I_{C4} \quad ,$$

wobei der differentielle Kollektor-Emitter-Widerstand zu

Gl. 2-49: $$R_{CE} = \frac{U_{CE4} - U_{CE3}}{I_{C4} - I_{C3}}$$

berechnet wird. Mittels dieser Gleichungen ergeben sich $R_{CE} \approx 5$ KΩ und $U_{EA} \approx -34{,}5$ V.

Gemäß Bild 2-15 weist die Eingangskennlinie eines Transistors die Form einer Diodenkennlinie auf. Folglich kann für das Gleichspannungsverhalten des npn-Transistors unter Linearisierung der Eingangskennlinie ein einfacheres Ersatzbild entwickelt werden, das die Erkenntnisse aus Kapitel 2.1.1.1 nutzt und auf dem Großsignal-Ersatzbild (Bild 2-2) der pn-Diode aufbaut. Ein derartiges Linearisiertes Großsignal-Ersatzbild ist in der linken Hälfte von Bild 2-20 für den npn-Transistor dargestellt, in dem das Ersatzbild der pn-Diode entsprechend Bild 2-2 eingefügt ist. Hierbei sind U_S die Schwellenspannung der Basis-Emitter-Diode, R_{BE} der Basis-Emitterwiderstand und „id. D." die ideale Diode, die durch Gl. 2-3 definiert ist. Weitere Komponenten dieses Großsignal-Ersatzbildes, das für den Linear- und Sperrbereich des npn-Transistors gilt, sind die mittels des Basisstroms I_B gesteuerte Stromquelle und der Kollektor-Emitterwiderstand R_{CEK}.

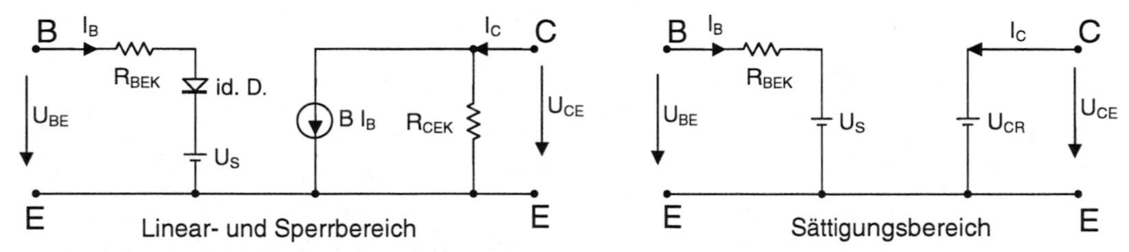

Bild 2-20: Linearisiertes Großsignal-Ersatzbild des npn-Transistors

Das Großsignal-Ersatzbild für den Sättigungsbereich ist in der rechten Hälfte von Bild 2-20 gezeigt. Da im Sättigungsbereich zwischen Kollektor und Emitter die in grober Näherung konstante Kollektor-Emitterrestspannung U_{CR} abfällt, wird diese Spannung durch eine Konstantspannungsquelle mit verschwindendem Innenwiderstand repräsentiert. Außerdem kann die Basis-Emitter-Diode als leitend angenommen werden, so dass die ideale Diode entfällt.

Das zum vereinfachten Großsignal-Ersatzbild korrespondierende linearisierte Kennlinienfeld ist in Bild 2-21 dargestellt. In Analogie zu der Vorgehensweise in Kapitel 2.1.1.1 wird die Eingangskennlinie durch eine Tangente im Nullpunkt und eine Tangente in einem beliebigen anderen Punkt *PE* auf der Kennlinie ersetzt. Dabei wird aus der Steigung der Tangente im Punkt *PE* der Kehrwert des differentiellen Kenn-Widerstandes R_{BEK} und aus dem Schnittpunkt der Tangenten die Schwellenspannung U_S der Basis-Emitter-Diode festgelegt. Die linearisierte Ausgangskennlinie wird im Sättigungsbereich durch eine senkrechte Gerade durch die Kollektor-Emitterrestspannung U_{CR} und im Linearbereich durch eine parallel verlaufende Geradenschar, die als Parameter den Basisstrom I_B hat, zusammengesetzt. Der Kehrwert von R_{CEK} wird durch die Steigung einer Geraden, die durch den beliebigen Punkt *PA* läuft, bestimmt.

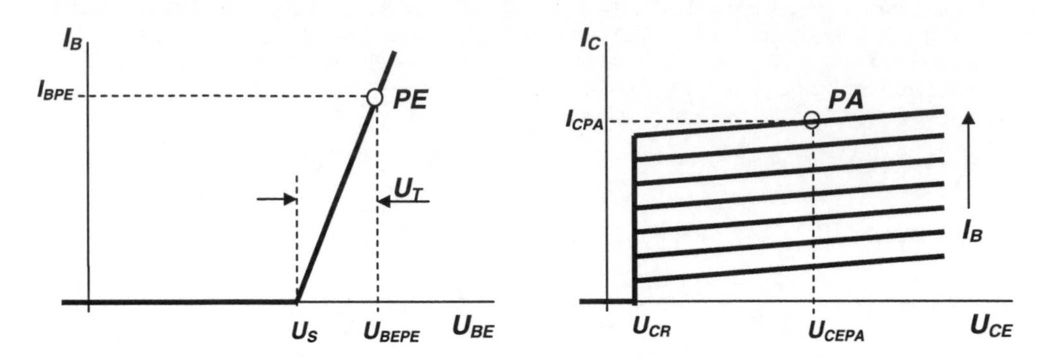

Bild 2-21: Linearisiertes Kennlinienfeld des npn-Transistors

Der Vorteil dieses linearisierten Großsignal-Ersatzbildes liegt in der einfachen mathematischen Handhabbarkeit gerade bei Schaltungen mit mehreren Transistoren, wobei allerdings der Nachteil erheblicher Ungenauigkeit eingegangen werden muss. Denn im realen Kennlinienfeld in Bild 2-15 sind R_{BE} und R_{CE} nicht konstant sondern von I_B bzw. von I_C abhängig. Dennoch ist die Verwendung dieses linearisierten Großsignal-Ersatzbildes meistens zulässig, wenn nur die grobe Dimensionierung von Schaltkreisen oder die Analyse ihrer Funktionsweise beabsichtigt ist.

Die Großsignal-Ersatzbilder in Bild 2-20 sind auf den pnp-Transistor übertragbar, wenn alle Strom- und Spannungsrichtungen invertiert werden. Folglich müssen auch die Dioden invertiert werden. Das linearisierte Kennlinienfeld in Bild 2-21 ist ebenfalls anwendbar, wobei die Beträge der Ströme und Spannungen als Bezeichner verwendet werden.

2.2.4. Ersatzbild des Darlington-Transistors

Auf der linken Seite von Bild 2-22 ist die so genannte Darlington-Schaltung am Beispiel von npn-Transistoren dargestellt. Diese Schaltung wird verwendet, um die Stromverstärkung und den Basis-Emitter-Widerstand gegenüber einem Einzeltransistor zu erhöhen.

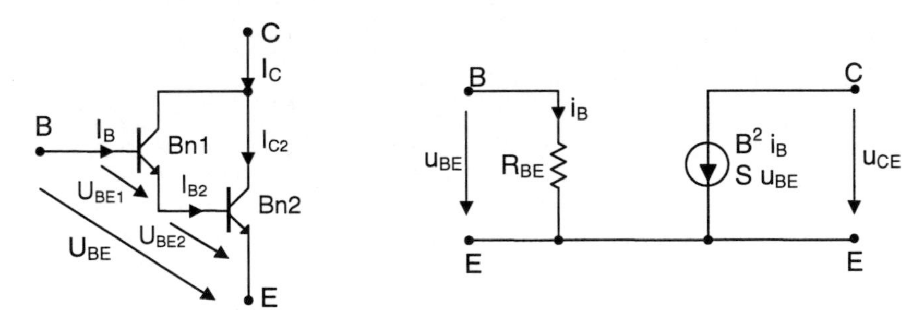

Bild 2-22: Darlington-Schaltung mit npn-Transistoren und K-WEB

Der Darlington-Transistor wird als Zusammenschaltung zweier Transistoren gemäß Bild 2-22 auf einem Chip gefertigt, das in einem Transistorgehäuse untergebracht ist. Aus diesem Gehäuse werden allerdings nur die in Bild 2-22 gezeigten Anschlüsse B, C und E herausgeführt, so dass der Darlington-Transistor als ein Transistor aufzufassen ist.

Das K-WEB des Darlington-Transistors ist auf der rechten Seite von Bild 2-22 gezeigt. Zur Berechnung der Kenngrößen des Darlington-Transistors werden die realen Kennlinien gemäß Gl. 2-31 für $KB_{EA} \approx 1$ zu Grunde gelegt. Außerdem sei vorausgesetzt, dass die Transistoren *Bn1*, *Bn2* identisch sind und eine hinreichend große Stromverstärkung B ($\approx B+1$) aufweisen. Folglich ist $I_C \approx I_{C2} \approx B^2\, I_B$. Demnach besteht folgende Beziehung zwischen den Steilheiten S_1, S_2 der Einzeltransistoren *Bn1*, *Bn2*:

Gl. 2-50: $$S_2 = \frac{I_{C2}}{U_T} = \frac{B\, I_{C1}}{U_T} = B\, S_1$$

Da für die beiden Einzeltransistoren die Abhängigkeit $i_{C1,2} = S_{1,2}\, u_{BE1,2}$ gelten muss, resultiert die Identität ihrer Basis-Emitter-Wechselspannungen:

Gl. 2-51: $$u_{BE1} = \frac{i_{C1}}{S_1} = \frac{i_{C2}/B}{S_2/B} = u_{BE2}$$

Folglich erhält man die Steilheit des Darlington-Transistors zu:

Gl. 2-52: $$S = \frac{i_C}{u_{BE}} = \frac{i_{C2}}{2\, u_{BE2}} = \frac{S_2}{2} = B\frac{S_1}{2} = \frac{I_C}{2\, U_T}$$

Für den differentiellen Basis-Emitter-Widerstand R_{BE} des Darlington-Transistors ergibt sich dann:

Gl. 2-53: $$R_{BE} = \frac{u_{BE}}{i_B} = \frac{u_{BE}\, B^2}{i_C} = \frac{B^2}{S}$$

2.3. Feldeffekt-Transistoren (FET)

Neben den Biploar-Transistoren, die in Kapitel 2.2 behandelt wurden, existieren die Feldeffekt-Transistoren, die ähnlich einer Elektronenröhre leistungslos gesteuert und abkürzend als FET (Field Effect Transistor) bezeichnet werden. Grundsätzlich treten Feldeffekt-Transistoren in zwei unterschiedlichen Bauformen auf, nämlich als Sperrschicht-FET und als Isolierschicht-FET. Wie bei den Bipolar-Transistoren, die als npn- oder pnp-Schichtfolgen ausgeführt werden können, existiert bei den FETs der n-Kanal- und der p-Kanal-Typ. Auch hier gilt wieder, dass die Strom- und Spannungsrichtungen vom p-Kanal-Typ gegenüber dem n-Kanal-Typ zu invertieren sind. In Analogie zum Bipolar-Transistor sind die Kennlinienfelder beider FET-Typen prinzipiell identisch, wenn die Strom- und Spannungsbezeichner als Beträge verstanden werden.

Feldeffekt-Transistoren haben drei wesentliche Anschlussklemmen, die als Gate (G), Source (S) und Drain (D) bezeichnet werden. Dabei wird zwischen Gate- und Source-Anschluss die Steuerspannung U_{GS} angelegt, die den Strom I_D des Drainanschlusses (Drainstrom) und den Strom I_S des Source-Anschlusses (Sourcestrom) beeinflusst. Die Steuerung am Gate geschieht nahezu leistungslos, da der Gate-Source-Widerstand extrem hochohmig (>10 MΩ) gehalten wird.

Aufgrund des sehr hohen Gate-Source-Widerstands können statische Ladungen, die bei der Handhabung von FETs entstehen, nicht abgebaut werden. Da statische Ladungen meistens in Verbindung mit hohen Spannungen auftreten, führen diese im Allgemeinen zur Zerstörung des Bauelementes. Daher sollte bei der Handhabung unbedingt auf die statische Entladung, wie beispielsweise durch Erdung des Handgelenks mittels Masseverbindung, geachtet werden.

2.3.1. Isolierschicht-FET (MOSFET)

Bei MOSFETs sorgt eine Isolierschicht zwischen Gate und dem Drain-Source-Kanal dafür, dass kein nennenswerter Gatestrom fließen kann. Da die Isolierschicht als Metal-Oxyd-Schicht ausgeführt ist, wurde die englische Bezeichnung „Metal Oxide Semiconductor (MOS)“ eingeführt. Die Gateströme realer MOSFETs liegen im Bereich von 1pA bis hin zu 1nA.

Es wird zwischen vier verschiedenen Ausführungsformen für MOSFETs unterschieden, deren Schaltsymbole in Bild 2-23 dargestellt sind.

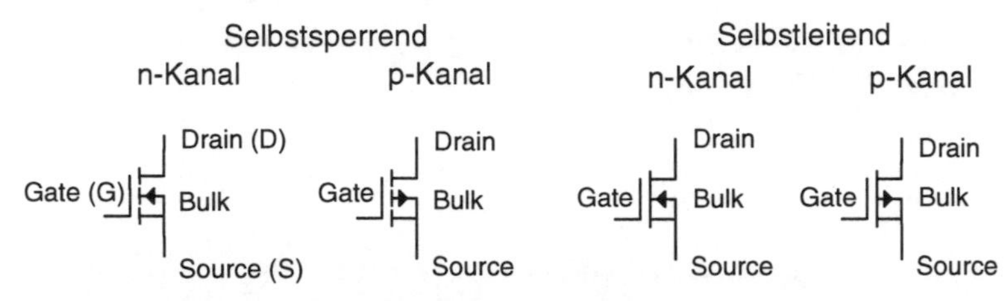

Bild 2-23: Schaltsymbole der verschiedenen MOSFETs

Die vier Ausführungsformen teilen sich in die Gruppe der selbstleitenden und in die Gruppe der selbstsperrenden Transistoren auf, wobei jede Gruppe wiederum aus n-Kanal-Typ und p-Kanal-Typ besteht. Exemplarisch sollen nur die n-Kanal-Typen näher erläutert werden, da die p-Kanal-Typen bei Umkehr der Strom- und Spannungsrichtungen in gleicher Weise zu behandeln sind. Die Bulk-Anschlüsse in Bild 2-23 werden üblicherweise nicht aus dem Transistorgehäuse herausgeführt, sondern intern mit dem Source-Anschluss verbunden.

Das Kennlinienfeld eines selbstsperrenden n-Kanal-MOSFET ist in Bild 2-24 gezeigt.

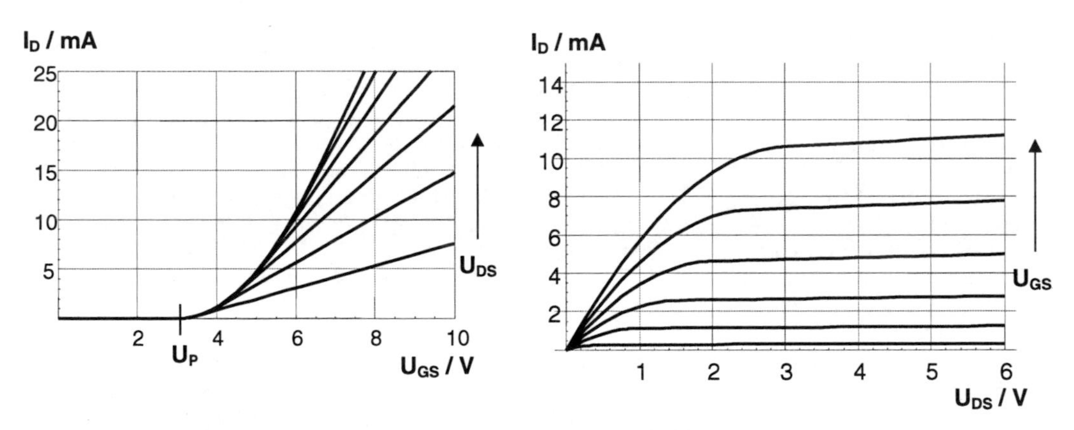

Bild 2-24: Kennlinienfeld eines selbstsperrenden n-Kanal-MOSFET

Wie es aus dem Kennlinienfeld in Bild 2-24 ersichtlich ist, nimmt der Drainstrom I_D erst zu, wenn die Gate-Source-Spannung U_{GS} die Schwellenspannung U_P überschreitet. Bei FETs wird die Schwellenspannung als Pinch-Off- Spannung bezeichnet. Da der Transistor für $U_{GS} = 0$ sperrt, wird er „selbstsperrend“ genannt. Für diese Bezeichnung existieren die Alternativen „Anreicherungstyp“, „normally off“ und „Enhancement Mode“.

Oberhalb einer bestimmten Mindestspannung zwischen Drain und Source, die durch

Gl. 2-54: $$U_{DS\min} = U_{GS} - U_P \ \textit{für}\ U_{GS} > U_P$$

festgelegt ist, verhält sich der Transistor nahezu wie eine mittels der Gate-Source-Spannung U_{GS} gesteuerte Stromquelle. Der Bereich oberhalb $U_{DS\ min}$ wird daher in Analogie zum Bipolar-Transistor als <u>Linearbereich</u> bezeichnet. In diesem Bereich ist I_D nicht mehr abhängig von U_{DS}. Der Zusammenhang zwischen I_D und U_{GS} wird durch die steilste (obere) Kennlinie der Eingangskennlinien in Bild 2-24 wiedergegeben.

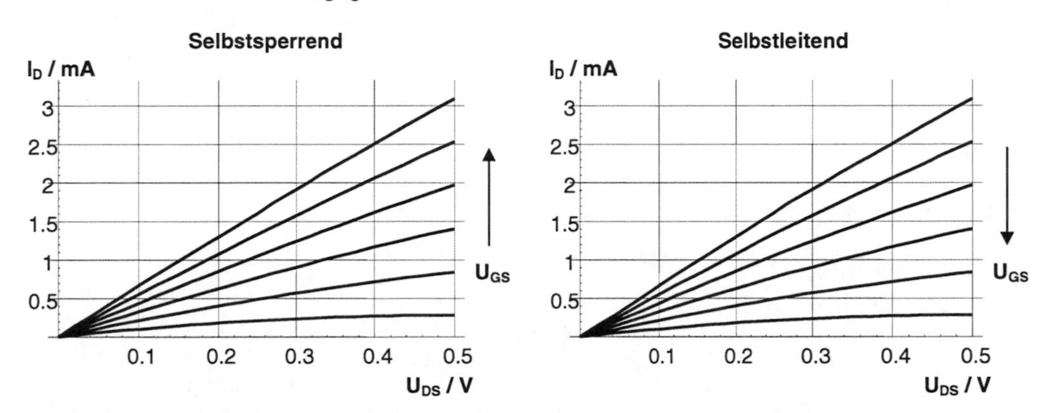

Bild 2-25: Ohmscher Bereich in den Ausgangskennlinien eines n-Kanal-MOSFET

Der Bereich unterhalb von $U_{DS\ min}$ wird <u>Ohmscher Bereich</u> genannt, da sich der Transistor hier wie ein spannungsgesteuerter Widerstand verhält, wie es aus dem Ausschnitt der Ausgangskennlinien in Bild 2-25 ersichtlich ist. Um die Begriffsvielfalt zu reduzieren, soll im Weiteren der Ohmsche Bereich wie beim Bipolar-Transistor als <u>Sättigungsbereich</u> bezeichnet werden

Bild 2-26 zeigt das Kennlinienfeld eines selbstleitenden n-Kanal-MOSFET, bei dem für $U_{GS} = 0$ der im Normalfall größte Drainstrom I_{D0} fließt. Der Drainstrom kann zwar durch $U_{GS} > 0$ noch gesteigert werden, hierbei ist allerdings auf die maximal zulässige Verlustleistung

Gl. 2-55: $$P_{V\max} = \left(I_D \cdot U_{DS}\right)\Big|_{\max}$$

des Transistors zu achten. Durch zunehmend negative Gate-Source-Spannung wird der Drainstrom kleiner, wobei dieser für $U_{GS} \leq U_P$ völlig verschwindet.

Die Aufteilung in Linearbereich und Sättigungsbereich in den Ausgangskennlinien ist wie beim selbstsperrenden MOSFET, wie es aus Bild 2-24und Bild 2-26 deutlich wird. Zu beachten ist nur die Umkehr der Gate-Source-Spannungsrichtung zwischen dem selbstsperrenden und dem selbstleitenden MOSFET.

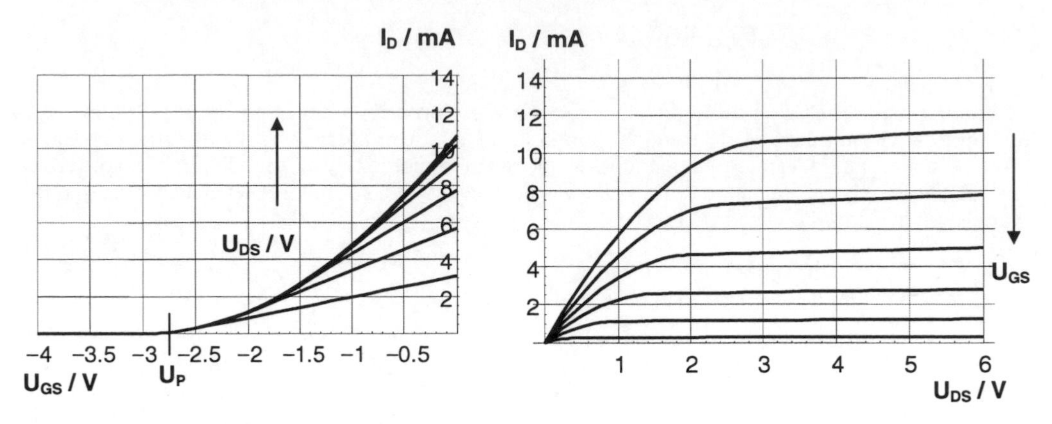

Bild 2-26: Kennlinienfeld eines selbstleitenden n-Kanal-MOSFET

2.3.2. Sperrschicht-FET (JFET)

Bei Sperrschicht-FETs ist das Gate vom Drain-Source-Kanal durch eine Diode getrennt, die stets in Sperrrichtung betrieben werden muss. Folglich fließt auch bei diesem Transistortyp nur ein vernachlässigbarer Gatestrom I_G, der dem Sperrstrom der Diode entspricht. Sperrschicht-FETs, die abkürzend auch als JFETs bezeichnet werden, existieren als n-Kanal-Typ und als p-Kanal-Typ. Allerdings lässt ihre Bauform nur die selbstleitende Ausführung zu.

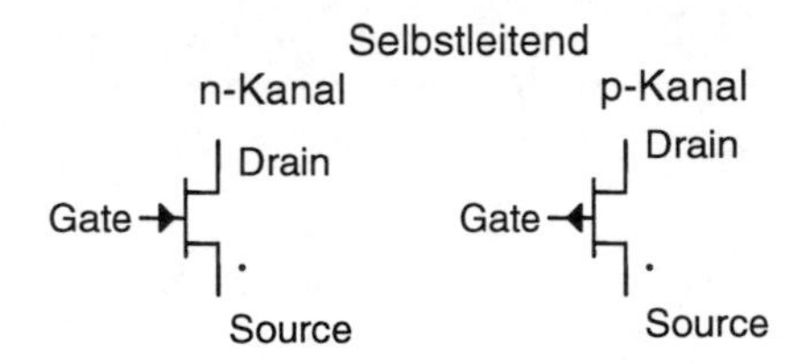

Bild 2-27: Schaltsymbole der verschiedenen JFETs

In Bild 2-27 sind die Schaltzeichen der verschieden JFETs dargestellt. Aufgrund der Symmetrie der Symbole muss der Source-Anschluss zusätzlich durch einen Punkt gekennzeichnet werden, da in Schaltplänen häufig auf die Bezeichnungen der Anschlüsse verzichtet wird. Der jeweilige Pfeil markiert die Durchlassrichtung der Diode am Gate.

In Bild 2-28 ist das Kennlinienfeld eines n-Kanal-JFET wiedergegeben, das identisch zu dem Kennlinienfeld des selbstleitenden n-Kanal-MOSFET in Bild 2-26ist. Folglich sind die Aussagen, die bezüglich des Kennlinienverhaltens für den selbstleitenden n-Kanal-MOSFET getroffen wurden, übertragbar auf den JFET. Zu beachten ist jedoch, dass die Gate-Source-Spannung im Gegensatz zum selbstleitenden n-Kanal-MOSFET beim JFET stets negativ sein muss, um die normale Funktion des Transistors aufrecht zu erhalten. Daher stellt sich für U_{GS} = 0 der maximale Drainstrom $I_{Dmax} = I_{D0}$ ein.

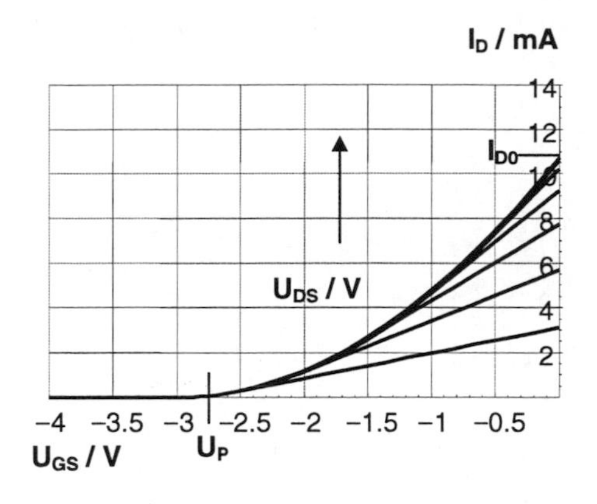

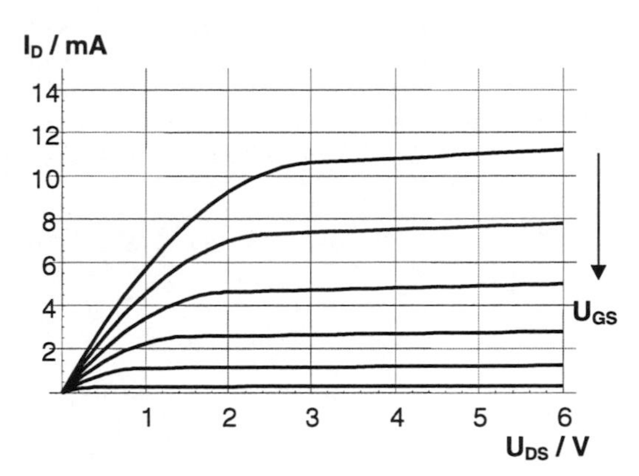

Bild 2-28: Kennlinienfeld eines selbstleitenden n-Kanal- JFET

2.3.3. Mathematische Simulation der Kennlinien

Wie es bereits beim Bipolar-Transistor in Kapitel 2.2.1 durchgeführt wurde, können auch die Kennlinien von Feldeffekt-Transistoren modellhaft, idealisiert beschrieben werden. Für die Abhängigkeit des Drainstroms I_D existiert die folgende Näherung, die

für den Sperrbereich

Gl. 2-56:

$$U_{GS} < U_P: \quad I_D = 0 ,$$

für den Sättigungsbereich (Ohmschen Bereich)

Gl. 2-57:

$$U_{GS} \geq U_P,\ 0 \leq U_{DS} < U_{GS} - U_P: \quad I_D = \frac{2\,I_{D0}}{U_P^2}\left(U_{GS} - U_P - \frac{U_{DS}}{2}\right) \cdot U_{DS} \cdot KF_{EA}$$

und für den Linearbereich

Gl. 2-58:

$$U_{GS} \geq U_P,\ U_{DS} > U_{GS} - U_P: \quad I_D = I_{D0}\left(\frac{U_{GS}}{U_P} - 1\right)^2 \cdot KF_{EA}$$

auf unterschiedliche Weise definiert ist. Dabei stellt der von U_{DS} abhängige Faktor KF_{EA} die Steigung der Ausgangskennlinien her, die bei realen Transistoren auftritt. Für diesen Faktor gilt:

Gl. 2-59:

$$KF_{EA} = \left(1 - \frac{U_{DS}}{U_{EA}}\right)$$

Hierbei ist U_{EA} die „Early“-Spannung, die sich als Schnittpunkt zwischen der Spannungsachse und der Ausgangskennlinien-Tangenten im Linearbereich einstellt. Vereinfachend wird hierbei angenommen, dass sich alle Tangenten in einem gemeinsamen Schnittpunkt treffen. Zur Annäherung an reale Kennlinien muss U_{EA} negativ sein. In Bild 2-29 sind die mittels Gl. 2-58 berechneten Eingangskennlinien im Linearbereich für $KF_{EA} \approx 1$ dargestellt.

Im Sättigungsbereich (Ohmscher Bereich), in dem der FET als steuerbarer Widerstand R_{DS0} fungiert, kann der zugehörige Leitwert mit $KF_{EA} \approx 1$ berechnet werden zu:

Gl. 2-60:
$$\frac{1}{R_{DS0}}\bigg|_{U_{DS}=0} = \frac{\partial I_D}{\partial U_{DS}}\bigg|_{U_{DS}=0} = \frac{2\,I_{D0}}{U_P^2}(U_{GS} - U_P)$$

Im Linearbereich ergibt sich die Steilheit des FET im Arbeitspunkt *AP* als:

Gl. 2-61:
$$S_{AP} = \frac{\partial I_D}{\partial U_{GS}}\bigg|_{U_{GS\,AP}} = \frac{2\,I_{D0}}{U_P}\left(\frac{U_{GS\,AP}}{U_P} - 1\right) = \frac{2}{U_P}\sqrt{I_{D0}\,I_{D\,AP}}$$

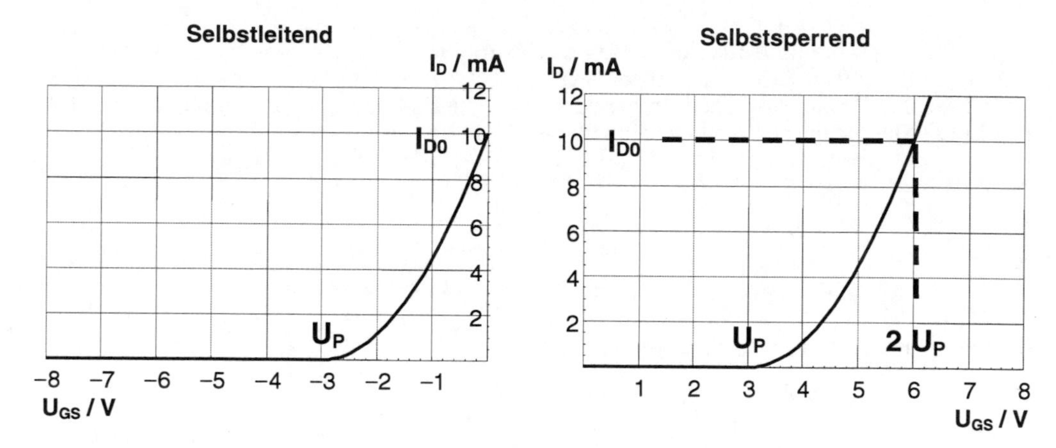

Bild 2-29: Simulierte Eingangskennlinien von FETs im Linearbereich

2.3.4. Wechselspannungsersatzbild

Für den Linearbereich kann in einem festgelegten Arbeitspunkt *AP* ähnlich der Vorgehensweise, die in Kapitel 2.2.2 beim Bipolar-Transistor angewendet wurde, ein Kleinsignal - Wechselspannungsersatzbild (K-WEB) für den FET entwickelt werden. Hierzu sind in Gl. 2-43 und Gl. 2-44 die Bezeichner des Bipolar-Transistors gegen die entsprechenden Bezeichner des FET zu tauschen, so dass man erhält:

Gl. 2-62:
$$i_G = \frac{1}{R_{GS\,AP} \to \infty}\,u_{GS} \approx 0$$

Gl. 2-63:
$$i_D = S_{AP}\,u_{GS} + \frac{u_{DS}}{R_{DS\,AP}}$$

Aus diesen Gleichungen lässt sich das in Bild 2-30 gezeigte Kleinsignal- Wechselspannungsersatzbild des FET ableiten.

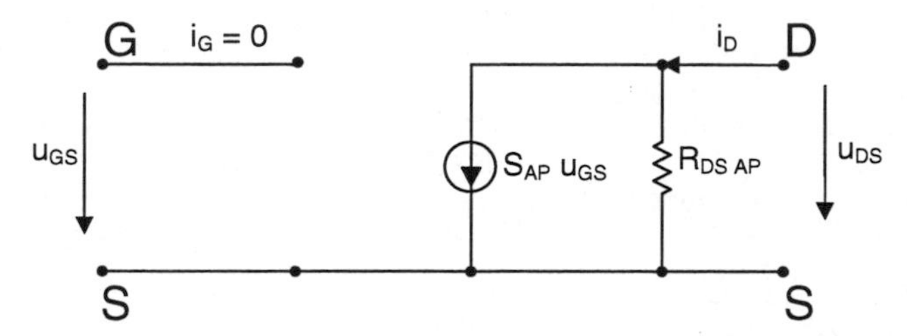

Bild 2-30: Kleinsignal-Wechselspannungsersatzbild (K-WEB) des FET

Hierbei ist S_{AP} durch Gl. 2-61 definiert und $R_{DS\,AP}$ ergibt sich durch sinngemäße Anwendung von Gl. 2-42 zu:

Gl. 2-64: $$R_{DS\,AP} = \frac{U_{DS\,AP} - U_{EA}}{I_{D\,AP}}$$

Das K-WEB in Bild 2-30 ist sowohl für n- Kanal als auch für p-Kanal-Transistoren gültig. Denn die jeweilige Bezugsrichtung des Eingangssignals u_{GS} entscheidet auch über die Bezugsrichtung der mittels u_{GS} gesteuerten Stromquelle, die wiederum über die äußere Beschaltung die Richtung der Ausgangssignale i_D oder u_{DS} festlegt. Es ist ebenfalls unerheblich, ob ein selbstleitender oder ein selbstsperrender FET betrachtet wird, da in beiden Fällen die Proportionalität zwischen i_D und u_{GS} gegeben ist.

2.3.5. Großsignal-Ersatzbilder

Für den Linearbereich des FET kann auf der Basis von Gl. 2-58 und in Anlehnung an die Struktur des K-WEB in Bild 2-30 ein Großsignal-Ersatzbild entwickelt werden. Dieses zeigt Bild 2-31 für den Linear- und Sperrbereich eines selbstsperrenden n-Kanal-MOSFET.

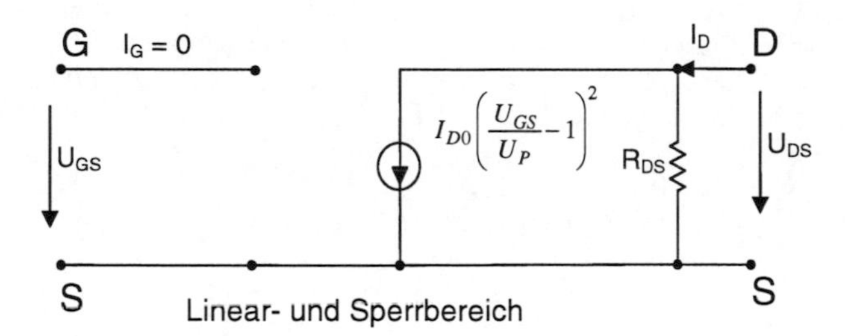

Bild 2-31: Großsignal-Ersatzbild des selbstsperrenden n-Kanal-MOSFET

Der von I_D abhängige Drain-Sourcewiderstand R_{DS} wird entsprechend Gl. 2-64 ermittelt zu:

Gl. 2-65: $$R_{DS} = \frac{U_{DS} - U_{EA}}{I_D},$$

Die Early-Spannung U_{EA}, der Drain-Nullstrom I_{D0} und die Pinch-Off-Spannung U_P sind aus dem Kennlinienfeld oder den SPICE-Modellen, die vom Hersteller des jeweiligen Transistors verfügbar sind, zu bestimmen.

Die Vorgehensweise zur Bestimmung der Größen U_{EA}, I_{D0} und U_P soll nun an Hand des Kennlinienfeldes in Bild 2-24 für den selbstsperrenden n-Kanal-MOSFET erläutert werden. Zur Ermittlung von I_{D0} und U_P werden auf der oberen Eingangskennlinie, die für den Linearbereich (U_{DS} > 3 V) gilt, zwei beliebige Wertepaare bestimmt. Als Beispiel sollen die beiden Wertepaare {(U_{GS1}= 6 V, I_{D1} = 12 mA), (U_{GS2}= 7,6 V, I_{D2} = 25 mA)} herangezogen werden. Aus Gl. 2-58 erhält man mit $KF_{EA} \approx 1$ die nachfolgenden Bestimmungsgleichungen:

Gl. 2-66: $$U_P = \frac{U_{GS2} - \sqrt{I_{D2}/I_{D1}}\; U_{GS1}}{1 - \sqrt{I_{D2}/I_{D1}}}$$

Gl. 2-67: $$I_{D0} = I_{D2}\left(\frac{U_{GS2}}{U_P} - 1\right)^{-2}$$

Aus diesen Gleichungen werden dann $U_p \approx 2{,}4$ V und $I_{D0} \approx 5{,}3$ mA berechnet. Um U_{EA} zu bestimmen, müssen zwei Wertepaare auf den Ausgangskennlinien herangezogen werden. Als Beispiel werden hier die beiden Wertepaare {(U_{DS3}= 3 V, I_{D3} = 10,7 mA), (U_{DS4}= 6 V, I_{D4} = 11,3 mA)} gewählt. Aus Gl. 2-65 erhält man die Bestimmungsgleichung

Gl. 2-68: $$U_{EA} = U_{DS4} - R_{DS}\, I_{D4} \quad ,$$

wobei der differentielle Drain-Source-Widerstand aus

Gl. 2-69: $$R_{DS} = \frac{U_{DS4} - U_{DS3}}{I_{D4} - I_{D3}}$$

berechnet wird. Mittels dieser Gleichungen ergeben sich $R_{DS} \approx 5\ \mathrm{K\Omega}$ und $U_{EA} \approx -50{,}5$ V.

Durch Linearisierung der Eingangskennlinie kann ein stark vereinfachtes Ersatzbild für den FET entwickelt werden. Ein linearisiertes Kennlinienfeld ist in Bild 2-32 am Beispiel des selbstsperrenden n-Kanal-MOSFET dargestellt. Die Eingangskennlinie wird durch eine Tangente im Nullpunkt und eine Gerade ersetzt, die durch den Punkt *PE* und durch den Punkt U_P auf der Tangenten im Nullpunkt läuft. Dabei ist die Steigung der Geraden identisch mit $S_K/2$, denn aus Gl. 2-58 und Gl. 2-61 ergibt sich mit $KF_{EA} \approx 1$:

Gl. 2-70: $$I_D = \frac{S}{2}\left(U_{GS} - U_P\right), \quad S = \frac{2\, I_{D0}}{U_P}\left(\frac{U_{GS}}{U_P} - 1\right)$$

Wenn die Steilheit *S*, die gemäß Gl. 2-70 eine lineare Funktion von U_{GS} ist, stark vereinfacht als Konstante S_K angesehen wird, so kann der Strom I_D als lineare Funktion von U_{GS} angesehen werden. Damit sich für $U_{GS} = 2\, U_P$ der Null-Strom I_{D0} einstellt, muss für S_K gelten:

Gl. 2-71: $$S_K = \frac{2\, I_{D0}}{U_P}$$

Die linearisierte Ausgangskennlinie wird im Sättigungsbereich durch eine senkrechte Gerade im Nullpunkt und im Linearbereich durch eine parallel verlaufende Geradenschar, die als Parameter die Gate-Source-Spannung U_{GS} hat, zusammengesetzt. Der Kehrwert des Drain-Source-Kennwiderstands R_{DSK} wird durch die Steigung einer Geraden, die durch den beliebigen Punkt *PA* läuft, bestimmt.

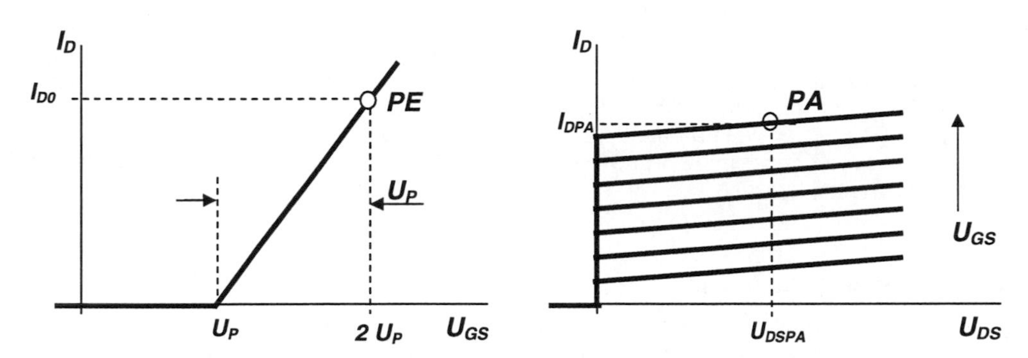

Bild 2-32: Linearisiertes Kennlinienfeld des selbstsperrenden n-Kanal-MOSFET

Ein Linearisiertes Großsignal-Ersatzbild, das auf dem linearisierten Kennlinienfeld in Bild 2-32 aufbaut, ist in Bild 2-33 für den n-Kanal-MOSFET dargestellt. Die Stromquelle wird mittels U_{GS} entsprechend Gl. 2-70 gesteuert, wobei die Kenn-Steilheit S_K mit Hilfe von Gl. 2-71 berechnet werden kann.

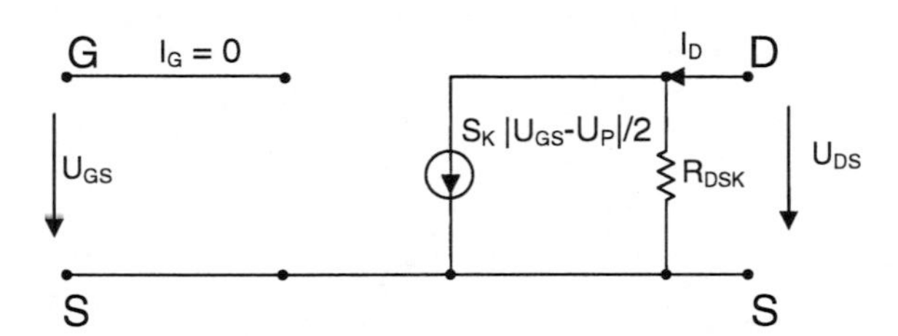

Bild 2-33: Linearisiertes Großsignal-Ersatzbild des selbstsperrenden n-Kanal-MOSFET

Die Ergebnisse, die mit diesem linearisierten Großsignal-Ersatzbild erzielt werden, sind aufgrund der angenommenen Konstanz der Steilheit S_K sehr ungenau. Die Verwendung dieses linearisierten Ersatzbildes ist demnach nur zur Grobanalyse von Schaltkreisen ratsam.

Die behandelten Großsignal-Ersatzbilder (Bild 2-31 und Bild 2-33) sind auf p-Kanal-Transistoren übertragbar, wenn die Bezugsrichtungen für die Ströme und Spannungen invertiert werden. Die Übertragung dieser Ersatzbilder auf selbstleitende n-Kanal-Transistoren kann unverändert durchgeführt werden, da die Vorzeichen der Pinch-Off-Spannung U_P und der Gate-Source-Spannung U_{GS} identisch sind.

3. Grundschaltungen von Transistoren

In linearen Anwendungen, wie z.B. in Verstärker- und aktiven Filterschaltungen werden Transistoren in ihrem Linearbereich betrieben, wobei drei Grundschaltungsarten für den Transistor existieren. Diese Grundschaltungsarten erhalten ihre Bezeichnung jeweils danach, welcher der drei Anschlüsse des Transistors direkt an die Wechselspannungsmasse angeschlossen ist. Hierbei wird angenommen, dass Kondensatoren und Gleichspannungen in der Schaltung einen Kurzschluss für Wechselspannungen darstellen.

3.1. Emitterschaltung

Bei der Emitterschaltung, die auf der linken Seite von Bild 3-1 für einen npn-Transistor dargestellt ist, ist der Emitter direkt an Masse angeschlossen. Die Batterie-Gleichspannungen UB1 und UB2 sorgen dafür, dass der Transistor in einem Arbeitspunkt *AP* betrieben wird, der im Linearbereich liegt. Die Wechselspannung u_E stellt die Eingangsspannung dar, auf die die Schaltung am Ausgang mit der Wechselspannung u_A reagiert. Der Wechselspannung u_A ist die Gleichspannung U_{AP} im Arbeitspunkt *AP* überlagert.

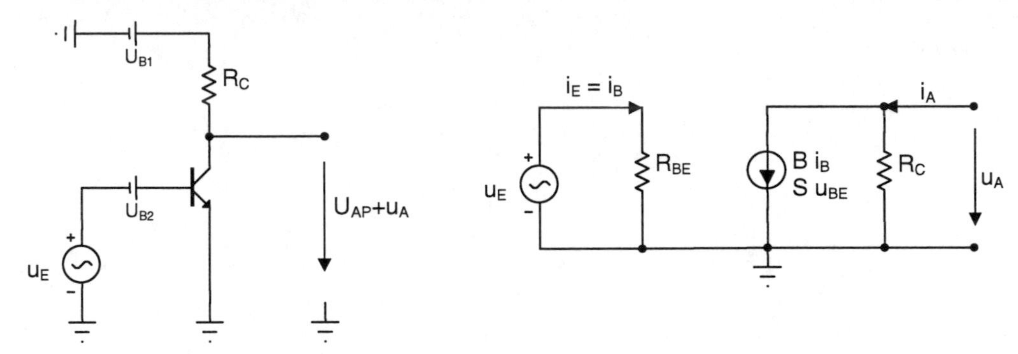

Bild 3-1: Emitterschaltung mit npn-Transistor und Wechselspannung-Ersatzbild

Für lineare Anwendungen ist das Wechselspannungsverhalten der Schaltung von besonderem Interesse, wobei im gewählten Arbeitspunkt *AP* die Betriebserstärkung V_B, der eingangsseitige Innenwiderstand R_{iE} und der ausgangsseitige Innenwiderstand R_{iA} die wesentlichen Kenngrößen sind.

Zur vereinfachten Berechnung dieser Kenngrößen wird die Emitterschaltung in das Wechselspannung-Ersatzbild umgewandelt, das auf der rechten Seite von Bild 3-1 gezeigt ist und in der der Transistor durch das K-WEB (Bild 2-17) unter Vernachlässigung des Kollektor-Emitter-Widerstands R_{CE} ersetzt wurde. Da die Gleichspannungen UB1 und UB2 keine veränderlichen Größen darstellen, werden sie im Wechselspannung-Ersatzbild kurzgeschlossen. Der abgebildete Masseanschluss ist als Wechselspannungsmasse, die nicht immer eine galvanische Verbindung zur Gleichspannungsmasse aufweisen muss, aufzufassen.

Die Betriebsverstärkung V_B ist der Quotient von Ausgangswechselspannung u_A und Eingangswechselspannung u_E unter der Voraussetzung, dass der Ausgang nicht belastet wird:

Gl. 3-1:
$$V_B = \left.\frac{u_A}{u_E}\right|_{i_A=0} = \frac{-S\left(R_C \,//\, R_{CE}\right)\, u_E}{u_E} \approx -S\, R_C$$

Trotz Vernachlässigung im Wechselspannung-Ersatzbild wurde der Einfluss von R_{CE} in Gl. 3-1 zunächst einbezogen, um zu zeigen, dass R_{CE} wie ein zusätzlicher Lastwiderstand am Ausgang wirkt. Meistens kann allerdings angenommen werden, dass R_{CE} wesentlich größer als R_C oder als ein tatsächlicher Lastwiderstand R_L ist. V_B ist somit annähernd das Produkt aus R_C und Steilheit S im Arbeitspunkt AP des Transistors. Das negative Vorzeichen beinhaltet, dass bei Erhöhung der Eingangsspannung auch der Strom durch R_C erhöht und somit die Ausgangsspannung erniedrigt wird.

Messtechnisch wird der eingangsseitige Innenwiderstand R_{iE} ermittelt, indem der Wechselstrom i_E bestimmt und der Quotient von u_E und i_E gebildet wird. Da $u_E = u_{BE}$ und $i_E = i_B$ sein muss, gilt

Gl. 3-2: $$R_{iE} = \left.\frac{u_E}{i_E}\right|_{i_A=0} = R_{BE} \ ,$$

wobei R_{BE} als Basis-Emitter-Widerstand im Arbeitspunkt AP aufzufassen ist.

Messtechnisch wird der ausgangsseitige Innenwiderstand R_{iA} ermittelt, indem die Wechselspannungsquelle der Spannung u_E auf Null geregelt und an den Ausgang eine weitere Wechselspannungsquelle mit der Spannung u_A angeklemmt wird. Hierbei ist darauf zu achten, dass die Amplitude von u_A so klein ist, dass keine Verzerrungen durch die Kennlinie (Kleinsignalbetrieb) auftreten können und dass der Arbeitspunkt AP nicht beeinflusst wird (z. B. durch geeignete Einfügung von Kondensatoren). Nach Messung des Wechselstroms i_A erhält man aus dem Quotienten von u_A und i_A den gesuchten ausgangsseitigen Innenwiderstand R_{iA}. Da $u_E = u_{BE} = 0$ ist, verschwindet der Strom der gesteuerten Stromquelle. Folglich fließt ausschließlich i_A über R_C bzw. R_{CE} :

Gl. 3-3: $$R_{iA} = \left.\frac{u_A}{i_A}\right|_{u_E=0} = R_C \,//\, R_{CE} \approx R_C$$

Die Emitterschaltung ist ein Verstärker, dessen Betriebsverstärkung V_B durch R_C und S beeinflusst wird. Hohes V_B erfordert entweder hohe Steilheit S oder einen großen Wert von R_C. Bei großem R_C entsteht der Nachteil eines großen ausgangsseitigen Innenwiderstands R_{iA}, da dann auch ein großer eingangsseitiger Innenwiderstand R_{iE} der nachfolgenden Schaltung gefordert werden muss. Denn wenn, beispielsweise in mehrstufigen Verstärkern, die nachfolgende Schaltung auch eine Emitterschaltung ist, so ist ein großer eingangsseitiger Innenwiderstand R_{iE} nur bei kleinem Basisstrom I_B zu erzielen. Ein kleiner Basisstrom I_B bedingt jedoch eine kleine Steilheit $S=I_C / U_T = B\, I_B / U_T$ und verursacht somit die Reduzierung der Betriebsverstärkung. Dieser Widerspruch lässt sich nur lösen, wenn eine Verstärkerstufe einen möglichst großen eingangsseitigen Innenwiderstand R_{iE} und einen möglichst kleinen ausgangsseitigen Innenwiderstand R_{iA}, die beide unabhängig von V_B sind, aufweist. Eine derartige Verstärkerstufe wird als ideal bezeichnet. Hierauf wird in Kapitel 3.3 noch näher eingegangen.

3.2. Sourceschaltung

Die Sourceschaltung, die auf der linken Seite von Bild 3-2 für einen selbstsperrenden n-Kanal-MOSFET dargestellt ist, erfüllt nahezu dieselbe Funktion wie die Emitterschaltung aus Kapitel 3.1. Zur mathematischen Analyse des Wechselspannungsverhaltens wird die Sourceschaltung in das Wechselspannung-Ersatzbild umgewandelt, das auf der rechten Seite von Bild 3-2 gezeigt ist. Hierbei wurde das K-WEB des selbstsperrenden n-Kanal-MOSFET gemäß Bild 2-30 verwendet, wobei der Drain-Sourcewiderstand R_{DS} vernachlässigt wurde. Um dennoch den Einfluss von R_{DS} zu berücksichtigen, soll er bei der Berechnung der Kenngrößen zunächst einbezogen werden.

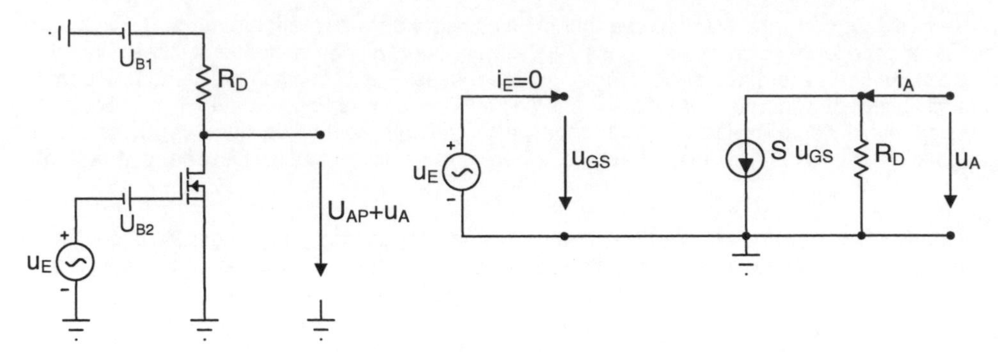

Bild 3-2: Sourceschaltung mit selbstsperrendem n-Kanal-MOSFET und Wechselspannung-Ersatzbild

Die Wechselspannnung-Kenngrößen der Sourceschaltung werden in Analogie zu der Vorgehensweise in Kapitel 3.1 ermittelt. Als Ergebnis erhält man die folgenden Beziehungen:

Gl. 3-4: $$V_B = \left.\frac{u_A}{u_E}\right|_{i_A=0} = \frac{-S\left(R_D \,//\, R_{DS}\right)\, u_E}{u_E} \approx -\, S\; R_D$$

Gl. 3-5: $$R_{iE} = \left.\frac{u_E}{i_E}\right|_{i_A=0} \approx \infty$$

Gl. 3-6: $$R_{iA} = \left.\frac{u_A}{i_A}\right|_{u_E=0} = R_D \,//\, R_{DS} \approx R_D$$

Der Unterschied zur Emitterschaltung ist, dass bei der Sourceschaltung keine Abhängigkeit zwischen V_B und R_{iE} besteht, da R_{iE} aufgrund des stets sehr großen Gate-Source-Widerstands ebenfalls sehr groß ist. Diese Aussage gilt allerdings nur bis zu einer bestimmten Grenzfrequenz, die unter Anderem von der parasitären Eingangskapazität C_{GS} des FET und dem Gate-Source-Widerstand R_{GS} abhängt. Wird nämlich in dem K-WEB in Bild 2-18, das bei Austausch der Bezeichnungen auch auf den FET übertragbar ist, als Eingangswiderstand des FET nur die Parallelschaltung von R_{GS} und C_{GS} berücksichtigt, so ergibt sich dessen Betrag als:

Gl. 3-7: $$R_{iE} = \frac{R_{GS}}{\sqrt{1+\left(2\pi\, f\, R_{GS}\, C_{GS}\right)^2}}$$

Die 3dB-Grenzfrequenz f_{g3B}, bei der R_{iE} um 3 dB, also um $1/\sqrt{2}$ gegenüber dem Maximalwert R_{GS} abgefallen ist, beträgt dann:

Gl. 3-8: $$f_{g3dB} = \frac{1}{2\pi\, f\, R_{GS}\, C_{GS}}$$

Oberhalb dieser Grenzfrequenz ist R_{iE} nahezu umgekehrt proportional zur Frequenz. Sind also bei einem FET beispielsweise f_{g3B} = 100 KHz und R_{GS} = 10 MΩ, so erhält man bei f = 100 MHz nur noch $R_{iE} = R_{GS}/\,1000$ = 10 KΩ.

3.3. Kollektorschaltung (Emitterfolger)

Bei der Kollektorschaltung, die auf der linken Seite von Bild 3-3 für einen npn-Transistor dargestellt ist, ist der Kollektor über die Batterie-Gleichspannung UB1 an Masse angeschlossen. Da die Gleichspannungen keine veränderlichen Größen darstellen, werden sie im Wechselspannung-Ersatzbild, das auf der rechten Seite von Bild 3-3 gezeigt ist, kurzgeschlossen. Folglich liegt der Kollektor auf Wechselspannungsmasse. Im Wechselspannung-Ersatzbild wurde für den Transistor das K-WEB (Bild 2-17) unter Vernachlässigung des Kollektor-Emitter-Widerstands R_{CE} zu Grunde gelegt.

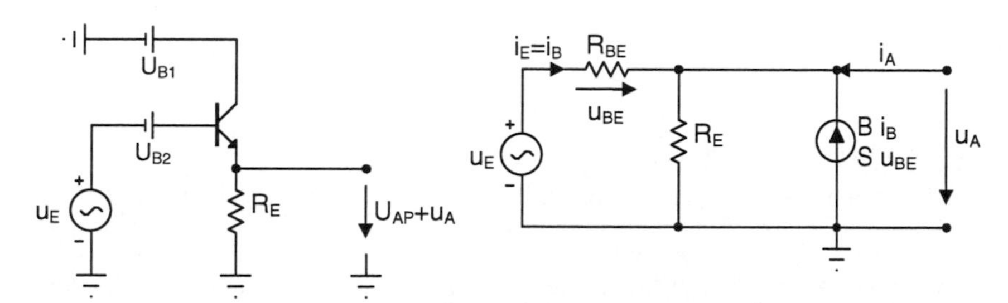

Bild 3-3: Kollektorschaltung mit npn-Transistor und Wechselspannung-Ersatzbild

Für die Wechselspannnung-Kenngrößen der Kollektorschaltung werden in Analogie zu der Vorgehensweise in Kapitel 3.1 die folgenden Beziehungen ermittelt:

Gl. 3-9:

$$V_B = \left.\frac{u_A}{u_E}\right|_{i_A=0} = \frac{1}{1+\left(R_{BE}/((B+1)R_E)\right)} \approx \frac{1}{1+\left(1/(S\ R_E)\right)} \approx 1 \ \textit{für}\ S >> 1/R_E$$

Gl. 3-10:

$$R_{iE} = \left.\frac{u_E}{i_E}\right|_{i_A=0} = R_{BE} + (B+1)\,R_E \approx B\ R_E \ \textit{für}\ B >> 1$$

Gl. 3-11:

$$R_{iA} = \left.\frac{u_A}{i_A}\right|_{u_E=0} = \frac{R_E}{1+\left(R_E\ (B+1)/R_{BE}\right)} \approx R_E // \frac{1}{S}$$

Die Betriebsverstärkung V_B der Kollektorschaltung ist demnach stets kleiner als 1. Da bei großem $S >> 1/R_E$ die Verstärkung V_B nahezu 1 wird und somit die Emitterspannung u_A der Eingangsspannung u_E folgt, wird die Schaltung auch als Emitterfolger bezeichnet. Für sehr große Steilheit S strebt $R_{BE} = B / S$ gegen Null, so dass wechselspannungsmäßig zwischen Basis und Emitter ein Kurzschluss entsteht.

Der eingangsseitige Innenwiderstand R_{iE} ist bei großer Stromverstärkung B nahezu $B\ R_E$. Der Grund hierfür ist, dass dann an R_E fast die gesamte Eingangsspannung u_E abfällt und der Strom durch R_E der mit B verstärkte Eingangsstrom i_E ist.

Für den ausgangsseitigen Innenwiderstand R_{iA} erhält man die Parallelschaltung aus R_E und $1/S = R_{BE}/ B$, sofern B ≈ (B+1) ist. Diese Voraussetzung ist bei realen Bipolar-Transistoren in der Regel erfüllt, da B in den meisten Fällen größer als 100 ist. Für $u_E = 0$ liegt die Spannung u_A an der Parallelschaltung von R_{BE} und R_E, so dass $u_A = -u_{BE}$ ist. Daher teilt sich i_A unter Vernachlässigung von i_B auf in den Strom durch R_E und in den gesteuerten Strom $S\ u_A$. Da die Stromaufteilung bei gleicher anliegender Spannung der Parallelschaltung zweier Widerstände entspricht, die durch den Quotienten der Spannung und des jeweiligen Stromes durch die Widerstände definiert sind, erhält man für den ausgangsseitigen Innenwiderstand das Ergebnis aus Gl. 3-11.

Die Kollektorschaltung (Emitterfolger) wird als so genannter Impedanzwandler eingesetzt, der einen hohen eingangsseitigen Innenwiderstand $R_{iE} \approx B\ R_E$ in einen kleinen ausgangsseitigen Innenwiderstand $R_{iA} \approx R_E\ //\ (1/S)$ umwandelt. Der idealen Eigenschaft, nämlich der Wandlung von $R_{iE} \approx \infty$ in $R_{iA} \approx 0$ kommt man um so näher, je größer die Stromverstärkung B ist. Für sehr großes B ist die Betriebsverstärkung V_B nahezu 1.

Die Kombination aus Emitter- und Kollektorschaltung erfüllt die Anforderungen an eine ideale Verstärkerstufe, wie sie in Kapitel 3.1 aufgestellt wurden, bezüglich der Unabhängigkeit der Innenwiderstände von der Betriebsverstärkung.

3.4. Drainschaltung (Sourcefolger)

Die Drainschaltung, die auf der linken Seite von Bild 3-4 für einen selbstsperrenden n-Kanal-MOSFET dargestellt ist, erfüllt eine ähnliche Funktion wie die Kollektorschaltung aus Kapitel 3.3. Das Wechselspannungsverhalten wird ersichtlich durch Umwandlung der Sourceschaltung in das Wechselspannung-Ersatzbild, das die auf der rechten Seite von Bild 3-4 gezeigt ist. Hierbei wurde das K-WEB des selbstsperrenden n-Kanal-MOSFET gemäß Bild 2-30 verwendet.

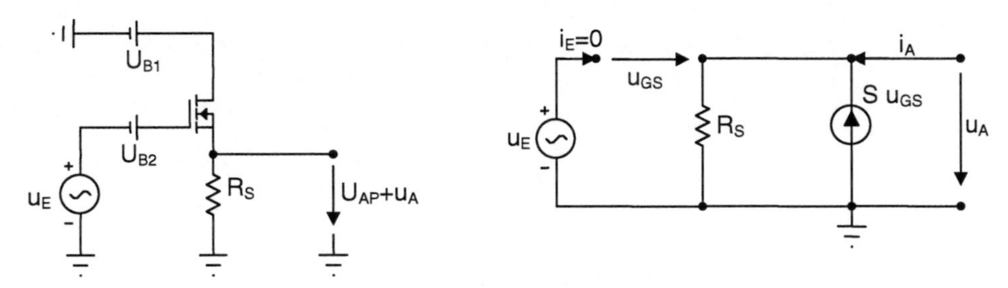

Bild 3-4: Drainschaltung mit selbstsperrendem n-Kanal-MOSFET und Wechselspannung-Ersatzbild

Die Analyse des Wechselspannung-Ersatzbildes liefert die Kenngrößen der Drainschaltung:

Gl. 3-12:
$$V_B = \left.\frac{u_A}{u_E}\right|_{i_A=0} = \frac{1}{1+\left(1/(S\ R_S)\right)} \approx 1 \ \text{für}\ S\ R_S >> 1$$

Gl. 3-13:
$$R_{iE} = \left.\frac{u_E}{i_E}\right|_{i_A=0} \approx \infty$$

Gl. 3-14:
$$R_{iA} = \left.\frac{u_A}{i_A}\right|_{u_E=0} = \frac{R_S}{1+S\ R_S} = R_S\ //\ \frac{1}{S}$$

Da bei großem $S >> 1/R_S$ die Betriebsverstärkung V_B nahezu 1 wird und somit die Sourcespannung u_A der Eingangsspannung u_E folgt, wird die Schaltung auch als Sourcefolger bezeichnet. Für eine sehr große Steilheit S strebt u_{GS} gegen Null, so dass wechselspannungsmäßig zwischen

Drain und Source ein Kurzschluss entsteht. In diesem Fall strebt der ausgangsseitige Innenwiderstand R_{iA} gegen Null.

Wie die Kollektorschaltung (Emitterfolger) wird die Drainschaltung als Impedanzwandler eingesetzt, der einen hohen eingangsseitigen Innenwiderstand $R_{iE} \approx \infty$ in einen kleinen ausgangsseitigen Innenwiderstand $R_{iA} \approx R_S$ // (1/S) umwandelt. Zu berücksichtigen ist allerdings die Frequenzabhängigkeit von $R_{iE} = R_{GS}$ gemäß Gl. 3-7.

Bezüglich der Unabhängigkeit der Innenwiderstände von der Betriebsverstärkung erfüllt die Kombination aus Emitter- und Kollektorschaltung die Anforderungen an eine ideale Verstärkerstufe, wie sie in Kapitel 3.1 aufgestellt wurden.

3.5. Basisschaltung

Bei der Basisschaltung, die auf der linken Seite von Bild 3-5 dargestellt ist, erfolgt die Einspeisung der Wechselspannung u_E am Emitter und der Abgriff von u_A am Kollektor. Im Wechselspannung-Ersatzbild, das auf der rechten Seite von Bild 3-5 wiedergegeben ist, wurde für den Transistor das K-WEB (Bild 2-17) unter Vernachlässigung des Kollektor-Emitter-Widerstands R_{CE} verwendet.

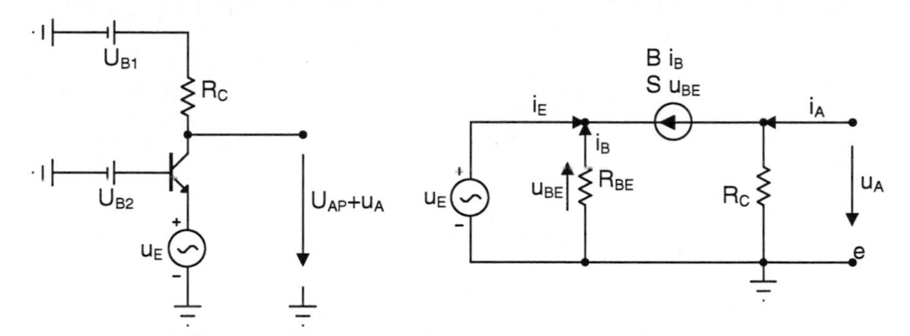

Bild 3-5: Basisschaltung mit npn-Transistor und Wechselspannung-Ersatzbild

Die Wechselspannungsanalyse liefert die gesuchten Kenngrößen der Basisschaltung:

Gl. 3-15: $$V_B = \left.\frac{u_A}{u_E}\right|_{i_A=0} = S\ R_C$$

Gl. 3-16: $$R_{iE} = \left.\frac{u_E}{i_E}\right|_{i_A=0} = \frac{1}{S}\ //\ R_{BE} = \frac{R_{BE}}{B}\ //\ R_{BE} \approx \frac{1}{S}$$

Gl. 3-17: $$R_{iA} = \left.\frac{u_A}{i_A}\right|_{u_E=0} = R_C$$

Die Betriebsverstärkung V_B der Basisschaltung ist dem Betrage nach gleich der Betriebsverstärkung der Emitterschaltung. Allerdings ist die Verstärkung der Basisschaltung positiv, da eine Erhöhung der Eingangsspannung zu einer Erniedrigung des Stroms durch R_C und somit zur Erhöhung der Ausgangsspannung führt.

Während der ausgangsseitige Innenwiderstand R_{iA} für Basis- und Emitterschaltung identisch ist, besteht bezüglich des eingangsseitigen Innenwiderstands R_{iE} ein erheblicher Unterschied. Dieser ist nämlich bei der Basisschaltung um den Faktor der Stromverstärkung B kleiner als bei der Emitterschaltung. Die Reduzierung von R_{iE} ist zwar im Hinblick auf die Forderung, bei Verstärkerstufen einen möglichst großen eingangsseitigen Innenwiderstand zu erzielen, von erheblichem Nachteil, der aber durch den Vorteil einer größeren erzielbaren Frequenzbandbreite kompensiert wird.

Die Frequenzbandbreite ist im oberen Frequenzbereich unter Anderem abhängig von der 3dB-Grenzfrequenz f_{g3dB} aus Gl. 3-8, die auch bei entsprechender Anpassung der Bezeichner für den eingangsseitigen Innenwiderstand der Emitterschaltung gültig ist:

Gl. 3-18:

$$f_{g3dB\,Emitter} = \frac{1}{2\pi\,R_{BE}\,C_{BE}}$$

Bei der Emitterschaltung besteht R_{iE} gemäß dem K-WEB in Bild 2-18 aus der Parallelschaltung von R_{BE} und der parasitären Kapazität C_{BE}. Folglich wird oberhalb von $f_{g3dBEmitter}$ der Eingangsstrom i_E mit wachsender Frequenz zunehmend über C_E und abnehmend über R_{BE} fließen, so dass der gesteuerte Strom $B\ i_R$ und damit auch die Ausgangsspannung u_A abnehmen müssen. Folglich nimmt bei gleich bleibendem u_E die Verstärkung u_A/u_E der Emitterschaltung oberhalb von $f_{g3dBEmitter}$ gemäß Gl. 3-18 umgekehrt proportional zur Frequenz ab, wenn nur der Einfluss von C_{BE} berücksichtigt wird.

Da bei der Basisschaltung der eingangsseitige Innenwiderstand R_{iE} durch R_{BE}/B und nicht wie bei der Emitterschaltung durch R_{BE} bestimmt wird, ergibt sich bei der Basisschaltung (unter ausschließlicher Berücksichtigung von C_{BE}) eine um den Faktor B höhere 3dB-Grenzfrequenz als bei der Emitterschaltung:

Gl. 3-19:

$$f_{g3dB\,Basis} = \frac{B}{2\pi\,R_{BE}\,C_{BE}}$$

3.6. Gateschaltung

Die Gateschaltung, die auf der linken Seite von Bild 3-6 für einen selbstsperrenden n-Kanal-MOSFET dargestellt ist, erfüllt dieselbe Funktion wie die Basisschaltung aus Kapitel 3.5. Das Wechselspannungsverhalten wird deutlich durch Umwandlung der Sourceschaltung in das Wechselspannung-Ersatzbild, das auf der rechten Seite von Bild 3-4 gezeigt ist. Hierbei wurde wieder das K-WEB des selbstsperrenden n-Kanal-MOSFET gemäß Bild 2-30 unter Vernachlässigung von R_{DS} verwendet.

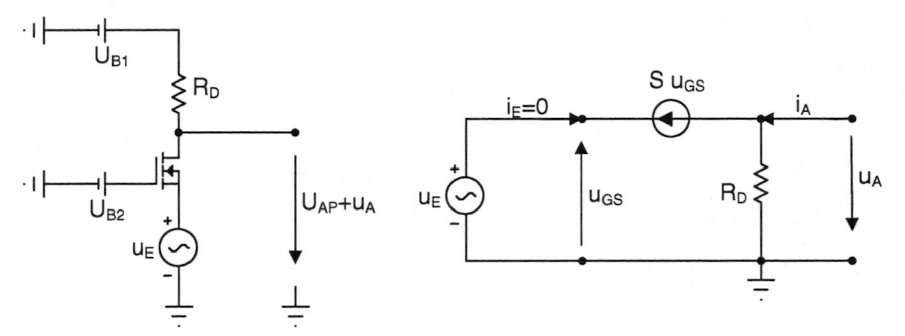

Bild 3-6: Gateschaltung mit selbstsperrendem n-Kanal-MOSFET und Wechselspannung-Ersatzbild

Die Analyse des Wechselspannung-Ersatzbildes liefert die Kenngrößen der Gateschaltung:

Gl. 3-20: $$V_B = \left.\frac{u_A}{u_E}\right|_{i_A=0} = S\ R_D$$

Gl. 3-21: $$R_{iE} = \left.\frac{u_E}{i_E}\right|_{i_A=0} = \frac{1}{S}$$

Gl. 3-22: $$R_{iA} = \left.\frac{u_A}{i_A}\right|_{u_E=0} = R_D$$

Der Vergleich mit den Kenngrößen der Basisschaltung aus Kapitel 3.5 zeigt, dass diese zu den obigen Kenngrößen der Gateschaltung identisch sind.

4. Verstärker mit einem Transistor

In diesem Kapitel werden lineare Schaltungen mit einem Transistor betrachtet, dessen Arbeitspunkt *AP* im Linearbereich liegt. Die Grundlage dieser Schaltungen bilden die Grundschaltungen aus Kapitel 3.

4.1. Arbeitspunkteinstellung

Wie das Beispiel in Bild 3-1 zeigt, wurden zur Einsstellung des Arbeitspunktes *AP* zwei Batterie-Spannungen verwendet. In realen Schaltungen erweist sich dieses als nicht ökonomisch, da der Aufwand zur Herstellung einer stabilisierten Spannungsquelle erheblich ist. Daher ist es sinnvoll, die Anzahl dieser stabilisierten Spannungsquellen in einer Schaltung zu minimieren und Hilfsspannungen abzuleiten.

4.1.1. Bipolar-Transistoren

Diese Vorgehensweise ist in Bild 4-1 am Beispiel der Emitterschaltung mit einem npn-Transistor gezeigt.

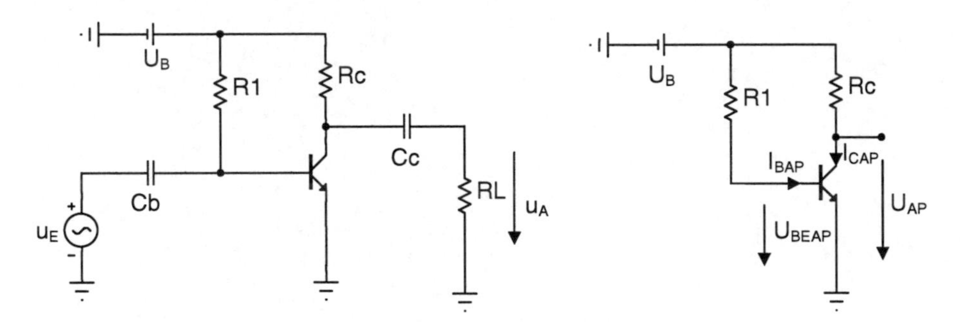

Bild 4-1: Emitterschaltung mit npn-Transistor ohne Arbeitspunktstabilisierung

In der Schaltung auf der linken Seite von Bild 4-1 sind die Kondensatoren *Cb* und *Cc* erforderlich, um den eingestellten Arbeitspunkt *AP* durch die Einkopplung der Eingangswechselspannung u_E und durch die Auskopplung der Ausgangswechselspannung u_A am Lastwiderstand RL nicht zu beeinflussen. Cb und Cc werden auch als Koppelkondensatoren bezeichnet.

Die Schaltung auf der rechten Seite von Bild 4-1 zeigt nur die zur Gleichspannungsbetrachtung notwendigen Komponenten der Schaltung auf der linken Seite. Da die Basis-Emitterspannung im Linearbereich kleiner als 0,7 V ist, kann diese gegenüber der Batteriespannung U_B, die in der Regel größer als 10V ist, vernachlässigt werden. Folglich erhält man den Kollektorstrom im Arbeitspunkt *AP* zu:

Gl. 4-1:
$$I_{CAP} = B\,\frac{U_B - U_{BEAP}}{R1} \approx B\,\frac{U_B}{R1}$$

Aus Gl. 4-1 ist ersichtlich, dass diese einfache Arbeitspunkteinstellung von der Stromverstärkung des Transistors abhängt und somit nicht stabil ist. Denn die Stromverstärkung realer Transistoren, auch wenn sie vom gleichen Typ sind, unterliegt in der Regel erheblichen Streuungen, die mehr als 30% betragen können.

Um zur Kostenoptimierung bei einer Serienfertigung der Schaltung das individuelle Aussuchen oder Einstellen des Widerstands R1 zu vermeiden, kann die Arbeitspunkt-stabilisierte Schaltung auf der linken Seite von Bild 4-2 eingesetzt werden.

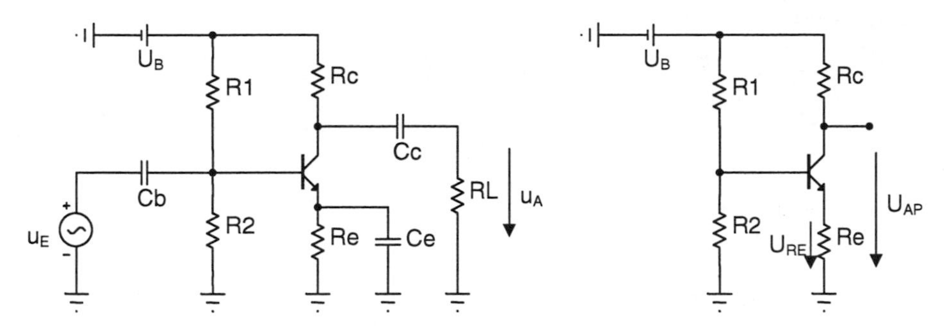

Bild 4-2: Emitterschaltung mit Arbeitspunktstabilisierung

In dieser Schaltung, deren Gleichspannungsverhalten durch die Schaltung auf der rechten Seite von Bild 4-2 ausgedrückt wird, ist der sich einstellende Kollektorstrom I_{CAP} näherungsweise durch den Quotienten U_{Re} / *Re* bestimmt. Wird U_{Re} mittels geeigneter Dimensionierung von *Re* hinreichend groß gegenüber der Variation der Basis-Emitter-Spannung U_{BEAP}, so beeinflusst die Variation von U_{BEAP} die Arbeitspunkteinstellung nur unerheblich. Entsprechend des linearisierten Kennlinienfeldes in Bild 2-21 kann die Variation von U_{BEAP} in der Größenordnung von U_T ($\approx$ 30 mV) abgeschätzt werden. Um die Unabhängigkeit vom Basisstrom zu gewährleisten, wird der Widerstand *R2* so gewählt, dass der ihn durchfließende Strom erheblich größer ist als der Basisstrom. Somit kann der aus *R1* und *R2* gebildete Spannungsteiler als unbelastet angesehen werden. Unter Berücksichtigung der obigen Annahmen ergibt sich dann der Kollektorstrom im Arbeitspunkt *AP* zu:

Gl. 4-2: $$I_{CAP} \approx \frac{1}{Re}\left(\frac{R2}{R1+R2}U_B - U_{BEAP}\right), \quad U_{BEAP} \approx 0{,}65V$$

Für die zeichnerische Lösung zur Bestimmung des Arbeitspunkts, die in Kapitel 2.1.1.2 am Beispiel der pn-Diode erläutert wurde, beschreibt Gl. 4-2 die Arbeitsgerade. Da die Variation von U_{BEAP} nur in der Größenordnung von U_T liegt, kann in Gl. 4-2 für U_{BEAP} ein mittlerer Wert angesetzt werden, der für Silizium-Transistoren im Linearbereich ca. 0,65V beträgt. Um die erforderliche Größe von *R2* zu bestimmen, wird zunächst die Spannung $R2\ I_{R2} = U_{BEAP} + B\ Re\ I_{BAP}$ an *R2* betrachtet. Aus der Forderung, dass $I_{BAP} << I_{R2}$ ist ergibt sich dann die Abschätzung:

Gl. 4-3: $$R_2 << \frac{U_{BEAP}}{I_{BAP}} + B \cdot Re \approx B\left(\frac{0{,}65V}{I_{CAP}} + Re\right)$$

Damit der Widerstand *Re* keine Einwirkung auf die Wechselspannungsverstärkung V_B der Schaltung nimmt, wird dieser mittels der Kapazität *Ce* im Arbeitsfrequenzbereich kurzgeschlossen. Hierzu ist *Ce* geeignet zu dimensionieren.

Zu beachten ist allerdings, dass durch die Arbeitspunktstabilisierung mittels des Widerstands *Re* der Aussteuerbereich von u_A um die Spannung U_{Re} eingeschränkt wird. Daher sollte bei großer beabsichtigter Aussteuerung *Re* so gewählt werden, dass U_{Re} möglichst klein wird. Da U_{Re} zur ausreichenden Arbeitspunktstabilisierung aber erheblich größer als die Variation von U_{BEAP} sein sollte, darf U_{Re} nicht kleiner als ca. 1 V >> $U_T \approx$30 mV sein.

Die Stabilisierung des Arbeitspunktes *AP* beruht auf der Einbringung eines Widerstands *Re*, dessen Spannung Bestandteil der konstanten Spannung $U_{R2} = U_{BEAP} + U_{Re}$ ist. Da U_{Re} umso größer wird, je größer I_{BAP} ist, wird $U_{BEAP} = U_{R2} - U_{Re}$ entsprechend kleiner geregelt. Diese Form der Regelung, die sich stabilisierend auswirkt, wird als Gegenkopplung bezeichnet und findet vielfache Anwendung in der Schaltungstechnik.

Das Prinzip der Arbeitspunktstabilisierung von Bild 4-2 kann auf die Kollektor- und Basisschaltung übertragen werden, indem die Einkopplung von u_E und die Auskopplung von u_A angepasst werden. Der Anschluss, der die jeweilige Schaltung kennzeichnet, ist dabei wechselspannungsmäßig mittels eines Kondensators auf Masse zu legen so, wie es in Bild 4-3 gezeigt ist.

Kollektorschaltung **Basisschaltung**

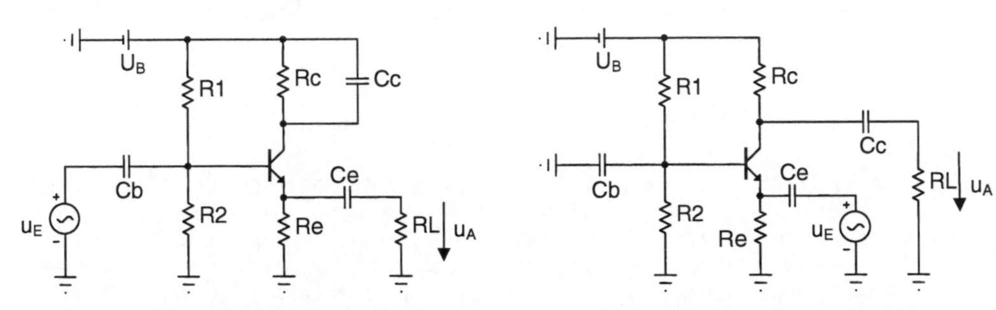

Bild 4-3: Arbeitspunktstabilisierung für Kollektor- und Basisschaltung mit npn-Transistor

In Bild 4-4 ist am Beispiel der Emitterschaltung und der Kollektorschaltung gezeigt, wie das Prinzip der Arbeitspunktstabilisierung bei Einsatz eines pnp-Transistoren anzuwenden ist.

Emitterschaltung **Kollektorschaltung**

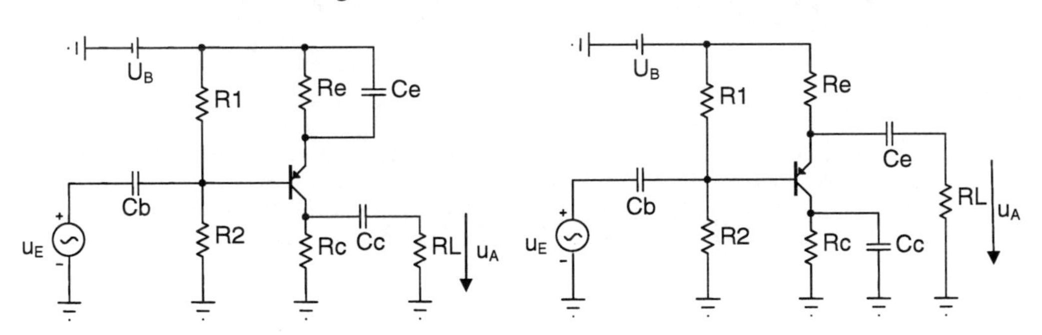

Bild 4-4 Arbeitspunktstabilisierung für Emitter- und Kollektorschaltung mit pnp-Transistor

4.1.2. Feldeffekt-Transistoren

Die Schaltungen zur Arbeitspunktstabilisierung in Bild 4-2 und Bild 4-3 können problemlos auf selbstsperrende n-Kanal-MOSFETs angewendet werden. Für p-Kanal-MOSFETs eignet sich die Schaltungsform von Bild 4-4.

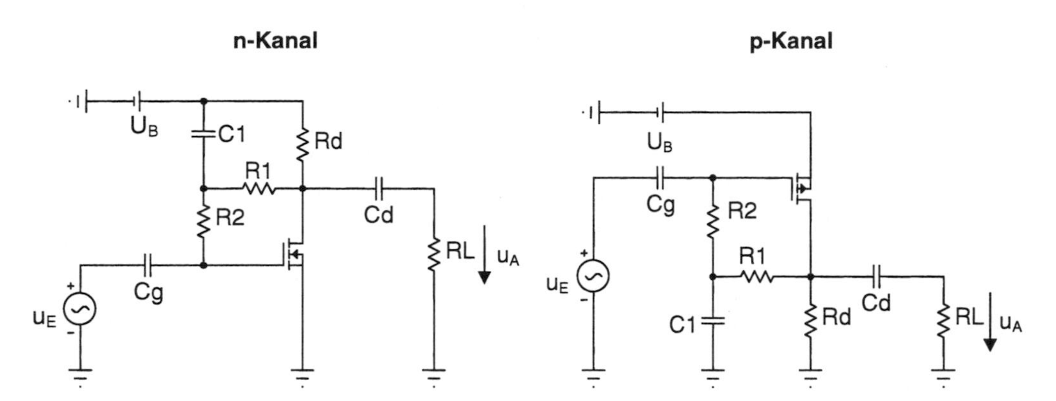

Bild 4-5: Arbeitspunktstabilisierung der Sourceschaltung mit selbstsperrenden MOSFETs

Bei der Sourceschaltung existiert für selbstsperrende MOSFETs die in Bild 4-5 gezeigte Alternative zur Arbeitspunktstabilisierung, die den Vorteil gegenüber der Schaltung in Bild 4-2 hat, dass keine Einschränkung des Aussteuerbereichs stattfindet. Außerdem entfällt die Kapazität am Source-Anschluss. Da diese aufgrund des geringen Source-Innenwiderstands in der Regel sehr hoch gewählt werden muss, kann sie in der Schaltung in Bild 4-2 nicht kostengünstig in kleiner Bauform ausgeführt werden. Weil wegen des hohen Gate-Source-Widerstands nahezu kein Gleichstrom über *R1* und *R2* fließen kann, ist die Gate-Sourcespannung gleich der Drain-Source-Spannung. Folglich wird der Strom I_{DAP} maßgeblich durch *Rd* bestimmt, wie es aus der nachfolgenden Gleichung ersichtlich ist:

Gl. 4-4: $$U_{GS\,AP} = U_{DS\,AP} = U_B - Rd\; I_{DAP} = U_B - Rd\; I_{D0}\left(\frac{U_{GS\,AP}}{U_P} - 1\right)^2$$

Die Auflösung von Gl. 4-4, in der die Kennlinie des FET mittels Gl. 2-58 für $KF_{EA} \approx 1$ näherungsweise beschrieben wird, liefert U_{GSAP} und nach Einsetzen in Gl. 2-58 den Drainstrom I_{DAP} im Arbeitspunkt *AP*. Dabei ergibt sich bei konstanter Batteriespannung U_B und festen Transistor-Kenngrößen (I_{D0} und U_P) nur die Abhängigkeit von *Rd.*

Für die zeichnerische Lösung zur Bestimmung des Arbeitspunkts kann aus Gl. 4-4 die Arbeitsgerade berechnet werden zu:

Gl. 4-5: $$I_D = \frac{U_B - U_{GS}}{Rd}$$

Auch hier ergibt sich nur die Abhängigkeit von *Rd* bei konstanter Batteriespannung U_B und einer vorgegebenen Kennlinie $I_D = f(U_{GS})$.

Damit die Widerstände *R1 und R2* keine Einwirkung auf die Wechselspannungsverstärkung V_B der Schaltung nehmen, müssen sie deutlich größer als *Rd* und *RL* dimensioniert werden.

Für selbstleitende FETs sind die bisher in diesem Kapitel gezeigten Schaltungen zur Arbeitspunktstabilisierung ungeeignet, da bei diesen Transistoren die Richtung der Gate-Source-Spannung gegenüber der Richtung des Drainstroms invertiert werden muss. In Bild 4-6 ist eine geeignete Schaltung für selbstleitende JFETs dargestellt, die auch für selbstleitende MOSFETs verwendbar ist.

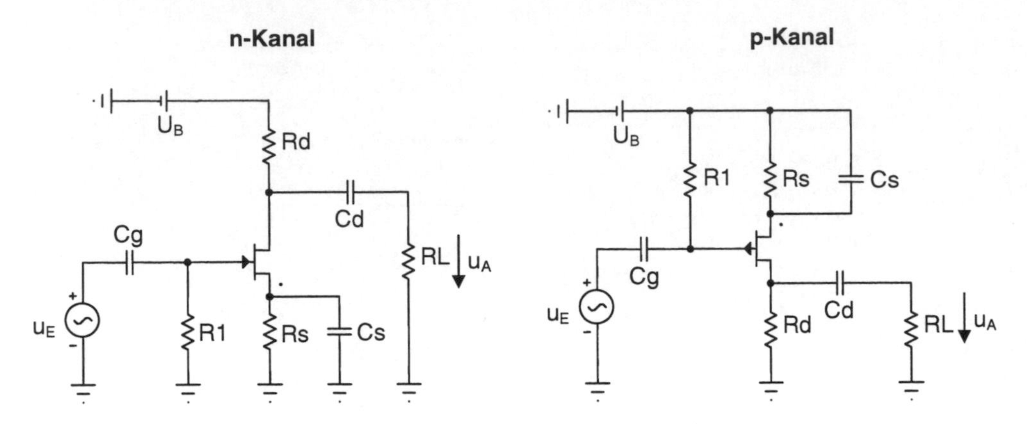

Bild 4-6: Arbeitspunktstabilisierung der Sourceschaltung mit selbstleitenden n-Kanal-JFETs

Da wegen des hohen Gate-Source-Widerstands nahezu kein Gleichstrom über *R1* fließt, ist die negative Gate-Sourcespannung gleich der Spannung an *Rs*. Folglich wird der Strom I_{DAP} maßgeblich durch *Rs* bestimmt. Zur Bestimmung von I_{DAP} erhält man die Beziehung:

Gl. 4-6:
$$U_{GS\,AP} = -Rs\ I_{D\,AP} = -Rs\ I_{D0}\left(\frac{U_{GS\,AP}}{U_P} - 1\right)^2$$

Die Auflösung von Gl. 4-6, in der die Kennlinie des FET mittels Gl. 2-58 für $KF_{EA} \approx 1$ näherungsweise beschrieben wird, liefert U_{GSAP} und nach Einsetzen in Gl. 2-58 den Drainstrom I_{DAP} im Arbeitspunkt *AP*. Dabei ergibt sich bei konstanter Batteriespannung U_B und festen Transistor-Kenngrößen (I_{D0} und U_P) nur die Abhängigkeit von *Rs*.

Für die zeichnerische Lösung zur Bestimmung des Arbeitspunkts kann aus Gl. 4-6 die Arbeitsgerade berechnet werden zu:

Gl. 4-7:
$$I_D = \frac{-U_{GS}}{Rs}$$

Hier ergibt sich ebenfalls nur die Abhängigkeit von *Rs* bei konstanter Batteriespannung U_B und einer vorgegebenen Kennlinie $I_D = f\,(U_{GS})$.

Der Wert für *R1* ist für die Arbeitspunkteinstellung unerheblich. Allerdings sollte *R1* so gewählt werden, dass er wesentlich kleiner als der Gate-Source-Widerstand ist, um den Spannungsabfall an *R1* auf Null zu halten.

4.2. Verstärkung und Arbeitspunkt

Arbeitspunkte sind meistens nicht beliebig wählbar, sondern sie werden zur Erfüllung bestimmter Anforderungen vorgegeben. So sollte beispielsweise zur Erzielung einer möglichst großen Aussteuerung bei einer verstärkenden Grundschaltung, zu denen Emitter- oder Sourceschaltung und Basis- oder Gateschaltung zu rechnen sind, der Arbeitspunkt *AP* in die Mitte des aussteuerbaren Linearbereichs gelegt werden. Ein weiteres Beispiel für die Festlegung des Arbeitspunkts liegt bei der Hintereinanderschaltung von mehreren Grundschaltungen vor, die nicht über Kondensatoren entkoppelt werden. Hier definiert der Arbeitspunkt eines Transistors auch den Arbeitspunkt der vorgeschalteten Transistoren.

Da auch die Verstärkung von Grundschaltungen häufig gemäß der Aufgabenstellung vorgegeben wird, besteht das Problem der Abhängigkeit zwischen Verstärkung und Arbeitspunkt der beteiligten Grundschaltungen. Die Lösung dieses Problems ist für Bipolar- und Feldeffekt-Transistoren unterschiedlich.

4.2.1. Bipolar-Transistoren

Die Vorgehensweise zur Dimensionierung in Abhängigkeit einer vorgegebenen Betriebsverstärkung V_B und Arbeitspunktspannung U_{AP} soll an Hand der Emitterschaltung, die in Bild 4-7 dargestellt ist, beschrieben werden.

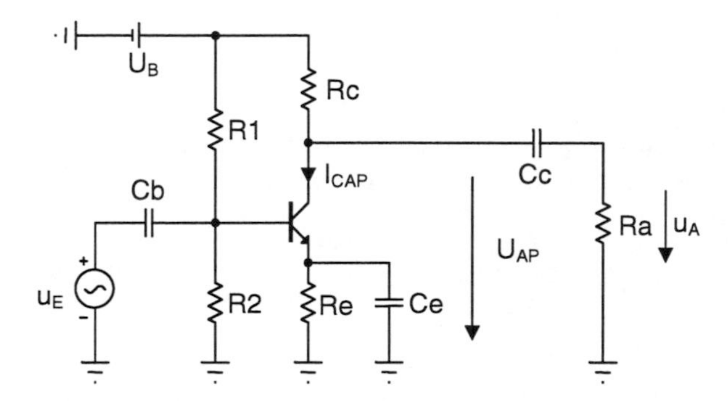

Bild 4-7: Emitterschaltung mit npn-Transistor

Die Betriebsverstärkung V_B stellt sich im Betriebsfrequenzbereich ein, in dem die Kondensatoren Ca, Cb und Cc als Kurzschlüsse aufzufassen sind. Daher ergibt sich der für die Verstärkung effektiv wirksame Widerstand aus der Parallelschaltung von Rc und Ra. Gemäß Gl. 3-1 wird der Betrag von V_B dann berechnet zu:

Gl. 4-8:

$$|V_B| = \left|\frac{u_A}{u_E}\right| = |-S_{AP}\,(Rc\,//\,Ra)| = S_{AP}\,(Rc\,//\,Ra) = V$$

Für die Festlegung des Arbeitspunkts werden nur Gleichspannungs- und Gleichstromgrößen betrachtet, so dass die Kondensatoren Ca, Cb und Cc als Leerlauf angesehen werden können. Somit erhält man für die Ausgangsspannung U_{AP} zwischen Kollektor und Masse im Arbeitspunkt:

Gl. 4-9:

$$U_{AP} = U_B - Rc\, I_{CAP} = U_B - Rc\, S_{AP}\, U_T$$

In Gl. 4-9 wurde der Kollektorstrom I_{CAP} gemäß Gl. 2-41 durch die Steilheit S_{AP} im Arbeitspunkt und die Temperaturspannung U_T ersetzt. Mittels Auflösung von Gl. 4-8 nach S_{AP} und Einsetzen in Gl. 4-9 resultiert dann:

Gl. 4-10:

$$Rc = Ra\left(\frac{V_{max}}{V} - 1\right)$$

$$V_{max} = \frac{U_B - U_{AP}}{U_T}$$

Aus Gl. 4-10 ist ersichtlich, dass nur bei Belastung durch *Ra* eine sinnvolle Lösung für *Rc* existiert, denn ohne Belastung ($Ra \to \infty$) wäre *Rc* auch unendlich und es könnte kein Kollektorstrom fließen. Weiterhin ist aus Gl. 4-10 ersichtlich, dass $V = |V_B|$ nicht größer als eine bestimmte Maximalverstärkung V_{max} sein darf, da sonst der Wert für den Widerstand Rc negativ und somit nicht realisierbar würde. V_{max} kann jedoch durch Anhebung der Batterie-Spannung U_B oder durch Absenkung der Arbeitspunktspannung U_{AP} gesteigert werden.

Die Werterelation des aus R1 und R2 gebildeten Spannungsteilers, die zur Einstellung der Arbeitspunktspannung U_{AP} erforderlich ist, wird durch Anwendung von Gl. 4-2 berechnet zu:

Gl. 4-11:

$$\frac{R1}{R2} = \frac{U_B}{U_{BEAP} + \frac{Re}{Rc}(U_B - U_{AP})} - 1$$

$$U_{BEAP} = U_T \ln\left(\frac{U_B - U_{AP}}{Rc\, I_{C0}}\right)$$

Um eine möglichst praxisnahe Lösung zu erhalten, sollte zur Bestimmung von U_{BEAP} die idealisierte Kennlinie gemäß Gl. 2-31 mit $KB_{EA} \approx 1$ an die reale Kennlinie angeglichen werden.

An dem Beispiel der Emitterschaltung in Bild 4-7 soll die beschriebene Vorgehensweise veranschaulicht werden, wobei die Widerstände für folgende Parameter dimensioniert werden sollen:

V	Ra	U_{AP}	U_B	U_{Re}
50	5 KΩ	7,5 V	15 V	1,5 V

Tabelle 4-1: Beispiel für die Parameter der Schaltung aus Bild 4-7

Für den npn-Transistor wurden die Werte $B = 200$, $I_{C0} = 0{,}74$ pA und $U_T = 30{,}744$ mV mittels Gl. 2-46 und Gl. 2-47 aus seiner Kennlinie unter Verwendung des in Kapitel 2.2.3 beschriebenen Verfahrens ermittelt.

Da aus Gl. 4-10 die Maximalverstärkung zu $V_{max} \approx 244 > V = 50$ ermittelt wird, existiert ein realisierbarer Wert für *Rc*. Dieser wird mittels Gl. 4-10 zu $Rc \approx 19$ KΩ berechnet, so dass der resultierende Kollektorstrom $I_{CAP} \approx 0{,}4$ mA beträgt. Die hierzu gehörige Basis-Emitterspannung wird aus Gl. 4-11 zu $U_{BEAP} \approx 0{,}617$ V berechnet. Da *Re* und *Rc* von demselben Strom durchflossen werden, ergibt sich deren Relation zu:

Gl. 4-12:

$$\frac{Rc}{Re} = \frac{U_B - U_{AP}}{U_{Re}}$$

Mit $U_B - U_{AP} = 7{,}5$ V und $U_{RE} = 1{,}5$ V erhält man dann $Rc/Re = 5$, so dass das gesuchte Widerstandsverhältnis letztlich aus Gl. 4-11 zu $R1/R2 = 6{,}085$ bestimmt werden kann. Zur Festlegung der Widerstände wird die Abschätzung Gl. 4-3 herangezogen, aus der sich ergibt, dass R2 << 1,085 MΩ sein muss. Als wesentlich kleiner kann *R2* erachtet werden, wenn sein Wert mindestens um das 10-Fache kleiner ist als der berechnete Wert von 1,085 MΩ. Beispielsweise wird hier *R2* = 50 KΩ gewählt. Nachfolgend sind alle ermittelten Widerstände für das vorliegende Beispiel zusammengestellt:

R1	*R2*	*Re*	*Rc*
305 KΩ	50 KΩ	3,8 KΩ	19 KΩ

Tabelle 4-2: Widerstandswerte der Schaltung aus Bild 4-7 für die Parameter aus Tabelle 4-1

4.2.2. Feldeffekt-Transistoren

Am Beispiel der Sourceschaltung, die in Bild 4-8 für den selbstsperrenden n-Kanal-MOSFET dargestellt ist, soll nun die Vorgehensweise zur Dimensionierung bei vorgegebener Betriebsverstärkung V_B und Arbeitspunktspannung U_{AP} beschrieben werden.

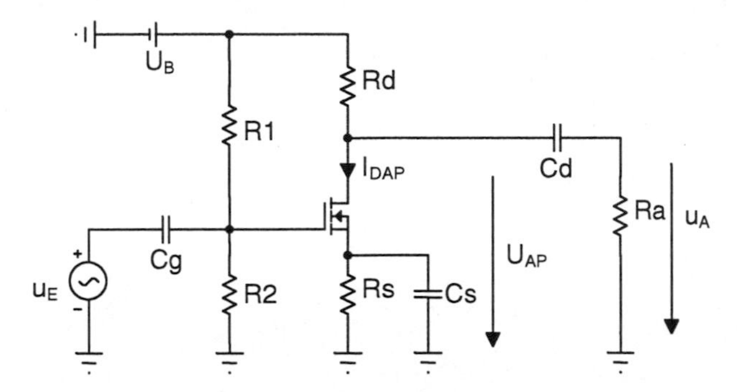

Bild 4-8: Sourceschaltung mit selbstsperrendem n-Kanal-MOSFET

Bei der Wechselspannungsanalyse, in der die Kondensatoren als Kurzschlüsse betrachtet werden können, ergibt sich die Verstärkung gemäß Gl. 3-4, wobei der effektiv wirksame Widerstand aus der Parallelschaltung von *Rd* und *Ra* resultiert. Für den Betrag von V_B erhält man dann:

Gl. 4-13:
$$|V_B| = \left|\frac{u_A}{u_E}\right| = \left|-S_{AP}\,(Rd\,//\,Ra)\right| = S_{AP}\,(Rd\,//\,Ra) = V$$

Für die Gleichspannungsanalyse werden die Kondensatoren als Leerlauf angesehen. Somit erhält man für die Ausgangsspannung U_{AP} zwischen Drain und Masse im Arbeitspunkt:

Gl. 4-14:
$$U_{AP} = U_B - Rd\ I_{DAP} = U_B - Rd\,\frac{(S_{AP}\,U_P)^2}{4\,I_{D0}}$$

In Gl. 4-14 wurde der Drainstrom I_{DAP} gemäß Gl. 2-58 durch die Steilheit S_{AP} im Arbeitspunkt gemäß Gl. 2-61 und die Pinch-Off-Spannung U_P ersetzt. Mittels Auflösung von Gl. 4-13 nach S_{AP} und Einsetzen in Gl. 4-14 resultiert dann:

Gl. 4-15:
$$Rd_{1,2} = \frac{Ra^2}{2\,Rd_\infty}\left(1 - \frac{2\,Rd_\infty}{Ra} \pm \sqrt{1 - \frac{4\,Rd_\infty}{Ra}}\right)$$
$$Rd_\infty = \frac{(V\,U_P)^2}{4\,I_{D0}\,(U_B - U_{AP})} \le \frac{Ra}{4}$$

In Gl. 4-15 bezeichnet Rd_∞ den Widerstand, der sich für *Rd* im unbelasteten Fall ($Ra \rightarrow \infty$) ergibt. Bei Belastung muss gewährleistet sein, dass der Lastwiderstand $Ra \geq 4\ Rd_\infty$ ist. Sonst existiert keine reelle Lösung, da der Ausdruck unter der Wurzel in Gl. 4-15 negativ wird. Für $Ra \geq 4\ Rd_\infty$ existieren zwei Lösungen, die rein theoretisch gleichwertig sind. Aus praktischen Gründen ist die Lösung mit dem kleineren Wert für *Rd* zu bevorzugen, da die Anforderung $Rd \ll R_{DS}$ zu erfüllen ist, um keine Verfälschung der beabsichtigten Verstärkung *V* in Kauf nehmen zu müssen.

Gemäß Gl. 4-15 kann der Mindestlastwiderstand Ra_{min} durch Anhebung der Batterie-Spannung U_B oder durch Wahl eines Transistors mit kleinerem U_P bzw. höherem I_{D0} reduziert werden.

Die Werterelation des aus R1 und R2 gebildeten Spannungsteilers, die zur Einstellung der Arbeitspunktspannung U_{AP} erforderlich ist, wird durch sinngemäße Anwendung von Gl. 4-2 berechnet zu:

Gl. 4-16:

$$\frac{R1}{R2} = \frac{U_B}{U_{GS\,AP} + \frac{Rs}{Rd}(U_B - U_{AP})} - 1$$

$$U_{GS\,AP} = U_P \left(\sqrt{\frac{U_B - U_{AP}}{Rd\ I_{D0}}} + 1 \right)$$

An dem Beispiel der Sourceschaltung in Bild 4-8 soll die beschriebene Vorgehensweise veranschaulicht werden, wobei die Widerstände für folgende Parameter dimensioniert werden sollen:

V	Ra	U_{AP}	U_B	U_{Rs}
50	10 KΩ	7,5 V	15 V	1,5 V

Tabelle 4-3: Beispiel für die Parameter der Schaltung aus Bild 4-8

Für den MOSFET wurden die Werte I_{D0} = 200 mA und U_P = 1,8 V mittels Gl. 2-66 und Gl. 2-67 aus seiner Kennlinie unter Verwendung des in Kapitel 2.3.5 beschriebenen Verfahrens ermittelt.

Da aus Gl. 4-15 der Mindestlastwiderstand zu 4 $Rd_\infty \approx$ 5,4 KΩ, der kleiner als Ra = 10 KΩ ist, ermittelt wird, existieren zwei reelle Lösungen für Rd. Diese werden mittels Gl. 4-15 zu $Rd_1 \approx$ 1,9 KΩ und $Rd_2 \approx$ 52 KΩ bestimmt. Um der Anforderung $Rd \ll R_{DS}$ besser gerecht zu werden, ist es sinnvoll, mit Rd = 1,9 KΩ den kleineren der beiden Werte auszuwählen. Das Widerstandsverhältnis $R1/R2$ wird mittels Gl. 4-16 zu 3,22 bestimmt. Die Widerstände $R1$ und $R2$ sollten so dimensioniert werden, dass unter Berücksichtigung einer vorgegebenen unteren Grenzfrequenz f_{gu} die resultierende Kapazität Cg deutlich größer als die Gate-Source-Kapazität C_{GS} (typ. 1nF) des MOSFET ist. Da die zu Cg gehörende Zeitkonstante $\tau_{Cg} = Cg\ (R1/\!/R2)$ beträgt, kann folgende zugeschnittene Größengleichung hergeleitet werden:

Gl. 4-17:

$$R1/K\Omega = \frac{10^6\,(1 + R1/R2)}{2\pi\, fg/Hz\ \, Cg/nF}$$

Soll beispielsweise die mit Cg verbundene Grenzfrequenz f_g = 20 Hz betragen und Cg = 240 nF >> $C_{GS} \approx$ 1 nF sein, so erhält man für $R1$ = 1,7 MΩ und $R2$ = 520 KΩ. Da der Eingangswiderstand des MOSFET typischerweise größer als 10 MΩ ist, sind bei dieser Wahl von $R1$ und $R2$ keine nennenswerten Einflüsse auf den Arbeitspunkt zu erwarten. Nachfolgend sind die ermittelten Werte der Widerstände für das vorliegende Beispiel zusammengestellt:

$R1$	$R2$	Rd	Rs
1,7 MΩ	520 KΩ	1,9 KΩ	383 Ω

Tabelle 4-4: Widerstandswerte der Schaltung aus Bild 4-8 für die Parameter aus Tabelle 4-3

Wird in der Sourceschaltung ein selbstleitender n-Kanal-JFET eingesetzt, so gelten ebenfalls die Beziehungen in Gl. 4-15. Allerdings muss für diesen Fall der Widerstand Rs geeignet dimensioniert werden. Zur Berechnung von *Rs* soll beispielsweise die Schaltung in Bild 4-9 mit dem selbstleitenden n-Kanal JFET herangezogen werden.

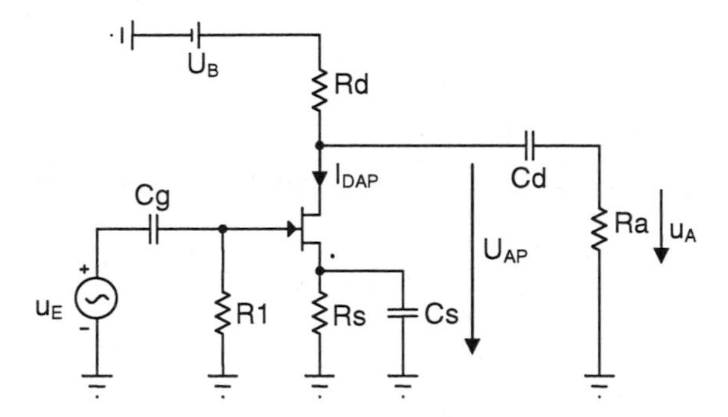

Bild 4-9: Sourceschaltung mit selbstleitendem n-Kanal-JFET

Die für den Arbeitspunkt *AP* erforderliche Gate-Source-Spannung wird durch Auflösung von Gl. 2-58 nach U_{GSAP} ermittelt zu:

Gl. 4-18:
$$U_{GS\,AP} = U_P\left(1-\sqrt{\frac{I_{DAP}}{I_{D0}}}\right) = U_P\left(1-\sqrt{\frac{U_B - U_{AP}}{Rd\ I_{D0}}}\right)$$

Hierbei wurde vereinfachend für $KF_{EA} \approx 1$ angenommen. Die Auflösung von Gl. 4-6 nach *Rs* liefert dann den gesuchten Wert:

Gl. 4-19:
$$Rs = \frac{-U_{GS\,AP}}{I_{D0}\left(\frac{U_{GS\,AP}}{U_P} - 1\right)^2}$$

4.2.3. Stufung von passiven Bauelementen

Bei den Widerstandswerten, die in Tabelle 4-2 und Tabelle 4-4 angegeben sind, ist zu beachten, dass in der Regel handelsübliche Bauelemente mit exakt diesen Werte nicht verfügbar sind. Passive Bauelemente treten in Normreihen auf, die international entsprechend der Tabelle 4-5 festgelegt sind. Nach der Ermittlung von Werten für passive Bauelemente ist zwecks Bestückung einer Schaltung eine Auswahl aus diesen Normreihen durchzuführen.

Reihe	Stufung	Toleranz	Zahlenwerte					
E 6	$10^{n/6}$	±20%	1,0	1,5	2,2	3,3	4,7	6,8
E12	$10^{n/12}$	±10%	1,0	1,5	2,2	3,3	4,7	6,8
			1,2	1,8	2,7	3,9	5,6	8,2
E 24	$10^{n/24}$	± 5%	1,0	1,5	2,2	3,3	4,7	6,8
			1,1	1,6	2,4	3,6	5,1	7,5
			1,2	1,8	2,7	3,9	5,6	8,2
			1,3	2,0	3,0	4,3	6,2	9,1

Tabelle 4-5: Internationale Normreihen für Zahlenwerte von passiven Bauelementen

Die Normreihen werden durch eine Zahl *N* gekennzeichnet, die die Anzahl der verfügbaren Werte innerhalb einer Dekade angibt, wobei die Stufung $10^{n/N}$ beträgt. Die in Tabelle 4-2 und Tabelle 4-4 angegebenen Widerstandswerte müssen demnach noch auf die in Tabelle 4-5 enthaltenen Normwerte gerundet werden.

4.3. Gleichspannungsentkopplung und Grenzfrequenz

Bezüglich der Dimensionierung der Kapazitäten, die in Kapitel 4.1 in die Grundschaltungen zur Gleichspannungsentkopplung des Arbeitspunktes eingebracht wurden, soll das Beispiel in Bild 4-10 betrachtet werden. Das Problem besteht darin, dass aufgrund der Vielzahl der Kapazitäten, die bereits bei einer einzigen Grundschaltung auftreten, die exakte Berechnung der Grenzfrequenzen mit erheblichem mathematischem Aufwand verbunden ist. Meistens ist es jedoch möglich, die mit den jeweiligen Kapazitäten zusammenhängenden Zeitkonstanten in der Schaltung zu erkennen, ohne die exakte Berechnung durchzuführen. Zur Dimensionierung der Kapazitäten sind in der Regel vorgegebene Grenzfrequenzen zu berücksichtigen, die direkt aus den Zeitkonstanten ermittelt werden können.

Um die Erkennung von Zeitkonstanten in dem Beispiel aus Bild 4-10 nachvollziehen zu können, soll zunächst die Berechnung der Übertragungsfunktion $H(\omega = 2\pi f)$ durchgeführt werden. Anschließend werden dann durch geeignete Umstellung von $H(\omega)$ die mit den Zeitkonstanten zusammenhängenden Filtersektionen separiert. Zur Berechnung von $H(\omega) = u_A(\omega) \,/\, u_E(\omega)$ wird das Wechselspannung-Ersatzbild in Bild 4-11 herangezogen, in dem *Ca* vereinfachend die parasitäre Gesamtkapazität des Transistors berücksichtigt. Für die Schaltung werden folgende abkürzende Bezeichnungen vereinbart:

Gl. 4-20: $$Za = Ra \,//\, \left(1/j\omega Ca\right)$$

Gl. 4-21: $$Ze = Re \,//\, \left(1/j\omega Ce\right)$$

Gl. 4-22: $$Zi = R_{BE} + (B+1)\, Ze$$

Gl. 4-23: $$V_B = -S\left(Ra \,//\, Rc\right)$$

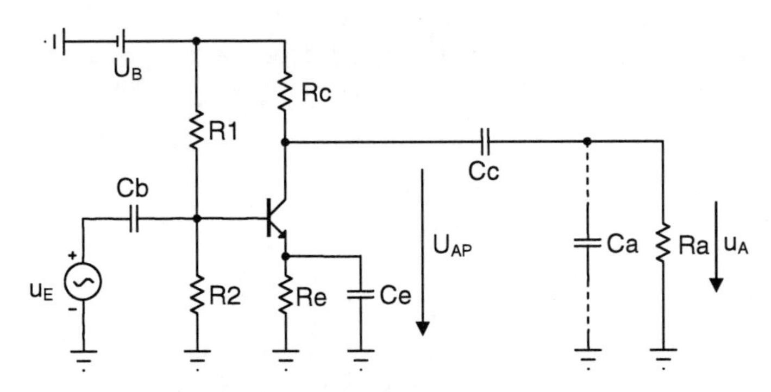

Bild 4-10: Emitterschaltung mit npn-Transistor und parasitärer Kapazität Ca

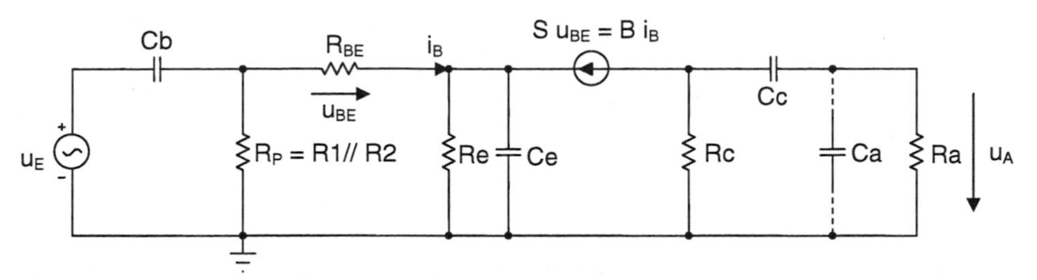

Bild 4-11: Wechselspannung-Ersatzbild der Schaltung aus Bild 4-10

Für die Ausgangsspannung $u_A(\omega)$ kann die folgende Beziehung in Abhängigkeit des Basisstroms i_B aufgestellt werden:

Gl. 4-24: $$u_A(\omega) = -\left[Rc \,//\left((1/j\omega Cc) + \left((1/j\omega Ca) // \,Ra\right)\right)\right] B\, i_B$$

Für die Eingangsspannung $u_E(\omega)$ und den Basisstrom i_B gilt folgende Beziehung:

Gl. 4-25: $$Zi\; i_B = \frac{R_P \,//\, Zi}{(R_P \,//\, Zi) + (1/j\omega Cb)}\, u_E(\omega)$$

Die Auflösung von Gl. 4-25 nach i_B und Einsetzen in Gl. 4-24 liefert die Übertragungsfunktion:

Gl. 4-26: $$H(\omega) = \frac{u_A(\omega)}{u_E(\omega)} = -\,\frac{B\left[Rc \,//\left((1/j\omega Cc) + \left((1/j\omega Ca) // \,Ra\right)\right)\right]}{Zi\,\left(1 + 1/\left(j\omega Cb\left(R_P \,// Zi\right)\right)\right)}$$

Durch Umstellung von Gl. 4-26 kann die Übertragungsfunktion in vier verschiedene Filtersektionen aufgeteilt werden:

Gl. 4-27: $$H(f) = V_B\left[\frac{j(f/fhp1)}{1 + j(f/fhp1)}\right]\left[\frac{j(f/fhp2)}{1 + j(f/fhp2)}\right]\left[\frac{1}{1 + j(f/ftp)}\right]\left[\frac{fz}{fn}\cdot\frac{1 + j(f/fz)}{1 + j(f/fn)}\right]$$

Die erste Filtersektion ist ein Hochpass 1. Ordnung, dessen Zeitkonstante τ_{hp1} und dessen zugehörige 3dB-Eckfrequenz *fhp1* mit der Kapazität *Cb* zusammenhängt:

Gl. 4-28: $$\tau_{hp1} = Cb\,\left(R_P \,//\, Zi\,\right) = 1/(2\pi\, fhp1)$$

Die Zeitkonstante τ, die mit einer Kapazität *C* zusammenhängt, wird auf anschauliche Weise mittels des Ersatzspannungsverfahrens erhalten, indem die betreffende Kapazität aus der Schaltung entfernt wird und an ihrer Stelle eine ideale Wechselspannungsquelle in Reihe mit einer extrem hohen Kapazität zur Gleichspannungsentkopplung angeschlossen wird. Die Spannung u_H der Quelle muss so klein, dass eine lineare Aussteuerung (Kleinsignalbetrieb) gewährleistet ist. Bei zu Null geregelter Eingangsspannung ($u_E = 0$) wird der Strom i_H der Quelle gemessen und der Quotient $u_H \,/\, i_H = R$ gebildet, der den Ersatzwiderstand bezüglich der ursprünglichen Kapazitätsklemmen repräsentiert. Hieraus resultiert dann die gesuchte Zeitkonstante zu $\tau = R\,C$.

Bei Anwendung des beschriebenen Ersatzspannungsverfahrens auf die Kapazität *Cb* würde sich der Strom i_H auf R_P und den komplexen Widerstand *Zi* aufteilen, der den eingangsseitigen Innenwiderstand (ähnlich wie in Gl. 3-10) zwischen Basis und Masse des Transistors darstellt. Da gleichzeitig die Spannung u_H parallel an R_P und *Zi* liegt, ergibt sich der gesuchte Widerstand *R* als Parallelschaltung von R_P und *Zi*, wie es durch Gl. 4-28 nachgewiesen wird.

Die zweite Filtersektion, die ebenfalls einen Hochpass 1. Ordnung darstellt, wird aus der Kapazität *Cc* und dem zughörigen Ersatzwiderstand gebildet. Die zugehörige Zeitkonstante ist:

Gl. 4-29: $$\tau_{hp2} = Cc\ (Rc + Za) = 1/(2\pi\ fhp2)$$

Wird auf *Cc* das Ersatzspannungsverfahren angewendet, so würde i_H über die Reihenschaltung von *Rc* und *Za* fließen. Denn die gesteuerte Stromquelle würde aufgrund von $u_E = 0$ keinen Strom liefern können.

Die dritte Filtersektion ist ein Tiefpass 1. Ordnung, dessen Zeitkonstante mit der parasitären Kapazität *Ca* zusammenhängt:

Gl. 4-30: $$\tau_{tp} = Ca\ (Ra\ //\ (Rc + (1/j\omega Cc))) = 1/(2\pi\ ftp)$$

Bei Anwendung des Ersatzspannungsverfahrens auf die Kapazität *Ca* würde sich der Strom i_H auf *Ra* und die Reihenschaltung aus *Rc* und der Kapazität *Cc* aufteilen. Die gesteuerte Stromquelle würde aufgrund von $u_E = 0$ keinen Strom beisteuern können. Da die Spannung u_H parallel an *Ra* und der Reihenschaltung aus *Rc* und *Cc* liegt, ergibt sich der gesuchte Ersatzwiderstand als Parallelschaltung von *Ra* und $Rc + 1/(j\,\omega\,Cc)$.

Die vierte Filtersektion ist durch zwei Zeitkonstanten definiert, die aus Gl. 4-26 berechnet werden zu:

Gl. 4-31: $$\tau_z = Ce\ Re = 1/(2\pi\ fz)$$

Gl. 4-32: $$\tau_n = Ce\ \frac{Re}{1 + (B+1)(Re/R_{BE})} = 1/(2\pi\ fn) \approx Ce\ (Re\ //\ (1/S))$$

Bei der Näherung in Gl. 4-32 wurde davon Gebrauch gemacht, dass in der Regel $B \approx B+1$ ist. Zu dem Ergebnis in Gl. 4-31 und Gl. 4-32 kommt man anschaulich, indem τ_z ohne Transistor und τ_z mit Transistor mittels des Ersatzspannungsverfahrens bestimmt wird.

Aus Gl. 4-31 und Gl. 4-32 ist ersichtlich, dass τ_z größer als τ_n ist. Da die zugehörigen 3dB-Eckfrequenzen durch den Kehrwert gebildet werden, ist *fz* kleiner als *fn*. Der Betragsverlauf der Übertragungsfunktion der vierten Filtersektion, die auch als Lead-Filter bezeichnet wird, ist in Bild 4-12 schematisiert durch die Grenzgeraden logarithmisch dargestellt.

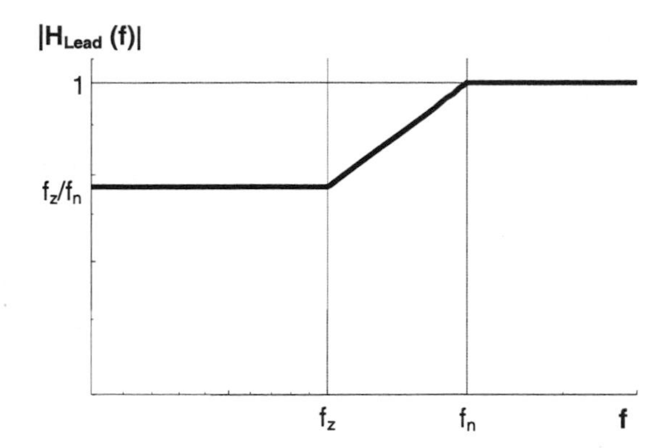

Bild 4-12: Betrag der Übertragungsfunktion eines Lead-Filters

Die Grenzgeraden in Bild 4-12 erhält man aus Gl. 4-27 durch Linearisierung der Filtersektion, wobei die Knickpunkte an den 3dB-Eckfrequenzen auftreten:

Gl. 4-33:
$$H_{Lead}(f) = \begin{cases} fz / fn & f < fz \\ j\,f / fn & fz \leq f \leq fn \\ 1 & f > fn \end{cases}$$

Der durch das Lead-Filter bedingte Anstieg der Verstärkung oberhalb von *fz* resultiert daraus, dass die Impedanz von *Ce* mit zunehmender Frequenz kleiner wird. Hierdurch wird der Einfluss des Widerstands *Re*, der aufgrund der Gegenkopplung verstärkungsmindernd wirkt, mit wachsender Frequenz abgeschwächt.

In Bild 4-13 ist der Betragsverlauf der Übertragungsfunktion, wie sie durch Gl. 4-27 bestimmt ist, dargestellt. Zusätzlich sind die Grenzgeraden für die einzelnen Filtersektionen eingetragen, die ähnlich wie in Gl. 4-33 durch ihre 3dB-Eckfrequenzen definiert worden sind.

Der Verlauf in Bild 4-13 hat ausgeprägten Bandpasscharakter, wobei die untere Grenzfrequenz durch *fhp1, fhp2* sowie *fz, fn* und die obere Grenzfrequenz durch *ftp* festgelegt ist. Da in der Regel die obere Grenzfrequenz um einige Zehnerpotenzen größer als die untere Grenzfrequenz ist, kann Gl. 4-29 zu

Gl. 4-34:
$$fhp2 = \frac{1}{2\pi\,\tau_{hp2}} \approx \frac{1}{2\pi\,Cc\,(Rc + Ra)}$$

und Gl. 4-30 zu

Gl. 4-35:
$$ftp = \frac{1}{2\pi\,\tau_{tp}} \approx \frac{1}{2\pi\,Ca\,(Ra\,//\,Rc)}$$

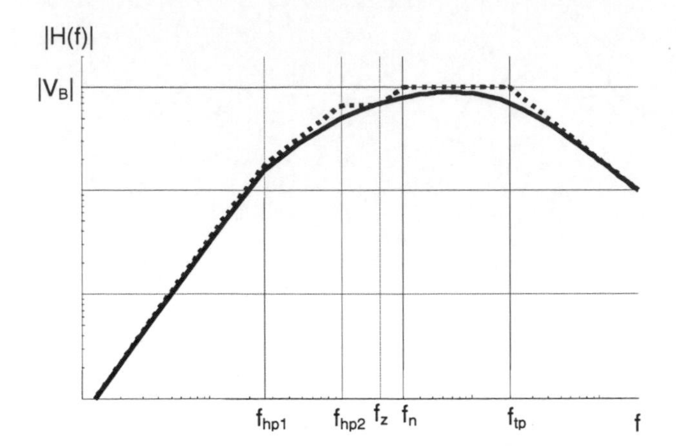

Bild 4-13: Betrag der Übertragungsfunktion der Emitterschaltung in Bild 4-10

vereinfacht werden. Der kleinste Ersatzwiderstand innerhalb der beeinflussbaren Zeitkonstanten hängt mit der Eckfrequenz *fn* gemäß Gl. 4-32 zusammen. Folglich resultiert hieraus *Ce* bei vorgegebener unterer Grenzfrequenz als die größte Kapazität. Wenn *Ce* für die untere Grenzfrequenz als dominant ausgewählt wird, stimmt die zugehörige Eckfrequenz *fn* wie in Bild 4-13 mit der unteren 3dB-Grenzfrequenz der Schaltung aus Bild 4-10 überein:

Gl. 4-36:
$$f_{gu3dB} = fn = \frac{1}{2\pi Ce\ (Re // (1/S))} \approx \frac{S}{2\pi\ Ce} = \frac{I_{CAP}}{2\pi\ Ce\ U_T}$$

Die Eckfrequenzen *fhp1* und *fhp2* sollten kleiner als f_{gu3dB} festgelegt werden, um den Betragsverlauf bei der 3dB-Grenzfrequenz nicht wesentlich zu beeinflussen. Wenn *fhp1 = fhp2 < fz* gewählt wird, so vereinfacht sich Gl. 4-28 (wegen der Anforderung an *R2* gemäß Gl. 4-3) zu:

Gl. 4-37:
$$fhp1 \approx \frac{1}{2\pi Cb\ (R_P // (R_{BE} + (B+1)\, Re))} \approx \frac{1}{2\pi Cb\ R_P}$$

Zur Vorgehensweise bei der Dimensionierung der Kapazitäten soll nochmals das Beispiel in Kapitel 4.2.1 betrachtet werden, für das die ermittelten Widerstandswerte in Tabelle 4-2 angegeben sind. Vereinfachend kann angenommen werden, dass *fhp1 = fhp2 = fz* sind, da dadurch $|H(f_{gu3dB})|$ nicht nennenswert beeinflusst wird. Aus Gl. 4-34, Gl. 4-36 und Gl. 4-37 erhält man dann:

Gl. 4-38:
$$Cb = \frac{Re}{R1 // R2}\,Ce, \quad Cc = \frac{Re}{Rc + Ra}\,Ce$$

Wird beispielsweise für die 3dB-Grenzfrequenz $f_{gu3dB} = 1$ KHz gefordert, so werden die zugehörigen Kapazitätswerte mittels Gl. 4-36 und Gl. 4-38 ermittelt, die in Tabelle 4-6 zusammengestellt sind. Hierbei wurde für $S_{AP} = I_{CAP} / U_T$ = 0,4 mA / 30,744 mV = 13 mS angesetzt.

Cb	*Cc*	*Ce*
177 nF	318 nF	2 µF

Tabelle 4-6: Kondensatorwerte der Schaltung aus Bild 4-7 für die Parameter aus Tabelle 4-1

Bei Veränderung der unteren 3dB-Grenzfrequenz f_{gu3dB} um einen bestimmten Multiplikator müssen alle Kapazitätswerte in Tabelle 4-6 mit dem Kehrwert dieses Multiplikators multipliziert werden.

Gl. 4-36, Gl. 4-37, Gl. 4-38 können sinngemäß auch auf die Sourceschaltung angewendet werden. So ergeben sich zum Beispiel für die Schaltung in Bild 4-8 mit dem selbstsperrenden n-Kanal-MOSFET die folgenden Beziehungen:

$$f_{gu3db} = fn \approx \frac{S}{2\pi Cs}$$

$$fz = \frac{1}{2\pi Rs\, Cs} = \frac{1}{2\pi R_P\, Cg} = \frac{1}{2\pi (Ra + Rd)\, Cd}$$

Folglich resultieren dann die gesuchten Kapazitäten zu:

Gl. 4-39:

$$Cs = \frac{S}{2\pi f_{gu3db}}$$

$$Cg = \frac{Rs(1 + R1/R2)}{R1} Cs$$

$$Cd = \frac{Rs}{Rd + Ra} Cs$$

4.4. Verstärkungsbandbreite-Produkt

In Gl. 4-23 ist die Betriebsverstärkung V_B der Schaltung aus Bild 4-10 definiert und Gl. 4-35 gibt die obere Grenzfrequenz *ftp* der Schaltung an. Die obere Grenzfrequenz ist abhängig von der parasitären Kapazität *Ca*, die das Tiefpass-Verhalten des Transistors charakterisiert. Die Frequenzbandbreite, in der die Schaltung betrieben werden kann, erstreckt sich von der mittels *Cb*, *Cc* und *Ce* variierbaren unteren Grenzfrequenz bis zur von *Ca* abhängigen oberen Grenzfrequenz *ftp*. Eine wichtige Kenngröße ist das Produkt aus oberer Grenzfrequenz *ftp* und dem Betrag der Betriebsverstärkung V_B. Mit Gl. 4-23 und Gl. 4-35 erhält man hierfür:

Gl. 4-40:

$$|V_B|\, ftp = \frac{S_{AP}}{2\pi\, Ca} = VBP$$

Dieses Produkt *VBP* ist demnach eine Konstante, die von der Steilheit des verwendeten Transistors im Arbeitspunkt *AP* und von der parasitären Kapazität *Ca* abhängt. Die Betriebsverstärkung und die mögliche Betriebsbandbreite, die als obere Grenzfrequenz *ftp* zu verstehen ist, hängen somit umgekehrt proportional miteinander zusammen. Die Erhöhung der Betriebsverstärkung V_B zieht die Reduzierung der Betriebsbandbreite nach sich und umgekehrt. Das Produkt aus Betriebsbandbreite und dem Betrag der Betriebsverstärkung wird als Verstärkungsbandbreite-Produkt *VBP* bezeichnet.

Das Verstärkungsbandbreite-Produkt *VBP* ist identisch mit der Transitfrequenz f_T der Schaltung. Da die Schaltung aus Bild 4-10 nur einen Transistor enthält, kennzeichnet f_T die Frequenz, bei der seine Stromverstärkung *B* bis auf den Wert 1 abgefallen ist. Bei bekannter Transitfrequenz erhält man die parasitäre Kapazität *Ca*, die in Bild 4-10 das Frequenzverhalten des Transistors berücksichtigt, zu:

Gl. 4-41:

$$Ca = \frac{S_{AP}}{2\pi f_T} = \frac{B_0}{2\pi f_T\, R_{BE\,AP}}$$

Hierbei ist B_0 die Stromverstärkung, die sich bei der Frequenz Null einstellt. Wenn beispielsweise für die Transitfrequenz des Transistors f_T = 200 MHz angenommen wird, so ergibt sich mit S_{AP} = 13 mS für $Ca \approx$ 10 pF. Bei Dimensionierung der Schaltung in Bild 4-10 für $V = |V_B| = 50$ resultiert dann $ftp = f_T / V \approx$ 4 MHZ.

4.5. Linearisierung durch Gegenkopplung

Wie bei der Einstellung des Arbeitspunkts in Kapitel 4.1 kann auch bei der Betriebsverstärkung das Prinzip der Gegenkopplung angewendet werden, um den nichtlinearen Eigenschaften von Transistoren entgegenzuwirken. Bei Gegenkopplung wird ein Teil des Ausgangssignals auf den Eingang mit invertiertem Vorzeichen zurückgekoppelt.

4.5.1. Emitterschaltung mit Gegenkopplung

4.5.1.1. Gegenkopplung mittels Widerstand

Als Beispiel zur Gegenkopplung sei die Emitterschaltung in Bild 4-14 betrachtet, die den zusätzlichen Widerstand *Re* enthält. Für die Wechselspannungsanalyse im Betriebsfrequenzbereich können die Kapazitäten als Kurzschlüsse angesehen werden. Für die Basis-Emitter-Wechselspannung u_{BE} erhält man:

Gl. 4-42:
$$u_{BE} = u_E - u_{Re} = u_E + \frac{Re}{Rc // Ra} u_A$$

Aufgrund des verschiedenen Vorzeichens von u_E und u_A wirken also bezüglich des Basis-Emitter-Eingangs die beiden Spannungen einander entgegen. Durch Einsetzen von $u_{BE} = i_C / S_{AP}$ und $i_C = -u_A / (Rc // Ra)$ wird die Betriebsverstärkung für $B >> 1$ berechnet zu:

Gl. 4-43:
$$V_B = \frac{-Rc // Ra}{Re + 1/S_{AP}}$$

Die maximale Verstärkung erhält man, wenn die Steilheit S_{AP} wesentlich größer als der Leitwert von *Re* ist:

Gl. 4-44:
$$V_{B\max} = \frac{-Rc // Ra}{Re}$$

Demnach wird durch die Gegenkopplung mittels *Re* bei ausreichend großer Steilheit die Betriebsverstärkung unabhängig von S_{AP}.

Der eingangsseitige Innenwiderstand R_{iE} ist ohne Berücksichtigung von *R1, R2* identisch mit demjenigen der Kollektorschaltung und somit durch Gl. 3-10 definiert. Der ausgangsseitige Innenwiderstand R_{iA} ist gleich demjenigen der Emitterschaltung, der in Gl. 3-3 angegeben ist. Mit der in Kapitel 4.3 beschriebenen Vorgehensweise, in der die größte Kapazität zur Einstellung der 3dB-Grenzfrequenz f_g herangezogen wird und die übrigen Kapazitäten auf die Zähler-Eckfrequenz f_z abgestimmt werden, können die Kapazitäten mittels der Ersatzwiderstand-Methode ermittelt werden zu:

$$Ce = \frac{1}{2\pi f_g \, Re1 // (Re + 1/S_{AP})}, \quad Cb = \frac{Re1}{R1 // R2} Ce, \quad Cc = \frac{Re1}{Rc + Ra} Ce$$

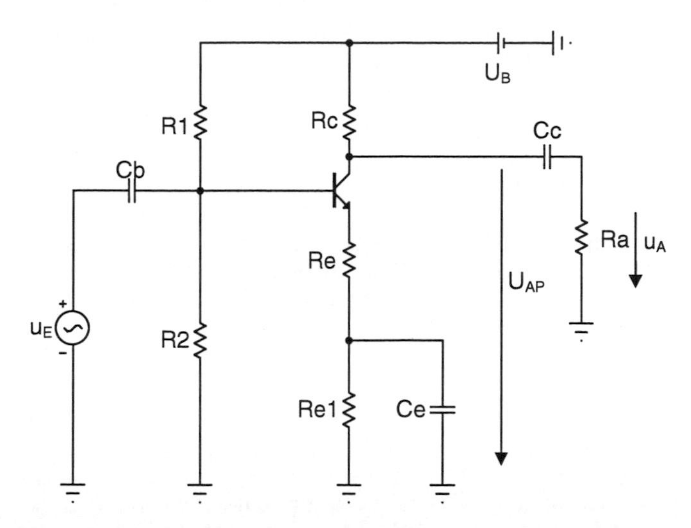

Bild 4-14: Emitterschaltung mit Gegenkopplung durch Emitterwiderstand

Mit der Gegenkopplung ist auch eine verzerrungsärmere Verstärkung des Eingangssignals gegenüber der Emitterschaltung ohne Gegenkopplung verbunden. Nur bei sehr kleiner Aussteuerung um den Arbeitspunkt kann von der konstanten Betriebsverstärkung V_B ausgegangen werden. Bei großer Aussteuerung wird die Qualität des Ausgangssignals von der Verstärkungsänderung ΔV beeinflusst, die aufgrund der Kennlinienkrümmung des Transistors entsteht. Für die relative Verstärkungsänderung erhält man:

Gl. 4-45:

$$\frac{\Delta V}{V_B} = \frac{\Delta S / S_{AP}}{Re\left(\Delta S + S_{AP}\right) + 1}$$

Mit der Verstärkungsänderung ΔV ist aufgrund der Kennlinienkrümmung auch eine Veränderung der Steilheit ΔS gegenüber der Steilheit S_{AP} im Arbeitspunkt verbunden. Da die Steilheitsänderung ΔS proportional zur Kollektorstromänderung ΔI_C und diese wiederum proportional zur Ausgangsspannungsänderung ΔU_A ist, ergibt sich:

Gl. 4-46:

$$\frac{\Delta S}{S_{AP}} = \frac{\Delta I_C}{I_{C\,AP}} = \frac{-\Delta U_A / Rc}{\left(U_B - U_{AP}\right)/Rc} = \frac{-\Delta U_A}{U_{A\max}}$$

U_{Amax} ist die maximal mögliche Amplitude der Ausgangsspannung, wenn vereinfachend nur von positiver Aussteuerung ausgegangen wird. Für die relative Änderung von U_A, die angesichts einer vorher festzulegenden oberen Grenze für die relative Verstärkungsänderung zugelassen werden kann, erhält man schließlich:

Gl. 4-47:

$$\frac{\Delta U_A}{U_{A\max}} = \frac{1}{\left(V_B / V_{B\max}\right) - \left(1 - V_B / V_{B\max}\right) V_B / \Delta V} \approx \frac{-\Delta V / V_B}{1 - V_B / V_{B\max}}$$

Für V_B / V_{Bmax} = 9/10 und für eine maximal zulässige relative Verstärkungsänderung von 1% darf zum Beispiel die relative Ausgangsspannungsänderung nicht größer als 10% sein. Bei einer maximal möglichen Ausgangsspannungsamplitude von U_{Amax}= 5 V ergäbe sich somit für die zulässige absolute Ausgangsspannungsamplitude ΔU_A = 500 mV.

Die Näherungslösung in Gl. 4-47 ist nur für kleine relative Verstärkungsänderungen zulässig. Als Referenz sei noch die Emitterschaltung ohne Gegenkopplung betrachtet, bei der sich die einfache Relation

Gl. 4-48: $$\frac{\Delta U_{A\,ref}}{U_{A\max}} = \frac{-\Delta S}{S_{AP}} = -\frac{\Delta V}{V_B}$$

einstellt. Somit ergibt sich bei gleich bleibender relativer Verstärkungsänderung gegenüber der Emitterschaltung ohne Gegenkopplung bei der Emitterschaltung mit Gegenkopplung eine Vergrößerung der zugelassenen relativen Ausgangsspannungsamplitude um den Faktor:

Gl. 4-49: $$VU_{mG/oG} = \frac{1}{1 - V_B / V_{B\max}}$$

Die Vergrößerung der zugelassenen relativen Ausgangsspannungsamplitude ist demnach abhängig von V_B / V_{Bmax} und somit von der Steilheit S_{AP} im Arbeitspunkt. Je größer S_{AP} wird, umso größer ist der Faktor $VU_{mG/oG}$ bei gleicher Verstärkungsänderung und der damit verbundenen gleichen Verzerrung im Ausgangssignal. Der Faktor $VU_{mG/oG}$ bezeichnet demnach die Zunahme der Aussteuerbarkeit bei gleichen Verzerrungsanforderungen, die eine obere Grenze der relativen Verstärkungsänderung definieren.

4.5.1.2. Gegenkopplung mittels Diode beim Bipolar-Transistor

Als weiteres Beispiel zur Gegenkopplung sei die Emitterschaltung in Bild 4-15 betrachtet, die als gegenkoppelndes Element eine Diode im Emitterzweig enthält. Da die Widerstände *Re1* und *Re2* zur Arbeitspunktstabilisierung dienen, werden sie über die Kondenstaren *Ce2* und *Ce1* im Betriebsfrequenzbereich wechselspannungsmäßig kurzgeschlossen. Auch die übrigen Kondensatoren können im Betriebsfrequenzbereich als Kurzschlüsse angesehen werden.

Die Wechselspannungsanalyse liefert in Anlehnung an Gl. 4-43 die Betriebsverstärkung zu:

Gl. 4-50: $$V_B = \frac{-Rc\,//\,Ra}{R_{DAP} + 1/S_{AP}} \approx -\frac{S_{AP}}{2}\,(Rc\,//\,Ra)$$

Hierbei ist R_{DAP} der Diodenwiderstand im Arbeitspunkt. R_{DAP} soll durch Gl. 2-5 beschrieben werden, wobei vorausgesetzt wird, dass die Diode und der Transistor nahezu gleiche Kenndaten I_{D0}, U_T haben. Folglich sind die Steilheit des Transistors und der Diodenleitwert ungefähr gleich.

Der eingangsseitige Innenwiderstand R_{iE} ist ohne Berücksichtigung von *R1, R2* identisch mit demjenigen der Kollektorschaltung und somit durch Gl. 3-10 definiert. Man erhält:

Gl. 4-51: $$R_{iE} = R_{BE\,AP} + B\frac{1}{S} \approx 2\,R_{BE\,AP}$$

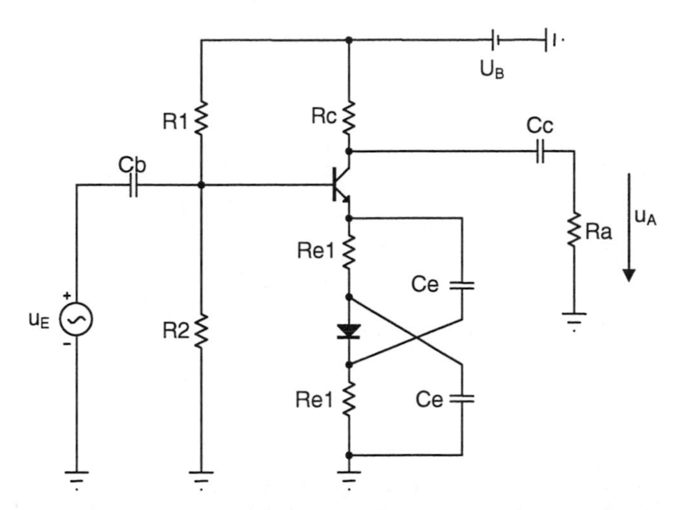

Bild 4-15: Emitterschaltung mit Gegenkopplung durch Emitterdiode

Der ausgangsseitige Innenwiderstand R_{iA} ist gleich demjenigen der Emitterschaltung, der in Gl. 3-3 angegeben ist. Bezüglich der 3db-Grenzfrequenz f_g ist wie in der Schaltung in Bild 4-14 davon auszugehen, dass *Ce* die größte Kapazität darstellt und somit zur Festlegung von f_g als dominant gewählt werden kann. Um zwecks guter Arbeitspunktstabilisierung ein ausreichend hohes Emitter-Potential zu gewährleisten, sollte $Re1 >> R_{DAP} \approx 1/S_{AP}$ sein. Somit kann die am Emitter angeschlossene Impedanz näherungsweise als Reihenenschaltung von R_{DAP} mit der Parallelschaltung von *Ce/2* und 2 *Re*1 angesehen. Folglich können die Ergebnisse bezüglich der Schaltung in Bild 4-14 nach entsprechender Anpassung der Indizes übernommen werden:

$$Ce = \frac{1}{2\pi f_g R_{DAP}}, \quad Cb = \frac{Re1}{R1//R2} Ce, \quad Cc = \frac{Re1}{Rc + Ra} Ce$$

Während gleichspannungsmäßig für ausreichend große Stromverstärkung $B \approx B + 1$ die Identität zwischen Kollektorstrom und Diodenstrom besteht, ist wechselspannungsmäßig aufgrund der gekreuzten Anordnung der beiden Kapazitäten *Ce* der Stromfluss genau gegenläufig. Für die Verstärkungsänderung ΔV erhält man daher bei großer Aussteuerung ausgehend von V_B im Arbeitspunkt aus Gl. 4-50:

$$\Delta V + V_B = \frac{-(Rc//Ra)/U_T}{1/(I_{CAP} + \Delta I_C) + 1/(I_{CAP} - \Delta I_C)} = -(Rc//Ra)\, S_{AP} \frac{1 - (\Delta I_C / I_{CAP})^2}{2}$$

Nach Einsetzen von V_B aus Gl. 4-50 und Anwendung von Gl. 4-46 ergibt sich die zugelassene relative Ausgangsspannungsamplitude zu:

Gl. 4-52:
$$\frac{\Delta U_A}{U_{A\max}} = \sqrt{\frac{\Delta V}{V_B}}$$

Somit stellt sich bei gleich bleibender relativer Verstärkungsänderung gegenüber der Emitterschaltung ohne Gegenkopplung, deren Aussteuerbarkeit durch Gl. 4-48 charakterisiert wird, bei der Emitterschaltung mit Diodengegenkopplung eine Zunahme der Aussteuerbarkeit um den Faktor ein:

Gl. 4-53: $$VU_{mDG/oG} = \sqrt{\frac{V_B}{\Delta V}}$$

So erhält man zum Beispiel für eine maximal zulässige relative Verstärkungsänderung von 1% gegenüber der Verstärkung im Arbeitspunkt eine Zunahme der Aussteuerbarkeit um den Faktor 10 gegenüber der Emitterschaltung ohne Gegenkopplung.

Aufgrund der Vorzüge der Schaltung in Bild 4-15 soll diese noch im Hinblick auf maximale Aussteuerung bei gleichzeitig maximaler Verstärkung untersucht werden. Wenn der Transistor bei maximal möglicher Aussteuerung gerade nicht in die Sättigung ($U_{CE} > 0$) geraten soll, so kann unter Vernachlässigung der Schwellenspannung U_S gegenüber der Betriebsspannung U_B die Ausgangsspannung im Arbeitspunkt *AP* ermittelt werden als:

$$U_{AP} = \frac{2R + Rc/2}{2R + Rc} U_B$$

Für die Steilheit und den Diodenwiderstand im Arbeitspunkt ergibt sich dann:

$$S_{AP} = \frac{U_B - U_{AP}}{Rc\, U_T} = \frac{U_B/U_T}{4R + 2\,Rc} = \frac{1}{R_{DAP}}$$

Wird nun nach Einsetzen von S_{AP} in Gl. 4-50 der Betrag der Verstärkung durch Ableitung nach *Rc* einer Extremwertbetrachtung unterzogen, so erhält man für $|V_{Bmax}|$ den gesuchten Kollektorwiderstand und die zugehörige maximal mögliche Aussteueramplitude:

$$Rc_{max} = \sqrt{2\,R\,Ra}\,, \qquad U_{A\max} = U_B - U_{AP} = \frac{U_B}{\sqrt{8\,(R/Ra) + 2}}$$

Unter Anwendung der in Kapitel 4.1.1 beschriebenen Vorgehensweise zur Bestimmung des Spannungsteilers an der Basis des Transistors erhält man:

$$\left.\frac{R1}{R2}\right|_{max} = \frac{1}{1/\left(2 + \sqrt{2\,Ra/R}\right) + 2\,U_S/U_B} - 1$$

Zur praktischen Veranschaulichung soll die Schaltung in Bild 4-15 an Hand der Parameter, die in der nachfolgenden Tabelle aufgelistetet sind, dimensioniert werden.

U_B	U_S	U_T	f_g	*Ra*	*R*
15 V	0,65 V	32 mV	1 KHz	20 KΩ	200 Ω

Mit Hilfe des oben beschrieben Formalismus ergeben sich dann folgende Ergebnisse:

Rc_{max}	$\|V_{Bmax}\|$	U_{Amax}	$R_{DAP} = 1/S_{AP}$	$R1/R2\|_{max}$	*Ce*	*Cb*	*Cc*
2,83 KΩ	90	6,6 V	13,8 Ω	5,75	11,6 µF	679 nF	101 nF

Es ist allerdings zu beachten, dass die maximal mögliche Amplitude von U_{Amax} = 6,6 V auch die maximale Verzerrung der Ausgangsspannung beinhaltet. Für geringere Verzerrung ist U_A gemäß Gl. 4-52 zu reduzieren.

4.5.2. Sourceschaltung mit Gegenkopplung

Das Prinzip der in Bild 4-14 angewendeten Gegenkopplung ist in gleicher Weise auch auf den Feldeffekt-Transistor übertragbar, wie es in Bild 4-16 gezeigt ist.

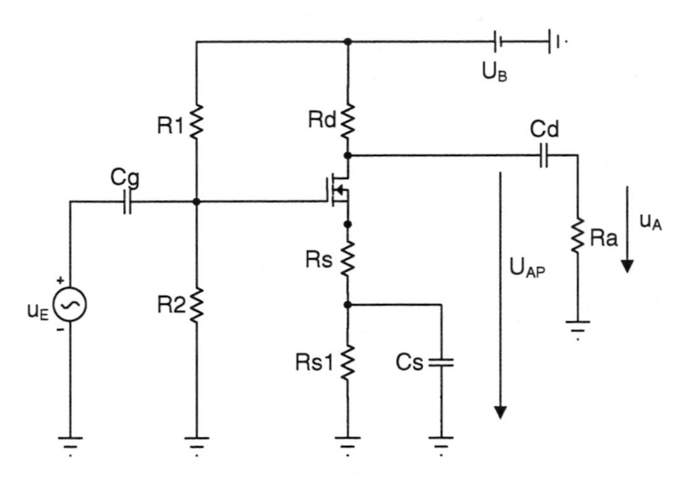

Bild 4-16: Sourceschaltung mit Gegenkopplung durch Sourcewiderstand

Nach Anpassung der Bezeichnungen erhält man aus Gl. 4-43 die Betriebsverstärkung:

Gl. 4-54: $$V_B = \frac{-Rd\,//\,Ra}{Rs + 1/S_{AP}}$$

Die maximale Verstärkung erhält man, wenn die Steilheit S_{AP} wesentlich größer als der Leitwert von *Rs* ist:

Gl. 4-55: $$V_{B\max} = \frac{-Rd\,//\,Ra}{Rs}$$

Demnach wird durch die Gegenkopplung mittels *Rs* bei ausreichend großer Steilheit die Betriebsverstärkung unabhängig von S_{AP}.

Der eingangsseitige Innenwiderstand R_{iE} ist ohne Berücksichtigung von *R1, R2* unendlich und der ausgangsseitige Innenwiderstand R_{iA} ist gleich demjenigen der Sourceschaltung, der in Gl. 3-6 angegeben ist. Die Berechnung der Kpazitäten geschieht auf gleiche Weise wie in Kapitel 4.5.1.1

Für die Steilheitsänderung ΔS erhält man unter Anwendung von Gl. 2-61 bei großer Aussteuerung ausgehend von S_{AP} im Arbeitspunkt:

$$\frac{\Delta S + S_{AP}}{S_{AP}} = \sqrt{\frac{\Delta I_D + I_{DAP}}{I_{DAP}}} = \sqrt{\frac{-\Delta U_A}{U_{A\max}} + 1}$$

Nach Einsetzen von V_B aus Gl. 4-54 ergibt sich die zugelassene relative Ausgangsspannungs-amplitude bei kleiner relativer Verstärkungsänderung zu:

Gl. 4-56: $$\frac{\Delta U_A}{U_{A\max}} = 1 - \left(1 + \frac{\Delta V/V_B}{1 - V_B/V_{B\max}}\right)^{?} \approx \frac{-2\Delta V/V_B}{1 - V_B/V_{B\max}}$$

Der Vergleich mit Gl. 4-47 zeigt eine Zunahme der Aussteuerbarkeit gegenüber der Emitterschaltung mit Gegenkopplung um ca. den Faktor 2. Folglich können mit FETs verzerrungsärmere Verstärkerschaltungen als mit Bipolar-Transistoren realisiert werden.

Als Referenz sei noch die Sourceschaltung ohne Gegenkopplung betrachtet, die man mittels $R_S = 0$ erhält. Da somit V_B / V_{Bmax} ebenfalls Null ist, ergibt sich:

Gl. 4-57: $$\frac{\Delta U_A}{U_{A\max}} \approx \frac{-2\ \Delta V}{V_B}$$

Folglich stellt sich bei gleich bleibender relativer Verstärkungsänderung gegenüber der Sourceschaltung ohne Gegenkopplung bei der Sourceschaltung mit Gegenkopplung eine Vergrößerung der zugelassenen relativen Ausgangsspannungsamplitude um den Faktor

Gl. 4-58: $$VU_{mG/oG} = \frac{1}{1 - V_B / V_{B\max}}$$

ein. Dieses Ergebnis ist identisch mit dem entsprechenden Ergebnis in Gl. 4-49.

4.6. Leistungsbetrachtung in praktischen Anwendungen

4.6.1. Verlustleistung von Transistoren

Transistoren unterliegen thermisch bedingten Belastungsgrenzen, die durch Überschreitung der höchst zulässigen Verlustleistung P_{Vmax} resultieren. In Bild 4-17 ist das reale Kennlinienfeld eines npn-Transistors gezeigt, in dem ab einer bestimmten Kollektor-Emitterspannung U_{CE}, die vom jeweiligen Kollektorstrom I_C abhängt, der Kollektorstrom stark ansteigt und der thermische Durchbrucheffekt eintritt. Um eine unzulässige Erwärmung zu vermeiden, darf eine bestimmte höchstzulässige Verlustleistung P_{Vmax}, die durch das Produkt

Gl. 4-59: $$P_V = U_{BE}\ I_B + U_{CE}\ I_C \approx U_{CE}\ I_C$$

definiert ist, nicht überschritten werden. Daher ist in den Ausgangskennlinien eine Grenzlinie zu berücksichtigen, die im Dauerbetrieb nicht überschritten werden darf. Diese Grenzlinie, die durch den folgenden Zusammenhang beschrieben wird

Gl. 4-60: $$I_C < \frac{P_{V\max}}{U_{CE}}\ ,$$

ist in Bild 4-17 als Hyperbel eingetragen.

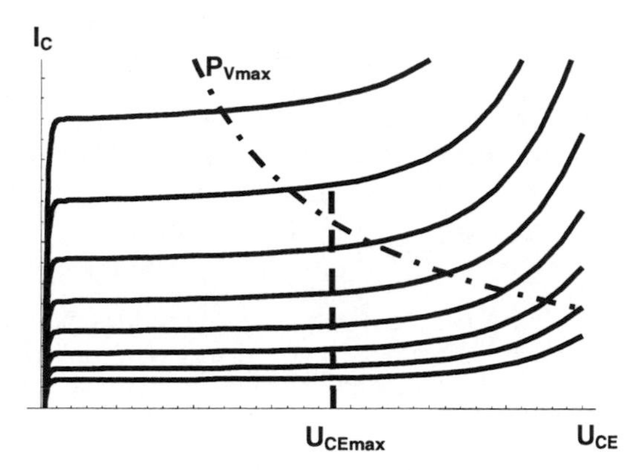

Bild 4-17: Reale Ausgangskennlinien eines npn-Transistors mit Durchbrucheffekt

Um den Spannungsdurchbruch zu vermeiden darf auch eine vom Transistor abhängige absolute Grenze U_{CEmax} für die Kollektor-Emitterspannung nicht überschritten werden.

Genauso wie bei den Bipolar-Transistoren existieren natürlich auch für Feldeffekt-Transistoren Grenzwerte bezüglich $P_V = U_{DS}\, I_D$ und U_{DS}.

4.6.2. Kühlung von Transistoren

Die Verlustleistung im Transistor verursacht einen Wärmeanstieg, der nicht zur thermischen Überlastung führen darf. Um den Wärmeanstieg zu mindern, kann die Wärmeableitung unter Verwendung von Kühlkörpern gesteigert werden. Hierbei wird von der Annahme ausgegangen, dass der Temperaturunterschied zwischen zwei Punkten einer Wärmestrecke proportional zur durchströmenden Wärmeleistung ist. In Analogie zum Ohmschen Gesetz elektrischer Stromkreise bezeichnet man dann den Proportionalitätsfaktor als „Wärmewiderstand“ R_{th} und den zugrunde gelegten linearen Zusammenhang zwischen Wärmestrom und Temperaturunterschied als „Ohmsches Gesetz der Wärmeleitung“:

Gl. 4-61: $$\Delta\vartheta = R_{th} \cdot P_V$$

Wärmewiderstände können genau so wie elektrische Widerstände in Reihe oder parallel geschaltet sein. Bild 4-18 zeigt die Wärmestrecke eines Transistors ausgehend vom Substrat, zum Transistorgehäuse, über den Kühlkörper bis zur Umgebung.

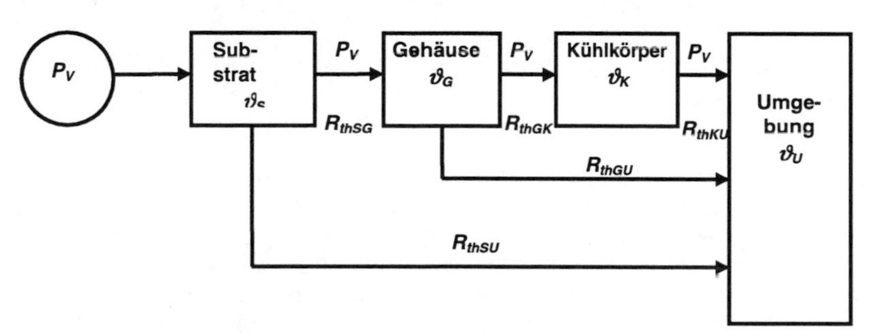

Bild 4-18: Wärmestrecke eines Transistors

Die dem Transistor zugeführte Verlustleistung P_V wird vollständig in einen Wärmestrom umgesetzt, welcher zunächst dem Substrat zufließt und diesen auf eine Kristalltemperatur ϑ_S erwärmt. Ohne Gehäuse müsste der gleiche Wärmestrom über einen thermischen Widerstand R_{thSU} direkt zur Umgebung abfließen. Die Umgebung hat eine Temperatur ϑ_U, die in guter Näherung als konstant angenommen werden kann. Bei Anwendung des Ohmschen Gesetzes der Wärmeleitung gilt:

Gl. 4-62: $$\vartheta_S - \vartheta_U = R_{thSU} \cdot P_V$$

Mit Gehäuse fließt die Wärmeleistung nahezu ausschließlich über den Wärmewiderstand R_{thSG} zum Gehäuse weiter, wobei das Gehäuse auf die Temperatur ϑ_G aufgeheizt wird. Befindet sich das Gehäuse in umgebender Luft, so strömt die Wärmeleistung über einen thermischen Widerstand R_{thGU} zur Umgebung ab, und es gelten die Gleichungen

Gl. 4-63: $$\vartheta_G - \vartheta_U = R_{thGU} \cdot P_V$$

Gl. 4-64: $$\vartheta_S - \vartheta_U = (R_{thSG} + R_{thGU}) \cdot P_V$$

Wird das Gehäuse zusätzlich mit einem Kühlkörper versehen, so wird der Wärmestrom über R_{thGU} vernachlässigbar und die Verlustwärme strömt nahezu vollständig über R_{thKU} zur Umgebung ab. In diesem Falle liegt dann zwischen dem Substrat und der Umgebung der thermische Gesamtwiderstand

Gl. 4-65: $$R_{thges} = R_{thSG} + R_{thGK} + R_{thKU}$$

und für die Kristalltemperatur gilt:

Gl. 4-66: $$\vartheta_S - \vartheta_U = R_{thges} \cdot P_V$$

Ist der thermische Gesamtwiderstand der Wärmestrecke ermittelt, für den Kristall eine höchstzulässige Temperatur ϑ_{Smax} vorgegeben und für die Umgebung gewährleistet, dass eine bestimmte Höchsttemperatur ϑ_U nicht überschritten wird, so lässt sich die höchstzulässige Verlustleistung P_{Vmax} wie folgt berechnen:

Gl. 4-67: $$P_{V\max} = \frac{\vartheta_{S\max} - \vartheta_U}{R_{thges}}$$

Die höchstzulässige Verlustleistung hängt also davon ab, wie heiß das Substrat werden darf, wie warm die Umgebung ist und wie klein der thermische Widerstand der Kühlstrecke gehalten werden kann. Typische Werte für ϑ_{Smax} sind 100 C° bei Germanium- und 175 C° bei Silizium - Transistoren.

Zur ausreichenden Kühlung von Transistor-Substraten muss die Gehäuseoberfläche, die die Wärme in die Umgebung abstrahlt, groß genug ausgeführt werden. Reicht die Oberfläche des Gehäuses, in dem das Substrat vom Hersteller geliefert wird, nicht aus, so kann das Gehäuse mit zusätzlichen Kühlkörpern versehen oder direkt mit dem Gerätegehäuse wärmeleitend verbunden werden. In Tabelle 4-7 ist eine Auswahl der verschieden Transistor-Gehäusetypen und die zugehörigen maximal zulässigen Verlustleistungen bei der Umgebungstemperatur ϑ_U von 25 C° ohne Kühlkörper zusammengestellt.

Plastikgehäuse				Metallgehäuse			
TO-92	TO-126	TO-220	TO-3P	TO-18	TO-5	TO-66	TO-3
300 mW	1 W	2 W	3 W	300 mW	1 W	2 W	3 W

Tabelle 4-7: Gehäusetypen für Transistoren und maximale Verlustleistung P_{Vmax} bei ϑ_U = 25 C° ohne Kühlkörper

Aufsteckkühlkörper für TO-5	U-Profilkühlkörper für TO-126, TO-220	Rippen-Profilkühlkörper (5 cm) für TO-66, TO-3	Isolierplättchen mit Wärmepaste
50 C°/W	15 C°/W	2,5 C°/W	0,35C°/W

Tabelle 4-8: Kühlkörpertypen und zugehöriger Wärmewiderstand R_{thKU}

Die verschiedenen Kühlkörpervarianten sind mit ihren Wärmewiderständen in Tabelle 4-8 angegeben. Isolierplättchen zwischen Transistorgehäuse und Kühlkörper sind dann erforderlich, wenn der Kollektor nicht separat aus dem Gehäuse herausgeführt sondern mit dem Transistorgehäuse (z.B. bei TO-3, TO-66) direkt verbunden ist.

Als Beispiel zur Ermittlung eines ausreichenden Kühlkörpers soll ein Leistungsverstärker betrachtet werden, der für eine maximale Verlustleistung P_{Vmax} = 20 W eines TO-3-Silizium-Transistors ausgelegt werden soll. Für ϑ_U = 25 C° erhält man aus Tabelle 4-7 den Wert für das TO-3-Gehäuse zu $P_{Vmax\ 25C°}$ = 3 W ohne Kühlung. Mit der maximal zulässigen Substrattemperatur von ϑ_{Smax} = 175 C° für Silizium ergibt sich der minimal erforderliche Wärmewiderstand R_{thges} aus Gl. 4-67 zu 7,5 C°/W. Der Wärmewiderstand R_{thSG} zwischen Substrat und Gehäuse bewegt sich üblicherweise zwischen 100 C°/W bei kleinen Gehäusetypen (TO-92, TO-18, TO-5) und 2 C°/W bei großen Gehäusetypen (TO-3P, TO-3). Bei Annahme von R_{thSG} = 2,5 C°/W ist dann gemäß Gl. 4-65:

$$R_{thGK} + R_{thKU} = 7{,}5\,C°/W - R_{thSG} \approx 5\,C°/W$$

Aus Tabelle 4-8 ist folglich der Rippen-Profilkühlkörper (Länge 5 cm) auszuwählen, der inklusive des notwendigen Isolierplättchens den Wärmewiderstand von

$$R_{thGK} + R_{thKU} = 0{,}35\,C°/W + 2{,}5\,C°/W = 2{,}85\,C°/W$$

aufweist.

5. Lineare Schaltungen mit mehreren Transistoren

5.1. Verstärkerschaltungen

In den meisten Anwendungsfällen benötigt man höhere Verstärkungsfaktoren, als sie sich mit einem Transistor erzielen lassen. Grundsätzlich könnte eine Kettenschaltung aus mehreren Stufen von Emitter- oder Sourceschaltungen in Betracht gezogen werden, wie sie in Kapitel 3.1 und Kapitel 3.2 vorgestellt worden sind. Hierbei würden sich jedoch folgende Nachteile einstellen:

a) Hauptsächlich die in den Emitter- und Sourcezweigen vorgesehenen Kondensatoren können bei niedriger unterer Grenzfrequenz f_{gu} Baugrößen erreichen, die die Miniaturisierung von Schaltungen behindern und zudem erhöhten Kostenaufwand beinhalten.

b) Eine hohe Anzahl von Kondensatoren führt bei mehrstufigen Schaltungen, die in der Regel zur Arbeitspunkt- oder Verstärkungsstabilisierung die Gegenkopplung verwenden, zu schwer kontrollierbaren Stabilitätsproblemen.

Aus diesen Gründen wird angestrebt, zwischen den Stufen weitgehend die Gleichspannungskopplung durchzuführen. Dabei ist eine über alle Stufen gemeinsam wirkende Arbeitspunktstabilisierung von Vorteil. Hierzu existiert eine Vielzahl von schaltungstechnischen Lösungen, von denen nur eine kleine Auswahl zur Erläuterung der grundsätzlichen Funktionsweise betrachtet werden soll.

5.1.1. Gegenkopplung zur Arbeitspunktstabilisierung

In Bild 5-1 ist ein zweistufiger Verstärker mit Arbeitspunkt-Gegenkopplung dargestellt, die den Arbeitspunkt beider npn-Bipolar-Transistoren *Bn1*, *Bn2* gemeinsam stabilisiert. Die Kollektor-Emitterspannung von *Bn1* definiert über den Transistor *Bn2* die Spannung am Widerstand *Re*, wobei mittels der Rückführung über den Widerstande *R1* eine Gegenkopplung zur Arbeitspunktstabilisierung beider Stufen entsteht. Wechselspannungsmäßig sind beide Transistoren jeweils in Emitterschaltung beschaltet.

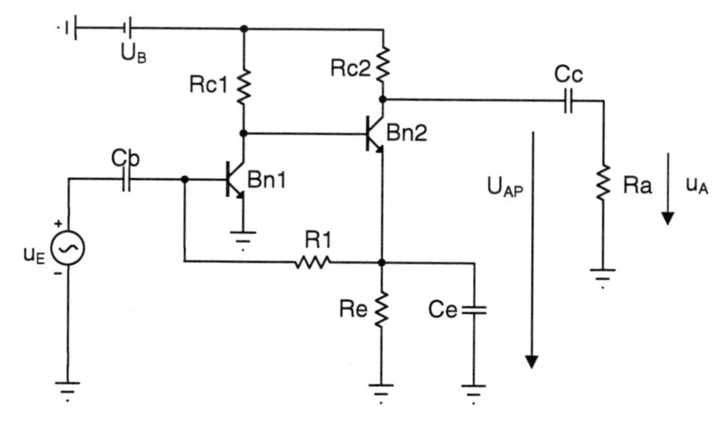

Bild 5-1: Zweistufiger Verstärker mit Arbeitspunkt-Gegenkopplung

Die Betriebsverstärkung der Schaltung wird unter Anwendung von Gl. 4-8 berechnet zu:

Gl. 5-1:
$$V_B = V_1 \; V_2 = S_{1AP} \left(Rc1 \, // \, R_{BE2AP} \right) S_{2AP} \left(Rc2 \, // \, Ra \right)$$

Zur Erläuterung der gegenkoppelnden Wirkung zur Arbeitspunkt-Stabilisierung sei angenommen, dass der Kollektorstrom von *Bn2* erwärmungsbedingt ansteigt. Dann steigt auch der Spannungsabfall an *Re*, so dass der über *R1* fließende Basisstrom von *Bn1* ebenfalls zunimmt. Folglich vergrößert sich der Kollektorstrom von *Bn1*, seine Kollektor-Emitterspannung nimmt ab, was letztlich die Reduzierung des Kollektorstromes von *Bn2* zur Folge hat. Der hier einsetzende Regelprozess, der gegen die ursprünglich angenommene Stromerhöhung im Transistor *Bn2* regelt, stabilisiert somit den Arbeitspunkt.

Damit die Arbeitspunktstabilisierung nicht die zu verstärkenden Wechselsignale beeinflusst, wird *Re* für Wechselgrößen durch *Ce* im Betriebsfrequenzbereich der Schaltung kurzgeschlossen.
Ein derartiger Kondensator wird für beide Stufen nur einmal benötigt. Die Koppelkondensatoren (*Cb*, *Cc*) treten nur noch am Eingang und am Ausgang des Verstärkers auf, damit die Arbeitspunkte externer Schaltkreise nicht beeinträchtigt werden.

Die Dimensionierung einer Schaltung erfolgt vom Ausgang zum Eingang hin fortschreitend, da meistens die Arbeitspunkt-Spannung U_{AP} am Ausgang vorgegeben ist. Die Vorgehensweise zur Dimensionierung soll an Hand der in Tabelle 5-1 aufgeführten Parameter erläutert werden.

V_B	V_2	U_{Re}	Ra	U_{AP}	U_B	f_{gu3dB}
5000	100	2 V	2 KΩ	8,5 V	15 V	50 Hz

Tabelle 5-1: Parameter-Beispiel für die Schaltung aus Bild 5-1

Die Spannung an *Re* wurde so groß gewählt, dass *Bn1* sicher im Linearbereich arbeitet und bei maximaler Aussteuerung nicht in den Sättigungsbereich getrieben wird. Da die Arbeitspunktspannung von *Bn1* mit $U_{AP1} = U_{CE1AP} = U_{Re} + U_{BE2AP} \approx 2\text{ V} + 0{,}6\text{ V} = 2{,}6\text{ V}$ beträgt, sollte die Amplitude von u_{CE1} zur Meidung des Sättigungsbereichs kleiner als ca. 2 V sein. Wegen $V_2 = 100$ kann die maximale Amplitude von u_{CE1} allerdings nur

$$\hat{u}_{CE1} = \frac{U_B - U_{AP}}{V_2} = \frac{6{,}5\ V}{100} = 65\,mV$$

betragen. Um den Aussteuerbereich am Ausgang maximal zu gestalten, ist daher die Wahl von $U_{Re} = 2$ V als sinnvoll zu erachten. Zwecks maximaler Aussteuerung wurde der Arbeitspunkt in die Mitte des aussteuerbaren Bereiches gelegt:

$$U_{AP} = \frac{U_{A\max} + U_{A\min}}{2} = \frac{U_B + U_{Re}}{2} = \frac{15\ V + 2V}{2} = 8{,}5\ V$$

Die Transistoren *Bn1, Bn2* in Bild 5-1 werden als identisch angenommen, wobei zur Repräsentierung ihrer Kennlinie die Werte $B = 200$, $I_{C0} = 5$ pA, $U_T = 30$ mV, $KB_{EA} = 1$ gelten sollen.

Für den erforderlichen Kollektorwiderstand *Rc2* bei der geforderten Verstärkung V_2 der zweiten Stufe mit dem Transistor *Bn2* erhält man aus Gl. 4-10:

$$V_{2\max} = \frac{U_B - U_{AP}}{U_T} = \frac{15\ V - 8{,}5\ V}{30\ mV} = 216{,}7 > V_2$$

$$Rc2 = Ra\left(\frac{V_{2\max}}{V_2} - 1\right) = 2{,}\bar{3}\ K\Omega$$

Der zugehörige Emitterwiderstand *Re* wird dann berechnet zu:

$$Re = \frac{U_{Re}}{U_B - U_{AP}} Rc2 = \frac{2V}{15\,V - 8{,}5\,V} Rc2 = 718\,\Omega$$

Folglich sind:

$$I_{C2AP} = \frac{U_B - U_{AP}}{Rc2} = 2{,}79\,mA, \qquad I_{B2AP} = \frac{I_{C2AP}}{B} = 13{,}9\,\mu A$$

Unter Anwendung von Gl. 2-31 ergeben sich dann:

$$U_{BE2AP} = U_T \ \ln\left(I_{C2AP}/I_{C0}\right) = 0{,}6\,V$$
$$U_{CE1AP} = U_{Re} + U_{BE2AP} = 2{,}6\,V$$
$$R_{BE2AP} = B/S_{AP} = U_T/I_{B2AP} = 2{,}16\,K\Omega$$

Da der Basisstrom von *Bn2* gegenüber dem Kollektorstrom von *Bn1* vernachlässigt werden kann, ist Gl. 4-10 auch auf die erste Stufe mit dem Transistor *Bn1* anwendbar:

$$V_{1\max} = \frac{U_B - U_{CE1AP}}{U_T} = \frac{15\,V - 2{,}6\,V}{30\,mV} = 413{,}3 > V_1 = V_B/V_2 = 50$$
$$Rc1 = R_{BE2AP}\left(\frac{V_{1\max}}{V_1} - 1\right) = 15{,}7\,K\Omega$$
$$I_{C1AP} = \frac{U_B - U_{CE1AP}}{Rc1} = 0{,}79mA >> I_{B2AP}$$
$$I_{B1AP} = \frac{I_{C1AP}}{B} = 3{,}95\mu A, \qquad R_{BE1AP} = \frac{U_T}{I_{B1AP}} = 7{,}6\,K\Omega$$
$$U_{BE1AP} = U_T \ \ln\left(I_{C1AP}/I_{C0}\right) = 0{,}57\,V$$

Da der Basisstrom I_{B2AP} gegenüber I_{C1AP} vernachlässigt werden kann, wird die Spannung U_{Re} durch die Belastung mittels *R1* nahezu nicht verändert. *R1* resultiert dann zu:

$$R1 = \frac{U_{Re} - U_{BE1AP}}{I_{B1AP}} = 362\,K\Omega$$

Zur Ermittlung der Kapazitäten unter Berücksichtigung der vorgegebenen unteren Grenzfrequenz müssen die zugeordneten Ersatzwiderstände ermittelt werden, wobei die Erkenntnisse und Verfahren aus Kapitel 4.3 nach entsprechender Anpassung auf die vorliegende Schaltung übertragen werden können. Da *Ce* erwartungsgemäß die größte Kapazität darstellen wird, soll sie zur Festlegung der unteren Grenzfrequenz f_{gu3dB} herangezogen werden. Für die Schaltung aus Bild 5-1 ergeben sich die Ersatzwiderstände, die von den Anschlussklemmen der jeweiligen Kapazitäten in die Schaltung hinein gesehen werden:

$$R_{n,Ce} = Re \,//\, (1/S_{2AP} + Rc1/B) \,//\, R1 \approx (R_{BE2AP} + Rc1)/B$$

$$R_{z,Ce} = Re \,//\, R1 \approx Re$$

$$R_{Cc} = Rc2 + Ra$$

$$R_{Cb} = R_{BE1AP}$$

Hierbei sind $R_{n,Ce}$ der Zählerzeitkonstanten und $R_{z,Ce}$ der Nennerzeitkonstanten des mittels *Ce* gebildeten Lead-Filters zugeordnet. Unter sinngemäßer Anwendung von Gl. 4-38 erhält man die Kapazitätswerte zu:

$$Ce = \frac{B}{2\pi\, f_{gu3dB}\,(R_{BE2AP} + Rc1)} = 35{,}6\,\mu F$$

$$Cc = \frac{Re}{Rc2 + Ra}\, Ce = 5{,}9\,\mu F$$

$$Cb = \frac{Re}{R_{BE1AP}}\, Ce = 3{,}4\,\mu F$$

Im Betriebsfrequenzbereich ergeben sich die ein- und ausgangsseitigen Innenwiderstände der Schaltung zu:

$$R_{iE} = R_{BE1AP} \,//\, R1 \approx R_{BE1AP} = 7{,}6\ K\Omega$$

$$R_{iA} \approx Rc2 = 2{,}3\,K\Omega$$

In Tabelle 5-2 sind die oben ermittelten Werte der Bauteile noch einmal zusammengestellt.

Rc1	*Rc2*	*Re*	*R1*	*Ce*	*Cb*	*Cc*
15,7 KΩ	2,3 KΩ	718 Ω	362 KΩ	35,6 µF	3,4 µF	5,9 µF

Tabelle 5-2: Bauteilewerte der Schaltung aus Bild 5-1 für die Parameter aus Tabelle 5-1

Diese Werte sind lediglich als Richtwerte für den ersten Dimensionierungsschritt zu verstehen und müssen demnach nicht der angegebenen Präzision unterliegen. Die Optimierung der Bauelemente geschieht durch Simulation mittels eines SPICE-kompatiblen Programms.

5.1.2. Gegenkopplung zur Verstärkungs- und Arbeitspunktstabilisierung

Die Schaltung aus Bild 5-1 hat den Nachteil, dass ihre Betriebsverstärkung gemäß Gl. 5-1 von der Steilheit und dem Basis-Emitterwiderstand im Arbeitspunkt abhängig ist. Bedingt durch Temperaturänderung oder durch Exemplarstreuung können diese Parameter erheblichen Schwankungen unterliegen. Außerdem müssen in mehrstufigen Verstärkern mit aufeinander folgenden gleichartigen Transistoren die Kollektorpotentiale bei galvanischer Kopplung von Stufe zu Stufe immer höher werden. Bei 3- bis 4-stufigen Verstärkern würde man deswegen die Betriebsspannung höher auslegen müssen. Durch Verwendung von komplementären Transistoren in direkt aufeinander folgenden Stufen kann diesem Nachteil entgangen werden. Als Beispiel hierfür zeigt Bild 5-2 einen zweistufigen Verstärker mit komplementären Transistoren und Gegenkopplung über alle Stufen.

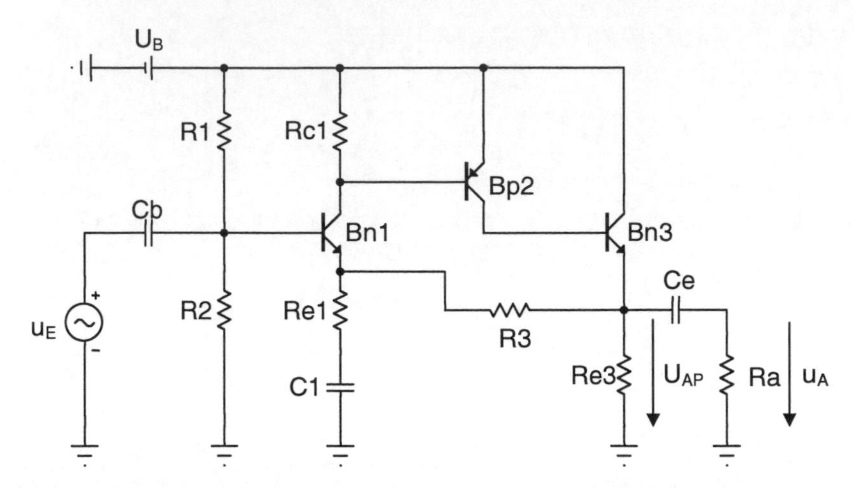

Bild 5-2: Zweistufiger Verstärker mit Gegenkopplung zur Arbeitspunkt- und Verstärkungsstabilisierung

Der Spannungsteiler aus *R2* und *R1* definiert die Arbeitspunktspannung U_{AP}, da der Emitterstrom von *Bn1* gegenüber dem Emitterstrom von *Bn3* vernachlässigbar ist. Somit ist der Spannungsabfall an dem Gegenkopplungswiderstand *R3* vernachlässigbar und es gilt:

Gl. 5-2:

$$\frac{R1}{R2} = \frac{U_B}{U_{AP} + U_{BE1AP}} - 1$$

Da U_{AP} stets wesentlich größer als $\Delta U_{BE1AP} \approx 0{,}4$ V gewählt wird, ist die Arbeitspunktspannung nicht mehr abhängig von den Transistorparametern. Folglich resultiert die Stabilisierung von U_{AP}.

Die Verstärkerschaltung in Bild 5-2 kann für $Ra \rightarrow \infty$ im Betriebsfrequenzbereich, in dem *C1* als Kurzschluss zu betrachten ist, idealisiert durch das Wechselspannung-Ersatzbild in Bild 5-3 beschrieben werden.

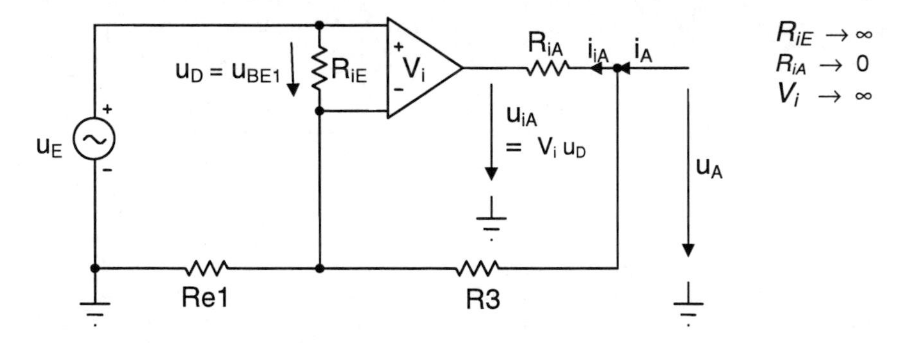

Bild 5-3: Wechselspannung-Ersatzbild der Schaltung aus Bild 5-2 im Betriebsfrequenzbereich

Der ideale Verstärker in Bild 5-3 hat einen sehr großen eingangsseitigen Innerwiderstand R_{iE}, einen sehr kleinen ausgangsseitigen Innerwiderstand R_{iA} und eine sehr große innere Verstärkung V_i. Folglich sind die Ströme an den beiden Eingängen vernachlässigbar klein und die Ausgangsspannung u_A ist unabhängig von der Belastung durch $R3 + Re1$. Für $R3 >> R_{iA}$ und $R3$, $Re1 << R_{iE}$ können folgende Gleichungen aufgestellt werden:

$$u_A \approx u_{iA} = V_i \, u_D , \qquad u_E \approx u_D + \frac{Re1}{Re1 + R3} V_i \, u_D$$

Hieraus ergibt sich die Betriebsverstärkung zu:

Gl. 5-3:
$$V_B = \frac{u_A}{u_E} = \frac{1}{1/V_{B0} + 1/V_i}$$
$$V_{B0} = 1 + R3/Re1$$

Für die Differenzspannung u_D am Eingang des idealen Verstärkers erhält man:

Gl. 5-4:
$$u_D = u_E \Big/ \left(1 + V_i/V_{B0}\right) \approx \frac{V_{B0}}{V_i} u_E$$

Bei praktischen Anwendungen ist in der Regel die innere Verstärkung V_i wesentlich größer als die ideale Betriebsverstärkung V_{B0} bei Gegenkopplung. Folglich kann der Kehrwert $1/V_i$ in Gl. 5-3 vernachlässigt werden und man erhält $V_B \approx V_{B0}$. Somit hängt die ideale Betriebsverstärkung V_{B0} nur noch von den beiden Widerständen $R3$ und $Re1$ ab. Für diesen Fall ist dann gemäß Gl. 5-4 auch die Differenzspannung $u_D \approx 0$. Da die Abhängigkeit von V_i vernachlässigbar ist, existiert keine Abhängigkeit mehr von instabilen Transistor-Parametern. Bei Einsatz von präzisen Metallschichtwiderständen für $R3$ und $Re1$ mit niedrigem Temperaturkoeffizienten wird die eingestellte Betriebsverstärkung mit guter Genauigkeit garantiert.

Der Vergleich der Schaltungen in Bild 5-2 und Bild 5-3 zeigt, dass der positive (+)-Eingang des inneren Verstärkers die Basis und der negative (-)-Eingang der Emitter des Transistors *Bn1* ist. Zur Ermittlung der inneren Verstärkung muss die Gegenkopplung aufgehoben und der negative (-)-Eingang auf Masse gelegt werden. Dieses geschieht durch einen sehr großen Kondensator, der zwischen den Emitter von *Bn1* und Masse geschaltet wird. Folglich werden dann *Bn1* und *Bp2* in Emitterschaltung und *Bn3* in Kollektorschaltung betrieben. Dann stellt sich unter der vereinfachenden Annahme, dass alle Transistoren dieselbe hohe Stromverstärkung $B \approx B+1$ aufweisen, die innere Verstärkung ein zu:

$$V_i = u_A/u_E = V_1 \; V_2$$
$$V_1 = S_{1AP}\left(Rc1 \,//\, R_{BE2AP}\right)$$
$$V_2 = S_{2AP}\, B \left(Re3 \,//\, Ra\right) = S_{3AP}\left(Re3 \,//\, Ra\right) = \frac{U_{AP}}{U_T} \frac{1}{1 + Re3/Ra}$$

Demnach hängt die Verstärkung V_2 der zweiten Stufe mit dem Transistor *Bp2* bei vorgegebener Arbeitspunktspannung U_{AP}, die zwecks maximaler Aussteuerung in der Mitte des Aussteuerbereichs liegen sollte, nur vom Verhältnis zwischen dem Lastwiderstand *Ra* und dem Emitterwiderstand *Re3* ab. Wenn *Re3* auf *Ra* angepasst wird, ist das Verhältnis *Re3* / *Ra* und damit auch *V2* konstant. Zur Maximierung von V_i kann daher nur die Verstärkung V_1 der ersten Stufe mit dem Transistor *Bn1* herangezogen werden. Hierzu können zwei Fälle in Betracht gezogen werden:

a) *Rc1* ist wesentlich größer als der Basis-Emitterwiderstand R_{BE2AP} von *Bp2*. Folglich erhält man:

$$V_1 = S_{1AP}\, R_{BE2AP} = \frac{S_{2AP}}{B} R_{BE2AP} = 1$$

b) *Rc1* ist so gewählt, dass $I_{C1AP} >> I_{B2AP}$ ist und I_{B1AP} zwecks Maximierung des eingangsseitigen Innenwiderstands R_{iE} klein genug bleibt. Für diesen Fall ergibt sich unter Anwendung von Gl. 4-10:

$$V_1 = V_{1\max} \frac{1}{1 + Rc1/R_{BE2AP}}$$

$$V_{1\max} = \frac{|U_{BE2AP}|}{U_T}$$

Um die innere Verstärkung V_i im Sinne des idealen Verstärkers möglichst groß zu gestalten ist also Fall b) zu bevorzugen. Insgesamt erhält man dann:

Gl. 5-5:

$$V_i = \frac{U_{AP}\, |U_{BE2AP}|}{U_T^{\,2}} \frac{1}{1 + Rc1/R_{BE2AP}} \frac{1}{1 + Re3/Ra}$$

$$R_{BE2AP} = \frac{B^2\, U_T}{U_{AP}} Re3$$

Für den eingangsseitigen Innenwiderstand ergibt sich:

Gl. 5-6:

$$R_{iE} = R_{BE1AP} = \frac{B\, U_T}{I_{C1AP}} \approx \frac{B\; U_T\; Rc1}{|U_{BE2AP}|}$$

Im Sinne des idealen Verstärkers sollte nicht nur V_i sondern auch R_{iE} möglichst groß werden. Somit muss für die Wahl von *Rc1* der Kompromiss zwischen Maximierung von V_i und Maximierung von R_{iE} eingegangen werden.

Am Emitter von *Bn3* wird die Parallelschaltung des durch *B* geteilten Kollektor-Emitter-Widerstands R_{CE2} von *Bp2*, *Re3* und *R3* gesehen. Da *R3* und R_{CE2}/B wesentlich größer als *Re3* sein sollten, beträgt der ausgangsseitige Innenwiderstand:

Gl. 5-7:

$$R_{iA} \approx Re3$$

Hier kann durch Minimierung von *Re3* auch R_{iA} im Sinne des idealen Verstärkers möglichst klein gestaltet werden, da gleichzeitig V_i maximiert wird. Es ist jedoch zu bedenken, dass durch zu starke Verkleinerung von *Re3* der Basisstrom I_{B2AP} so ansteigt, dass die Bedingung $I_{C1AP} >> I_{B2AP}$ gefährdet wird. Dieses hätte wiederum zur Folge, dass *Rc1* und damit auch R_{iE} reduziert werden müssten.

Die Vorgehensweise zur Dimensionierung des inneren Verstärkers soll an Hand der in Tabelle 5-3 aufgeführten Parameter erläutert werden, wobei die Transistoren als identisch mit B = 200, I_{C0} = 5 pA, U_T = 30 mV, KB_{EA} = 1 angenommen werden.

R_{iE}	R_{iA}	Ra	U_{AP}	U_B
1 MΩ	200 Ω	500 Ω	7,5 V	15 V

Tabelle 5-3: Parameter-Beispiel für den inneren Verstärker aus Bild 5-2

Aus Gl. 5-7 ergibt sich $Re3 = R_{iA} = 200\ \Omega$. Mit Gl. 5-6 wird $Rc1$ zu 83,3 KΩ ermittelt, wobei vereinfachend für $U_{BE2AP} \approx 0{,}5$ V angesetzt wurde. Damit erhält man schließlich aus Gl. 5-5 für den Basis-Emitterwiderstand $R_{BE2AP} = 32$ KΩ. und die innere Verstärkung zu $V_i \approx 864$.

Die Berechnung von $R1$ und $R2$ zur Einstellung der Arbeitspunktspannung U_{AP} geschieht mit Hilfe von Gl. 5-2. Unter Berücksichtigung, dass der Spannungsteiler aus $R1$ und $R2$ möglichst gering belastet sein sollte (R2 << R_{iE}), wird $R2$ zu 50 KΩ gewählt. Wegen des sehr hohen eingangsseitigen Innenwiderstands $R_{iE} = R_{BE1AP}$ kann mit $U_{BE1AP} \approx 0{,}4$ V ein geringer Wert angenommen werden. Folglich erhält man aus Gl. 5-2 für $R1 = 44{,}9$ KΩ. Die ermittelten Werte sind in Tabelle 5-4 zusammengestellt.

$Rc1$	$Re3$	$R1$	$R2$	V_i
83,3 KΩ	200Ω	44,9 KΩ	50 KΩ	864

Tabelle 5-4: Resultierende Werte für das Parameter-Beispiel aus Tabelle 5-3

Für die Festlegung der Kapazitäten ist die Schaltung aus Bild 5-2 im gegengekoppelten Betrieb zu betrachten. In diesem Betrieb verändern sich die aus- und eingangsseitigen Innenwiderstände, wie es an Hand des Wechselspannung-Ersatzbilds aus Bild 5-3 nachweisbar ist. Die Berechnung des eingangsseitigen Innenwiderstands geschieht für $i_A = 0$ und man erhält:

Gl. 5-8:
$$R_{iEg} = \frac{u_E}{i_E} = \frac{R_{iE}}{u_D} u_E = \frac{R_{iE}\, V_i}{u_A} u_E = \frac{V_i}{V_{B0}} R_{iE}$$

Für die Ermittlung des ausgangsseitigen Innenwiderstands ist $u_E = 0$ und am Ausgang wird eine ideale Wechselspannungsquelle der Spannung u_A betrachtet, die den Strom i_A liefert. Folglich ergibt sich mit $R_{iE} >> Re1$:

Gl. 5-9:
$$i_A = i_{iA} - \frac{u_D}{Re1} = i_{iA} + \frac{1}{Re1 + R3} u_A$$
$$i_{iA} = \frac{u_A - u_{iA}}{R_{iA}} = \frac{1 + V_i/V_{B0}}{R_{iA}} u_A \approx \frac{V_i/V_{B0}}{R_{iA}} u_A$$
$$R_{iAg} = \frac{u_A}{i_A} = \left((V_{B0}/V_i)R_{iA}\right) // \left(Re1 + R3\right)$$

Durch Gegenkopplung wird also der eingangsseitige Innenwiderstand um den Faktor V_i / V_{B0} vergrößert und der ausgangsseitige Innenwiderstand um den Kehrwert dieses Faktors verkleinert. Bei praktischen Anwendungen ist in der Regel die innere Verstärkung V_i wesentlich größer als die ideale Betriebsverstärkung V_{B0} bei Gegenkopplung.

Um die jeweiligen Eckfrequenzen, die den Kapazitäten zugeordnet sind, zu berechnen, wird das Verfahren der Bestimmung von zugehörigen Ersatzwiderständen aus Kapitel 4.3 verwendet:

Gl. 5-10:
$$f_{C1} = \frac{1}{2\pi C1\, Re1}$$
$$f_{Ce} = \frac{1}{2\pi Ce \left(R_{iAg} + Ra\right)} \approx \frac{1}{2\pi\, Ce\, Ra}$$
$$f_{Cb} = \frac{1}{2\pi Cb \left(R1 // R2 // R_{iEg}\right)} \approx \frac{1}{2\pi Cb \left(R1 // R2\right)}$$

Zur vollständigen Dimensionierung der Schaltung in Bild 5-2 sollen die Parameter, die in Tabelle 5-5 angegeben sind, berücksichtigt werden.

V_{B0}	$Re1$	f_{gu9dB}
100	200 Ω	50 Hz

Tabelle 5-5: Parameter-Beispiel für den gegengekoppelten Verstärker aus Bild 5-2

Mit Gl. 5-3 wird die tatsächliche Betriebsverstärkung zu V_B = 89,6 ermittelt. Die Abweichung zur idealen Betriebsverstärkung V_{B0} entsteht dadurch, dass die innere Verstärkung nicht wesentlicher größer, sondern nur um den Faktor 8,64 größer ist als V_{B0}. Die Kapazitäten *Cb*, *Ce* und *C1* werden mittels Gl. 5-10 berechnet. Mit Hilfe von Gl. 5-8 wird R_{iEg} und mit Gl. 5-9 wird R_{iAg} bestimmt. Zusammenfassend sind in Tabelle 5-6 die resultierende Werte angegeben.

V_B	$R3$	$C1$	Cb	Ce	R_{iEg}	R_{iAg}
89,6	19,8 KΩ	15,9 µF	134,5 nF	6,1 µF	8,64 MΩ	23,1 Ω

Tabelle 5-6: Resultierende Werte für das Parameter-Beispiel aus Tabelle 5-5

Eine den vorstehenden Erläuterungen entsprechende schaltungstechnische Alternative besteht darin, den idealen Verstärker in Bild 5-3 als integrierte Schaltung in Form eines so genannten Operationsverstärkers auszuführen. Hierauf soll in Kapitel 5.4 noch detailliert eingegangen werden.

5.2. Endstufen

Die Anforderungen an einen idealen Verstärker wurden bereits in Kapitel 5.1.2 erläutert. Zu diesen Anforderungen gehört unter Anderem ein ausgangsseitiger Innenwiderstand, der wesentlich kleiner als der minimal auftretende Lastwiderstand sein sollte. Bei geringen Lastwiderständen, die zum Beispiel wie bei Wicklungswiderständen von Lautsprechern, Servomotoren und Aktuatoren nur wenige Ohm betragen können, ist zusätzlich ein hoher Ausgangsstrom von einigen Ampere erforderlich. Um diesen Anforderungen gerecht zu werden, muss ein Verstärker als letzte Stufe, der so genannten Endstufe, eine Treiberschaltung enthalten. Für Endstufen existieren unterschiedliche Schaltungskonzepte, deren Bezeichnungen auf eine Klasse oder Betriebsart hinweisen. Da Endstufen meistens in die Gegenkopplung des Verstärkers einbezogen werden, bestehen keine hohen Linearitätsanforderungen.

5.2.1. A-Betrieb

Wird die Arbeitspunktspannung U_{AP} größer gewählt als der größte vorkommende Wechselspannung-Scheitelwert $\hat{u}_A$ am Ausgang, so liegt der A-Betrieb oder ein Klasse-A-Verstärker vor. Als typisches Anwendungsbeispiel für eine Großsignal-Endstufe im A-Betrieb zeigt Bild 5-4 die Kollektorschaltung. Wie es bereits in Kapitel 4.5.1.1 ausführlich behandelt wurde, hat R_E gegenkoppelnde Wirkung, so dass das Ausgangssignal innerhalb der zulässigen Aussteuergrenzen verzerrungsarm ist. Dieses wird an Hand der Großsignal-Aussteuerkennlinie $U_A = f(U_E)$, die ebenfalls in Bild 5-4 dargestellt ist, deutlich. Die gestrichelte Linie kennzeichnet hierbei die Eingangsspannung U_E und die durchgezogene Linie die Ausgangsspannung U_A am Widerstand R_E.

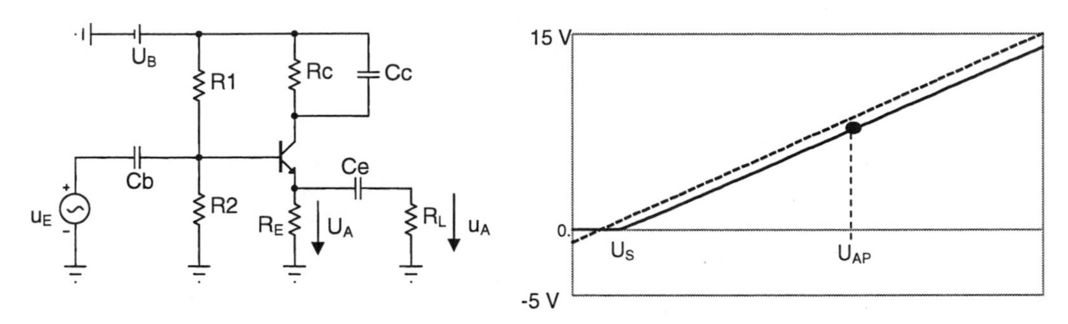

Bild 5-4: Kollektorschaltung und Aussteuerkennlinie

Wegen Gl. 3-9, in der der wirksame Emitterwiderstand R als die Parallelschaltung von R_E und R_L angesehen werden kann, muss bei kleiner werdendem Lastwiderstand R_L zur Erhöhung der Steilheit S auch R_E reduziert werden, da ansonsten V_B immer mehr abnimmt. Gleichzeitig nimmt jedoch bei unveränderter Arbeitspunktspannung U_{AP} der Kollektorstrom im Arbeitspunkt zu, so dass diese Schaltung für kleine Lastwiderstände unwirtschaftlich wird. Nachteilig ist zusätzlich der hohe Kapazitätswert von *Ce*, der beispielsweise mehr als 500 µF für einen Lautsprecher mit einem Wicklungswiderstand von R_L =10 Ω und einer unteren Grenzfrequenz von f_{gu} = 30 Hz betragen würde.

5.2.2. B-Betrieb

Die oben beschriebenen Nachteile werden durch den B-Betrieb oder den Klasse B-Verstärker vermieden, bei dem der Arbeitspunkt in die Nähe der Schwellenspannung U_S gelegt wird. Diese Einstellung eignet sich in besonderem Maße für Gegentakt- und Komplementär-Endstufen, die in Bild 5-5 und Bild 5-6 gezeigt sind. In diesen Schaltungen, die eine positive und negative Betriebsspannung desselben Betrags aufweisen, werden die beiden komplementären Transistoren, bei denen *Bn1* ein npn- und *Bp2* ein pnp-Typ ist, als Emitterfolger mit dem gemeinsamen Lastwiderstand R_L betrieben. Ist die Eingangsspannung U_E positiv, so bezieht der Lastwiderstand R_L seinen Strom nur vom Transistor *Bn1* während bei negativem U_E der Strom vom Transistor *Bp2* geliefert wird. Wenn *Re* in Bild 5-5 deutlich größer als R_L ist, so entsteht in der Nähe des Nulldurchgangs von U_E eine doppelte Knickstelle in der Aussteuerkennlinie, die durch den Wechsel von *Bn1* zu *Bp2* bezüglich der Lieferung des Laststroms an R_L zu Stande kommt. Die entstehende Verzerrung im Ausgangssignal wird als Übernahmeverzerrung bezeichnet.

Die Übernahmeverzerrung kann reduziert werden, indem der Widerstand *Re* in Bild 5-5 auf den Lastwiderstand R_L angepasst wird. Bei geringer Aussteueramplitude von U_E, die kleiner als die Schwellenspannung U_S von *Bn1* und *Bp2* ist, fließt der Laststrom hauptsächlich über *Re*. Um der Forderung $U_E \approx U_A$ nach zu kommen, sollte $Re \ll R_L$ sein. Für den maximalen Strom durch *Re* ergibt sich:

Gl. 5-11: $$I_{Re,\max} = \frac{U_S}{Re}$$

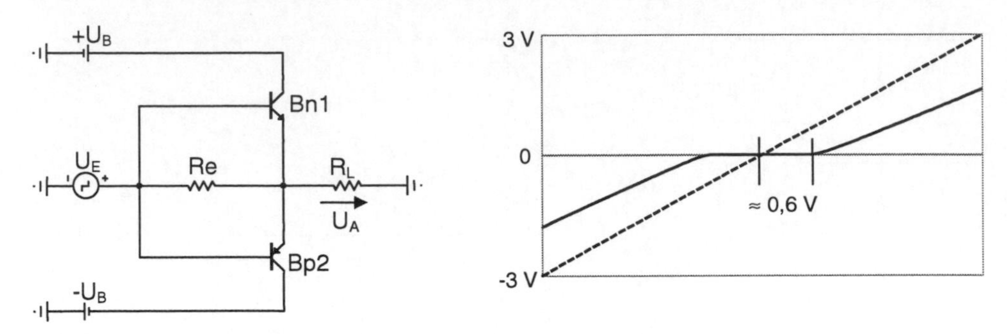

Bild 5-5: Komplementärfolger ohne Diodenkompensation und Aussteuerkennlinie

So stellt sich zum Beispiel für einen Lautsprecher mit einem Wicklungswiderstand von R_L =10 Ω und Re =1 Ω der maximale Strom $I_{Re,max}$ = 0,6 A ein. Da dieser Strom für den Vorverstärker, also für die vor die Endstufe geschalteten Verstärkerstufen, in der Regel zu hoch ist, wird das in Bild 5-6 dargestellte Schaltungskonzept bevorzugt.

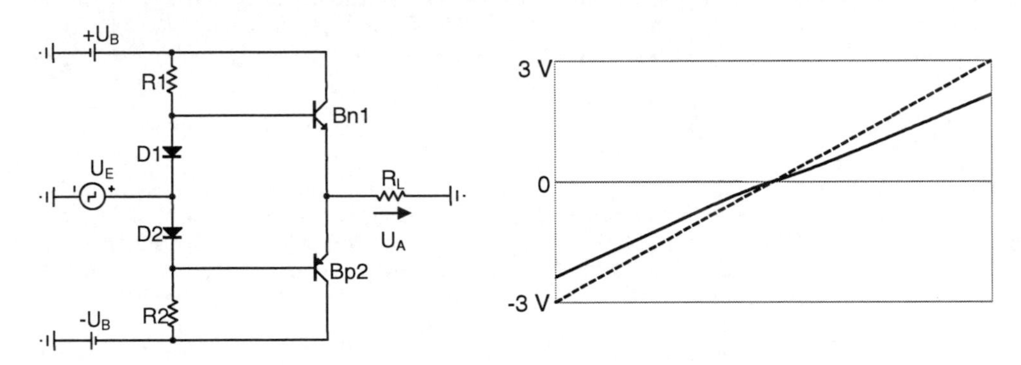

Bild 5-6: Komplementärfolger mit Diodenkompensation und Aussteuerkennlinie

Die Dioden *D1* und *D2* in Bild 5-6 haben annähernd dieselbe Schwellenspannung U_S wie die Transistoren *Bn1* und *Bp2*, so dass für U_E = 0 nur ein geringer Querstrom durch die Transistoren fließt. Für U_E = 0 ist auch U_A = 0, wenn die Kennlinien-Parameter (I_{C0}, U_T) der Transistoren identisch sind und somit die exakte Symmetrie in der Schaltung vorliegt. Bei realen Transistoren kann diese Symmetrie jedoch nicht gewährleistet werden, so dass zusätzliche Kompensationswiderstände zwischen den Emittern der beiden Transistoren eingebracht werden müssen. Zwecks Leistungseffizienz sollten diese Widerstände wesentlich kleiner als der Lastwiderstand R_L sein.

Wird der Arbeitspunkt U_{AP} angehoben, so liegt der AB-Betrieb vor. In diesem Fall werden kleine Signale zunächst im A-Betrieb übertragen, während sich bei größer werdenden Signalen die Betriebsweise mehr und mehr dem B-Betrieb nähert. In Bild 5-6 kann der Querstrom und somit der Arbeitspunkt der Transistoren mittels Reduzierung von *R1* angehoben werden, da dann die Spannung U_{D1} bzw. U_{D2} und mit ihr die Spannung U_{BE1} bzw. U_{EB2} in annähernd gleichem Maße steigt. Wie die Aussteuerkennlinie in Bild 5-6 zeigt, ist V_B kleiner als 1, da ein mit der Eingangsspannung (gestrichelt Linie) steigende Abweichung zur Ausgangsspannung (durchgezogene Linie) besteht. Diese Abweichung wird verringert, wenn durch Reduzierung von *R1* und *R2* die Steilheit der Transistoren größer wird. Eine detaillierte Analyse hierzu findet man in Kapitel 6.1.

5.2.3. C-Betrieb

Hier wird der Arbeitspunkt so weit in den Sperrbereich verlegt, dass nur die äußersten Spitzen des Ansteuersignals zu einem Stromfluss führen. Obwohl diese Betriebsweise extrem nichtlinear ist, wird sie bei Schwingkreis-Endstufen angewendet. Beim Einschalten liegt zur Erzielung einer hohen Ringverstärkung V_R , die ein sicheres Anschwingen gewährleistet, der Arbeitspunkt U_{AP} zunächst deutlich oberhalb der Schwellenspannung U_S und es liegt AB-Betrieb vor. Im Schwingbetrieb sinkt der Arbeitspunkt, der per Schaltungszwang vom Gleichanteil des Ausgangsspannungssignals abhängig gemacht wird, dann soweit ab, bis V_R annähernd 1 wird und sich der C-Betrieb einstellt.

5.2.4. D-Betrieb

Der Klasse-D-Verstärker gemäß Bild 5-7 hat eine Endstufe ähnlich wie in Bild 5-5. Allerdings werden die beiden Transistoren nicht von einer gemeinsamen Eingangsspannung U_E sondern jeweils getrennt von zueinander invertierten Rechteckspannungen angesteuert. Da die Transistoren nur noch als Schalter betrieben werden, bezeichnet man Klasse-D-Verstärker auch als digital.

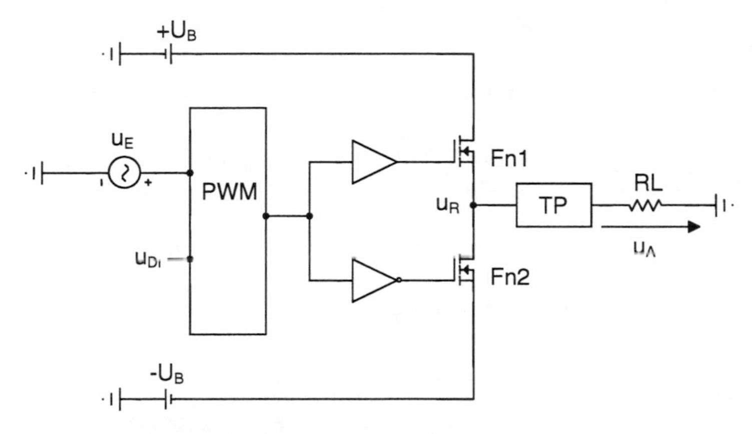

Bild 5-7: Klasse-D-Verstärker

Die Ausgangsspannung ergibt sich aus dem Tastverhältnis einer Pulsweitenmodulation (PWM), die durch Vergleich des niederfrequenten (z. B. 20 KHz) Eingangssignals u_E mit einem höherfrequenten (z. B. 800 KHz) Dreieckssignal u_{Dr} entsteht. Da stets nur einer der Transistoren leitet, fließt kein Querstrom und die Verlustleistung ist deutlich geringer als beim Klasse-B-Verstärker oder beim Klasse-AB-Verstärker. Wegen des höheren Sperrwiderstands und des geringeren Durchlasswiderstands werden Feldeffekt-Transistoren gegenüber Bipolar-Transistoren beim Klasse-D-Verstärker bevorzugt. Bei dem Verstärker in Bild 5-7 werden zwei identische n-Kanal-MOSFET *Fn1, Fn2* verwendet, so dass aufgrund der symmetrischen Anordnung die Ausgangsspannung u_A eine hohe Symmetrie aufweist.

Zur Erläuterung der Funktionsweise des Klasse D-Verstärkers soll Bild 5-8 betrachtet werden. Die Dreiecksspannung u_{Dr} kann im Bereich des ansteigenden Astes ausgedrückt werden durch:

$$u_{Dr}(t) = \frac{4\,U_0}{T_0}\,t$$

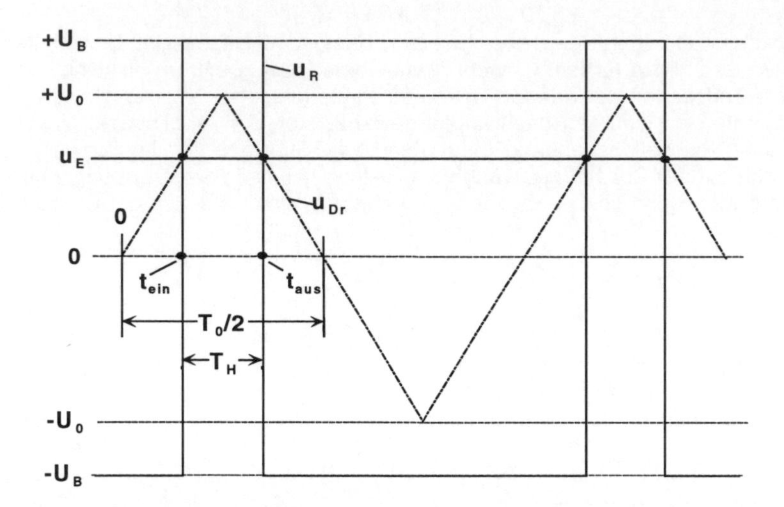

Bild 5-8: Spannungsverläufe des Klasse D-Verstärkers

Die niederfrequente Eingangsspannung u_E, die in Bild 5-8 vereinfachend als horizontale Linie dargestellt ist, schneidet die Dreiecksspannung u_{Dr} bei t_{ein}:

$$u_{Dr}\left(t_{ein}\right) = u_E = \frac{4\,U_0}{T_0}\,t_{ein}$$

Somit erhält man für die Pulsdauer der Rechteckspannung u_R:

Gl. 5-12: $$T_H = 2\left(\frac{T_0}{4} - t_{ein}\right) = \frac{T_0}{2}\left(1 - \frac{u_E}{U_0}\right)$$

Um nun aus der Rechteckspannung u_R die zu u_E proportionale Ausgangsspannung u_A zu gewinnen, muss u_R einer Mittelwertbildung unterzogen werden:

$$\overline{u_R(t)} = \frac{1}{T_0}\int_0^{T_0} u_R(t)\,dt = \frac{U_B}{T_0}\left(-\,t_{ein} + T_H - \left(T_0 - t_{aus}\right)\right)$$

Mit $t_{aus} = T_H + t_{ein}$ und T_H aus Gl. 5-12 erhält man dann:

Gl. 5-13: $$u_A = \overline{u_R(t)} = V_{B0}\,u_E, \qquad V_{B0} = \frac{U_B}{U_0}$$

Die Eingangsspannung u_E wird also um V_{B0} verstärkt, wobei die Verstärkung mittels U_B und U_0 einstellbar ist. Die Mittelwertbildung kann, wie es in Bild 5-7 realisert ist, vereinfachend durch eine Tiefpassfilterung (TP) ersetzt werden. Entscheidend hierbei ist, dass die Frequenzanteile der Dreiecksspannung u_{Dr} beginnend ab der Frequenz $1/T_0$ möglichst stark unterdrückt werden. Bei Lautsprecheranwendungen werden frequenzselektive Spulen-Kapazitätsfilter eingesetzt.

5.3. Differenzverstärker

5.3.1. Funktionsweise

In der Mess-, Steuer- und Regelungstechnik müssen neben den Wechselspannungssignalen auch Gleichspannungssignale verstärkt werden. Dieses bedingt, dass keine Koppelkondensatoren verwendet werden dürfen und der Arbeitspunkt der Schaltung im Nullpunkt liegen muss.

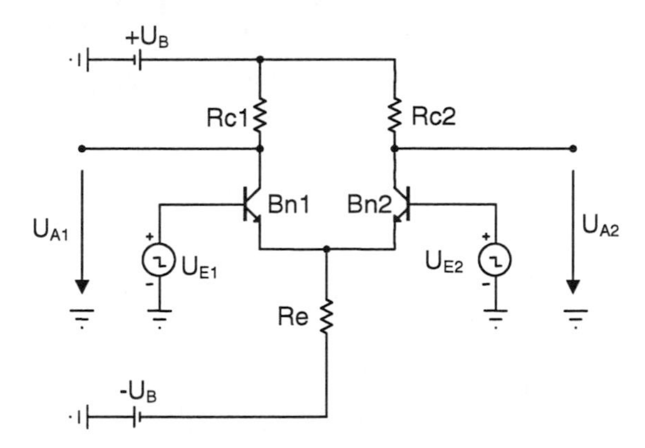

Bild 5-9: Schaltung des Differenzverstärkers mit Bipolar-Transistoren

In Bild 5-9 ist ein Verstärker dargestellt, der diese Anforderungen bezüglich seiner Eingangsklemmen erfüllt. Die Bipolar-Transistoren *Bn1* und *Bn2* sollen identisch sein und haben aufgrund der symmetrischen Anordnung denselben Kollektorstrom $I_{C1AP} = I_{C2AP}$ sowie dieselbe Steilheit $S_{1AP} = S_{2AP} = S$ im Arbeitspunkt. Ändert sich die Temperatur, so ändern sich die Basis-Emitter-Spannungen beider Transistoren um nahezu denselben Wert. Folglich stellt sich ein annähernd konstanter Kollektorstrom im Arbeitspunkt ein, was mit der Stabilisierung des Arbeitspunktes verbunden ist. In einer integrierten Schaltung kann die hierzu erforderliche Übereinstimmung der Temperaturen und Parameter für beide Transistoren durch die räumlich nahe Platzierung erreicht werden.

Aus Bild 5-9 ist ersichtlich, dass der Eingang mit U_{E1} bis auf seine invertierende Wirkung gleichberechtigt zum Eingang mit U_{E2} ist. Ist U_{E1} positiv und U_{E2} negativ, so ist der Kollektorstrom I_{C1} größer als I_{C2} und U_{A2} größer als U_{A1}. Da wechselspannungsmäßig also u_{E1} auf u_{A1} invertierend wirkt, wird bezüglich des Ausgangs mit U_{A1} der Eingang mit U_{E1} als invertierender (-)-Eingang oder negativer Eingang und der Eingang mit U_{E2} als nicht invertierender (+)-Eingang oder positiver Eingang bezeichnet. Bezüglich des Ausgangs mit U_{A2} sind die Bezeichnungen zu vertauschen.

Die Wechselspannungsanalyse der Schaltung aus Bild 5-9 liefert folgenden Gleichungen:

$$u_{E1} = u_{BE1} - u_{BE2} + u_{E2}$$

$$u_{E2} = u_{BE2} + Re \cdot (S \cdot u_{BE1} + S \cdot u_{BE2})$$

Hieraus ergibt sich durch Auflösung nach u_{BE1}:

Gl. 5-14:

$$u_{BE1} = \frac{1+S\ Re}{1+2\ S\ Re}(u_{E1} - u_{E2}) + \frac{u_{E2}}{1+2\ S\ Re}$$

$$u_{BE2} = -\frac{S\ Re}{1+2\ S\ Re}(u_{E1} - u_{E2}) + \frac{u_{E2}}{1+2\ S\ Re}$$

Für die Ausgangsspannungen u_{A1} und u_{A2} erhält man dann:

Gl. 5-15:

$$u_{A1} = -\ S\ Rc1 \cdot u_{BE1} = -\ S\ Rc1 \left(\frac{1+S\ Re}{1+2\ S\ Re} \cdot (u_{E1} - u_{E2}) + \frac{u_{E2}}{1+2\ S\ Re} \right)$$

$$u_{A2} = +S\ Rc2 \cdot u_{BE2} = +S\ Rc2 \left(\frac{S\ Re}{1+2\ S\ Re} \cdot (u_{E1} - u_{E2}) - \frac{u_{E2}}{1+2\ S\ Re} \right)$$

Aus Gl. 5-15 ist ersichtlich, dass bei sehr großem Produkt *S Re* nur die Differenz der beiden Eingangsspannungen u_{E1} und u_{E2} verstärkt wird. Für den Grenzfall *S Re* >> 1/2 ergibt sich das Verhalten des idealen Differenzverstärkers:

Gl. 5-16:

$$u_{BE1} = \frac{u_{E1} - u_{E2}}{2} = -u_{BE2}$$

Gl. 5-17:

$$u_{A1} = -\frac{1}{2} \cdot S\ Rc1 \cdot (u_{E1} - u_{E2})$$

$$u_{A2} = +\frac{1}{2} \cdot S\ Rc2 \cdot (u_{E1} - u_{E2})$$

Der Grenzfall *S Re* >> 1/2 kann angenähert werden, indem der Widerstand *Re* durch eine Stromquelle ersetzt wird. Eine derartige Schaltung ist in Bild 5-10 gezeigt. Die Stromquelle wird hier durch den Transistor *Bn3* und die Zenerdiode *Z1* gebildet. Aufgrund der annähernd konstanten Spannung an *Z1* und an der Basis-Emitterdiode von *Bn3* kann sich der Strom durch den Emitterwiderstand *Re* nur unwesentlich verändern. Folglich ist der Kollektor-Summenstrom I_{C1} + I_{C2} der Transistoren *Bn1* und *Bn2* identisch mit dem Strom I_0 der Stromquelle. Erhöht sich I_{C1} um den Wert $+\Delta I_{C1}$, so muss sich I_{C2} um den selben Betragswert $\Delta I_{C2} = -\Delta I_{C1}$ erniedrigen. Wechselspannungsmäßig ist dann $i_{C1} = -\ i_{C2}$.

In praktischen Schaltungen sind die Kollektorströme von *Bn1* und *Bn2* in der Regel nicht gleich, da *Bn1* und *Bn2* nicht exakt identisch sind. Somit weicht auch die Ausgangsspannung von der beabsichtigten Arbeitspunktspannung um einen bestimmten Offsetwert ab. Um diesen Offsetfehler zu beseitigen, muss eine Justiermöglichkeit geschaffen werden, die aus einem niederohmigen Trimmpotentiometer zwischen den Emittern der beiden Transistoren bestehen kann. Eine derartige Möglichkeit zum Offsetabgleich ist in der Schaltung in Bild 5-10 realisiert.

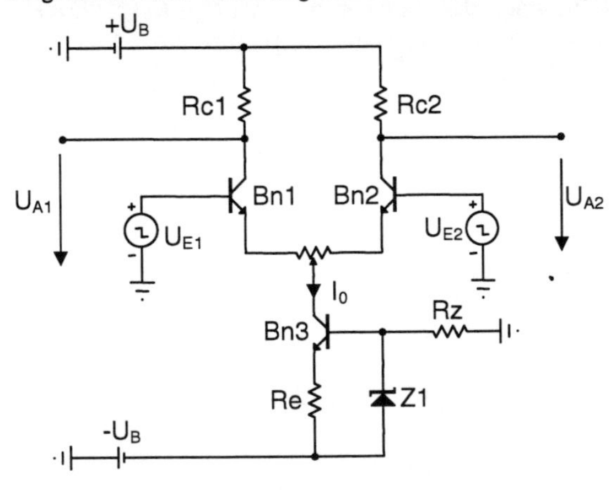

Bild 5-10: Differenzverstärker mit Stromquelle

Durch Abgleich am Potentiometer kann die ursprünglich vorhandene Unsymmetrie ausgleichen und der beabsichtigte Arbeitspunkt wieder hergestellt werden.

Bei Gleichspannungsverstärkern, die außer dem Differenzverstärker noch weitere Stufen aufweisen, besteht die Anforderung, dass für $U_E = 0$ auch $U_A = 0$ ist. Daher kommt bei diesen Verstärkern dem Offsetabgleich eine wichtige Bedeutung zu. Wird auf den Offsetabgleich verzichtet, so entsteht ein Offsetspannungsfehler, der bei hoher Betriebsverstärkung bis zur Betriebsspannung ansteigen kann und die Schaltung unbrauchbar macht.

5.3.2. Gleich- und Gegentaktverstärkung

Für Differenzverstärker wurden Begriffe eingeführt, die in Tabelle 5-7 zusammengefasst sind.

Spannungsdefinitionen		**Verstärkungsdefinitionen**	
Massebezogene Eingangsspannungen	u_{E1} u_{E2}	Massebezogene Verstärkungsfaktoren	k_1 k_2
Gleichtaktspannung	u_M	Gleichtaktverstärkung	V_M
Gegentaktspannung	u_G	Gegentaktverstärkung	V_G
Differenzspannung	u_D	Differenzverstärkung	V_D
Massebezogene Ausgangsspannung	u_A	Gleichtaktunterdrückung	G
Reine Gegentaktansteuerung	$u_{E1} = -u_{E2} = u_G$		
Reine Gleichtaktansteuerung	$u_{E1} = u_{E2} = u_M$		

Tabelle 5-7: Begriffe für Differenzverstärker

Das arithmetische Mittel der beiden an den Eingängen angelegten massebezogenen Spannungen wird als Gleichtaktspannung bezeichnet. Dieser Spannungsanteil, der die beiden Hälften des Differenzverstärkers gleichsinnig ansteuert, sollte im Idealfall kein Ausgangssignal verursachen. Die Gegentaktspannung ist die Hälfte der Differenzspannung am Eingang, die im Idealfall als einziges Nutzsignal für das Ausgangssignal maßgeblich ist. Aus diesen Erkenntnissen ergeben sich die nachfolgenden Beziehungen:

Gl. 5-18:
$$u_M = \frac{(u_{E1} + u_{E2})}{2} \qquad u_G = \frac{(u_{E1} - u_{E2})}{2}$$
$$u_D = u_{E1} - u_{E2} \qquad u_D = 2\,u_G$$

Für den realen Differenzverstärker ergibt sich gemäß Gl. 5-15 der Zusammenhang zwischen Eingangsspannungen und der Ausgangsspannung in der allgemeinen Form zu:
$$u_A = k_1\,u_{E1} + k_2\,u_{E2}$$

Ersetzt man u_{E1} und u_{E2} durch die Definitionen aus Tabelle 5-7 und Gl. 5-18,
$$u_{E1} = u_M + u_G, \quad u_{E2} = u_M - u_G$$

so erhält man durch Umformen nach Summanden mit u_M und solchen mit u_G:
$$u_A = (k_1 + k_2)u_M + (k_1 - k_2)u_G = V_M\,u_M + V_G\,u_G$$

Wird die Gegentaktspannung u_G durch die Differenzspannung u_D ersetzt, so erhält man:
$$u_A = V_M\,u_M + V_D\,u_D$$

Hierbei ist die Ausgangsspannung durch jeweils einen Anteil ausgedrückt, der von der Gleichtaktspannung über den Faktor V_M und von der Differenzspannung über den Faktor V_D abhängig ist.

Der Faktor V_M repräsentiert die Gleichtaktverstärkung und der Faktor V_D die Differenzverstärkung. Beim idealen Differenzverstärker sollte die Gleichtaktverstärkung V_M verschwinden und nur die Differenzverstärkung V_D vorhanden sein. Nachfolgend sind die obigen Beziehungen noch einmal zusammengefasst:

Gl. 5-19:
$$u_A = V_M \cdot u_M + V_G \cdot u_G = V_M \cdot u_M + V_D \cdot u_D$$
$$V_G = 2\,V_D$$

Das Verhältnis zwischen Differenzverstärkung V_D und Gleichtaktverstärkung V_M wird als Gleichtaktunterdrückung bezeichnet:

Gl. 5-20:
$$G = \frac{V_D}{V_M}$$

Im Idealfall ist mit $V_M = 0$ dann $G = \infty$. In Datenblättern wird die Gleichtaktunterdrückung in dB angegeben:

Gl. 5-21:
$$g/dB = 20 \cdot \log\left(\frac{V_D}{V_M}\right)$$

Ist die Gleichtaktunterdrückung groß ($G > 100$, $g > 40$dB), so benötigt man zur Messung der Differenzverstärkung kein reines Gegentaktsignal. Es genügt dann, eine Eingangsklemme auf Masse zu legen und nur an die andere Eingangsklemme ein massebezogenes Signal anzulegen.

5.4. Operationsverstärker

Operationsverstärker sind technologisch integrierte Gleichspannungsverstärker, die mittels äußerer Beschaltung gegengekoppelt betrieben werden. Die Bezeichnung entstand aufgrund seiner ursprünglichen Anwendungsform in Analogrechnern zur Durchführung von analogen Rechenoperationen (Addition, Subtraktion, Integration, Differentiation, usw.). Analogrechner wurden zu einer Zeit eingesetzt, in der digitale Rechner noch zu geringe Leistungsfähigkeit aufwiesen, um komplexe Rechenoperationen auszuführen. Heute stellen Operationsverstärker die wesentliche Plattform in der Entwicklung analoger Schaltkreise dar, da die Handhabung von integrierten Operationsverstärkern einfacher und berechenbarer ist als der Umgang mit entsprechenden diskreten Schaltungsstrukturen. Zudem erlaubt die Verwendung von Operationsverstärkern eine kompaktere Bauweise, die bei hohen Frequenzen aufgrund der geringeren Laufzeiten von großem Vorteil ist.

Grundsätzlich wird in zwei wesentliche Bauformen von Operationsverstärkern unterschieden. Hierzu zählen der spannungsgegengekoppelte (Voltage Feed Back, VF) und der stromgegengekoppelte (Current Feed Back, CF) Operationsverstärker. Als abkürzende Bezeichnungen haben sich OPV (Operationsverstärker), OpAmp (Operational Amplifier = OP) oder µA (Mikro Amplifier) durchgesetzt. Während spannungsgegengekoppelte Operationsverstärker (VF-OP) aufgrund ihrer universelleren Einsetzbarkeit am häufigsten verwendet werden, wird stromgegengekoppelten Operationsverstärkern (CF-OP) nur bei hohen Frequenzen (> 500 MHz) der Vorzug gegeben.

5.4.1. Spannungsgegengekoppelter Operationsverstärker (VF-OP)

In Kapitel 5.1.2 wurden das Prinzip der Spannungsgegenkopplung erläutert und die Anforderungen an einen idealen Verstärker aufgestellt. Diese Anforderungen können auf den VF-OP übertragen werden und müssen lediglich bezüglich des Gleichspannungsverhaltens erweitert werden.

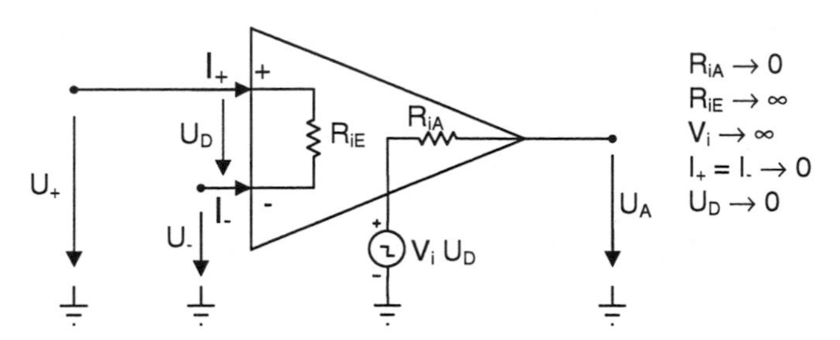

Bild 5-11: Prinzip des spannungsgegengekoppelten Operationsverstärkers (VF-OP)

Das Prinzip des VF-OP ist Bild 5-11 dargestellt. Der VF-OP hat als Eingangsstufe einen Differenzverstärker und stellt am Ausgang eine massebezogene Spannung U_A zur Verfügung, die nur von der Differenzspannung U_D abhängen und zu dieser proportional sein soll. Bei symmetrischer Spannungsversorgung mit betragsgleicher positiver und negativer Betriebsspannung wird gefordert, dass $U_A = 0$ für $U_D = 0$ ist und somit keine Offsetspannung vorliegt. Um die Eigenschaften der Betriebsverstärkung nur durch die äußere Beschaltung definieren zu können, sollte die innere Verstärkung V_i möglichst groß sein, so dass sich eine verschwindende Differenzspannung U_D einstellt. Weiterhin sollten die Ströme I_+ und I_- an den Eingängen des VF-OP vernachlässigbar sein, so dass ein sehr großer Eingangswiderstand R_{iE} resultiert. Zur Erzielung einer weitestgehenden Unabhängigkeit von der äußeren Beschaltung, sollte der Ausgangswiderstand R_{iA} möglichst klein sein. Um das Auftreten einer Offsetspannung am Ausgang zu vermeiden, müssen die Ströme I_+ und I_- identisch sein.

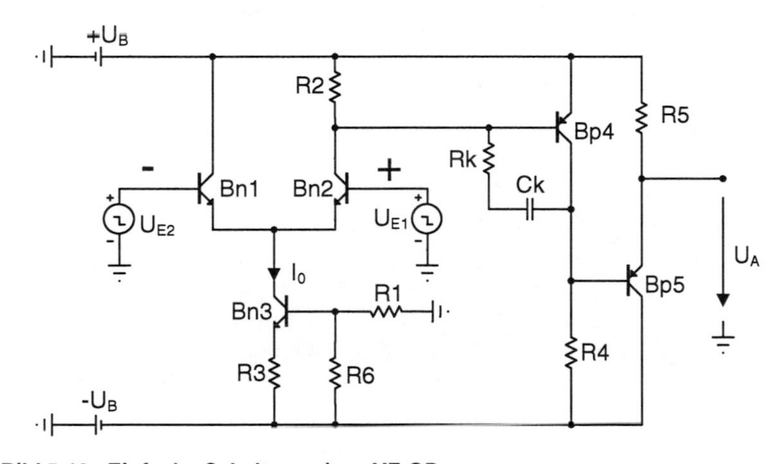

Bild 5-12: Einfache Schaltung eines VF-OP

Bild 5-12 zeigt eine einfache Ausführung eines VF-OP, der als erste Stufe einen Differenzverstärker mit den Transistoren *Bn1* und *Bn2*, als zweite Stufe eine Emitterschaltung mit *Bp4* und als Endstufe einen Emitterfolger (Kollektorschaltung) mit *Bp5* enthält. Diese Schaltung soll als praktisches Dimensionierungsbeispiel im Hinblick auf die oben aufgestellten Anforderungen herangezogen worden, wobei diese im Einzelnen angesichts typischer Werte praxistauglicher Niederfrequenz-VF-OP diskutiert werden.

a) Einfache Integrationsfähigkeit

Da nur Transistoren derselben Technologie (Bipolar-Transistoren) verwendet werden, liegt die einfache Integrationsfähigkeit dann vor, wenn *Ck* hinreichend klein (< 50 pF) ist. Die Transistoren können als identisch angenommen werden, wobei in diesem Beispiel die Werte $U_T = 30$ mV und $B = 200 \approx B+1$ zu Grunde gelegt werden sollen. Die Betriebspannungen sollen $U_B = 15$ V betragen.

b) Minimale Offsetspannung am Ausgang (typ. einige mV)

Für $U_D = U_{E1} - U_{E2} = U_+ - U_- = 0$ soll auch $U_A = 0$ sein. Folglich ist

$$I_{C5AP} = \frac{U_B}{R5}$$

c) Minimaler Ausgangswiderstand R_{iA} (typ. < 100 Ω)

Der Ausgangswiderstand wird erhalten zu

$$R_{iA} = R5 \,//\, \left(\left(R_{BE5AP} + R4\right)/\,B\right) \approx \frac{R4}{B} \quad ,$$

wobei vorausgesetzt sei, dass $R4 >> R_{BE5AP}$ und $B\ R5 >> R4$ ist. Mit der Forderung, dass $R_{iA} <$ 100 Ω ist, ergibt sich der Mindestwert für *R4* zu 20 KΩ. Zur Erfüllung der Forderung $R4 >> R_{BE5AP}$ soll $R_{BE5AP} = 1$ KΩ gewählt werden. Somit ergibt sich der erforderliche Kollektorstrom von *Bp5* zu:

$$I_{C5AP} = \frac{B\,U_T}{R_{BE5AP}} = 6\,mA$$

Folglich kann mit der Beziehung aus Forderung b) der Widerstand zu $R5 = 2{,}5$ KΩ festgelegt werden. Wird für *R4* sein Mindestwert von 20 KΩ gewählt, so beträgt der Kollektorstrom von *Bp4*:

$$I_{C4AP} = \frac{\left|U_B - U_{BE5AP}\right|}{R4} = 0{,}72\,mA$$

Die Steilheit von *Bp4* ist dann $S_{4AP} = 24$ mS.

d) Maximaler Eingangswiderstand R_{iE} (typ. ≥ 500 KΩ)

Für den Eingangswiderstand gelten die folgenden Zusammenhänge:

$$R_{iE} = R_{BE1AP} + R_{BE2AP} = 2\,\frac{B}{S_{1AP}} = \frac{2\,U_T\,B}{I_{C1AP}}$$

Aus der Forderung, dass $R_{iE} \geq 500$ KΩ sein soll, folgt $I_{C1AP} = I_{C2AP} \leq 24$ µA, $S_{1AP} = S_{2AP} \leq 0{,}8$ mS und $I_{B1AP} = I_{B2AP} = I_+ = I_- \leq 120$ nA. Der Emitter-Summenstrom kann daher zu $I_0 = 48$ µA festgelegt werden.

e) Maximale innere Verstärkung V_{i0} (typ. > 10^5)

Die innere Verstärkung V_{i0} ergibt sich aus dem Produkt der Differenzverstärkung V_{Diff} der ersten Stufe und der Verstärkung V_4 der zweiten Stufe. Die maximale Verstärkung V_{i0} stellt sich für die Frequenz $f = 0$ ein, da dann die Kapazität *Ck* als Leerlauf zu betrachten ist. Vereinfachend kann die Verstärkung des Emitterfolgers zu 1 angenommen werden. Somit ergibt sich aus Gl. 5-17 und Gl. 4-8 bei Berücksichtigung der effektiv vorliegenden Kollektorwiderstände:

$$V_{i0} = V_{Diff}\ V_4$$

$$V_{Diff} = -\frac{1}{2}\,S_{Diff}\ \left(R2 \,//\, R_{BE4AP}\right)$$

$$V_4 = -\,S_{4AP}\ \left(R4 \,//\, \left(B\ R5\right)\right)$$

Für den Widerstand *R2* kann folgende Gleichung aufgestellt werden:

$$R2 = \frac{|U_{BE4AP}|}{I_0/2 - I_{C4AP}/B}$$

Mit $|U_{BE4AP}| \approx 0{,}5$ V erhält man für <u>$R2 = 24{,}5$ KΩ</u>. Da sich für $R_{BE4AP} = B/S_{4AP} = 8{,}3$ KΩ ergibt, erhält man für $V_{Diff} \approx -2{,}5$. Damit resultiert die innere Verstärkung zu <u>$V_{i0} \approx 1195$</u>.

f) <u>Korrekturkapazität *Ck* (typ. < 50 pF für $f_{gi} = 10$ Hz)</u>

Die Korrekturkapazität wird bei einem VF-OP zur Stabilisierung benötigt, da der OP für lineare Anwendungen gegengekoppelt betrieben werden muss. Damit aus dieser Gegenkopplung bei Frequenzen oberhalb der Transitfrequenz f_T keine schädliche Mitkopplung entsteht, wird die unkontrollierbare Phasenrückdrehung der Transistoren durch eine stärkere beabsichtigte Phasenrückdrehung überlagert. Die beabsichtigte Phasenrückdrehung und die damit einhergehende frequenzabhängige Abschwächung von V_i wird durch *Ck* bewirkt. Hierbei soll sich V_i bis zur Transitfrequenz f_T, bei der der Betrag von V_i bis auf den Wert 1 abgesunken ist, gemäß eines Tiefpasses 1. Ordnung verhalten:

Gl. 5-22: $$V_i(f) = \frac{V_{i0}}{1 + j\, f/f_{gi}}$$

Folglich gilt der Zusammenhang:

Gl. 5-23: $$f_T = V_{i0}\, f_{gi}$$

Die Veränderung des Frequenzgangs mittels *Ck* wird als Frequenzgangkorrektur bezeichnet. Für das hier vorliegende Beispiel mit der inneren Grenzfrequenz $f_{gi} = 10$ Hz und $V_{i0} \approx 1195$ beträgt die Transitfrequenz $f_T \approx 12$ KHz.

Der Ersatzwiderstand, der der Korrekturkapazität *Ck* zugeordnet ist, wird ermittelt zu:

$$R_{Ck} = Rk + (R2 \,//\, R_{BE4AP}) + \frac{R2}{R2 + R_{BE4AP}} B\,(R4 \,//\, (B\,R5))$$

$$\approx Rk + \frac{R2}{R2 + R_{BE4AP}} B\, R4$$

Hierbei ist zu berücksichtigen, dass der Ersatzstrom nur anteilig wegen des Stromteilers R2 // R_{BE4AP} zum Basiswechselstrom i_{B4AP} beiträgt. Ohne Berücksichtigung von *Rk* erhält man für R_{Ck} = 3 MΩ und für die resultierende Korrekturkapazität <u>$Ck = 5{,}3$ nF</u>. Um der Forderung Ck < 50 pF nachzukommen, müsste *Rk* größer als 315 MΩ sein. Dieser Wert ist angesichts unvermeidbarer parasitärer Widerstände, die deutlich kleiner sind, nicht realistisch.

Das Dimensionierungsbeispiel, das an Hand der einfachen VF-OP-Schaltung in Bild 5-12 durchgeführt wurde, zeigt, dass die Einhaltung der gestellten Anforderungen insbesondere im Hinblick auf die angestrebte Größenordnung von V_{i0} und *Ck* nicht erreicht werden konnte. Außerdem ist der gewünschte Arbeitspunkt $U_{AP} = 0$ nur sehr ungenau über den Kollektorstrom von *Bp4* und die Basis-Emitterspannung von *Bp5* einzustellen, da schon geringe Temperaturschwankungen aufgrund der hohen Verstärkung V_4 der Emitterschaltung eine erhebliche Offsetspannung am Ausgang verursachen werden.

5.4.1.1. Schaltungsstruktur eines typischen VF-OP

Um den in Kapitel 5.4.1 aufgestellten Anforderungen an einen VF-OP gerecht zu werden, muss die einfache Schaltung in Bild 5-12 um einige wesentliche Komponenten erweitert werden. In Bild 5-13 ist das Schaltbild eines handelsüblichen Niederfrequenz-VF-OP gezeigt, der unter der Typenbezeichnung µA 741™ von diversen Herstellern vertrieben wird. Genau so wie der VF-OP in Bild 5-12 besteht der VF-OP aus Bild 5-13 aus einem Differenzverstärker, einer Verstärkerstufe und einer Endstufe. Zusätzlich verfügt er über eine Kurzschlussstrombegrenzung und eine gekoppelte Stromversorgung über alle Stufen, so dass Temperaturschwankungen aufgefangen werden können. Die einzelnen Komponenten des VF-OP aus Bild 5-13 werden nachfolgend detailliert erläutert.

a) Stromversorgung

Mittels des Widerstands *R0* und der Transistoren *Bp6* und *Bn6* wird die zentrale Konstantstromquelle realisiert, deren Konstantstrom

$$I_0 = \frac{2\,U_B - U_{EBp5} - U_{BEn6}}{R0} \approx \frac{30V - 1\,V}{39\ K\Omega} \approx 750\,\mu A$$

beträgt. Aus den Transistoren *Bp5* und *Bp6* wird ein Stromspiegel gebildet, der aufgrund der erzwungenen Identität der Basis-Emitterspannungen wegen Gl. 2-31 auch die Kollektorströme von *Bp5* und *Bp6* nahezu gleich gestaltet. Folglich wird der zentrale Konstantstrom $I_0 = I_{Cp5} \approx I_{Cp6}$ zu dem Transistor *BD2* der Darlingtonstufe und zu den Basen der Ausgangstransistoren *BnA* und *BpA* der Endstufe geleitet.

Mit Hilfe des Stromspiegelteilers, der aus den Transistoren *Bn5* und *Bn6* besteht, wird der zentrale Konstantstrom I_0 um den Faktor N_I zu dem Konstantstrom I_K reduziert und in den Kollektorzweig von *Bn5* gespiegelt. Der Faktor N_I wird durch Auflösen der Gleichung

Gl. 5-24:
$$R01 = \frac{U_T}{I_{Cn5}} \ln\left(\frac{I_{Cn6}}{I_{Cn5}}\right) = \frac{U_T\ N_I}{I_0} \ln(N_I), \qquad I_K = \frac{I_0}{N_I}$$

zu $N_I \approx 30$ und der geteilte Konstantstrom zu $I_K \approx 25$ µA ermittelt, wobei für $U_T \approx 30$ mV angenommen werden kann.

Die Transistoren *Bn3* und *Bn4* bilden einen weiteren Stromspiegel, der aufgrund der geringeren Belastung durch den Emitter von *Bn3* eine deutliche höhere Präzision als die anderen Stromspiegel der Schaltung aufweist. Der Präzisionsstromspiegel erzwingt die Identität der Kollektorströme von *Bn3* und *Bn4*, so dass nur die Differenz der Kollektorströme von *Bp1* und *Bp2* an den Transistor *BD1* der Darlingtonstufe weitergeleitet wird.

b) Differenzverstärker

Der Differenzverstärker der Eingangsstufe besteht aus den Transistoren *Bn1*, *Bp1* und *Bn2*, *Bp2*, wobei *Bp1* und *Bp2* als Basisschaltung mitlaufend sind und hauptsächlich zur Erhöhung des Eingangswiderstands R_{iE} dienen sollen. Der Differenzverstärker erzeugt den Differenzstrom in Abhängigkeit der Differenzspannung $U_D = U_+ - U_- = U_{E1}$ am Eingang.

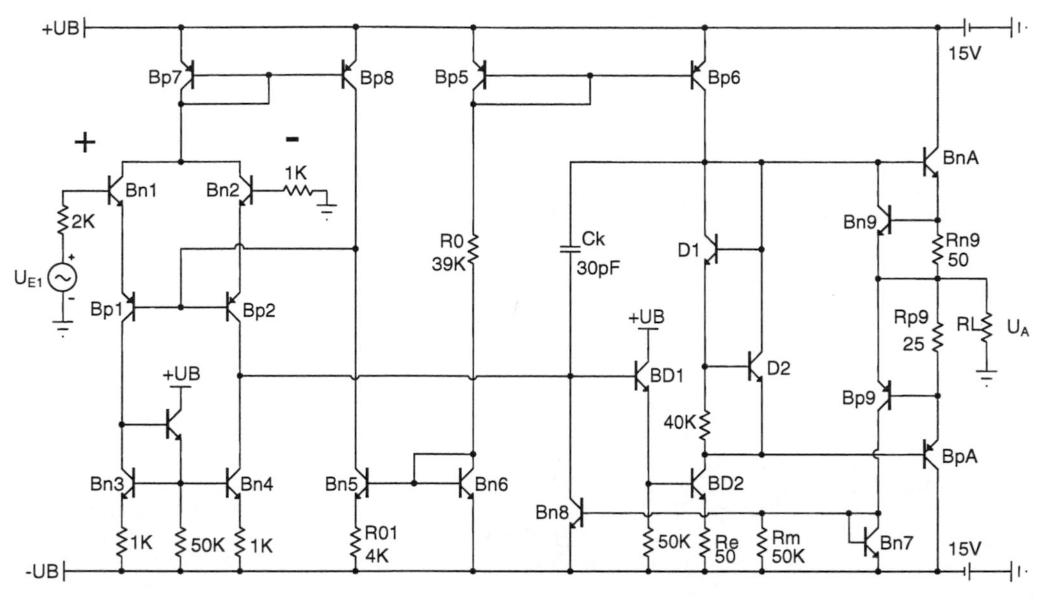

Bild 5-13: Schaltbild eines handelsüblichen VF-OP (µA 741™)

c) Darlingtonverstärker

Der Darlingtonverstärker besteht im Wesentlichen aus den Transistoren *BD1* und *BD2*, die einen Darlington-Transistor bilden, dem Emitter-Widerstand *Re* und dem Eingangswiderstand der Endstufe als Kollektor-Widerstand von *BD2*. Der Darlington-Verstärker arbeitet als Strom-Spannungswandler, der den Differenzstrom in eine hierzu proportionale Spannung umwandelt.

d) Endstufe

Die Endstufe ist als Komplementärfolger ähnlich wie in Bild 5-6 aufgebaut, wobei die pn-Dioden hier durch die Basis-Emitter-Dioden der beiden Transistoren *D1* und *D2* ersetzt werden. Der Eingangswiderstand der Endstufe, der als Kollektor-Widerstand des Darlington-Verstärkers fungiert, kann durch *B RL* angenähert werden.

e) Strombegrenzung

Komplementär-Endstufen sind wegen ihres kleinen Innenwiderstandes extrem Kurzschlussgefährdet, da bei externem Kurzschluss der Ausgangsstrom bis zur Zerstörung des Transistors ansteigt. Zur Vermeidung von thermischer Überlastung der Transistoren *BnA* und *BpA* im Kurzschlussfall ($RL \rightarrow 0$) am Ausgang ist hier eine Strombegrenzung eingebracht. Die Emitterströme von *BnA* bzw. *BpA* werden mit Hilfe der Emitterwiderstände *Rn9* bzw. *Rp9* kontrolliert. Sobald die Emitterströme so groß werden, dass die Spannungen an *Rn9* bzw. *Rp9* die Schwellenspannungen U_S der Transistoren *Bn9* bzw. *Bp9* überschreiten, werden *Bn9* bzw. *Bp9* leitend. Somit wird ein weiterer Anstieg der Basisströme von *BnA* und *BpA* verhindert. Da auch die zugehörigen Emitterströme nicht mehr weiter anwachsen können, setzt die Strombegrenzung ein auf die Werte:

$$I_{CnA\max} = \frac{U_{BEn9}}{Rn9} \approx \frac{0{,}6V}{50\Omega} = 12mA$$

$$I_{CpA\max} = \frac{U_{EBp9}}{Rp9} \approx \frac{0{,}6V}{25\Omega} = 24\ mA$$

Um Übersteuerungseffekte bei Vollaussteuerung zu vermeiden darf der zulässige Lastwiderstand nicht geringer sein als

$$RL_{\min} = \left(\frac{U_B}{U_{EBp9}} - 1 \right) Rp9 \approx \left(\frac{15\,V}{0{,}6\,V} - 1 \right) 25\,\Omega = 600\,\Omega << Rp9,\, Rn9\ .$$

Wesentliche Voraussetzung für die Wirksamkeit der Strombegrenzung ist, dass der Basisstrom begrenzt bleibt, der den Ausgangstransistoren *BnA* und *BpA* zufließt. Diese Voraussetzung ist hier erfüllt, da der Basisstrom nicht größer werden kann als der Konstantstrom I_0. Außerdem wird die Darlington-Verstärkerstufe bei Überschreiten der Schwellenspannung U_S an *Rm* mittels der Transistoren *Bn7* und *Bn8* in den Sperrzustand gesteuert, indem der Differenzstrom gegen –UB abgleitet wird. Diese Maßnahme ist erforderlich, da der VF-OP gegenkoppelnd betrieben wird und die Differenzspannung U_D für $U_A \rightarrow 0$ bis zur Höhe der Betriebspannung ansteigt, so dass der maximale Differenzstrom I_K geliefert würde.

f) Frequenzgangkorrektur

Die Korrektur des Frequenzgangs von V_i gemäß Gl. 5-22 wird mittels der Korrekturkapazität *Ck* erzielt, die wechselspannungsmäßig zwischen Ein- und Ausgang des Darlington-Verstärkers geschaltet ist. An dieser Stelle hat die Kapazität *Ck* die größte Einwirkung auf den Frequenzgang der inneren Verstärkung V_i, da hier der so genannte Miller-Effekt ausgenutzt wird.

5.4.1.2. Analyse eines typischen VF-OP

Zur Berechnung der Kenngrößen des VF-OP aus Bild 5-13 soll das reduzierte Schaltbild in Bild 5-14 herangezogen werden. Dieses Schaltbild enthält nur noch die Komponenten, die für die betriebsgerechte Funktionsweise des VF-OP notwendig sind.

a) Analyse des Differenzverstärkers

Im Arbeitspunkt ($U_D = U_{E1} - U_{E2} = 0$) sind unter der Annahme, dass $B \approx B{+}1 = 100$ ist, die Kollektorströme und die Basisströme der Transistoren *Bn1*, *Bp1*, *Bn2*, *Bp2* identisch:

$$I_{C1AP} = I_{C2AP} = I_K/2 = 12{,}5\ \mu A$$

$$I_{B1AP} = I_{B2AP} = I_K/(2B) = 125\ nA = I_+ = I_-$$

Die Basisströme von *Bn1* und *Bn2* sind zugleich die Eingangsruheströme (Input Bias Current), die jeweils für $U_D = 0$ in die (+)- und in die (-)-Eingangsklemme hineinfließen. Aufgrund der Identität der Kollektorströme folgt auch die Identität der Steilheiten der Transistoren und man erhält mit der Annahme, dass $U_T = 30$ mV ist:

Gl. 5-25:
$$S_{n1AP} = S_{p1AP} = S_{n2AP} = S_{p2AP} = S_D = \frac{I_{C1,2AP}}{U_T} = \frac{I_K/2}{U_T} = \frac{12{,}5\,\mu A}{30\ mV} = 0{,}41\overline{6}\ mS$$

Das gemeinsame Basispotential (*GP*) der Transistoren *Bp1* und *Bp2* ist gleitend, da es an die gleitenden Potentiale der Kollektoren von *Bp8* und *Bn5* gekoppelt (Bild 5-13) ist. Somit ergibt sich der Eingangswiderstand zwischen der (+)- und der (-)-Eingangsklemme zu:

$$R_{iE} = R_{BEn1AP} + R_{BEp1AP} + R_{BEp2AP} + R_{BEn2AP} = \frac{4\,B}{S_D} = \frac{400}{0{,}41\overline{6}\,mS} = 960\ K\Omega$$

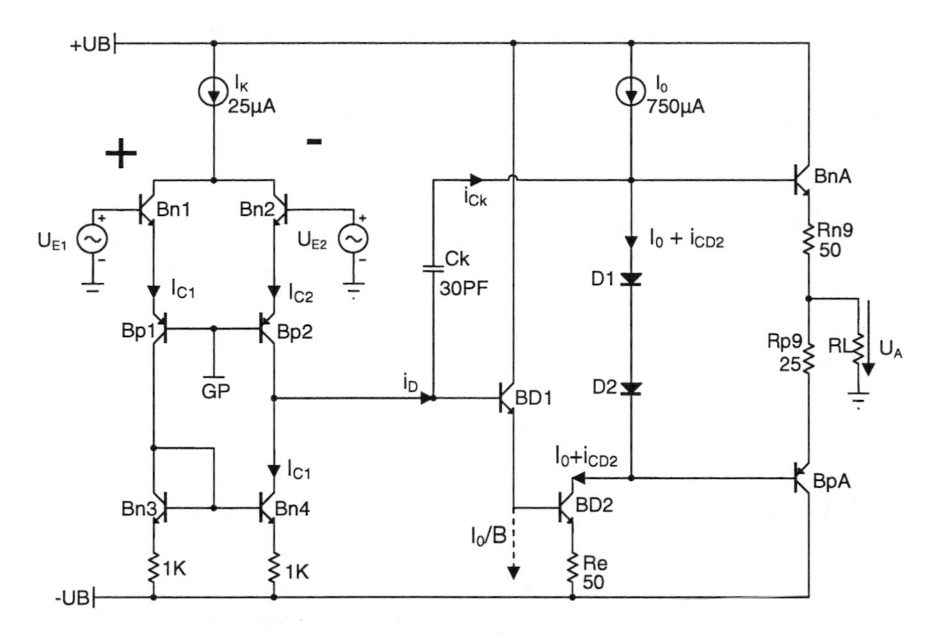

Bild 5-14: Reduziertes Schaltbild des VF-OP (µA 741™)

Die Wechselspannungsanalyse liefert die Beziehungen:

$$i_{C1} = S_D\, u_{BEn1} = S_D \left|u_{BEp1}\right| = -i_{C2} = -S_D\, u_{BEn2} = -\, S_D \left|u_{BEp2}\right|$$

Folglich resultiert daraus:

$$u_{BEn1} = \left|u_{BEp1}\right| = -u_{BEn2} = -\left|u_{BEp2}\right|$$

Die Differenzspannung erhält man durch den Maschenumlauf am Eingang:

$$u_D = u_{E1} - u_{E2} = u_{BEn1} + \left|u_{BEp1}\right| - \left|u_{BEp2}\right| - u_{BEn2} = 4\, u_{BEn1}$$

Mit

$$i_D = i_{C2} - i_{C1} = -\,2\, i_{C1} = -\,2\, S_D\, u_{BEn1}$$

ergibt sich dann die gesuchte Abhängigkeit zwischen Differenzstrom und Differenzspannung zu:

Gl. 5-26: $$i_D = -\frac{S_D}{2}\, u_D = -\frac{S_D}{2}\left(u_{E1} - u_{E2}\right)$$

b) Komplementär-Endstufe

Die Basis-Emitterspannungen der Ausgangstransistoren *BnA* und *BpA* sind identisch mit den Spannungen der Dioden *D1* und *D2*, so dass *BnA* und *BpA* im Arbeitspunkt von einem Querstrom durchflossen werden, der ungefähr dem Diodenstrom I_0 entspricht. Für $I_D = 0$ ist auch $U_A = 0$, denn der Strom durch den Lastwiderstand R_L verschwindet. Die Potentiale der Basen von *BnA* und *BpA* sind gleitend, da die Basis von *BnA* an den potentialfreien Anschluss der Konstantstromquelle und die Basis von *BpA* an den potentialfreien Kollektor von *BD2* angebunden ist. Somit stellt sich am Ausgang keine Offsetspannung ein, wenn der Differenzverstärker absolut symmetrisch und somit $I_D = 0$ für $U_D = 0$ ist. Praktisch ist die geforderte Symmetrie jedoch nur annähernd erreichbar.

Für die Wechselspannungsanalyse können die massebezogenen Basisspannungen von *BnA* und *BpA* als annähernd identisch mit u_A angesehen werden, da wegen der Strombegrenzung *RL* >> *Rn9*, *Rp9* sein muss und die Verstärkung des Komplementärfolgers nahezu 1 ist.

c) Analyse des Darlington-Verstärkers

Im Arbeitspunkt fließt der Konstantstrom $I_0 = 750\ \mu A$ über die Ersatzdioden, die durch die Transistoren *D1* und *D2* gebildet werden, in den Kollektor von *BD2*, so dass $I_{CD2AP} = I_0$ ist. Der Transistor *BD1* führt wegen $i_D = 0$ keinen Kollektorstrom.

Die Wechselspannungsanalyse liefert die folgenden Beziehungen für den Kondensatorstrom:

$$i_{Ck} = \frac{u_A}{B\,RL} + i_{CD2} = i_D - \frac{i_{CD2}}{B^2} = -(u_A - Re \cdot i_{CD2})\, j\omega Ck$$

Daraus folgt, dass

$$i_D = \frac{\left(-1/B^2\right) - \left((B + 1/B)RL + Re\right) j\omega Ck}{B\ RL\,(1 - j\omega Re\ Ck)}\, u_A$$

sein muss. Da B >> 1/B und $B\ RL$ >> Re sind, erhält man mit Gl. 5-26 für die innere Verstärkung:

Gl. 5-27:

$$V_i(\omega) = \frac{u_A}{u_D} = \frac{1}{2} B^3 S_D\, RL\ \frac{1 - j\omega Re\ Ck}{1 + j\omega B^3\ RL\ Ck} = V_{i0} \frac{1 - j f/f_z}{1 + j f/f_{gi}}$$

$$V_{i0} = \frac{1}{2} B^3 S_D\, RL$$

Die Nenner-Eckfrequenz in Gl. 5-27 ist zugleich die innere 3db-Grenzfrequenz:

Gl. 5-28:

$$f_{gi} = \frac{1}{2\pi B^3\ RL\ Ck}$$

Aus Gl. 5-28 ist ersichtlich, dass die Kapazität *Ck* um den Faktor B^3 verstärkt wird. Der Grund hierfür ist die Ausnutzung des Miller-Effekts, der in Kapitel 5.4.3 noch näher erläutert wird, durch die spezielle Platzierung von *Ck* zwischen Ein- und Ausgang des Darlington-Verstärkers. Aus Gl. 5-27 und Gl. 5-28 resultiert das Verstärkungsbandbreite-Produkt:

Gl. 5-29:

$$VBP = V_{i0}\ f_{gi} = f_T = \frac{S_D}{4\pi Ck} = \frac{0{,}41\overline{6}\ mS}{4\pi\, 30 pF} = 1{,}1\ MHz$$

Somit ergeben sich für V_{i0} und f_{gi} die zugeschnittenen Größengleichungen:

$$V_{i0} = \frac{1}{2}(100)^3\, 0{,}41\overline{6}\ (RL/K\Omega) = 2{,}08\ 10^5\ (RL/K\Omega)$$

$$f_{gi} = \frac{f_T}{V_{i0}} = \frac{1{,}1 MHz}{2{,}08\ 10^5\ (RL/K\Omega)} = \frac{5{,}3 Hz}{(RL/K\Omega)}$$

Mit der Zähler-Eckfrequenz aus Gl. 5-27

$$f_z = \frac{1}{2\pi\, Re\; Ck} = \frac{1}{2\pi\; 50\,\Omega\; 30\,pF} = 106\,MHz >> f_{gi}$$

ergibt sich in sehr guter Näherung der gewünschte Frequenzverlauf von V_i entsprechend eines Tiefpasses 1. Ordnung mit der Transitfrequenz f_T, die gemäß Gl. 5-29 bei unveränderter Steilheit S_D nur von der Korrekturkapazität *Ck* abhängt. Der Frequenzgang $|V_i\,(f)|$ des VF-OP aus Bild 5-13 ist in Bild 5-15 für zwei verschiedene Lastwiderstände schematisiert dargestellt.

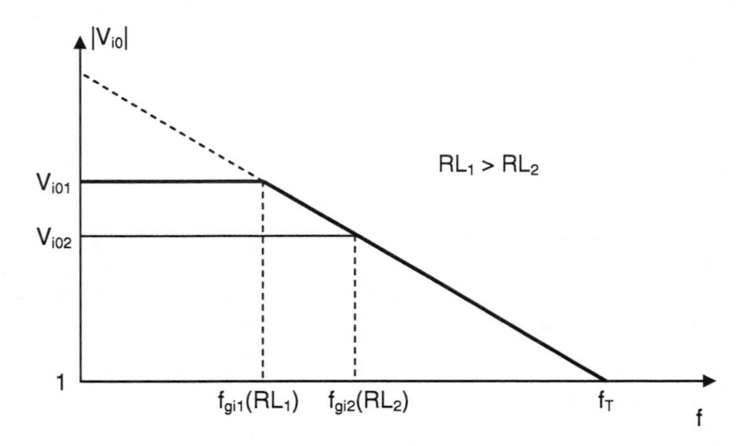

Bild 5-15: Schematisierter Frequenzgang (logarithmisch) des VF-OP aus Bild 5-13

Wie es aus Bild 5-15 ersichtlich ist, können f_{gi} und V_{i0} mit RL verändert werden. Da jedoch der ausgangsseitige Innenwiderstand des Darlington-Verstärkers, der im Wesentlichen aus dem Kollektor-Emitterwiderstand von *BD2* besteht, in der Größenordnung von $R_{CED2} \approx 200\ K\Omega$ liegt, nimmt der Einfluss von *B RL* auf f_{gi} und V_{i0} für Werte oberhalb von 200 KΩ deutlich ab. Der Einflussbereich, in dem *RL* eine nahezu proportionale Wirkung auf V_{i0} und eine umgekehrt proportionale Wirkung auf f_{gi} hat, ist daher unter Berücksichtigung der Strombegrenzung:

$$RL_{\min} = 600\ \Omega\ < RL < R_{CED2} \approx 200\ K\Omega / B = 2\ K\Omega$$

5.4.1.3. Anstiegsgeschwindigkeit (Slew Rate)

Die Transitfrequenz f_T, die das erzielbare Verstärkungsbandbreite-Produkt VBP eines VF-OP angibt, wird mittels der Wechselspannungsanalyse ermittelt, so wie es in Kapitel 5.4.1.2 am Beispiel des VF-OP in Bild 5-13 geschehen ist. Da der Wechselspannungsanalyse die Kleinsignalaussteuerung zu Grunde liegt, sind bei Großsignalaussteuerung zusätzliche Kenndaten zur Charakterisierung des VF-OP notwendig. Eine dieser Kenndaten ist die Anstiegsgeschwindigkeit (Slew Rate), mit der der VF-OP am Ausgang auf sprunghafte Änderungen der Eingangsspannung reagiert. Die Anstiegsgeschwindigkeit ist definiert als:

Gl. 5-30: $$SR = \left.\frac{dU_A(t)}{dt}\right|_{\max}$$

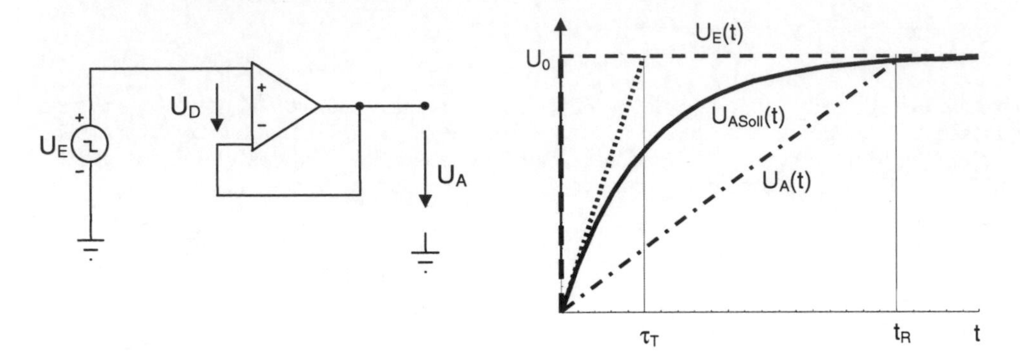

Bild 5-16: VF-OP als Spannungsfolger und Sprungantwort

Zur Berechnung der Anstiegsgeschwindigkeit sei der Spannungsfolger in Bild 5-16 betrachtet, der eine maximale Ausgangsspannung von $U_{Amax} = U_0 = 13$ V erzeugen kann. Da die Betriebsverstärkung V_{B0} des Spannungsfolgers für verschwindende Differenzspannung $U_D \approx 0$ in guter Näherung zu 1 angenommen werden kann, beträgt die Betriebsgrenzfrequenz $f_{gB} = f_T$.

Auf den Eingang des Spannungsfolgers wird der in Bild 5-16 gestrichelt dargestellte Spannungssprung $\varepsilon(t)$ der Amplitude U_0 gegeben:

$$U_E(t) = \varepsilon(t) \cdot U_0$$

Wenn vereinfachend angenommen wird, dass nur die Korrekturkapazität frequenzwirksam ist und der OP annähernd wie ein Tiefpass 1. Ordnung reagiert, sollte folglich die Ausgangsspannung den Verlauf

$$U_{ASoll}(t) = \varepsilon(t) \cdot U_0 \left(1 - e^{-t/\tau_T}\right)$$

haben, der in Bild 5-16 als durchgezogene Linie gezeigt ist.

Als Beispiel zur Berechnung der Anstiegsgeschwindigkeit SR soll nun der VF-OP aus Bild 5-13 betrachtet werden. Für diesen würde sich mit Gl. 5-30 und der Transitfrequenz aus Gl. 5-29 die Soll-Anstiegsgeschwindigkeit ergeben zu:

$$SR_{Soll} = \left.\frac{dU_A(t)}{dt}\right|_{\max} = \frac{U_0}{\tau_T} = U_0 \, 2\pi f_T \approx 90 \; V/\mu s$$

Da jedoch im Sprungmoment die Änderung der Differenzspannung $\Delta U_D(t{=}0) = \Delta U_E(t{=}0) - \Delta U_A(t{=}0) = U_0$ beträgt, sollte sich für die in Gl. 5-25 ermittelte Steilheit S_D die Änderung des Differenzstroms ergeben zu:

$$\Delta I_{DSoll}(t=0) = \Delta U_D(t=0) \cdot S_D = 13\,V \cdot 0{,}41\overline{6}\,mS = 5{,}4\,mA >> I_K$$

Da die theoretisch erforderliche Änderung des Differenzstroms, die mittels der Kleinsignal-Wechselspannungsanalyse ermittelt wurde, deutlich größer als der maximal mögliche Strom $I_{Dmax} = I_K = 25$ µA ist, wird der OP übersteuert und der Anstieg von U_A entsteht durch Aufladung der Korrekturkapazität Ck mit dem zunächst konstanten Strom I_K. Der Linearbetrieb oder die Regelung des OP setzt erst dann ein, wenn U_D so weit abgenommen hat, dass $I_{DSoll} = I_{Dmax} = I_K = 25$ µA geworden ist.

Die tatsächliche maximale Anstiegsgeschwindigkeit ergibt sich also zu:

Gl. 5-31: $$SR = \left.\frac{dU_A}{dt}\right|_{max} = \left.\frac{d}{dt}\left(\frac{1}{Ck}\int_0^t I_D(t')\,dt'\right)\right|_{max} = \frac{I_{D\max}}{Ck} = \frac{I_K}{Ck}$$

Für den VF-OP aus Bild 5-13 erhält man mit $Ck = 30$ pF die maximale Anstiegsgeschwindigkeit zu:

$$SR = \frac{25\ \mu A}{30\ pF} = 0{,}8\overline{3}\ \frac{V}{\mu s}$$

Die Ausgangsspannung hat also tatsächlich bis zur Zeit t_R den linearen Verlauf:

$$0 \le t \le t_R: \quad U_A(t) = SR \cdot t = 0{,}8\overline{3}\ V \cdot t/\mu s$$

$$t_R = \frac{U_0 - I_K/S_D}{SR} \approx \frac{U_0}{SR} = \frac{13V}{0{,}8\overline{3}\ V/\mu s} = 15{,}6\ \mu s$$

Dieser Verlauf ist als strich-punktierte Linie in Bild 5-16 dargestellt.

Wie aus Gl. 5-31 ersichtlich ist, lässt sich eine Verbesserung der Anstiegsgeschwindigkeit nur erzielen, wenn die Korrekturkapazität Ck verkleinert wird oder der Strom I_K angehoben wird. Bei Verringerung von Ck wächst jedoch das Stabilitätsrisiko. Allerdings weist auch die Anhebung von I_K den Nachteil auf, dass die Eingangsruheströme $I_+ = I_{B1}$, $I_- = I_{B2}$ zunehmen und somit der Eingangswiderstand R_{iE} abnimmt. Zudem treten bei höheren Strömen auch höhere temperaturbedingte Driftprobleme auf. Eine bessere Lösung besteht darin, den Eingangsdifferenzverstärker mit Feldeffekttransistoren zu beschalten, die allerdings niedrige Eingangskapazitäten zur Vermeidung geringer Anstiegsgeschwindigkeiten aufweisen müssen.

5.4.1.4. Anstiegsverzerrung (Transiente Intermodulation, TIM)

Aufgrund der begrenzten Anstiegsgeschwindigkeit SR kann bei einem rückgekoppelten Operationsverstärker die Differenzspannung U_D bei zu schnellen Änderungen der Eingangsspannung nicht schnell genug gegen Null ausgeregelt werden. Denn für diesen Fall ist

$$SR_{Soll} > SR = I_K / Ck.$$

Dadurch entstehen Verzerrungen im Ausgangssignal $U_A(t)$, die als Anstiegsverzerrungen oder als transiente Intermodulation (TIM) bezeichnet werden. Zur Berechnung dieser Verzerrungen sei eine sinusförmige Aussteuerung angenommen, wobei die Frequenz f_0 so gewählt wird, dass gerade noch keine transiente Intermodulation auftritt. Somit ist

$$SR_{Soll} = SR = I_K / Ck.$$

Die Ausgangsspannung ist dann:

$$U_A(t) = \hat{U}_A \cdot \sin(2\pi f_0 \cdot t - \phi)$$

Unter dieser Voraussetzung ergibt sich die maximale Anstiegsgeschwindigkeit zu:

$$SR = \left.\frac{dU_A(t)}{dt}\right|_{max} = 2\pi f_0 \cdot \hat{U}_A \cdot \cos(2\pi f_0 \cdot t - \phi)\Big|_{max}$$

Der Maximalwert stellt sich zur Zeit $t = \phi/(2\pi f_0)$ ein und man erhält:

$$SR = 2\pi \cdot f_0\, \hat{U}_A$$

Die Umstellung nach der Intermodulationsgrenzfrequenz f_0 liefert:

Gl. 5-32: $$f_0 = \frac{SR}{2\,\pi\,\hat{U}_A} = \frac{I_K}{2\pi\;Ck\;\hat{U}_A}$$

Beispielsweise ergibt sich für den VF-OP aus Bild 5-13 mit $U_{Amax} = 13\ V$ und einer maximalen Anstiegsgeschwindigkeit von SR = 0,83 V/µs eine minimale Intermodulationsgrenzfrequenz von

$$f_{0\min} = \frac{SR}{2\,\pi\cdot\hat{U}_{A\max}} = \frac{0{,}83\ V/\mu s}{2\,\pi\cdot 13\,V} = 10{,}2\ KHz\,.$$

Die Berechnung der Intermodulationsgrenzfrequenz f_0 basiert auf der Großsignalanalyse unter Annahme der maximalen Aussteuerung am Ausgang. Demgegenüber steht die Grenzfrequenz f_{gB} der Betriebsverstärkung V_B, die mittels der Wechselspannungsanalyse im Kleinsignalbetrieb ermittelt wurde:

$$f_{gB} = \frac{V_{i0}}{V_{B0}}\cdot f_{gi} = \frac{f_T}{V_{B0}}$$

Die Identität $f_0 = f_{gB}$ der beiden Grenzfrequenzen setzt voraus, dass

$$\hat{U}_A = \frac{I_K\ V_{B0}}{2\pi\ \ Ck\ \ f_T}$$

ist. Folglich ergäbe sich für den VF-OP aus Bild 5-13:

$$\hat{U}_A = \frac{f_{0\min}}{f_T}\,\hat{U}_{A\max}\,V_{B0} = \frac{10{,}2\ KHz}{1{,}1\ MHz}\cdot 13\,V\cdot V_{B0} \approx 120\ mV\cdot\ V_{B0}$$

Die Betrachtungen im Groß- und Kleinsignalbetrieb führen also nur zu denselben Grenzfrequenzen f_0 und f_{gB}, wenn hinreichend kleine Ausgangssignale vorausgesetzt werden. Bei einer Betriebsverstärkung von V_{B0} = 1 resultiert aus obiger Gleichung, dass nur eine Aussteuerung unterhalb von $\hat{U}_A$ =120 mV als hinreichend klein angesehen werden kann. Es ist also zu beachten, dass die Berechnungen im Frequenzbereich nur unter Kleinsignalbedingungen ihre Gültigkeit besitzen.

5.4.1.5. Offsetspannung und Eingangsruheströme

Die Analyse der Schaltung des VF-OP aus Bild 5-14 zeigte, dass im Gegensatz zur idealen Betrachtungsweise in der Praxis von Null verschiedene Eingangsruheströme I_+ und I_- auftreten. Außerdem sind diese Ströme bedingt durch Bauelementetoleranzen des Differenzverstärkers nicht identisch, wobei sich aufgrund dieser Asymmetrien zusätzliche Offsetspannungen einstellen können. Am Beispiel einer Summier-Schaltung gemäß Bild 5-17 soll nachfolgend gezeigt werden, wie bei der Schaltungsanalyse der Einfluss von Störsignalen einbezogen werden kann. Die Eingangsoffsetspannung (Input Offset Voltage) eines Operationsverstärkers, die hauptsächlich durch nicht genau übereinstimmende Kennlinien der Transistoren des eingangsseitigen Differenzverstärkers verursacht wird, kann durch eine Störspannungsquelle der Spannung $U_{EOffs} = U_0$ berücksichtigt werden. Die beiden Eingangsströme $I_- = I_{C2}/B$ und $I_+ = I_{C1}/B$ des Operationsverstärkers, die identisch mit den Basisströmen des eingangsseitigen Differenzverstärkers (siehe Bild 5-14) sind, werden durch zwei Konstantstromquellen berücksichtigt.

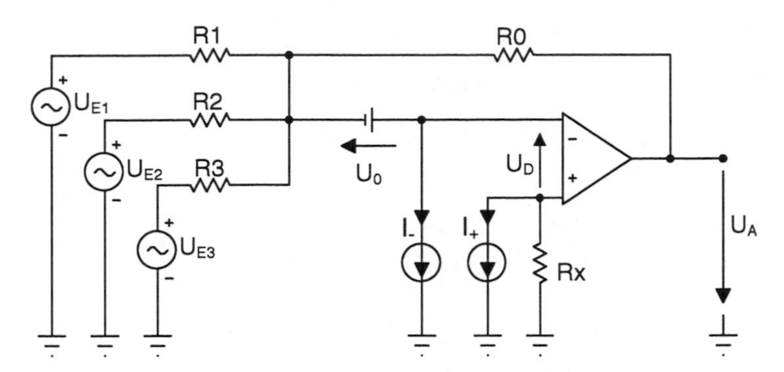

Bild 5-17: Summierer mit Offsetspannung U_0 und Eingangsruheströmen I_+, I_-

An die Stelle des realen OP tritt danach wieder ein idealer, von Störsignalen freier OP. Die Störsignale sind nun im Ersatzbild außerhalb des OP berücksichtigt. Die Schaltungsanalyse kann dann unter der Annahme, dass der ideale OP eine ausreichend hohe innere Verstärkung V_i, einen sehr großen Eingangswiderstand und einen sehr kleinen Ausgangswiderstand aufweist, durchgeführt werden. Folglich ist für den idealen OP die Differenzspannung $U_D = U_+ - U_- \approx 0$ und die Eingangsströme verschwinden. Dieses Prinzip, das exakt nur beim idealen OP anwendbar ist, wird als das Prinzip der verschwindenden Eingangsgrößen (PvE) bezeichnet. Mit diesem Prinzip gilt der folgende Zusammenhang:

$$\frac{U_{E1}+(U_0+Rx\,I_+)}{R1}+\frac{U_{E2}+(U_0+Rx\,I_+)}{R2}+\frac{U_{E3}+(U_0+Rx\,I_+)}{R3}+\frac{U_A+(U_0+Rx\,I_+)}{R0}-I_-=0$$

Die Umformung der obigen Gleichung liefert:

$$\frac{U_{E1}}{R1}+\frac{U_{E2}}{R2}+\frac{U_{E3}}{R3}+(U_0+Rx\,I_+)\underbrace{\left(\frac{1}{R1}+\frac{1}{R2}+\frac{1}{R3}+\frac{1}{R0}\right)}_{1/Rp}-I_-=-\frac{U_A}{R0}$$

Als Abkürzung wird die Parallelschaltung der am invertierenden Eingang des Operationsverstärkers anliegenden Widerstände eingeführt:

$$Rp=R1\,//\,R2\,//\,R3\,//\,R0$$

Damit erhält man für die Ausgangsspannung den Ausdruck

Gl. 5-33:

$$U_A=\underbrace{-\left(\frac{R0}{R1}U_{E1}+\frac{R0}{R2}U_{E2}+\frac{R0}{R3}U_{E3}\right)}_{A}\underbrace{-\frac{R0}{Rp}U_0}_{B}\underbrace{+\,R0\left(I_--\frac{Rx}{Rp}I_+\right)}_{C},$$

in dem die Abkürzungen die folgende Bedeutung haben:

A: Nutzsignal
B: Offsetspannungsfehler
C: Ruhestromfehler

Daraus folgt die Bedingung für die Ruhestromkompensation:
Falls $I_- = I_+$ ist, verschwindet der Ruhestromfehler, wenn der vom (+)-Eingang in die Schaltung gesehene Widerstand $R_+ = Rx$ identisch gewählt wird mit dem vom (-)-Eingang in die Schaltung gesehenen Widerstand $R_- = Rp$.

Zur Eliminierung des Ruhestromfehlers sollte also sichergestellt werden, dass die Summen der am invertierenden und am nicht invertierenden Eingang anliegenden Leitwerte gleich groß sind. Obwohl in praktischen Schaltungen die beiden Eingangsströme I_+ und I_- eines Operationsverstärkers nicht exakt identisch sind, wird diese Ruhestromkompensation häufig vorgesehen, um den resultierenden Fehler zu minimieren. Der infolge von Toleranzeffekten verbleibende Stromfehler ist der Eingangsoffsetstrom (Input Offset Current)

$$I_{Offs} = |I_+ - I_-|$$

und es gilt dann in der ruhestromkompensierten Summierer-Schaltung:

Gl. 5-34: $$U_A = -\left(\frac{R0}{R1}U_{E1} + \frac{R0}{R2}U_{E2} + \frac{R0}{R3}U_{E3}\right) - \frac{R0}{Rp}U_0 \pm R0 \cdot I_{Offs}$$

Eingangsruhestrom (Input Bias Current)	Mittelwert der Eingangsströme I_+, I_- nach Ausgangsnullabgleich: $I_{0B} = (I_{0+} + I_{0-})/2$ für $U_A = 0$
Eingangsoffsetstrom (Input Offset Current)	Absolute Differenz der Eingangsströme I_+, I_- nach Ausgangsnullabgleich: $I_{Offs} = \lvert I_{0+} - I_{0-}\rvert$ für $U_A = 0$
Eingangsoffsetspannung (Input Offset Voltage)	Absolute Differenzspannung U_D nach Ausgangsnullabgleich: $U_{EOffs} = \lvert U_{0+} - U_{0-}\rvert$ für $U_A = 0$
Ausgangsoffsetspannung (Output Offset Voltage)	Ausgangsspannung U_A nach Eingangskurzschluss: U_{AOffs} für $U_+ = U_- = 0$

Tabelle 5-8: Begriffe für die Fehlerspannungen und Fehlerströme eines VF-OP

Der Offsetspannungsfehler sowie der verbleibende Ruhestrom- oder Offsetstromfehler können in der Regel durch einen Offsetabgleich am VF-OP beseitigt werden. Hierzu kann, wie es in Bild 5-10 gezeigt ist, ein trimmbarer Widerstand (Potentiometer) zwischen die Emitteranschlüsse des Differenzverstärkers geschaltet werden. Beim VF-OP in Bild 5-14 ist dieser trimmbare Widerstand zwischen die Emitter der Transistoren *Bn3* und *Bn4* zu schalten, wobei der Mittelabgriff des Widerstands an die negative Betriebspannung (*-UB*) gelegt wird. Problematisch bezüglich des Offsetabgleichs ist aber, dass die Größen U_0, I_+ und I_- (und damit auch I_{Offs}) temperaturabhängig sind. Ein einmal durchgeführter Offsetabgleich ist daher nur für eine Temperatur gültig. Ändert sich die Temperatur, so tritt trotz des Abgleichs wieder ein Nullpunktfehler auf, der als Temperaturdrift bezeichnet wird.

In Tabelle 5-8 sind die Begriffe zur Bezeichnung der Fehlergrößen und ihre Bedeutung, wie sie üblicherweise in Datenblättern verwendet werden, zusammengestellt.

5.4.1.6. Stabilität und Anpassung der Verstärkungsbandbreite

Am Beispiel des gegengekoppelten VF-OP, der gemäß Bild 5-18 als nicht invertierender Verstärker beschaltet ist, soll die Stabilität durch Analyse seiner Polstellen beurteilt werden. Neben der Polstelle, die der inneren Grenzfrequenz f_{gi} zugeordnet ist, existieren weitere Polstellen oberhalb der Transitfrequenz f_T. Diese Polstellen entstehen durch die Phasenrückdrehung der Transistoren im OP, die selbst als Tiefpässe wirken. In der OP-Schaltung in Bild 5-14 mit der Transitfrequenz f_T = 1,1 MHz ist die am nächsten liegende Polstelle aufgrund der niedrigen Transitfrequenz von einigen Megaherz der Transistoren etwas oberhalb von f_T bei f_{P2} angeordnet.

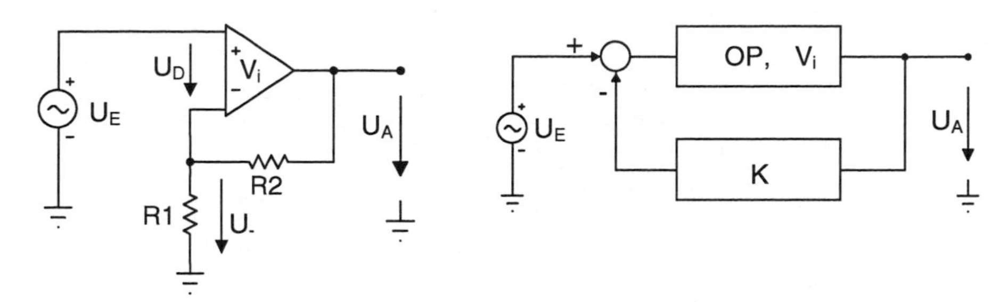

Bild 5-18: Nicht invertierender Verstärker mit VF-OP und zugehöriges Blockschaltbild

Zur Stabilitätsbetrachtung soll die innere Verstärkung V_i des OP vereinfachend als Tiefpasscharakteristik 2. Ordnung mit zwei reellen Polstellen aufgefasst werden, so dass sich der logarithmisch dargestellte Betragsverlauf gemäß Bild 5-19 einstellt.

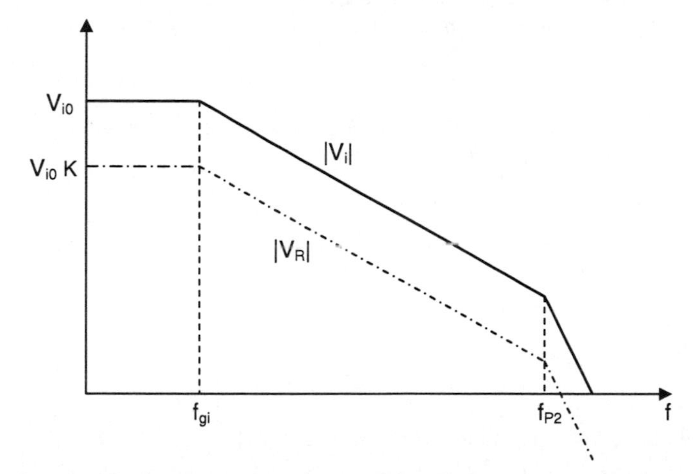

Bild 5-19: Betragsverlauf der inneren Verstärkung V_i und der Ringverstärkung V_R des VF-OP

Der Betragsverlauf von V_i(f) gemäß Bild 5-19 kann durch Hintereinanderschaltung zweier Tiefpässe 1. Ordnung beschrieben werden:

Gl. 5-35:

$$V_i(f) = \frac{V_{i0}}{\left(1 + j\frac{f}{f_{gi}}\right) \cdot \left(1 + j\frac{f}{f_{P2}}\right)}$$

In der obigen Gleichung kennzeichnen f_{gi} und f_{P2} die 3-dB-Grenzfrequenzen der einzelnen Tiefpasssektionen, wobei f_{gi} die mittels der Korrekturkapazität *Ck* veränderbare Grenzfrequenz der inneren Verstärkung $V_i\,(f)$ darstellt. Die obere Grenzfrequenz f_{P2} ist stellvertretend für die zusätzliche Frequenzbeeinflussung, die bei der Transitfrequenz der Transistoren des OP auftritt. V_{i0} repräsentiert die innere Verstärkung für $f = 0$. Durch den Übergang von der reellen Frequenz f zur komplexen Frequenz $s = \sigma + j\omega$ gelangt man zur Pol-Nullstellen-Schreibweise von Gl. 5-35:

$$V_i(s) = \frac{V_{i0}\ \omega_{gi} \cdot \omega_{P2}}{(s+\omega_{gi})\cdot(s+\omega_{P2})}$$

Die innere Verstärkung wird also durch zwei reelle Polstellen $s_{\infty 1} = -\omega_{gi}$ und $s_{\infty 2} = -\omega_{P2}$ beschrieben. Die Analyse der Schaltung aus Bild 5-18 liefert die Gleichungen:

$$U_E = U_D + U_- = \frac{U_A}{V_i(s)} + U_-$$

$$U_- = K\ U_A = \frac{R1}{R1+R2}\ U_A$$

Durch Einsetzen dieser Gleichungen erhält man die Betriebsverstärkung des gegengekoppelten OP in Form der Übertragungsfunktion des Tiefpass 2. Ordnung, der auch als gedämpfter Schwingkreis interpretiert werden kann:

Gl. 5-36:
$$V_B(s) = \frac{U_A}{U_E} = \frac{1}{\frac{1}{V_i(s)} + K} = \frac{V_{B0}}{1 + 2D(s/\omega_{Pk}) + (s/\omega_{Pk})^2}$$

Hierbei sind D die Dämpfung, V_{B0} die Gleichspannungsverstärkung und ω_{Pk} die Schwingkreisfrequenz, die auch Polkreisfrequenz genannt wird. Diese sind definiert als:

$$\omega_{Pk} = \sqrt{(1 + K \cdot V_{i0}) \cdot \omega_{gi} \cdot \omega_{P2}}$$

Gl. 5-37:
$$D = \frac{\omega_{gi} + \omega_{P2}}{2\ \omega_{Pk}}$$

$$V_{B0} = \frac{V_{i0}}{1 + K\ V_{i0}}$$

Entscheidend für die Stabilität ist die Lage der Polstellen der Betriebsverstärkung in Gl. 5-36. Die Polstellen ergeben sich zu:

Gl. 5-38:
$$s_{B\infty 1,2} = \left(-D \pm \sqrt{D^2 - 1}\right)\omega_{Pk}$$

Für die Lage der Polstellen sind zwei Fälle zu unterscheiden:

a) Für $D \geq 1$ sind die Polstellen reell:

$$s_{B\infty 1} = \left(-D + \sqrt{D^2 - 1}\right)\omega_{Pk} \qquad s_{B\infty 2} = \left(-D - \sqrt{D^2 - 1}\right)\omega_{Pk}$$

b) Für $D < 1$ sind die Polstellen konjugiert komplex:

$$|s_{B\infty}| = \omega_{Pk} \qquad \phi(s_{B\infty}) = \pm ArcTan\left(\sqrt{D^{-2} - 1}\right)$$

Für $D \geq 1$ weist V_B reelle Polstellen auf, woraus zwangsläufig unbedingte Stabilität folgt. Für $0 \leq D < 1$ sind die Polstellen von V_B konjugiert komplex. Aus den ursprünglich reellen Polen der inneren Verstärkung V_i wird durch Rückkopplung ein konjugiert komplexes Polstellenpaar in der Betriebsverstärkungsfunktion V_B. Dieses Phänomen wird als Polstellenspaltung (pole splitting) bezeichnet. Die mögliche Lage der Polstellen ist in Bild 5-20 in Abhängigkeit der Dämpfung D dargestellt.

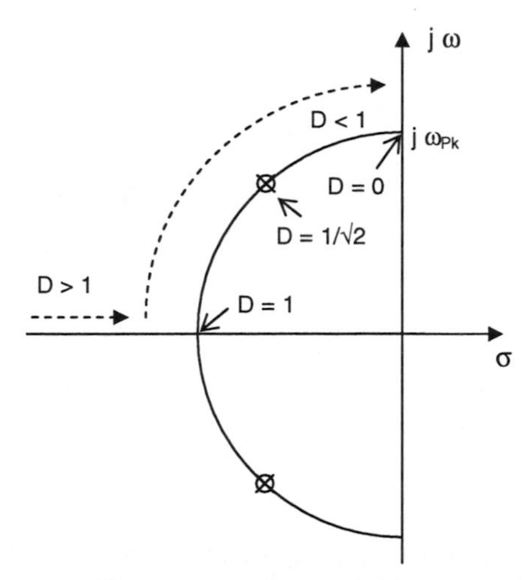

Bild 5-20: Mögliche Lage der Polstellen in Abhängigkeit der Dämpfung *D*

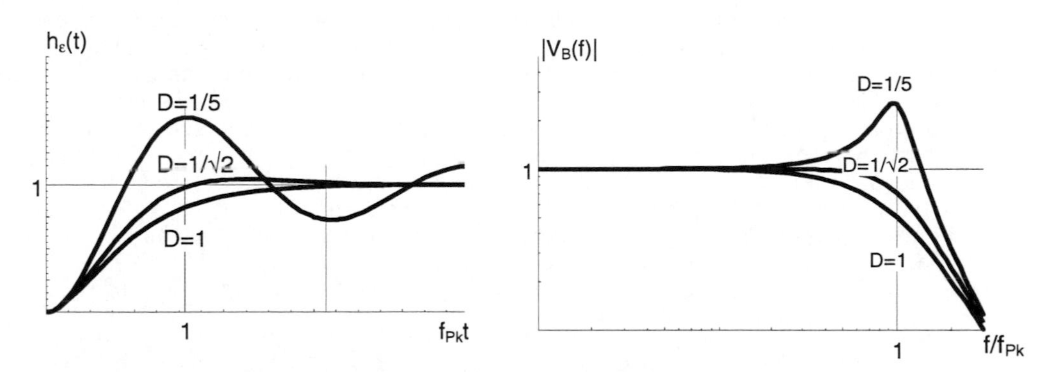

Bild 5-21: Sprungantwort $h_\varepsilon(t)$ und Betrag der Betriebsverstärkung

Je kleiner die Dämpfung *D* wird, umso mehr nähert sich das Polstellenpaar der komplexen Frequenzachse und es ist eine zunehmende Resonanzüberhöhung im Frequenzverlauf der Betriebsverstärkung nahe bei ω_{Pk} zu beobachten. Zur Veranschaulichung dieses Zusammenhangs sind in Bild 5-21 der Betrag der Betriebsverstärkung in logarithmischer Darstellung und die zugehörige Sprungantwort $h_\varepsilon(t)$ für verschieden Dämpfungen *D* gezeigt.

Im Grenzfall $D = 0$ ist die Resonanzüberhöhung unendlich groß und das System wird instabil. Einen optimalen Kompromiss bezüglich maximaler Anstiegsgeschwindigkeit und minimalem Überschwingen (sowohl im Zeit- als auch im Frequenzverhalten) ist der Fall $D = 1/\sqrt{2}$. Wird *D* weiter erhöht, so stellt sich eine zunehmende (unnötige) Trägheit ein, die eine Reduktion der Bandbreite zur Folge hat. Da f_{P2} wesentlich größer als f_{gi} ist, kann *D* in Gl. 5-37 vereinfachend als

Gl. 5-39: $$D = \frac{1}{2}\sqrt{\frac{f_{P2}}{V_{i0}}\frac{V_{B0}}{f_{gi}}}$$

geschrieben werden, wobei $1/K$ gemäß

Gl. 5-40: $$V_{B0} = \frac{1}{\dfrac{1}{V_{i0}} + K} \approx \frac{1}{K} = \frac{R2 + R1}{R1} = 1 + \frac{R2}{R1}$$

durch V_{B0} ersetzt wurde. Wenn D nahezu konstant gehalten werden soll (optimal bei $D \approx 1/\sqrt{2}$) und die Parameter V_{i0} sowie f_{P2} als unveränderliche Größen eines Operationsverstärker angesehen werden, so ergibt sich der proportionale Zusammenhang:

$$f_{gi} = \frac{f_{P2}}{4\ V_{i0}\ D^2}\ V_{B0}$$

Da die Grenzfrequenz f_{gi} der inneren Verstärkung in Gl. 5-28 umgekehrt proportional zur Korrekturkapazität Ck ist, resultiert die folgende Proportionalität:

Gl. 5-41: $$V_{B0} \sim 1/Ck$$

Wenn stets die gesamte zur Verfügung stehende Bandbreite ausgenutzt werden soll, ist es also sinnvoll, die Korrekturkapazität Ck der Betriebsverstärkung V_{B0} anzupassen. Daher ist bei einer Vielzahl von handelsüblichen Operationsverstärkern die Korrekturkapazität nicht im Halbleiterchip integriert, sondern extern zuschaltbar. Um bei der Auswahl von Ck die optimale Dämpfung von $D = 1/\sqrt{2}$ zu erzielen, muss die Ringverstärkung V_R betrachtet werden. Zur Bestimmung der Ringverstärkung wird die Schaltung in Bild 5-18 als Regelkreis aufgefasst, der aus dem OP mit der inneren Verstärkung V_i und dem Rückkoppelnetzwerk K besteht. Die Ringverstärkung wird dann dadurch erhalten, dass der Regelkreis an einer sinnvollen Stelle aufgetrennt, eine neue Eingangsspannung $U_E^\#$ an die Trennstelle angeschlossen und die bisherige Eingangsspannung U_E zu Null geregelt wird. Als sinnvoll gewählt gilt die Trennstelle, wenn Belastungsänderungen keine Auswirkungen haben. In der Schaltung in Bild 5-18 kann die Trennstelle direkt an den Ausgang des OP gelegt werden, da dieser vereinbarungsgemäß einen verschwindenden ausgangsseitigen Innenwiderstand aufweist. Folglich stellt sich die veränderte Schaltung gemäß
Bild 5-22 ein. Die Analyse dieser Schaltung führt zu den folgenden Zusammenhängen:

$$U_D = -\frac{R1}{R1 + R2}\, U_E^\# = \frac{U_A}{V_i(f)}$$

Somit erhält man die Ringverstärkung zu:

Gl. 5-42: $$V_R(f) = \frac{U_A}{U_E^\#} = -\frac{R1}{R1 + R2}\, V_i(f) = -K\ V_i(f) = -\frac{V_i(f)}{V_{B0}}$$

Wird die innere Verstärkung aus Gl. 5-42 in die Betriebsverstärkung Gl. 5-3 eingesetzt, so offenbart sich die Bedeutung der Ringverstärkung:

Gl. 5-43: $$V_B(f) = \frac{V_i(f)}{1 - V_R(f)}$$

Denn für $V_R = 1$ wird V_B unendlich groß und die Schaltung in Bild 5-18 instabil. Dieser Betriebsfall sollte bei Verstärkeranwendungen unbedingt vermieden werden. Der Verlauf von $|V_R(f)|$ ist schematisch in Bild 5-19 als strich-punktierte Linie eingetragen. Aus Bild 5-19 und Gl. 5-42 ist ersichtlich, dass bei wachsender Betriebsverstärkung V_{B0} die Ringverstärkung V_R abnimmt. Dieser Zusammenhang erklärt sich aus der mit V_{B0} wachsenden Spannungsteilung im Rückführnetzwerk. In der logarithmischen Darstellung, wie sie in Bild 5-19 verwendet wird, führt dieses zu einer Parallelverschiebung der Betragskurve $\log(|V_R|)$ gegenüber $\log(|V_i|)$ nach unten. Aufgrund der aus der Gegenkopplung resultierenden Invertierung des Vorzeichens von V_R gegenüber V_i ist im

Gegenkopplung resultierenden Invertierung des Vorzeichens von V_R gegenüber V_i ist im Phasenverlauf $\phi(V_R)$ der Winkel π zu subtrahieren. Folglich ist:

Gl. 5-44:

$$\log(|V_R|) = \log(|V_i|) - \log(|V_{B0}|)$$
$$\phi(V_R) = \phi_R = \phi(V_i) - \pi = \phi_i - \pi$$

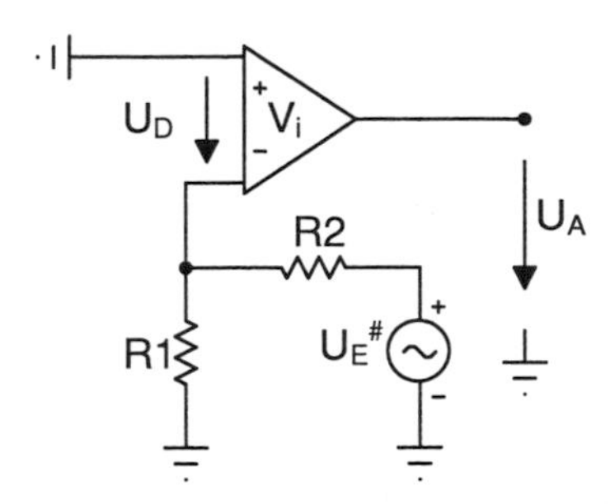

Bild 5-22: Veränderte Schaltung aus Bild 5-18 zur Bestimmung der Ringverstärkung V_R

Die Bezugslinie, bei der die Ringverstärkung oder die innere Verstärkung dem Betrage nach 1 ist, soll 1-Linie oder 0 dB-Linie genannt werden. In Bild 5-23 ist der Betrags- und Phasenverlauf von V_i für verschiedene innere Grenzfrequenzen f_{gi} dargestellt.

Als Beispiel für die Vorgehensweise zur Bestimmung der optimalen Korrekturkapazität *Ck* soll die Schaltung in Bild 5-18 für die Betriebsverstärkung V_{B0} = 100 ausgelegt werden. Demnach ist *R2/R1* = 99. Die in Bild 5-23 gestrichelt eingezeichnete 1-Linie der inneren Verstärkung muss demnach um V_{B0} = 100 nach oben geschoben werden, um die strich-punktierte 1-Linie der Ringverstärkung zu erhalten. Der Abfall des Betrages $/V_B(f)/$ der Betriebsverstärkung setzt dort ein, wo die Ringverstärkung ihre 1-Linie unterschreitet. Ist zum Beispiel mittels *Ck* die innere Grenzfrequenz zu f_{gi} = 1 Hz eingestellt, so setzt der Abfall von V_R in Bild 5-23 bei der Betriebsgrenzfrequenz f_{gB} = 1KHz = $f_{gi}\ V_{i0}\ /\ V_{B0}$ = ein und die Phasenreserve beträgt ca. 90°. Für f_{gi} = 100 Hz würde sich die Betriebsgrenzfrequenz auf f_{gB} = 100KHz erhöhen, wobei die Phasenreserve nur geringfügig unterhalb von 90°liegt.

Daher kann ohne nennenswerte Einbuße an Phasenreserve die innere Grenzfrequenz um denselben Faktor wie die Betriebsverstärkung angehoben und *Ck* entsprechend Gl. 5-41 abgesenkt werden. Wurde also beispielsweise für V_{B01} = 1 die optimale Korrekturkapazität zu Ck_1 = 500 pF bestimmt, so kann diese für V_{B0} = 100 auf den Wert

Gl. 5-45:

$$Ck = \frac{V_{B01}}{V_{B0}} Ck_1 = \frac{1}{100} 500\ pF = 5\ pF$$

reduziert werden und die Betriebsbandbreite würde sich auf den $V_{B0}\ /\ V_{B01}$ = 100 – fachen Wert erhöhen. Aus Gl. 5-45 ist ersichtlich, dass für V_{B0} = 1 (Spannungsfolger) der größte Wert für die frequenzgangbestimmende Korrekturkapazität im OP und für V_{B0} >1 entsprechend kleinere Werte erforderlich sind.

Es sei angemerkt, dass der Frequenzgang des Operationsverstärkers durch die hinzugefügte Kapazität *Ck* "korrigiert" und nicht "kompensiert" wird. In der angloamerikanischen Literatur hat sich dennoch der Ausdruck "frequency compensation" etabliert.

Zur Untersuchung der Abhängigkeit zwischen der Phasenreserve ϕ_{PR} und der Dämpfung D ist die Beziehung zwischen der Ringverstärkung V_R aus Gl. 5-42, der inneren Verstärkung aus Gl. 5-35 und der Betriebsverstärkung aus Gl. 5-36, Gl. 5-37 herzustellen. Hieraus resultiert dann die Ringverstärkung mit $K\ V_{i0} >> 1$ und der Normierung $\Omega = \omega / \omega_{Pk}$:

Gl. 5-46:
$$V_R(\Omega) = \frac{1}{-1/(V_{i0}\,K) - j\,2D\,\Omega + \Omega^2}$$

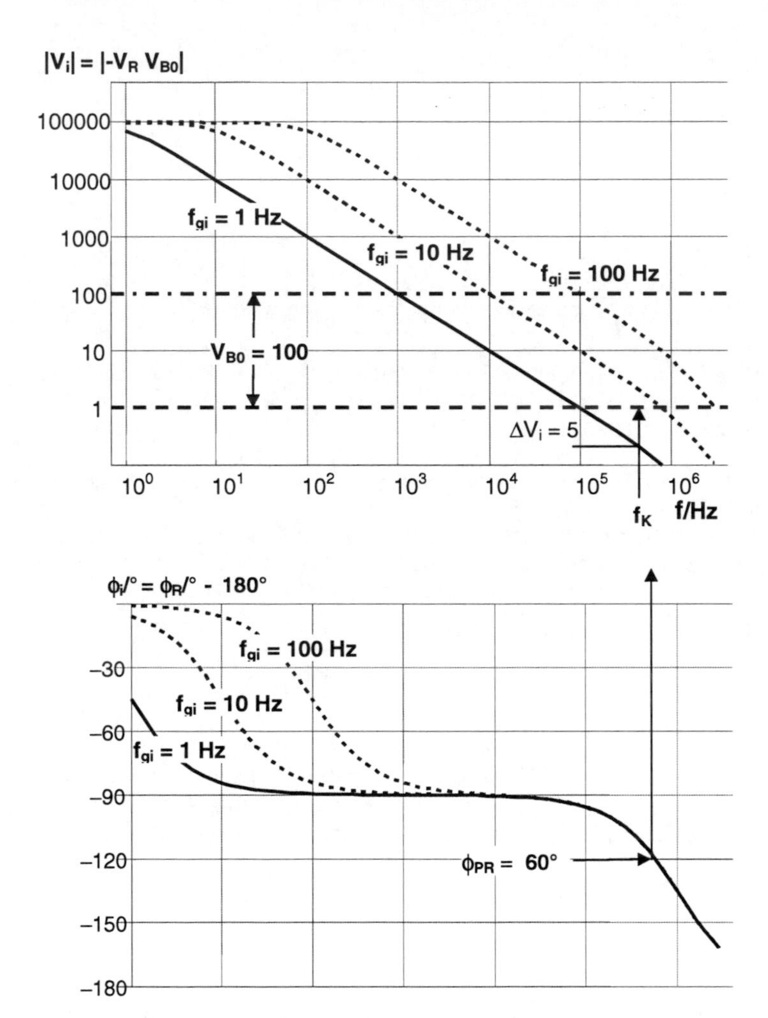

Bild 5-23: Betragsverlauf $|V_i(f)|$ und Phasenverlauf $\phi_i(f)$ der inneren Verstärkung

Die Phasenreserve ist demnach der Phasenwinkel des Nenners von Gl. 5-46:

Gl. 5-47:
$$\phi_{PR}(\Omega) = ArcTan\left(\frac{2D}{\Omega - 1/(V_{i0}\,K\,\Omega)}\right)$$

Entscheidend für die Beurteilung der Stabilität ist die Phasenreserve bei der kritischen Frequenz Ω_K, für die die Ringverstärkung dem Betrage nach auf den Wert 1 abgefallen ist. Mit $|V_R(\Omega_K)| = 1$

erhält man unter Berücksichtigung, dass $1/(V_{i0}\ K) << 2\ D^2$ ist, durch Auflösung von Gl. 5-46 die kritische Frequenz:

Gl. 5-48: $$\Omega_K = \sqrt{2}\ D \sqrt{\sqrt{1 + \frac{1}{(4\,D^4)}} - 1}$$

Nach Einsetzen von Gl. 5-48 in Gl. 5-47 und der Vernachlässigung von $1/(V_{i0}\ K\ \Omega_K) << \Omega_K$ resultiert dann die gesuchte Abhängigkeit:

Gl. 5-49: $$\phi_{PR}(\Omega_K) \approx ArcTan\left(\sqrt{2} \Big/ \sqrt{\sqrt{1 + \frac{1}{(4\,D^4)}} - 1} \right)$$

In Bild 5-24 ist die Abhängigkeit der Phasenreserve ϕ_{PR} von der Dämpfung D grafisch dargestellt. Die Diagramme in Bild 5-21 zeigten, dass sich für den Fall $D = 1/\sqrt{2}$ ein guter Kompromiss zwischen maximaler Anstiegsgeschwindigkeit der Sprungantwort und minimalem Überschwingen der Betriebsverstärkung einstellt. Für diesen Fall sollte gemäß Bild 5-24 eine Phasenreserve von ca. 65° vorliegen. Die zugehörige frequenzabhängige Cha rakteristik der Betriebsverstärkung wird

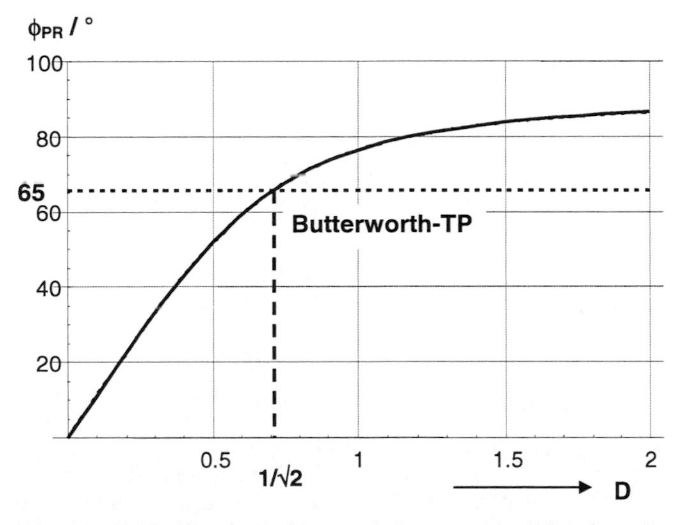

Bild 5-24: Abhängigkeit der Phasenreserve von der Dämpfung *D*

als Butterworth-Tiefpass 2. Ordnung bezeichnet. Wird die Phasenreserve zu groß, so wird der aus dem gegengekoppelten OP bestehende Regelkreis zu stark bedämpft und somit zu träge, um schnellen Änderungen des Eingangssignals folgen zu können. Wird die Phasenreserve zu klein, so besteht zunehmende Gefahr zur Schwingneigung, die mit einer abnehmend gedämpften Schwingung (Klingeln oder Ringing wie in Bild 5-21 für D=1/5) in der Sprungantwort und einer Resonanzüberhöhung in der Betriebsverstärkung verbunden ist. Sicherheitshalber wird die Phasenreserve auf einen etwas kleineren Wert als 65°(z.B. 60°) eingestellt.

Die optimale Korrekturkapazität für den Spannungsfolger mit $V_{B01} = 1$ wird nun mit Hilfe der Diagramme in Bild 5-23 ermittelt, indem der Wert der kritischen Frequenz, der zu der Phasenreserve $\phi_{PR} = 60°$ bei einer bestimmten inneren Grenzfrequenz f_{gi} gehört, auf der 1-Linie der zugehörigen Ringverstärkung $V_R = V_i$ markiert wird. Aufgrund der idealisierten Darstellung von V_i durch nur zwei Polstellen laufen die Phasendiagramme für verschiedene f_{gi} bei höheren Frequenzen zusammen, so dass für alle Diagramme derselbe Wert f_K resultiert. Dieser ist durch einen Pfeil in Bild 5-23 gekennzeichnet. Anschließend wird die zu dem betreffenden f_{gi} gehörige Ringverstärkung $V_R = V_i$ so weit verschoben, bis sie bei f_K die 1-Linie schneidet. Wird beispielsweise die Kurve für f_{gi} = 1 Hz betrachtet, so müsste diese um $\Delta V_i = \Delta V_R$ = 5 (= 10 ^{0,7} Skalenteile) nach oben verschoben werden. Folglich wäre die optimale innere Grenzfrequenz für den Spannungsfolger f_{gi1} $=\Delta V_R\, f_{gi}$ = 5 Hz, mit der eine Dämpfung von $D \approx 1\sqrt{2}$ erreicht wird.

Der zu f_{gi} gehörige Wert der Korrekturkapazität Ck lässt sich ohne Kenntnis der Schaltung des OP nicht ermitteln. Daher wird dieser üblicherweise in den Datenblättern des OP als Parameter der Betrags- und Phasendiagramme angegeben. Für die Schaltung des VF-OP in Bild 5-13 kann Ck mit Gl. 5-28 berechnet werden. Hier ergibt sich mit B=100, RL = 1 KΩ und f_{gi} = 5 Hz die Korrekturkapazität zu:

$$Ck_1 = \frac{1}{2\pi B^3\, RL\, f_{gi}} \approx 32pF$$

Wird nun die Betriebsverstärkung auf den Wert V_{B0} = 100 erhöht, so wird für diesen Fall die optimale Korrekturkapazität mit Gl. 5-45 zu

$$Ck = \frac{V_{B01}}{V_{B0}}\, Ck_1 = \frac{1}{100} 32\ pF = 0{,}32\ pF$$

ermittelt. Allerdings kann bei einem realen OP die Korrekturkapazität nicht beliebig klein werden, da sie nur wirksam ist, wenn sie gegenüber den parasitären Kapazitäten dominiert.

5.4.2. Stromgegengekoppelter Operationsverstärker (CF-OP)

Neben den bisher behandelten spannungsgegengekoppelten Operationsverstärkern VF-OP existieren die stromgegengekoppelten OP, die als CF-OP (Current Feed Back OP) bezeichnet werden. Während VF-OPs mittels Veränderung der inneren Beschaltung, nämlich der Korrekturkapazität, die maximale Verstärkungsbandbreite erreichen können, geschieht diese Anpassung beim CF-OP mittels der äußeren Beschaltung. Zur Verdeutlichung sollen hier die beiden unterschiedlichen Konzepte einander gegenüber gestellt werden.

5.4.2.1. Prinzip des VF-OP

Bei der Spannungsgegenkopplung wird der VF-OP verwendet, dessen Differenzspannung U_D die Ausgangsspannung steuert. Im Regelbetrieb wird U_D gegen Null aber niemals zu Null geregelt. Da die Eingangsströme I_+ und I_- für die Funktion unerheblich sind, können sie bei der Analyse unberücksichtigt bleiben. Folglich können die Eingänge des OP als extrem hochohmig ($R_{iE} \rightarrow \infty$) angesehen werden.

Als Anwendungsbeispiel soll die Schaltung in Bild 5-25 dienen. Die innere Verstärkung verhält sich aus Stabilitätsgründen wie ein Tiefpass 1. Ordnung:

Gl. 5-50:
$$V_i = \frac{V_{i0}}{1 + jf/f_{gi}}$$

Der Übertragungsfaktor K des Gegenkopplungsnetzwerks wird definiert durch:

Gl. 5-51:
$$K = \frac{U_{R1}}{U_A} = \frac{R1}{R1 + R2}$$

Folglich erhält man die Betriebsverstärkung:

$$V_B = \frac{U_A}{U_E} = \frac{U_A}{U_D + K\,U_A} = \frac{1}{1/V_i + K} = \frac{1}{\left(1 + f/f_{gi}\right)/V_{i0} + K}$$

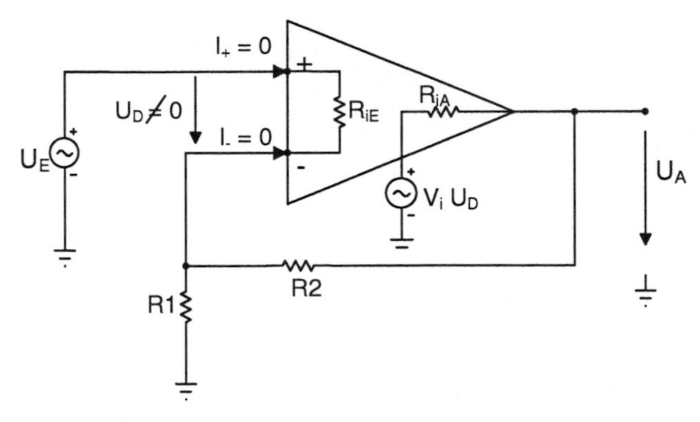

Bild 5-25: Prinzip der Spannungsgegenkopplung mit VF-OP

Da $1/V_{io} << K$ sein sollte, resultiert dann die Betriebsverstärkung zu:

Gl. 5-52: $$V_B = \frac{1}{K}\,\frac{1}{1 + j\,f/(K\,f_T)} = \frac{V_{B0}}{1 + j\,f/f_{gB}}$$

Folglich sind

Gl. 5-53: $$V_{B0} = 1/K = 1 + R2/R1$$

und

Gl. 5-54: $$f_{gB} = K\,f_T = f_T/V_{B0} = f_{gi}\,V_{i0}/V_{B0}\,,$$

so dass das Verstärkungsbandbreite-Produkt $VBP = f_T$ von der inneren Grenzfrequenz f_{gi} des OP abhängt. Diese kann nur mittels *Ck* verändert werden.

Bei Anpassung der Bennennung der Widerstände können Gl. 5-8 und Gl. 5-9 zur Berechnung des Eingangs- und Ausgangswiderstands des gegengekoppelten OP verwendet werden:

Gl. 5-55: $$R_{iEg} = \frac{V_i}{V_{B0}}\,R_{iE}$$

Gl. 5-56: $$R_{iAg} = \frac{V_{B0}}{V_i}\,R_{iA}\;//\left(R1 + R2\right) \approx \frac{V_{B0}}{V_i}\,R_{iA}$$

Folglich wird durch die Gegenkopplung der eingangsseitige Innenwiderstand R_{iE} des OP zu R_{iEg} vergrößert und der ausgangsseitige Innenwiderstand R_{iA} des OP zu R_{iAg} verkleinert.

Der typische ausgangsseitige Innenwiderstand R_{iA} des OP aus Bild 5-13 beträgt ca.

$$R_{iA} = \frac{R_{CED2}}{B} \approx \frac{200\,K\Omega}{100} = 2\,K\Omega\,,$$

wobei R_{CED2} den Kollektor-Emitter-Widerstand des Darlington-Verstärkers darstellt. Folglich wird der ausgangsseitige Innenwiderstand für $f \approx 0$ bei $V_{B0} = 100$ und $V_{i0} = 2 \cdot 10^5$ auf $R_{iAg} = 1\Omega$ reduziert. Gleichzeitig wird der Eingangswiderstand von $R_{iE} = 960\ K\Omega$ auf $R_{iEg} = 1{,}92\ G\Omega$ erhöht.

5.4.2.2. Prinzip des CF-OP

Bei der Stromgegenkopplung wird der CF-OP verwendet, dessen Strom I_e am (-)-Eingang mittels der Transimpedanz Z_i die Ausgangsspannung steuert. Die Differenzspannung U_D ist gleich Null, weil der Spannungsfolger die Identität zwischen den Spannungen am (+)- und (-)-Eingang herstellt. Da der Eingangsstrom I_+ für die Funktion unerheblich ist, kann er bei der Analyse unberücksichtigt bleiben und der (+)-Eingang des OP als extrem hochohmig ($R_{iE+} \to \infty$) angesehen werden. Als Anwendungsbeispiel soll die Schaltung in Bild 5-26 herangezogen werden.

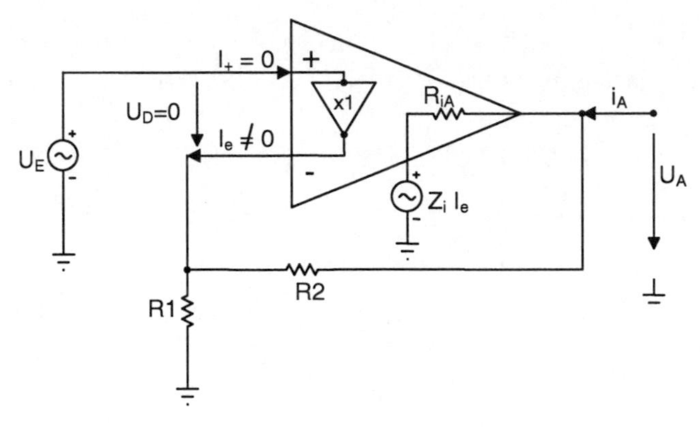

Bild 5-26: Prinzip der Stromgegenkopplung mit CF-OP

Die innere Transimpedanz verhält sich aus Stabilitätsgründen wie ein Tiefpass 1. Ordnung:

Gl. 5-57: $$Z_i = \frac{R_{i0}}{1 + j\, f/f_{gi}}$$

Die Strombilanz am (-)-Eingang liefert:

$$I_e - \frac{U_-}{R_1} + \frac{U_A - U_-}{R2} = 0$$

Mit $U_+ = U_- = U_E$ erhält man nach Umformung der obigen Gleichung:

$$V_B = \frac{U_A}{U_E} = \frac{1 + R2/R1}{1 + R2/Z_i} = \frac{1/K}{1 + \left(1 + j\, f/f_{gi}\right) R2/R_{i0}}$$

Hierbei ist K gemäß Gl. 5-51 definiert und hat somit dieselbe Bedeutung wie in der entsprechenden Schaltung mit dem VF-OP in Bild 5-25. Wenn vorausgesetzt wird, dass $R2 << R_{i0}$ ist, ergibt sich annähernd die Betriebsverstärkung der entsprechenden Schaltung mit dem VF-OP:

Gl. 5-58: $$V_B \approx \frac{1}{K} \frac{1}{1 + j\,f\,R2/(R_{i0}\,f_{gi})} = \frac{V_{B0}}{1 + j\,f/f_{gB}}$$

Folglich sind

Gl. 5-59: $$V_{B0} = 1/K = 1 + R2/R1$$

und

Gl. 5-60: $$f_{gB} = f_{gi}\; R_{i0}/R2,$$

so dass die Betriebsbandbreite durch äußere Beschaltung mittels *R2* eingestellt werden kann. Die Gleichspannung-Betriebsverstärkung V_{B0} wird dann unabhängig davon mittels *R1* festgelegt. Auf diese Weise kann stets die maximal mögliche Verstärkungsbandbreite erzielt werden und das Verstärkungsbandbreite-Produkt *VBP* ist somit keine Konstante mehr. Beachtet werden muss allerdings, dass bei der Wahl von *R2* die Bedingung $R2 << R_{i0}$ erfüllt ist.

Für die Ermittlung des ausgangsseitigen Innenwiderstands ist $u_E = 0$ und am Ausgang wird eine ideale Wechselspannungsquelle der Spannung u_A betrachtet, die den Strom i_A liefert. Wegen $U_D = 0$ ist auch die Spannung an *R1* gleich Null und es ergibt sich:

$$i_A = \frac{u_A - Z_i\,i_e}{R_{iA}} - i_e = \frac{1 + Z_i/R2}{R_{iA}}\,u_A + \frac{u_A}{R2}$$

Somit erhält man die Ausgangsimpedanz des gegengekoppelten CF-OP zu:

$$Z_{iAg} = \frac{1}{(1 + Z_i/R2)/R_{iA} + 1/R2}$$

Für $f \approx 0$ kann $Z_i \approx R_{i0}$ angenommen werden, so dass man für den Ausgangswiderstand des gegengekoppelten CF-OP unter Berücksichtigung der Forderung $R_{i0} >> R2$ erhält:

Gl. 5-61: $$R_{iAg} = \frac{1}{(1 + R_{i0}/R2)/R_{iA} + 1/R2} \approx \frac{R2}{R_{i0}/R_{iA} + 1} \approx \frac{R2}{R_{i0}}\,R_{iA}$$

Wegen $R2 << R_{i0}$ wird der ausgangsseitige Innenwiderstand R_{iA} des CF-OP wie beim VF-OP durch die Gegenkopplung zu R_{iAg} erheblich reduziert.

Wie es aus den entwickelten Zusammenhängen ersichtlich ist, kann der CF-OP wie der VF-OP mit dem Prinzip der verschwindenden Eingangsgrößen (PvE) behandelt werden. Vorauszusetzen ist hierbei, dass der Betriebsfrequenzbereich betrachtet wird, in dem die Forderung $R_{i0} >> R2$ als erfüllt gilt. Da bei Verstärkungsanwendungen $R2 \geq R1$ ist, kann für diesen Fall der Strom I_e am (-)-Eingang des OP gegenüber dem Strom durch *R1* und *R2* vernachlässigt werden. Folglich verschwinden alle Eingangsgrößen U_D, I_+ und I_-. Allerdings sind CF-OP und VF-OP bezüglich des Rückkoppelnetzwerks *K* nicht gleichwertig betreibbar. Denn wenn *K* Impedanzen enthält, dann kann die Forderung $|Z2| << R_{i0}$ im Betriebsfrequenzbereich nicht immer erfüllt werden und es treten erhebliche Abweichungen bezüglich des Sollverhaltens auf.

5.4.3. Miller-Effekt

Zur Erläuterung des Miller-Effekts soll die Ersatzschaltung in Bild 5-27 herangezogen werden. Der VF-OP wird vereinfachend als ideal mit unendlich hoher innerer Verstärkung, unendlich großen Eingangswiderständen und verschwindendem ausgangsseitigem Innenwiderstand betrachtet. Folglich ergibt sich der eingangsseitige Innenwiderstand der Schaltung in Bild 5-27 zu:

$$Z_{iE} = \frac{u_E}{i_E} = \frac{u_E}{\frac{u_E - u_A}{1/j\omega C}} = \frac{1}{j\omega C} \frac{u_E}{u_E - u_A}$$

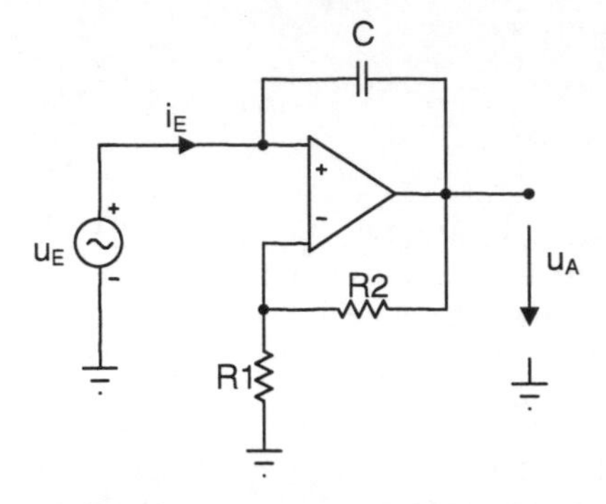

Bild 5-27: Verstärker mit Kapazität zwischen Ein- und Ausgang

Mit der Betriebsverstärkung

$$u_A = u_E \cdot V_{B0},$$

die im Beispiel in Bild 5-27 durch $V_{B0} = 1 + R2 / R1$ definiert ist, erhält man das Ergebnis:

Gl. 5-62: $$Z_{iE} = \frac{1}{j\omega C} \cdot \frac{1}{1 - V_{B0}}$$

Der Miller-Effekt bewirkt also die Erhöhung einer zwischen dem Eingang und dem Ausgang eines Verstärkers befindlichen Kapazität um den Faktor $(1\text{-}V)$, wobei V die Verstärkung des betreffenden Verstärkers darstellt. Da stets eine beabsichtigte oder unbeabsichtigte (parasitäre) Kapazität zwischen Ein- und Ausgang von Verstärkerstufen vorhanden ist, verursacht dieses Phänomen eine nicht unerhebliche Bandbreitenreduktion bei hohen Verstärkungen. Dieses Phänomen wurde bereits durch die Eigenschaft des konstanten Verstärkungsbandbreite-Produkts *VBP* (Kapitel 4.4) ausgedrückt und beim VF-OP durch gezielte Platzierung der Korrekturkapazität *Ck* zwischen Ein- und Ausgang des Darlington-Verstärkers (Kapitel 5.4.1.2) ausgenutzt.

Eine geeignete Maßnahme zur Eliminierung des Miller-Effekts besteht darin, zwischen die einzelnen Verstärkerstufen Trennstufen mit niederohmigem Ausgang und der Verstärkung $V = 1$ zu schalten. Derartige Trennverstärker können Emitterfolger, Komplementärfolger oder Spannungsfolger (Kapitel 5.2.2) sein. Dieser Fall ist in Bild 5-28 dargestellt. Durch den niederohmigen Ausgang der zweiten Stufe der Verstärkung $V_2 = 1$ wird der Einfluss einer hohen Eingangskapazität

$$C_{iE3} = (1 - V_3) \cdot C_3,$$

die durch den nachfolgenden Verstärker der hohen Verstärkung V_3 aufgrund des Miller-Effektes entstehen könnte, verringert. Des Weiteren wird durch $V_2 = 1$ auch bei hohem Ausgangswiderstand R_{iA1} der vorgeschalteten Verstärkerstufe der Verstärkung V_1 durch

$$C_{iE2} = (1 - V_2) \cdot C_2 = 0$$

die resultierende Zeitkonstante $R_{iA1}\ C_{iE2}$ sehr klein und die hiermit verbundene Bandbreite sehr groß. Durch entsprechende Kaskadierung aus Verstärkerstufen mit nachgeschalteten Trennstufen kann der Miller-Effekt in mehrstufigen Systemen weitgehend eliminiert werden.

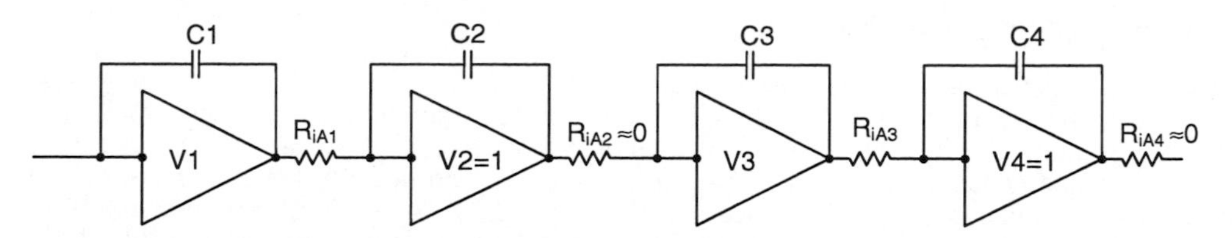

Bild 5-28: Verstärker mit nachgeschaltetem Trennverstärker

Bei Schaltungen mit gegengekoppelten Operationsverstärkern hat der Miller-Effekt nur eine untergeordnete Bedeutung, da OPs am Ausgang stets eine Trennstufe mit $V=1$ und $R_{iAg} \approx 0$ aufweisen.

6. Lineare Standardschaltungen mit OP

In diesem Kapitel wird eine kleine Auswahl von Standardschaltungen, die mit Operationsverstärkern realisiert sind, vorgestellt. Bei der Auswahl stand im Vordergrund, die vielseitige Anwendbarkeit von OPs aufzuzeigen, wobei die Analyse aufgrund der Kompaktheit der Schaltungen meistens deutlich überschaubarer ist als die entsprechende Analyse von Schaltungen mit diskreten Transistoren. Vorausgesetzt werden muss hier allerdings, dass der OP als ideal betrachtet wird. Da die analytische Beschreibung in der Regel nur für den Betriebsfrequenzbereich von Bedeutung ist, kann hier die Voraussetzung des idealen Verhaltens des OP, das durch das Prinzip der verschwindenden Eingangsgrößen (PvE) beschrieben wird, in guter Näherung angenommen werden.

6.1. Nicht invertierender Leistungsverstärker

Der nicht invertierende Verstärker, der bereits in Kapitel 5.4.2.1 ausführlich behandelt wurde, stellt eine erste wesentlich Anwendungsklasse für den OP dar. Die Kombination eines Operationsverstärkers mit einer Leistungsendstufe in Komplementärfolgertechnik bei Gegenkopplung über alle Stufen ist ein häufiger Anwendungsfall, wenn niederohmige Lastwiderstände angesteuert werden sollen. Dieses ist zum Beispiel in der Audiotechnik der Fall, wenn der Lastwiderstand einen Lautsprecher oder Kopfhörer repräsentiert. Als weitere niederohmige Belastungsfälle kommen Relais-Spulen, Servo-Motoren oder Servo-Spulen, wie sie in der Unterhaltungs- oder in der Kraftfahrzeug-Elektronik auftreten, in Betracht. Operationsverstärker benötigen bei hohen Lastströmen eine zusätzliche Leistungsendstufe, da die zulässigen Maximalströme von Standardoperationsverstärkern zumeist in der Größenordnung von nur wenigen Milliampere liegen. Ein Beispiel für einen gegengekoppelten VF-OP mit Leistungsendstufe ist in Bild 6-1 gezeigt. Im Wesentlichen handelt es sich hierbei um die Schaltung gemäß Bild 5-25, die um die Leistungsendstufe erweitert wurde.

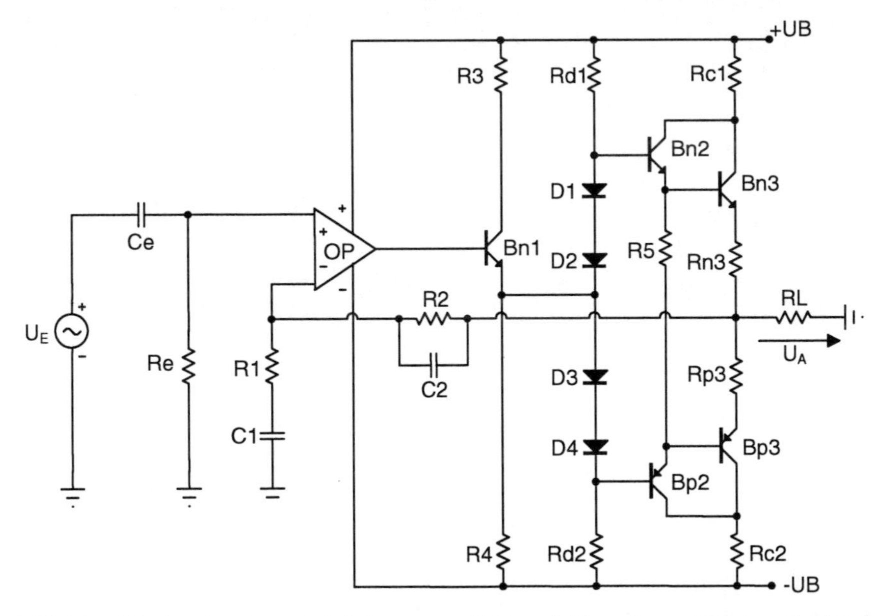

Bild 6-1: Wechselspannung-Leistungsverstärker mit Komplementärfolger-Endstufe

Das Rückkoppelnetzwerk *K*, das den Ausgang des OP mit dem invertierenden Eingang des OP verbindet, besteht hier aus einem Emitterfolger mit dem Transistor *Bn1*, dem Darlington-

Komplementärfolger mit den Transistoren *Bn2*, *Bn3*, *Bp2*, *Bp3* und den Bauelementen *R1*, *C1*, *R2* und *C2*. Bei ausreichend hoher Steilheit der Transistoren haben der Emitterfolger und der Darlington-Komplementärfolger für kleine Frequenzen die Verstärkung 1. Die Kapazität *C1* verhindert für $f \to 0$ eine Spannungsteilung im Rückkoppelnetzwerk, so dass der Verstärker die Gleichspannungsverstärkung $V_B(f{=}0) = 1$ hat. Der Grund für diese niedrige Verstärkung ist, dass eine eventuell vorhandene Offsetspannung des OP nicht verstärkt wird. Wenn die Offsetspannung vernachlässigbar klein ist, muss der nichtinvertierende Eingang des Operationsverstärkers für $f = 0$ Null-Potential annehmen. Folglich nimmt gemäß dem Prinzip der verschwindenden Eingangsgrößen (PvE) auch die Ausgangspannung U_A den Wert Null an, was der Arbeitspunkt- oder Ruhepotentialstabilisierung gleichkommt.

Bei Frequenzen oberhalb der Transitfrequenz f_T des OP entsteht ein Stabilitätsrisiko, da die 90°-Phasenrückdrehung, die durch die Korrekturkapazität im OP erzwungenen wird, um zusätzliche Phasenrückdrehungen erweitert wird. Diese resultieren aus der zum Rückkoppelnetzwerk gehörenden Reihenschaltung des Emitterfolgers mit dem Transistor *Bn1* und dem Darlington-Komplementärfolger mit den Transistoren *Bn2*, *Bn3* oder *Bp2*, *Bp3*. Somit setzt sich die Phase der Ringverstärkung, die gemäß Gl. 5-42 als $V_R = -K\,V_i$ definiert ist, aus der Phase von K und aus der Phase von V_i zusammen. Um der Phasenrückdrehung der Transistoren bei Frequenzen oberhalb der Transitfrequenz entgegenzuwirken, enthält K die Kapazität *C2*, die zusammen mit den Widerständen *R1* und *R2* entsprechend Bild 6-2 ein Lead-Filter bildet.

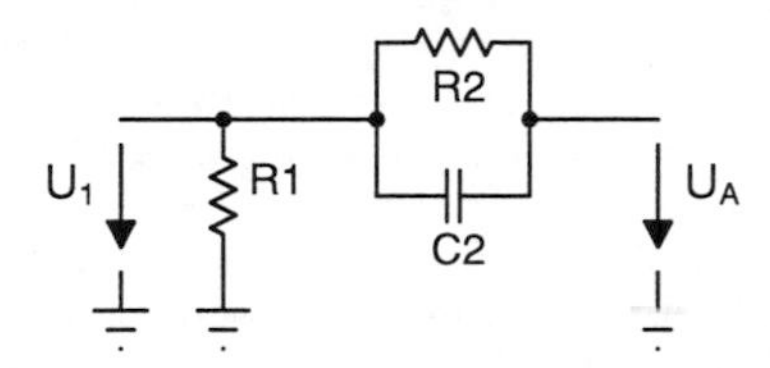

Bild 6-2: Rückkoppelnetzwerk als Lead-Filter 1. Ordnung

Die Schaltung in Bild 6-2 stellt das Rückkoppelnetzwerk ohne Berücksichtigung des Emitterfolgers und des Darlington-Komplementärfolgers unter der Annahme dar, dass die Kapazität *C1* für die zur Stabilitätsbetrachtung wesentlichen Frequenzen ($f \geq f_T$) einen Kurschluss bildet. Die Übertragungsfunktion der Schaltung in Bild 6-2 ist:

Gl. 6-1:
$$K(\omega) = \frac{U_1}{U_A} = K_0 \frac{1 + j\ f/f_z}{1 + j\ f/f_n}$$

Hierbei sind:

$$K_0 = \frac{R1}{R1 + R2}$$

Gl. 6-2:
$$f_n = \frac{1}{2\,\pi (R1 \,//\, R2)\, C2}$$

$$f_z = \frac{1}{2\,\pi\, R2\ C2}$$

Diese Übertragungscharakteristik ist bereits aus Kapitel 4.3 als Lead-Filter bekannt und schematisch in Bild 4-12 dargestellt. Sie wird vornehmlich zu Stabilisierungszwecken in Regelkreisen eingesetzt, um bei der kritischen Frequenz f_K eine Phasenanhebung um maximal 90° hervorzurufen. Die kritische Frequenz ist die Frequenz, bei der die Ringverstärkung des offenen Regelkreises dem Betrage nach auf 1 abgefallen ist. Für Frequenzen $f_z < f < f_n$ dominiert der Imaginärteil des Zählerpolynoms von Gl. 6-1 und es resultiert eine Phasenanhebung, bis f die Größenordnung von f_n erreicht. Beim geometrischen Mittel f_{max} der Frequenzen f_z und f_n ist die Phasenanhebung maximal und es gilt:

Gl. 6-3: $$\phi_{\max} = \arctan\left(\frac{\sqrt{f_n/f_z} - \sqrt{f_z/f_n}}{2}\right), \qquad f_{\max} = \sqrt{f_n\ f_z}$$

Im vorliegenden Fall soll die Phase der Ringverstärkung $V_R = -K\ V_i$ mittels des Rückführnetzwerkes bei $f_K = f_{max}$ so angehoben werden, dass der Phasenabsenkung des Emitterfolgers und des Darlington-Komplementärfolgers entgegengewirkt wird. Auf diese Weise kann in der Regel eine ausreichende Stabilitätsreserve erreicht werden.

Der Eingangshochpass, der aus *Ce* und *Re* gebildet wird, soll eventuelle Gleich- oder Offsetspannungen der Vorstufen vom Verstärkereingang fernhalten. Somit ist die Ausgangsspannung U_A ohne Wechselspannungseingangssignal u_E gleich Null. Würde sich eine Gleichspannung am Ausgang einstellen, so könnte zum Beispiel ein niederohmiger Lautsprecher einen hohen Strom ziehen und aus der Mittellage erheblich ausgelenkt oder gar zerstört werden.

Um eine weitere Phasenrückdrehung und die damit verbundene Stabilitätsproblematik zu vermeiden, wird am Ausgang der Endstufe auf den Einsatz eines Koppelkondensators zur Blockierung von Gleichspannungen am Lastwiderstand RL verzichtet. Da RL häufig ein niederohmiger Widerstand ist, müsste der Koppelkondensator zudem sehr große Werte annehmen, wenn sich die Betriebsbandbreite nach unten in den Hertz-Bereich erstrecken sollte. In der Audiotechnik ist es beispielsweise üblich, Frequenzen ab 20 Hz zu übertragen, so dass bei den hierzu erforderlichen hohen Kapazitätswerten der Einsatz von Elektrolytkondensatoren notwendig würde. Da diese nur für positive Spannungen verwendbar sind, wäre eine zusätzliche Gleichvorspannung erforderlich.

Im Betriebsfrequenzbereich sollten *Ce* einen verschwindenden Blindwiderstand gegenüber *Re* und *C1* einen verschwindenden Blindwiderstand gegenüber *R1* aufweisen. Zusätzlich sollte der Blindwiderstand von *C2* in diesem Frequenzbereich wesentlich größer als *R2* sein. Folglich ist die Betriebsverstärkung im Betriebsfrequenzbereich wie bei der Schaltung gemäß Bild 5-25 (Gl. 5-53):

Gl. 6-4: $$V_{B0} = 1/K = 1 + R2/R1$$

Der Kollektorstrom der Transistoren *Bn2* bzw. *Bp2* im Arbeitspunkt wird durch Vorgabe einer Basis-Basis-Spannung von 2 $U_S \approx 2 \cdot 0{,}6\ V$ am Widerstand *R5* in Verbindung mit den Stabilisierungswiderständen *Rn3* und *Rp3* festgelegt. Der Kollektorstrom von *Bn3* bzw. *Bp3* im Arbeitspunkt wird durch Vorgabe einer Basis-Basis-Spannung von annähernd 4 $U_S \approx 4 \cdot 0{,}6\ V$ an der Diodenkette definiert, wobei mittels *R5* eine stromreduzierende Wirkung erzielt werden soll. Denn wegen *R5* wird nur ein Teil des Kollektorstroms von *Bn2* bzw. Bp2 über die Basis von *Bn3* bzw. *Bp3* geleitet.

Die Widerstände *Rn3* und *Rp3* sollen eine durch Ungleichheit der Endstufen-Transistoren *Bn2, Bn3* bzw. *Bp2, Bp3* bedingte Offsetspannung eliminieren. Die Werte von *Rn3* und *Rp3* werden experimentell an Hand der betriebsbereiten Schaltung ermittelt.

Die Widerstände *Rc1* und *Rc2* dienen als Kurzschlussschutz der Endstufen-Transistoren *Bn2, Bn3* bzw. *Bp2, Bp3*. Bei Kurzschluss am Endstufenausgang würde ohne *Rc1*, *Rc2* nahezu die gesamte Betriebsspannung $+U_B$ bzw. $-U_B$ zwischen Kollektor und Emitter von *Bn3* bzw. *Bp3* anliegen. In Anbetracht eines hohen Kurzschlussstromes, der über die Transistoren *Bn3* bzw. *Bp3* fließen würde, beständen die Gefahr einer zu hohen Verlustleistung an diesen Transistoren und damit die Gefahr der thermischen Zerstörung.

Der Widerstand *R3* dient zum Kurzschlussschutz des als Emitterfolger beschalteten Transistors *Bn1*, wenn die Belastung im Störungsfalle zu hoch wird.

Über *Rd1* fließt der Strom der beiden Dioden *D1*, *D2* und der Basisstrom des Transistors *Bn2*. Bei der höchsten, zur Aussteuerung der Endstufe benötigten massebezogenen Basisspannung

$$U_{Bn2\,\mathrm{max}} = U_{A\mathrm{max}} + U_{BEn2} + U_{BEn3} \approx U_{A\mathrm{max}} + 2\,U_S$$

muss über *Rd1* gerade noch der höchste benötigte Basisstrom

Gl. 6-5:
$$I_{Bn2\,\mathrm{max}} = \frac{I_{Cn3\,\mathrm{max}}}{B^2} \approx \frac{U_{A\mathrm{max}}}{B^2\,RL}$$

zufließen können, während die Dioden *D1*, *D2* für diesen Grenzfall gerade annähernd stromlos ($I_{D1} = I_{D2} \approx 0 \Rightarrow U_{D1} = U_{D2} \approx 0$) werden dürfen. Wegen des komplementär-symmetrischen Aufbaus der Endstufe gilt dann im entgegengesetzten Aussteuerungsgrenzfall die entsprechende Aussage für *Rd2*:

Gl. 6-6:
$$Rd1 = Rd2 = \frac{U_B - U_{Bn2\,\mathrm{max}}}{I_{Bn2\,\mathrm{max}}} = \frac{U_B - U_{A\,\mathrm{max}} - 2\,U_S}{U_{A\,\mathrm{max}}}\,B^2\,RL$$

Zur Ermittlung des Widerstands *R4* wird von der maximalen negativen Aussteuerung ($U_A = U_{A\mathrm{min}}$) ausgegangen, so dass die Diodenströme $I_{D3} = I_{D4}$ gerade als verschindend angenommen werden können. Somit ist $U_{D3} = U_{D4} \approx 0$ und über *Rd2* fließt lediglich der maximale Basisstrom von *Bp2*. Daher gilt mit $|U_{BEp2}| = |U_{BEp3}| = U_{D1} = U_{D2} = U_S$:

$$U_B = Rd1\,I_{D1,2} + U_{D1} + U_{D2} + U_{D3} + U_{D4} - \left(|U_{BEp2}| + |U_{BEp3}|\right) + U_{A\mathrm{min}}$$

$$I_{D1,2} = \frac{U_B - U_{A\mathrm{min}}}{Rd1}$$

Wenn für $U_{A\mathrm{min}}$ der Transistor *Bn1* gerade noch nicht gesperrt sein darf ($U_{BEn1} \approx U_S$), können sein Basisstrom und sein Kollektorstrom als sehr gering angesehen werden. Somt gilt mit $I_{R4} \approx I_{D1,2}$:

$$U_{R4} = R4_{\mathrm{max}}\,I_{D1,2} = U_{D3} + U_{D4} + Rd2\,I_{Bp2\mathrm{max}}$$

Mit $U_{D3} = U_{D4} \approx 0$ und $I_{Bp2max} = I_{Bn2max}$ erhält man unter Verwendung von Gl. 6-5 den Maximalwert für *R4* zu:

Gl. 6-7:
$$R4_{\mathrm{max}} = \frac{Rd2\,U_{A\mathrm{max}}\,Rd1}{B^2\,RL\left(U_B - U_{A\mathrm{min}}\right)} = \frac{Rd1^2/RL}{B^2\left(\dfrac{U_B}{U_{A\mathrm{max}}} + 1\right)}$$

Hierbei wurde eine symmetrische Aussteuerung der Schaltung mit $U_{A\mathrm{max}} = -U_{A\mathrm{min}}$ vorausgesetzt.

Es ist zu beachten, dass der geforderte Hub der Ausgangsspannung U_A vom Operationsverstärker aufgebracht werden muss. Die hierfür erforderliche obere Ausgangsspannungsgrenze $U_{AOP\,\mathrm{max}}$ des OP ergibt sich mit den Annahmen $U_{BEn1} = U_{BEn2} = U_{BEn3} = U_S$ und $U_{D1} = U_{D2} = 0$ zu:

Gl. 6-8:
$$U_{AOP\mathrm{max}} = U_{BEn1} - \left(U_{D2} + U_{D1}\right) + U_{BEn2} + U_{BEn3} + U_{A\mathrm{max}} = U_{A\mathrm{max}} + 3\,U_S$$

Auf analoge Weise erhält man für die untere Ausgangsspannungsgrenze $U_{AOP\,min}$ des OP mit den Annahmen $U_{BEn1} = |U_{BEp2}| = |U_{BEp3}| = U_S$ und $U_{D1} = U_{D2} = 0$:

Gl. 6-9: $$U_{AOP\min} = U_{BEn1} + U_{D3} + U_{D4} - \left(|U_{BEp2}| + |U_{BEp3}|\right) + U_{A\min} = -\left(U_{A\max} + U_S\right)$$

Aus Gl. 6-8 und Gl. 6-9 ist ersichtlich, dass bei symmetrischer Aussteuerung der Schaltung (U_{Amax} = - U_{Amin}) die Aussteuerung des OP unsymmetrisch sein muss. Der als Emitterfolger beschaltete Transistors *Bn1* ist nur erforderlich, wenn aufgrund einer hohen geforderten Ausgangsleistung am Lastwiderstand *RL* eine hohe Stromverstärkung notwendig ist, um den Ausgangsstrom des OP zur Vermeidung von Anstiegsverzerrungen (TIM, Kapitel 5.4.1.4) unter Werte von $I_{AOPmax} < I_K \approx 50\ \mu A$ zu begrenzen. Der maximale Ausgangsstrom I_{AOPmax} stellt sich für $U_A = U_{Amax}$ ein und es muss gelten:

$$U_{R4} = U_{A\max} + 2\,U_S + U_B = R4\left(I_{Cn1\max} + I_{D3,4}\right)$$

Da I_{Cn1max} in der Regel wesentlich größer als $I_{D3,4}$ ist und U_S gegenüber U_B als vernachlässigbar angenommen werden kann, erhält man:

Gl. 6-10: $$I_{AOP\max} = I_{Bn1\max} = \frac{U_{A\max} + U_B}{B\ R4}$$

Ohne Berücksichtigung von *R5* und für $KB_{EA} = 1$ wird der Kollektorstrom $I_{Cn3} = I_{Cp3}$ der Darlington-Komplementärstufe im Arbeitspunkt *AP* ($U_E = 0$) mit Hilfe von Gl. 2-31 ermittelt:

$$I_{Cn3} = I_{C0}\,e^{U_{BEn3}/U_T} \approx B\ I_{C0}\,e^{U_{BEn2}/U_T}$$

Somit ergibt sich für die Basis-Emitterspannung des aus *Bn2* und *Bn3* bestehenden Darlington-Transistors:

$$U_{BEn23} = U_{BEn2} + U_{BEn3} = 2\,U_{BEn2} + U_T\ \ln B$$

Folglich erhält man den Kollektorstrom zu:

$$I_{Cn3} = \sqrt{B}\ I_{C0}\,e^{U_{BEn23}/(2U_T)}$$

Mit Gl. 2-4 lassen sich die Diodenströme darstellen als:

$$I_{D1} = I_{D0}\,e^{U_{D1}/U_{T,D}} = I_{D2} = I_{D0}\,e^{U_{D2}/U_{T,D}}$$

Da die beiden Diodenströme identisch sind, müssen auch die zugehörigen Diodenspannungen identisch sein ($U_{D1} = U_{D2}$). Aufgrund der Schaltungssymmetrie muss dann gelten:

$$U_{BE23} = U_{D1} + U_{D2} = 2\,U_{T,D}\ \ln\left(I_{D1,2}/I_{D0}\right)$$

Mit der Beziehung

$$I_{D1,2} = \left(U_B - 2\,U_S\right)/Rd1$$

resultiert dann der Kollektorstrom im Arbeitspunkt zu:

Gl. 6-11: $$I_{Cn3} = I_{Cp3} = \sqrt{B}\ I_{C0}\left(\frac{U_B - 2\,U_S}{Rd1\ I_{D0}}\right)^{U_{T,D}/U_T}$$

Zur Ermittlung der Phasenrückdrehung der Darlington-Komplementärstufe ist ihre frequenzabhängige Verstärkung unter Einbeziehung ihrer frequenzabhängigen Stromverstärkung zu betrachten. Mittels Gl. 3-9, die die Betriebsverstärkung der Kollektorschaltung definiert, und der Steilheit S_D des Darlington-Transistors aus Gl. 2-52 wird die Verstärkung der Darlington-Komplementärstufe berechnet:

$$V_{DK} = \frac{1}{1 + 1/(S_D\ RL)}$$

Der Frequenzverlauf der Steilheit S_D des Darlington-Transistors wird näherungsweise durch die frequenzabhängige Stromverstärkung des Ausgangstransistors *Bn3* (bzw. *Bp3*)

$$B_{n3}(f) = \frac{B}{1 + j\,f/f_{gin3}}$$

festgelegt, wenn die Basis-Emitterkapazität als hinreichend klein angesehen werden kann. Bei der Transitfrequenz f_{Tn3} ist die Stromverstärkung betragsmäßig auf den Wert 1 abgesunken, so dass gilt:

$$f_{gin3} = \frac{f_{Tn3}}{B}$$

Folglich resultiert die frequenzabhängige Steilheit des Darlington-Transistors zu

Gl. 6-12:
$$S_D(f) = \frac{S_{n3}(f)}{2} = \frac{S_{0n3}/2}{1 + j\,f/f_{gin3}}$$

und als frequenzabhängige Verstärkung der Komplementärstufe ergibt sich dann schließlich:

Gl. 6-13:
$$V_{DK}(f) = \frac{V_{0DK}}{1 + j\,f/f_{gDK}}, \quad f_{gDK} = \left(1 + \frac{S_{0n3}\ RL}{2}\right)\frac{f_{Tn3}}{B} = \left(1 + \frac{I_{Cn3}\ RL}{2\,U_T}\right)\frac{f_{Tn3}}{B}$$

$$V_{0DK} = \frac{1}{1 + 2\,U_T/(RL\ I_{Cn3})}$$

Die Transitfrequenz des Darlington-Transistors ist identisch mit der Transistfrequenz der Leistungstransistoren *Bn3* und *Bp3*. Die Kleinsignal-Transistoren *Bn1*, *Bn2* und *Bp2* weisen in der Regel aufgrund der wesentlich kleineren Kollektorströme eine um den Faktor 100 höhere Transistfrequenz auf, so dass die Frequenzanalyse auf die Ausgangstransistoren *Bn3* und *Bp3* beschränkt werden kann. Aus Gl. 6-13 kann nun die gesuchte Phasendrehung der Darlington-Komplementärstufe bestimmt werden:

Gl. 6-14:
$$\phi_{DK}(f) = -\arctan\left(\frac{B \cdot f/f_{Tn3}}{1 + \dfrac{I_{Cn3}\ RL}{2\,U_T}}\right)$$

Die Dimensionierung der Schaltung in Bild 6-1 soll am Beispiel der in Tabelle 6-1 aufgeführten Parameter erläutert werden, wobei eine symmetrische Aussteuerung mit U_{Amax} = - U_{Amin} vorausgesetzt wird.

V_{B0}	U_B	U_{Amax}	$R1$	RL	f_{gu6dB}	$f_{T,OP}$	f_{Tn3}
20	15 V	10 V	5 KΩ	10 Ω	50 Hz	40 MHz	3,8 MHz

Tabelle 6-1: Parameter-Beispiel für die Schaltung in Bild 6-1

Für sämtliche Transistoren wird eine Stromverstärkung von B = 100 unterstellt. Vereinfachend wird die Schwellenspannung mit U_S = 0,7 V für alle Dioden und Transsitoren als identisch angenommen.

Wegen der Kompensation der Eingangsruheströme sollte gemäß Kapitel 5.4.1.5 gelten:

$$Re = R2 = (V_{B0} - 1)\ R1 = 95\ K\Omega$$

Mit Gl. 6-6 erhält man die Diodenvorwiderstände:

$$Rd1 = Rd2 = \frac{U_B - U_{A\max} - 2\,U_S}{U_{A\max}}\ B^2\ RL = 36\,K\Omega$$

Für den Maximalwert des Widerstands $R4$ ergibt sich aus Gl. 6-7:

$$R4_{\max} = \frac{Rd1^2/RL}{B^2\left(\frac{U_B}{U_{A\max}} + 1\right)} = 5{,}2\ K\Omega$$

Mit Hilfe von Gl. 6-8 und Gl. 6-9 werden die maximal und minimal erforderliche Ausgangsspannung des OP ermittelt:

$$U_{AOP\max} = U_{A\max} + 3\ U_S = 12{,}1\ V$$

$$U_{AOP\min} = -(U_{A\max} + U_S) = -10{,}7\ V$$

Der maximale Ausgangsstrom des OP beträgt gemäß Gl. 6-10:

$$I_{AOP\max} = \frac{U_{A\max} + U_B}{B\ R4} = 48\ \mu A$$

Da I_{AOPmax} in der Größenordnung des OP-Kurzschlussstroms von $I_K \approx 50\ \mu A$ liegt, sind wegen der Erläuterungen in Kapitel 5.4.1.4 keine Anstiegsverzerrungen (TIM) zu erwarten. Durch die in Tabelle 6-1 geforderte untere 6dB-Grenzfrequenz f_{gu6dB} der Schaltung sind die beiden Kapazitäten

$$Ce = \frac{1}{2\pi\ f_{gu6dB}\ Re} = 33{,}5\ nF$$

$$C1 = \frac{1}{2\pi\ f_{gu6dB}\ R1} = 636{,}5\ nF$$

festgelegt. Hierbei ist zu berücksichtigen, dass wegen $U_D = U_+ - U_- \approx 0$ der Widerstand $R1$ virtuell auf Masse liegt und Re = 95 KΩ deutlich kleiner als der Eingangswiderstand des OP (typ. 1 MΩ) ist.

Zur Analyse der Darlington-Komplementärstufe sollen die Kennlinien der Dioden durch $U_{T,D}$ = 43 mV, I_{D0} = 0,33 nA und die Kennlinien der Transistoren durch U_T = 33 mV, I_{C0} = 0,45 nA beschrieben werden. Mit Hilfe von Gl. 6-11 erhält man dann den Kollektorstrom der Ausgangstransistoren im Arbeitspunkt zu:

$$I_{Cn3} = I_{Cp3} = \sqrt{B}\; I_{C0} \left(\frac{U_B - 2\,U_S}{Rd1\; I_{D0}} \right)^{U_{T,D}/U_T} = 353\; mA$$

Folglich ergäbe sich im Arbeitspunkt eine Verlustleistung von $P_{VAP} \approx U_B \; I_{Cn3}$ = 5,3 W für jeden Ausgangsstransistor. Zur Reduzierung von P_{VAP} kann der Widerstand *R5* beispielsweise so dimensioniert werden, dass er die Hälfte des Basisstroms von *Bn3* ableitet. Daher ist:

$$R5 = \frac{2 \cdot U_S \cdot B}{I_{Cn3}} = 793\;\Omega$$

Somit wird der Kollektorstrom von *Bn3* auf ungefähr die Hälfte, also auf $I_{Cn3,red} \approx I_{Cn3}/2$ = 176,5 mA reduziert, was auch die Halbierung von P_{VAP} auf ca. 2,6 W zur Folge hat.

Mit der inneren Vertsärkung $V_i(f)$ des OP gemäß Gl. 5-50 und der Ringverstärkung $V_R(f)$ nach Gl. 5-42 kann die kritische Frequenz f_K, bei der $V_R(f)$ dem Betrage nach auf 1 abgesunken ist, berechnet werden zu:

$$f_K = f_{T,OP} \,/\, V_{B0} = 2\text{ MHz}$$

Die Berechnung von f_K kann ohne Einbeziehung der Darlington-Komplentärstufe geschehen, da die Gleichspannungsverstärkung dieser Stufe gemäß Gl. 6-13 nur um V_{0DK} = - 0,32 dB von 1 abweicht, und somit die Rinverstärkung betragsmäßig nur geringfügig beeinflusst wird.

Bei der Frequenz f_K stellt sich jedoch durch die Darlington-Komplentärstufe entsprechend Gl. 6-14 eine zusätzliche Phasendrehung in der Ringverstärkung von

$$\phi_{DK}(f_K) = -\arctan\left(\frac{B \cdot f_K / f_{Tn3}}{1 + \dfrac{I_{Cn3}\; RL}{2\,U_T}} \right) = -\,62{,}2^\circ$$

ein. Folglich wird die Phasenreserve um diesen Wert herabgesetzt, was ein erhebliches Stabilitätsrisiko beinhalten kann. Zur Kompensation muss nun das Lead-Filter in Bild 6-2 unter Anwendung von Gl. 6-2 und Gl. 6-3 für $f_{max} = f_K$ ausgelegt werden. Somit ergibt sich:

$$C2 = \frac{\sqrt{V_{B0}^{\;3}}}{2\pi\, f_{T,OP}\, R2} = 3{,}75\;\; pF$$

Die resultierende Phasenanhebung bei f_K beträgt dann

$$\Delta\phi_R = \arctan\left(\frac{\sqrt{V_{B0}} - \sqrt{1/V_{B0}}}{2} \right) = 65^\circ,$$

so dass die Absenkung der Phasenreserve, die durch die Darlington-Komplementärstufe bedingt ist, vollständig kompensiert wird.

6.2. Invertierender Verstärker

Der invertierende Verstärker in Bild 6-3 stellt eine zweite wesentliche Anwendungsklasse für den OP dar. Die Analyse der Schaltung soll zunächst für einen VF-OP mit endlicher innerer Verstärkung V_i und dem Frequenzverhalten gemäß Gl. 5-50 durchgeführt werden. Mittels der Strombilanz am (-)-Eingang des OP erhält man:

$$\frac{U_E + U_D}{R1} + \frac{U_A + U_D}{R2} = 0$$

Mit $U_A = V_i\ U_D$ und Einsetzen von Gl. 5-50 resultiert die Betriebsverstärkung:

Gl. 6-15: $$V_B = \frac{-R2/R1}{1 + (R1 + R2)/(R1\,V_i)} \approx \frac{V_{B0}}{1 + j\,f/f_{gB}}$$

Hierbei wurde vorausgesetzt, dass 1 + *R2/R1* << V_{i0} ist. In Gl. 6-15 sind V_{B0} die Gleichspannungsbetriebsverstärkung

Gl. 6-16: $$V_{B0} = -\,R2/R1$$

und f_{gB} die Betriebsgrenzfrequenz:

Gl. 6-17: $$f_{gB} = \frac{V_{i0}\ f_{gi}}{1 + R2/R1} = \frac{f_T}{1 - V_{B0}}$$

Das Verstärkungsbandbreite-Produkt ist somit:

Gl. 6-18: $$VBP = \left|f_{gB}\ V_{B0}\right| = \frac{f_T}{1 - 1/V_{B0}}$$

Wie es aus der obigen Gleichung und Gl. 5-54 ersichtlich ist, nähert sich für V_{B0} >> 1 das *VBP* des invertierenden Verstärkers gegen das *VBP* des nicht invertierenden Verstärkers. Für Frequenzen unterhalb der Betriebsgrenzfrequenz f_{gB} kann V_B durch V_{B0} angenähert werden.

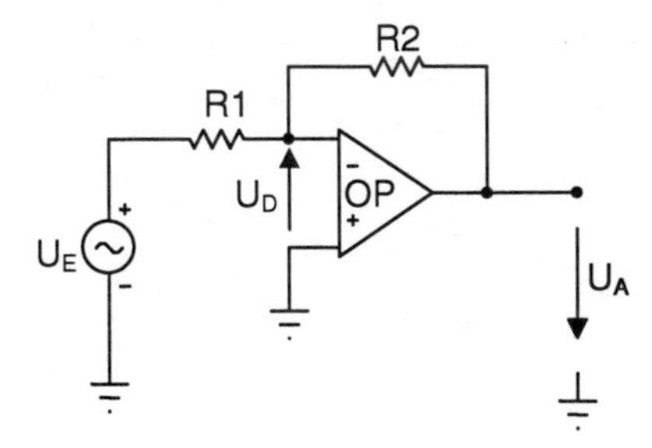

Bild 6-3: Invertierender Verstärker

Zur Ermittlung der Ringverstärkung ist der Widerstand *R2* vom Ausgang des OP zu trennen, an der Trennstelle eine weitere Spannungsquelle mit $U_E^{\#}$ anzuschließen und die ursprüngliche Eingangsspannung auf Null zu regeln. Folglich ergibt sich die Schaltung gemäß Bild 5-22 und entsprechend Gl. 5-42 dieselbe Ringverstärkung wie für den nicht invertierenden Verstärker.

Wird die Schaltung in Bild 6-3 mit einem CF-OP betrieben, der eine innere Transimpedanz Z_i gemäß Gl. 5-57 aufweist, so resultiert die Betriebsverstärkung entsprechend Gl. 6-15 und Gl. 6-16. Die Betriebsgrenzfrequenz ist dieselbe wie diejenige des nicht invertierenden Verstärkers mit CF-OP, so dass auch für den invertierenden Verstärker Gl. 5-60 gültig ist.

6.3. Invertierender Differenzierer (Hochpass) und Integrierer (Tiefpass)

Differenzier- und Integrierschaltungen werden beispielsweise in PID-Regelkreisen verwendet. Dabei wird der I-Anteil, der durch den Integrierer gebildet wird, zur Erhöhung der Gleichspannungsverstärkung eingesetzt, um den statischen Regelfehler zu minimieren. Der D-Anteil wird mittels Differenzierer realisiert, der eine Phasenanhebung der Ringverstärkung zur Vergrößerung der Phasenreserve bewirken soll. Die Zusammenschaltung der P-Komponente, die aus einem invertierenden Verstärker gemäß Bild 6-3 oder einem nicht invertierenden Verstärker gemäß Bild 5-25 bestehen kann, mit den I- und D-Komponenten geschieht additiv, beispielsweise mittels des 3-fach Addierers aus Bild 5-17.

Der invertierende Differenzierer in Bild 6-4 und der invertierende Integrierer in Bild 6-5 basieren auf der Schaltungsklasse des invertierenden Verstärkers in Bild 6-3, so dass die hierfür ermittelten Ergebnisse übertragbar sind.

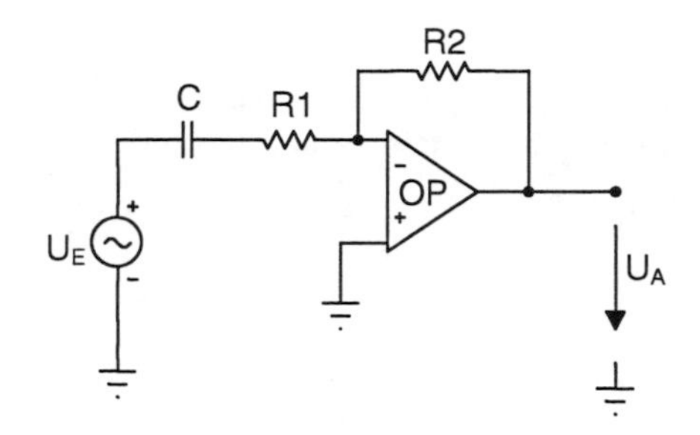

Bild 6-4: Begrenzter inv. Differenzierer (HP)

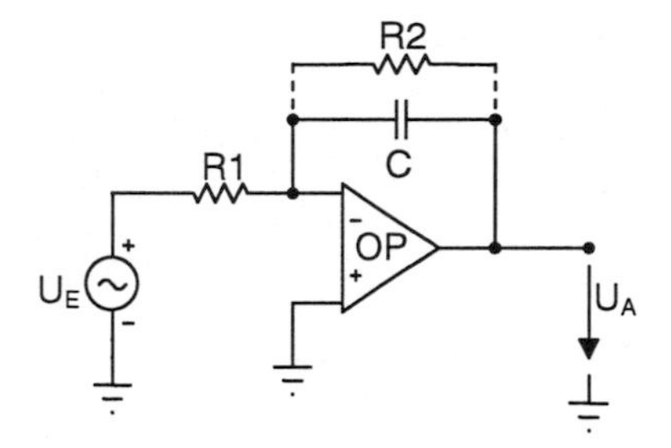

Bild 6-5: Begrenzter inv. Integrierer (TP)

Für *R1*=0 erhält man den unbegrenzten Differenzierer, dessen Betriebsverstärkung im Betriebsfrequenzbereich durch Anpassung der Bauelementebenennung aus Gl. 6-16 bestimmt wird zu:

Gl. 6-19: $$V_{Dif} = -R2/(1/j\omega C) = -j\,\omega R2\,C$$

Da die Ausgangsspannung U_A bei hohen Frequenzen aufgrund der zunehmenden Verstärkung V_{Dif} die Aussteuergrenzen erreichen kann und der OP somit übersteuert ist, wird in der Regel der Differenzierer durch den Widerstand *R1* begrenzt. Somit erhält man die Betriebsverstärkung:

Gl. 6-20: $$V_{HP} = -R2/(R1 + 1/j\omega C) = -\frac{R2}{R1}\,\frac{j\omega R1\,C}{1 + j\omega R1\,C}$$

Folglich resultiert die Betriebsverstärkung als Übertragungsfunktion des invertierenden Hochpasses (HP) 1. Ordnung mit der Verstärkung -*R2/R1* und der 3dB-Grenzfrequenz:

Gl. 6-21: $$f_{gHP} = \frac{1}{2\pi R1\,C}$$

Den unbegrenzten Integrierer erhält man für $R2 \to \infty$. Durch Anpassung der Bauelementebenennung wird die Betriebsverstärkung im Betriebsfrequenzbereich mittels Gl. 6-16 berechnet zu:

Gl. 6-22: $$V_{Int} = -\frac{1}{j\,\omega R1\,C}$$

Da für $f = 0$ die Verstärkung V_{Int} unendlich groß wird, ist der OP bereits beim Einschalten übersteuert. Daher wird in der Regel der Integrierer durch den Widerstand $R2$ begrenzt. Somit erhält man die Betriebsverstärkung:

Gl. 6-23: $$V_{TP} = -\frac{R2 \,//\, (1/j\omega C)}{R1} = -\frac{R2}{R1}\,\frac{1}{1 + j\omega R2\, C}$$

Folglich ergibt sich die Betriebsverstärkung als Übertragungsfunktion des invertierenden Tiefpasses (TP) 1. Ordnung mit der Verstärkung $-R2/R1$ und der 3dB-Grenzfrequenz:

Gl. 6-24: $$f_{gTP} = \frac{1}{2\pi\, R2\, C}$$

6.4. Invertierender Addierer und Subtrahierer

Da die invertierende Addierer-Schaltung, die in Bild 6-6 dargestellt ist, auf der Addition der Ströme am (-)-Eingang basiert, kann sie entsprechend Bild 5-17 auch durch weitere Eingänge ergänzt werden.

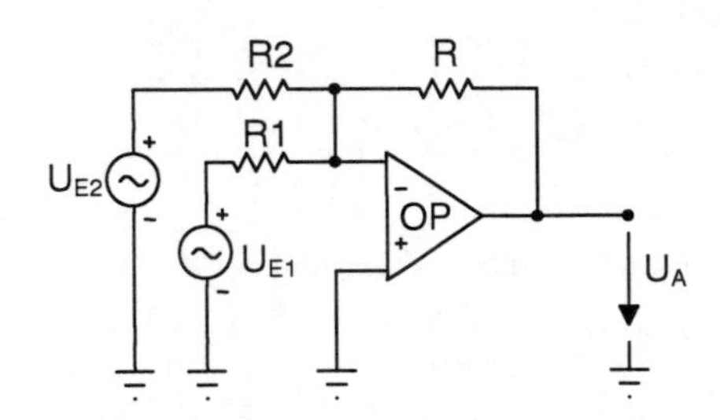

Bild 6-6: Invertierender Addierer

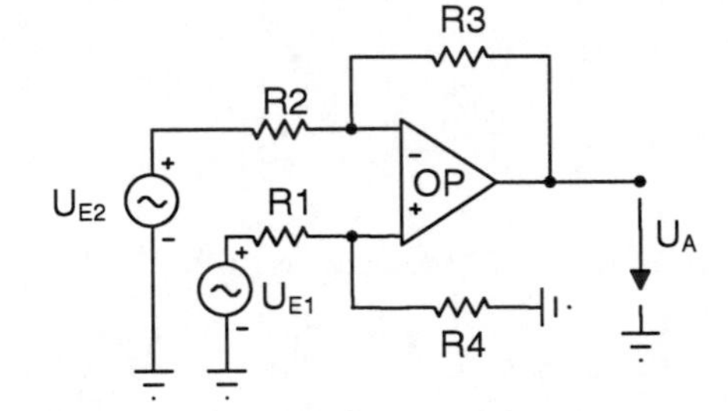

Bild 6-7: Invertierender Subtrahierer

Die Strombilanz am (-)-Eingang des OP in der Schaltung aus Bild 6-6 liefert mittels des PvE:

$$\frac{U_{E1}}{R1} + \frac{U_{E2}}{R2} + \frac{U_{Aadd}}{R} = 0$$

Nach Umformung erhält man für die Ausgangsspannung des Addierers:

Gl. 6-25: $$U_{Aadd} = -\left(\frac{R}{R1}U_{E1} + \frac{R}{R2}U_{E2}\right)$$

Die Ausgangsspannung setzt sich also aus der gewichteten Summe der Eingangsspannungen zusammen. Für den Spezialfall, dass alle Widerstände identisch ($R = R1 = R2$) sind, ergibt sich:

Gl. 6-26: $$U_{Aadd} = -\left(U_{E1} + U_{E2}\right) \quad \textit{für} \quad R = R1 = R2$$

Die invertierende Subtraktionsschaltung ist in Bild 6-7 dargestellt. Die Strombilanz am (-)-Eingang liefert:

$$\frac{U_{E2} - U_{-}}{R2} + \frac{U_{Asub} - U_{-}}{R3} = 0$$

Die massebezogene Spannung am (+)-Eingang ist wegen des PvE identisch mit der Spannung am (-)-Eingang und man erhält:

$$U_+ = U_- = \frac{R4}{R1 + R4} U_{E1}$$

Somit ergibt sich die Ausgangsspannung des Subtrahierers:

Gl. 6-27: $$U_{Asub} = \frac{1 + R3/R2}{1 + R1/R4} U_{E1} - \frac{R3}{R2} U_{E2}$$

Die Ausgangsspannung setzt sich also aus der gewichteten Differenz der Eingangsspannungen zusammen. Für den Spezialfall, dass *R1/R4* = *R2/R3* sind, resultiert:

Gl. 6-28: $$U_{Asub} = -\frac{R3}{R1}\left(U_{E2} - U_{E1}\right) \text{ für } R1/R4 = R2/R3$$

6.5. Invertierender Logarithmierer und Delogarithmierer

Logarithmier-Schaltungen, die entsprechend Bild 6-8 aufgebaut sind, werden unter Anderem bei der logarithmischen Anzeige von Spannungswerten benutzt. Als Beispiel sei die Aussteueranzeige von Studio-Aufnahmegeräten oder die Pegelanzeige von HiFi-Verstärkern genannt.

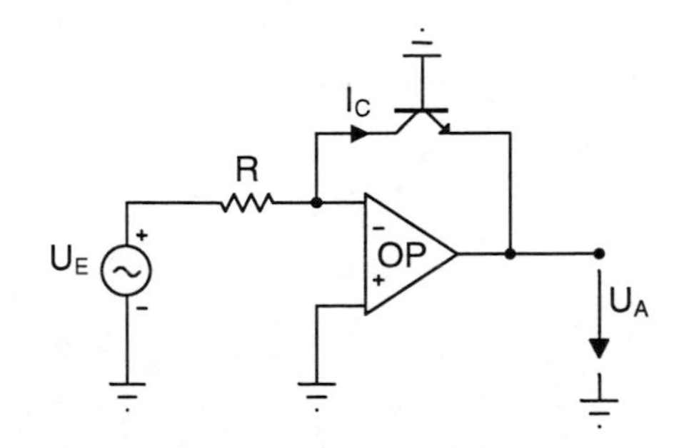

Bild 6-8: Invertierender Logarithmierer

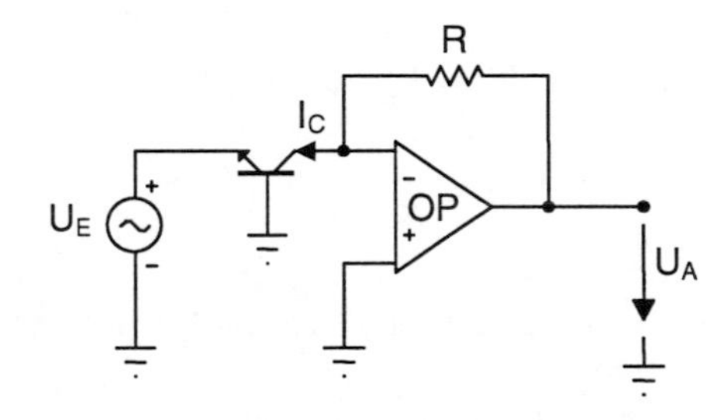

Bild 6-9: Invertierender Delogarithmierer

Mit Gl. 2-31 und $KB_{EA} \approx 1$ ergibt die Strombilanz am (-)-Eingang des Logarithmierers in Bild 6-8:

$$\frac{U_E}{R} = I_C = I_{C0}\, e^{U_{BE}/U_T} = I_{C0}\, e^{-U_{A\log}/U_T}$$

Folglich resultiert die Ausgangsspannung des Logarithmierers:

Gl. 6-29: $$U_{A\log} = -U_T \ln\left(\frac{U_E}{R\, I_{C0}}\right)$$

Mit der Identität

Gl. 6-30: $$\ln x = \log x / \log e$$

kann der Logarithmierer zum Beispiel auch zur Anzeige der Eingangsspannung (angegeben in mV) bezogen auf dB µV verwendet werden:

Gl. 6-31:

$$\left(U_E / dB\,\mu V \right) / mV = -V_{nach} \cdot \frac{U_T}{\log e} \log\left(\frac{V_{vor}\,(U_E/\mu V)}{(R\,I_{C0})/\mu V} \right)$$

$$V_{nach} = -\frac{20 \log e}{U_T/mV} \approx -0{,}29, \quad V_{vor} = (R\,I_{C0})/\mu V$$

Hierbei ist dem Logarithmierer ein Verstärker mit V_{vor} vorzuschalten und ein Verstärker mit V_{nach} nachzuschalten.

Die Schaltung des Delogarithmierers ist in Bild 6-9 gezeigt. Mit Gl. 2-31 und $KB_{EA} \approx 1$ ergibt sich die Ausgangsspannung des Delogarithmierers:

Gl. 6-32: $$U_{ADelog} = R\,I_C = R\,I_{C0}\,e^{U_{BE}/U_T} = R\,I_{C0}\,e^{-U_E/U_T}$$

Mit der Identität

Gl. 6-33: $$e^x = 10^{x \log e}$$

kann der Delogarithmierer zur Rückwandlung der auf *dB µV* bezogenen Eingangsspannung verwendet werden:

Gl. 6-34:

$$U_E / \mu V = V_{nach} \cdot R\,I_{C0} \cdot 10^{-V_{vor}\left((U_E/dB\mu V)/mV \right)/(U_T/mV)}$$

$$V_{nach} = \frac{\mu V}{R\,I_{C0}}, \quad V_{vor} = -\frac{U_T/mV}{20 \log e} \approx -3{,}5$$

Hierbei ist dem Delogarithmierer ein Verstärker mit V_{vor} vorzuschalten und ein Verstärker mit V_{nach} nachzuschalten.

Die Schaltungen in Bild 6-8 und Bild 6-9 können bei geeigneter Normierung auch zum Multiplizieren und Dividieren von Signalspannungen verwendet werden. Dabei wird die Multiplikation durch

Gl. 6-35: $$U_{E1} \cdot U_{E2} = e^{\ln U_{E1} + \ln U_{E2}}$$

und die Division durch

Gl. 6-36: $$U_{E1}/U_{E2} = e^{\ln U_{E1} - \ln U_{E2}}$$

ausgeführt.

6.6. Spannungsregler

Zur Versorgung elektronischer Schaltungen werden Spannungsregler eingesetzt, die die von einem Netzteil gelieferten nicht stabilisierten Spannungen in konstante Betriebsspannungen wandeln. Nicht stabilisierte Spannungen können Spannungsschwankungen unterliegen, die durch

Änderungen der Belastung entstehen oder als Brummspannungen bei starker Belastung des Kondensators am Gleichrichter resultieren. Das Verhältnis zwischen der Änderung ΔU_{Gl} der unstabilisierten Eingangsspannung und der durch sie verursachten Änderung ΔU_A der stabilisierten Ausgangsspannung definiert den Glättungsfaktor *GF*:

Gl. 6-37: $$GF = \frac{\Delta U_{Gl}}{\Delta U_A}$$

Werden die relativen Werte ins Verhältnis gesetzt, so erhält man den Stabilisierungsfaktor *SF*:

Gl. 6-38: $$SF = \frac{\Delta U_{Gl} / U_{Gl}}{\Delta U_A / U_A} = \frac{\Delta U_{Gl}}{\Delta U_A} \cdot \frac{U_A}{U_{Gl}} = GF \frac{U_A}{U_{Gl}}$$

Der Glättungsfaktor charakterisiert die Reduzierung der Welligkeit durch den Spannungsregler, und der Stabilisierungsfaktor beschreibt die Qualität der Gleichspannungsstabilisierung.

In Bild 6-10 und Bild 6-11 sind zwei Ausführungsformen von Spannungsreglern gezeigt, deren Ausgangsstrom von Biplor-Transistoren als Emitterfolger erzeugt wird. Ändert sich der Belastungsstrom I_A, so ändert sich infolge des differentiellen Innenwiderstandes R_{iA} des Emitterfolgers, der mittels Gl. 3-11 definiert wurde, auch die abgegebene Spannung U_A. Das Verhältnis von Spannungsänderung zu Stromänderung am Ausgang nennt man den Innenwiderstand des Reglers. Der Innenwiderstand bezüglich der jeweiligen Ausgänge in Bild 6-10 und Bild 6-11 ist dann:

Gl. 6-39: $$R_i = \frac{\Delta U_A}{\Delta I_A} \approx \frac{\Delta U_{BE}}{V_i} \frac{V_0}{\Delta I_C} = \frac{V_0}{V_i \; S_{AP}} = \frac{V_0 \; U_T}{V_i \; I_A}, \quad V_0 = 1 + \frac{R2}{R1}$$

Hierbei wurde vorrausgesetzt, dass der Innenwiderstand der Zenerdiode wesentlich kleiner ist als *Rz* und die Änderung der Basis-Emitterspannung $\Delta U_{BE} = V_i \Delta U_D - \Delta U_A \approx V_i \Delta U_A / V_0$ hinreichend langsam ist. Nimmt also der Laststrom I_A zu, so nimmt auch die Steilheit wegen Gl. 2-41 zu und der Innenwiderstand des Reglers nimmt ab. So beträgt zum Beispiel bei dem Laststrom $I_A = 1$ A, $V_0 = 5$ und $V_i = 10^5$ der zugehörige Innenwiderstand nur $R_i = 1{,}5$ µΩ.

Die Schaltungen in Bild 6-10 und Bild 6-11 basieren auf der Zenerdiode als stabilisierendes Element. Der Vorteil dieser Schaltungen gegenüber der einfachen Schaltung in Bild 2-10 ist, dass die Zenerdiode durch die Eingänge der OP nicht belastet wird und somit ein konstanter Strom durch die Diode fließt. Die Ausgangsspannungen werden stabilisiert, da sie mittels der in Bild 6-10 und Bild 6-11 angegebenen Gleichungen von der Spannung U_Z der Zenerdiode abgeleitet werden.

Für den Betrieb von Gleichspannungsverstärkern benötigt man in der Regel zwei Versorgungsspannungen, eine positive und eine negative Spannung. Hierfür kann man einen Spannungsregler mit einem Umkehrverstärker kombinieren, so wie das in Bild 6-11 gezeigt ist. Ändert sich beispielsweise durch Temperatureinfluss in einer solchen Schaltung die Referenzspannung U_Z, so ändern sich beide Ausgangsspannungen U_{A1} und U_{A2} im gleichen Verhältnis. Dieser "Gleichlauf" (Dual Tracking) ist für Verstärkerschaltungen hinsichtlich eines möglichst geringen Störeinflusses vorteilhaft.

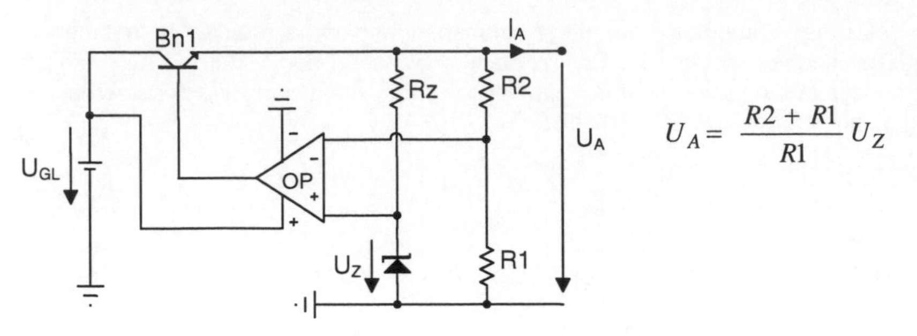

Bild 6-10: Regler für positive Spannung (Single Tracking)

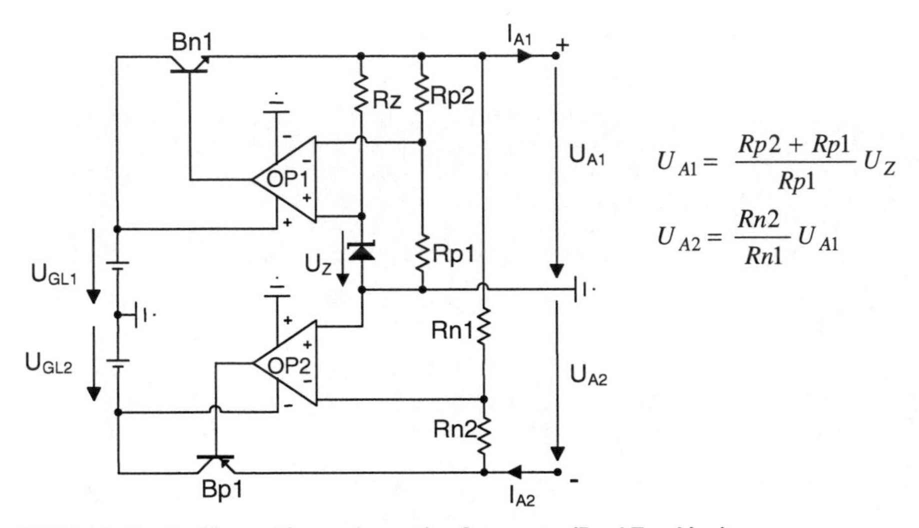

Bild 6-11: Regler für positive und negative Spannung (Dual Tracking)

Neben den hier vorgestellten Spannungsreglern existieren auch Schaltregler, die einen besseren Wirkungsgrad aufweisen. Diese Regler besitzen einen zum Ausgang parallel geschalteten Kondensator und eine Überwachungsschaltung zur Messung der Ausgangsspannung. Wenn die Ausgangsspannung unter einen definierten Wert fällt, wird über einen Schalter dem Kondensator ein Ladestrom zugeführt, bis ein zuvor definierter Schwellenwert überschritten ist. Auf diese Weise wird die Ausgangsspannung so geregelt, dass sie innerhalb der festgelegten Grenzen stabilisiert wird.

6.7. Aktive Filter 1. Ordnung

Aktive Filter haben einen wichtigen Stellenwert in der Schaltungstechnik, da in der Regel nur ein kleiner Anteil des gesamten zur Verfügung stehenden Signal-Frequenzspektrums verwendet wird. Um zum Beispiel Rauscheinflüsse zu unterdrücken, wird nur der Bereich des Nutzsignal-Spektrums übertragen und der restliche Bereich eliminiert. Bei rückgekoppelten Systemen, die als geregelte Systeme eine große Anwendungspalette darstellen, werden Filter zur Stabilisierung eingesetzt. In diesem Kapitel werden einige Standard-Filter 1. Ordnung vorgestellt.

6.7.1. Nicht invertierender Tiefpass und Hochpass

Tiefpass-Filter unterdrücken hohe Frequenzanteile und übertragen niedrige Frequenzanteile des Eingangssignals. Hierbei legt die 3dB-Grenzfrequenz f_g, bei der der Betrag der Übertragungsfunktion $H(f)$ auf den $1/\sqrt{2}$ – fachen Wert (-3 dB ≙ 20 log $(1/\sqrt{2})$) abgefallen ist, die Grenze zwischen Übertragungs- und Sperrbereich fest.

Die Schaltung und die zugehörige Berechnung des invertierenden Tiefpasses wurden bereits in Kapitel 6.3 behandelt. In Bild 6-12 sind die Schaltung und die zugehörigen Gleichungen des nicht invertierenden Tiefpasses 1. Ordnung dargestellt. Die Schaltung basiert auf dem passiven RC-Tiefpass mit anschließendem nicht invertierendem Verstärker (Bild 5-25) zur Impedanzwandlung, die den RC-Tiefpass mit einem hochohmigen eingangsseitigen und einem niederohmigen ausgangsseitigen Innenwiderstand abschließt. Somit ist gewährleistet, dass der Eingangswiderstand einer eventuell nachfolgenden Schaltung die Zeitkonstante $\tau = RC$ und mit ihr die 3dB-Grenzfrequenz f_g des Tiefpasses nicht verändert.

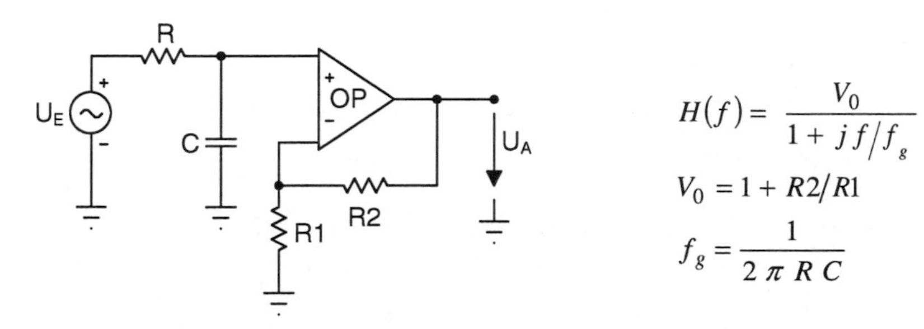

$$H(f) = \frac{V_0}{1 + jf/f_g}$$

$$V_0 = 1 + R2/R1$$

$$f_g = \frac{1}{2\pi R C}$$

Bild 6-12: Nicht invertierender Tiefpass

In Bild 6-13 sind der Amplituden- und Phasengang des Tiefpassfilters 1. Ordnung (TP 1.O) gezeigt. Als Amplitudengang wird die logarithmische Darstellung des Betrags der Übertragungsfunktion $H(f)$ und als Phasengang wird die lineare Darstellung des Phasenwinkels von $H(f)$ bezeichnet, wobei die Frequenzachse f logarithmisch skaliert ist. Da der Amplitudengang für $f >> f_g$ nahezu proportional zur Frequenz abfällt, kann die Steigung des Amplitudengangs im Sperrbereich annähernd mit – 20 dB pro Dekade (-20 dB ≙ 20 log (1/10)) oder mit – 6 dB pro Oktave (-6 dB ≙ 20 log (1/2)) angegeben werden. Der Phasengang ist von 0° fallend bis zum Minimalwert -90° und erreicht bei $f = f_g$ den Wert -45°.

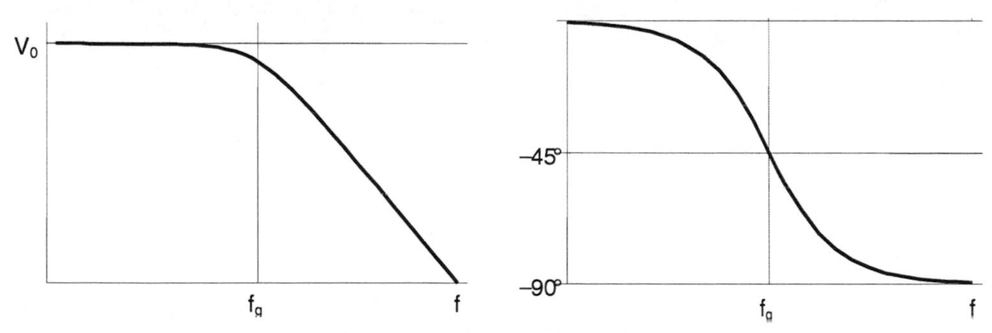

Bild 6-13: Amplituden- und Phasengang des Tiefpasses 1. Ordnung

Komplementär zu den TP-Filtern unterdrücken Hochpass-Filter niedrige Frequenzanteile und übertragen hohe Frequenzanteile des Eingangssignals. Hierbei legt wiederum die 3dB-Grenzfrequenz f_g die Grenze zwischen Übertragungs- und Sperrbereich fest.

In Kapitel 6.3 wurden bereits die Schaltung und die zugehörige Berechnung des invertierenden Hochpasses behandelt. Für den nicht invertierenden Hochpass 1. Ordnung sind in Bild 6-14 die Schaltung und die zugehörigen Gleichungen dargestellt. Die Schaltung basiert auf dem passiven CR-Hochpass mit anschließendem nicht invertierendem Verstärker (gemäß Bild 5-25) zur Impedanzwandlung.

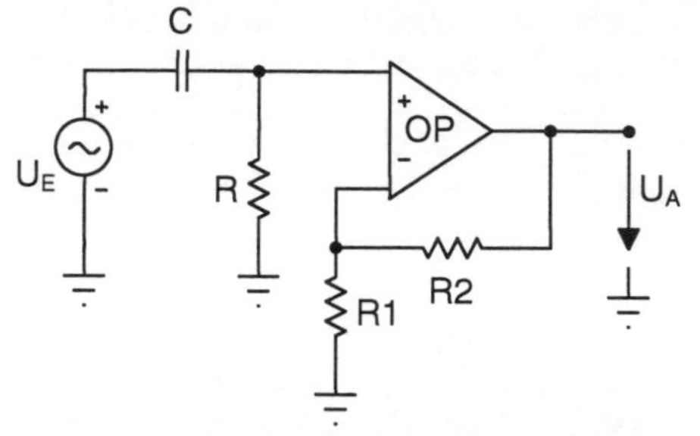

$$H(f) = \frac{V_0 \; jf/f_g}{1 + jf/f_g}$$

$$V_0 = 1 + R2/R1$$

$$f_g = \frac{1}{2\,\pi\,R\,C}$$

Bild 6-14: Nicht invertierender Hochpass

In Bild 6-15 sind der Amplituden- und Phasengang des Hochpassfilters 1. Ordnung (HP 1.O) gezeigt. Da der Amplitudengang für $f << f_g$ nahezu proportional zur Frequenz ansteigt, kann die Steigung des Amplitudengangs im Sperrbereich annähernd mit + 20 dB pro Dekade (+20 dB ≙ 20 log (10)) oder mit +6 dB pro Oktave (+6 dB ≙ 20 log (2)) angegeben werden. Der Phasengang ist von 0° steigend bis zum Maximalwert +90° und erreicht b ei $f = f_g$ den Wert 45°.

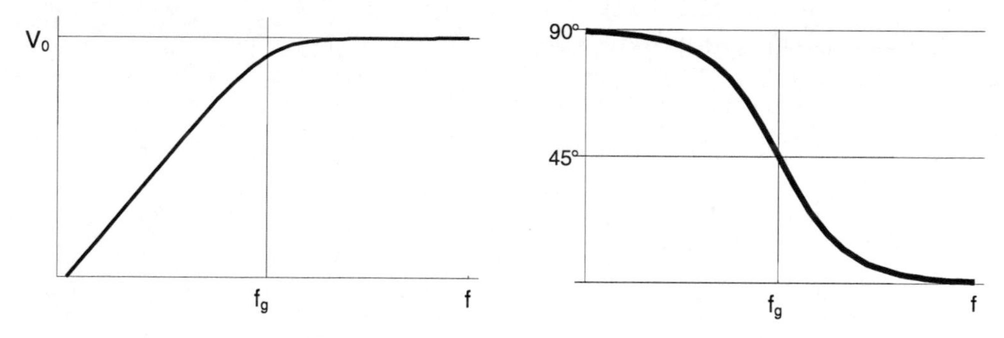

Bild 6-15: Amplituden- und Phasengang des Hochpasses 1. Ordnung

6.7.2. Lead-Filter

Wie bereits am Beispiel des Leistungsverstärkers in Kapitel 6.1 erläutert wurde, werden Lead-Filter häufig zur Stabilisierung von Regelkreisen verwendet. Dabei übernimmt das Lead-Filter die Funktion des D-Anteils, der eine Phasenanhebung der Ringverstärkung zur Vergrößerung der Phasenreserve bewirken soll.

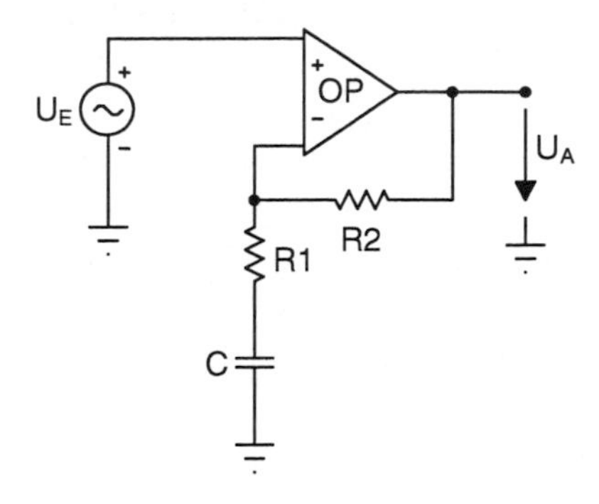

$$H(f) = \frac{1 + j\ f/f_z}{1 + j\,f/f_n}$$

$$f_z = \frac{1}{2\ \pi\ (R1 + R2)C}$$

$$f_n = \frac{1}{2\ \pi\ R1\ \ C} > f_z,\ \ f_{\max} = \sqrt{f_n\ \ f_z}$$

$$\phi_{\max} = \arctan\left(\frac{\sqrt{f_n/f_z}\ -\ \sqrt{f_z/f_n}}{2}\right)$$

Bild 6-16: Nicht invertierendes Lead-Filter

In Bild 6-16 ist die Schaltung des nicht invertierenden Lead-Filters dargestellt. Die Analyse dieser Schaltung erfolgt auf Basis der Klasse des nicht invertierenden Verstärkers (Bild 5-25). Folglich ist:

$$H(f) = 1 + \frac{R2}{R1 + 1/(j\ \omega\ C)}$$

Die Umformung der obigen Gleichung liefert die in Bild 6-16 angegeben Gleichungen. Die Grenzwerte der Übertragungsfunktion sind:

$$H(f = 0) = 1$$
$$H(f \to \infty) = f_n/f_z = V_{\max} > 1$$

In Bild 6-17 sind der Amplituden- und Phasengang des Lead-Filters gezeigt. Der Amplitudengang steigt für $f_z < f < f_n$ in grober Näherung mit + 20 dB pro Dekade an. Der Phasengang erreicht bei f_{max} seinen Maximalwert ϕ_{max}, wobei f_{max} und ϕ_{max} gemäß den Gleichungen in Bild 6-16 definiert sind.

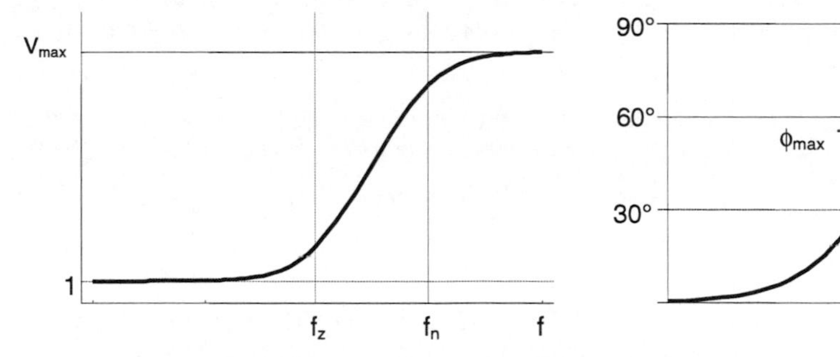

Bild 6-17: Amplituden- und Phasengang des Lead-Filters für f_n/f_z = 10

Die Schaltung des invertierenden Lead-Filters ist in Bild 6-18 dargestellt. Die Analyse dieser Schaltung erfolgt auf Basis der Klasse des invertierenden Verstärkers (Bild 6-3). Folglich ist:

$$H(f) = \frac{-R2}{R1\ //\ (R + 1/(j\ \omega\ C))}$$

Die in Bild 6-18 angegeben Gleichungen erhält man durch Umformung der obigen Gleichung. Für die Schaltung in Bild 6-18 ergibt sich dieselbe Form des Amplituden- und Phasengangs wie in Bild 6-17. Es ist allerdings zu berücksichtigen, dass der Amplitudengang gegenüber Bild 6-17 um V_0

angehoben und der Phasengang aufgrund des negativen Vorzeichens in der Übertragungsfunktion um 180°abgesenkt werden muss.

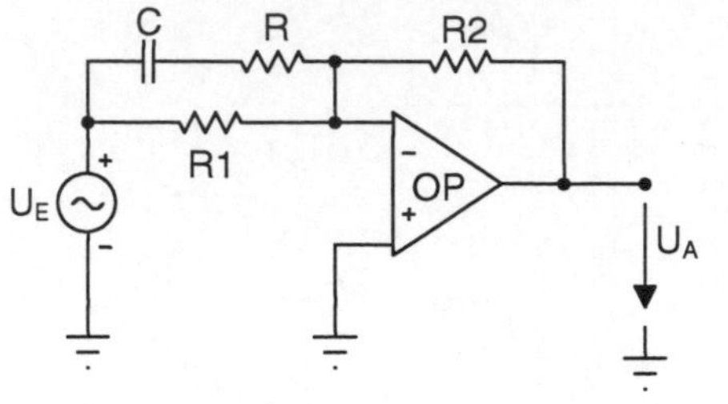

$$H(f) = V_0 \frac{1 + j\, f/f_z}{1 + j f / f_n}$$

$$V_0 = -\, R2/R1$$

$$f_z = \frac{1}{2\,\pi\,(R1 + R)C}$$

$$f_n = \frac{1}{2\,\pi\, R\, C} > f_z$$

Bild 6-18: Invertierendes Lead-Filter

An dem folgenden Anwendungsbeispiel für ein Lead-Filter soll die Anpassung der Phasenreserve in einem Regelkreis verdeutlicht werden. Die Phasenreserve ohne Lead-Filter betrage 10°bei der kritischen Frequenz und sie soll auf 65°angehoben werden. Zur Bestimmung des erforderlichen Verhältnisses $x^2 = f_n / f_z$ für die Phasenanhebung von $\phi_{max} = 65° - 10° = 55°$ wird die Beziehung in Bild 6-16 genutzt, aus der sich nach Umformung ergibt:

Gl. 6-40:

$$\phi_{\max} = \arctan\left(\frac{x - 1/x}{2}\right)$$

$$x = \sqrt{f_n / f_z} = \tan \phi_{\max} + \sqrt{\tan^2 \phi_{\max} + 1}$$

Somit resultiert der gesuchte Wert zu $x^2 = f_n / f_z \approx 10$. Der Verlauf des zugehörigen Amplituden- und Phasengangs entspricht den Diagrammen in Bild 6-17.

6.7.3. Lag-Filter

Lag-Filter werden beispielsweise in Regelkreisen verwendet, um den I-Anteil zu realisieren, der die Gleichspannungsverstärkung zur Minimierung des statischen Regelfehlers anhebt. Lead-Filter, Lag-Filter und P-Komponente können aufgrund ihrer Fähigkeit, Gleichspannungen zu übertragen, hintereinander geschaltet werden.

In Bild 6-19 ist die Schaltung des nicht invertierenden Lag-Filters dargestellt. Da die Analyse dieser Schaltung auf Basis der Klasse des nicht invertierenden Verstärkers (Bild 5-25) erfolgen kann, erhält man:

$$H(f) = 1 + \frac{R2 \,//\, (1/(j\,\omega\, C))}{R1}$$

Die Umformung der obigen Gleichung liefert die in Bild 6-19 angegeben Gleichungen. Die auf V_0 normierten Grenzwerte der Übertragungsfunktion sind:

$$H(f = 0)/V_0 = 1$$

$$H(f \to \infty)/V_0 = f_n / f_z = V_{\min} < 1$$

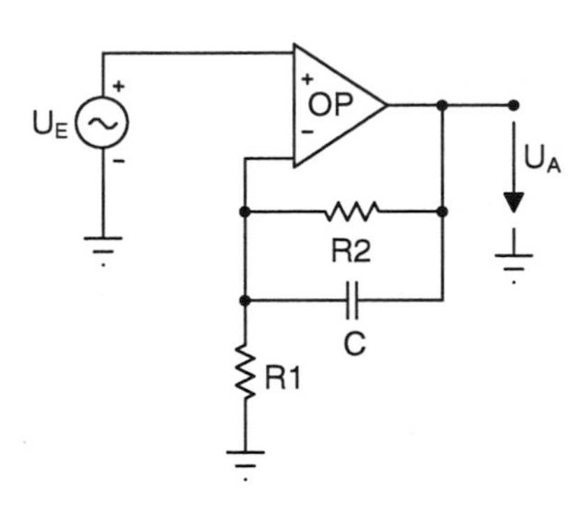

$$H(f) = V_0 \, \frac{1 + j\, f/f_z}{1 + j f/f_n}$$

$$V_0 = 1 + R2/R1$$

$$f_z = \frac{1}{2\, \pi C\, (R1 \,//\, R2)}$$

$$f_n = \frac{1}{2\, \pi\, R2\, C} < f_z, \qquad f_{\min} = \sqrt{f_n\, f_z}$$

$$\phi_{\min} = \arctan\left(\frac{\sqrt{f_n/f_z} - \sqrt{f_z/f_n}}{2} \right)$$

Bild 6-19: Nicht invertierendes Lag-Filter

In Bild 6-20 sind der Amplituden- und Phasengang des Lag-Filters gezeigt. Der Amplitudengang fällt für $f_n < f < f_z$ in grober Näherung mit - 20 dB pro Dekade ab. Der Phasengang erreicht bei f_{min} seinen Minimalwert ϕ_{min}, wobei f_{min} und ϕ_{min} gemäß den Gleichungen in Bild 6-19 definiert sind.

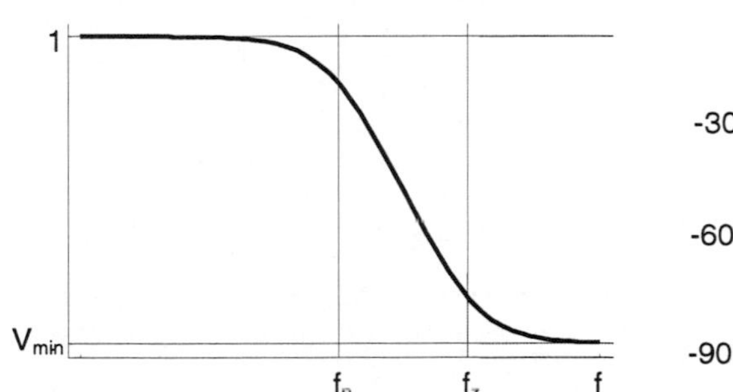

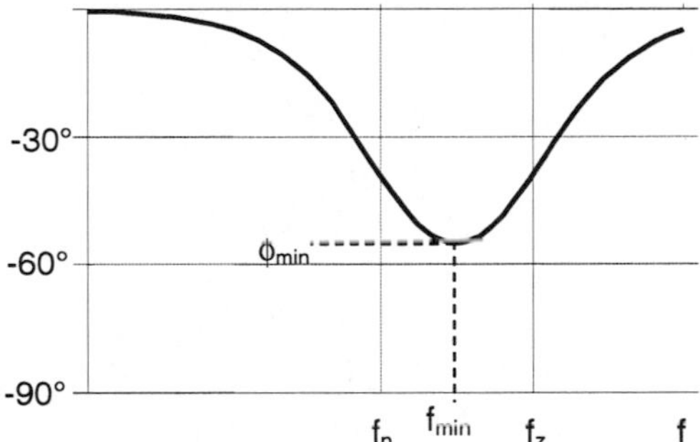

Bild 6-20: Amplituden- und Phasengang des Lag-Filters für $f_z/f_n = 10$

Da in einem Regelkreis der Phasengang des Lag-Filters bei der kritischen Frequenz, die in der Nähe der Transitfrequenz f_T angesiedelt ist, sich wieder dem 0°-Wert angenähert haben sollte, besteht keine Beeinträchtigung der Phasenreserve, die durch ein eventuell in Reihe geschaltetes Lead-Filter hergestellt wurde.

Die Schaltung des invertierenden Lag-Filters ist in Bild 6-21 dargestellt. Die Analyse dieser Schaltung erfolgt auf Basis der Klasse des invertierenden Verstärkers (Bild 6-3). Folglich ist:

$$H(f) = \frac{-R2 \,//\, (R + 1/(j\, \omega\, C))}{R1}$$

Die in Bild 6-21 angegeben Gleichungen erhält man durch Umformung der obigen Gleichung. Für die Schaltung in Bild 6-21 ergibt sich dieselbe Form des Amplituden- und Phasengangs wie in Bild 6-20. Es ist allerdings zu berücksichtigen, dass aufgrund des negativen Vorzeichens in der Übertragungsfunktion der Phasengang gegenüber Bild 6-20 um 180° anzuheben ist.

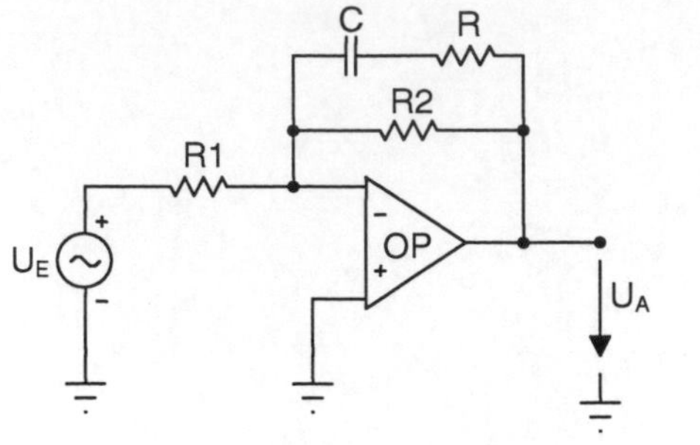

$$H(f) = V_0 \frac{1 + j\,f/f_z}{1 + j\,f/f_n}$$

$$V_0 = -\frac{R2}{R1}$$

$$f_z = \frac{1}{2\,\pi\,R\,C}$$

$$f_n = \frac{1}{2\,\pi\,(R2 + R)C} < f_z$$

Bild 6-21: Invertierendes Lag-Filter

An dem folgenden Beispiel soll die Verwendung eines Lag-Filters zur Reduzierung des statischen Regelfehlers verdeutlicht werden. In einem Regelkreis betrage der statische, relative Regelfehler ohne Lag-Filter $\varepsilon = 10^{-4}$. Dieser soll mittels des Lag-Filters bis zu einer Grenzfrequenz von $f_g = 100$ Hz auf $\varepsilon_L = 10^{-6}$ gesenkt werden. Zur Bestimmung der erforderlichen Verstärkung werden die Beziehungen in Bild 6-19 und Gl. 5-4, in der das Verhältnis u_D / u_E dem relativen Regelfehler ε entspricht, genutzt:

Gl. 6-41:

$$\varepsilon = \frac{V_{B0}}{V_i} = \frac{1}{V_R}$$

$$\frac{\varepsilon}{\varepsilon_L} = \frac{V_{RL}}{V_R} = V_0 = 1 + R2/R1$$

Somit resultiert die gesuchte Verstärkung zu $V_0 = 100$ und das Widerstandsverhältnis bei Verwendung der Schaltung aus Bild 6-19 zu $R2/R1 = 99$. Aus den Beziehungen in Bild 6-19 ergibt sich:

$$f_z = V_0\,f_n$$

$$C = \frac{1}{2\pi\,f_n\,R2}$$

Da die Verstärkungsanhebung nur bis $f_g = f_n = 100$ Hz wirksam sein soll, erhält man dann $f_z = 10$ KHz und $C = 159$ nF für $R2 = 10$ KΩ.

6.7.4. Allpass-Filter

Mit Allpass-Filtern (AP) können Signalverzögerungen erreicht werden, ohne die Signalamplitude zu verändern. Allpass-Filter können daher für ein Signal mit einem begrenzten Spektrum als Verzögerungsleitung der Laufzeit T_0 eingesetzt werden. Da Verzögerungsleitungen für niedrige Frequenzen beachtliche Längen aufweisen müssten, werden sie aus Gründen der Kosten- und Raumeffizienz in der Regel durch Allpass-Filter ersetzt.

In Bild 6-22 ist die Schaltung des nicht invertierenden Allpass-Filters dargestellt. Mittels des PvE und der Spannungsteiler-Regel bezüglich des (+)-Eingangs des OP erhält man:

$$U_- = U_+ = \frac{1/(j\,\omega C)}{R + 1/(j\,\omega C)}\,U_E$$

Die Strombilanz am (-)-Eingang des OP liefert:

$$\frac{U_E - U_-}{R1} + \frac{U_A - U_-}{R1} = 0$$

Aus den obigen Gleichungen ergeben sich durch Umformung die in Bild 6-22 angegeben Gleichungen.

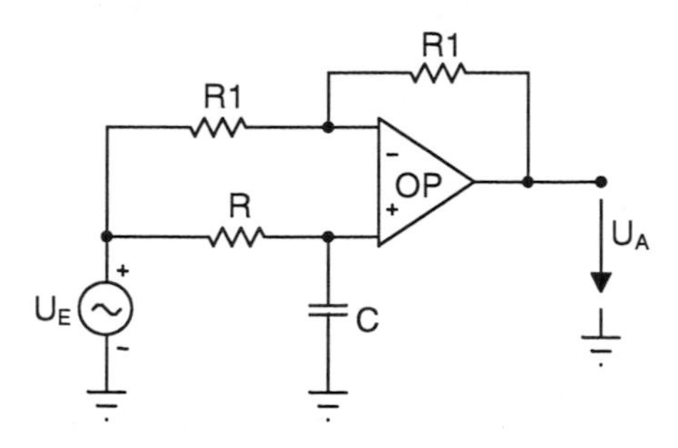

$$H(f) = \frac{1 - j\, f/f_M}{1 + j f/f_M}$$

$$f_M = \frac{1}{2\,\pi\,R\,C}$$

Bild 6-22: Allpass-Filter

In Bild 6-23 sind der Amplituden- und Phasengang des Allpass-Filters gezeigt. Der Amplitudengang ist konstant. Der Phasengang ist von 0° fallen d bis zum Minimalwert -180° und erreicht bei $f = f_M$ den Wert -90°, wobei f_M mittels der in Bild 6-22 angegeben Gleichung definiert ist.

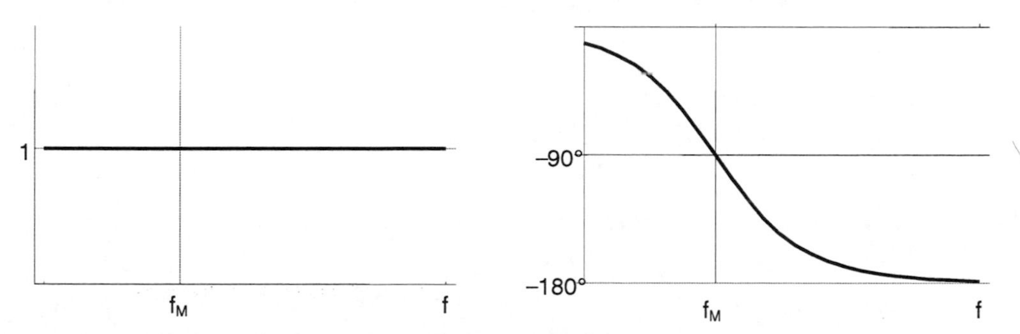

Bild 6-23: Amplituden- und Phasengang des Allpass-Filters

Bei Allpass-Filtern besteht in der Regel das Bestreben, den Phasengang in einem möglichst breiten Frequenzbereich linear zu gestalten, um eine von der Frequenz unabhängige Laufzeit T_0 (Gruppenlaufzeit) zu erzielen. Diese Eigenschaft kann jedoch nicht mit einem einzigen Allpass erreicht werden, sondern hierzu ist die Reihenschaltung mehrere Allpässe erforderlich.

6.8. Aktive Filter 2. Ordnung

Aufgrund des höheren Freiheitsgrades bei der Wahl der Pol- und Nullstellen weisen Filter 2. Ordnung eine erheblich höhere Flexibilität und Anwendungsbreite als Filter 1. Ordnung auf. In diesem Kapitel wird eine Auswahl von Schaltungen Filter 2. Ordnung vorgestellt.

6.8.1. Tiefpass

Das Tiefpass-Filter 2. Ordnung (TP 2. O.) wurde bereits in Kapitel 5.4.1.6 analysiert, wobei verschiedene Charakteristiken des Zeit- und Frequenzbereichs für unterschiedliche Dämpfungen D in Bild 5-21 gezeigt wurden.

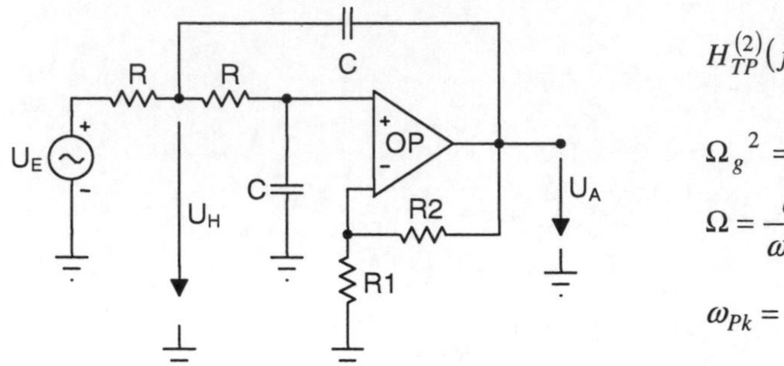

$$H_{TP}^{(2)}(j\Omega) = \frac{V_0}{1 + 2D(j\Omega) + (j\Omega)^2}$$

$$\Omega_g^{\ 2} = 1 - 2\,D^2 + \sqrt{\left(1 - 2\,D^2\right)^2 + 1}$$

$$\Omega = \frac{\omega}{\omega_{Pk}} \qquad V_0 = 1 + \frac{R2}{R1}$$

$$\omega_{Pk} = \frac{1}{RC} \qquad D = \frac{3 - V_0}{2}$$

Bild 6-24: Nicht invertierender Tiefpass 2. Ordnung (Sallen-Key-Schaltung)

Die Schaltung des nicht invertierenden Tiefpasses 2. Ordnung ist in Bild 6-24 dargestellt. Die Strombilanz an dem Knoten, an dem die Spannung U_H zwischen Masse anliegt, liefert:

$$\frac{U_E - U_H}{R} + \frac{U_A - U_H}{1/(j\omega C)} - \frac{U_+}{1/(j\omega C)} = 0$$

Mit der Strombilanz am (-)-Eingang erhält man unter Anwendung des PvE:

$$U_- = U_+ = \frac{R1}{R1 + R2}\,U_A$$

Somit ergibt sich die Spannung U_H zu:

$$U_H = R\ j\omega C\ U_+ + U_+ = \frac{R1}{R1 + R2}\,(1 + j\omega RC)\,U_A$$

Nach Einsetzen der obigen Gleichungen und geeigneter Umformung resultieren die Beziehungen in Bild 6-24.

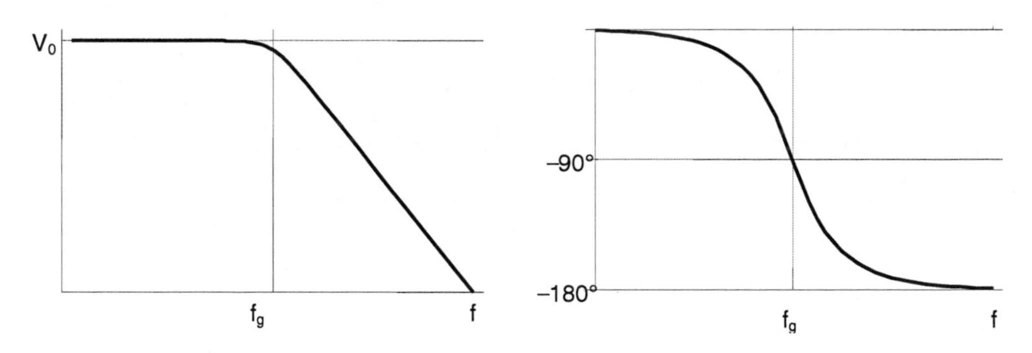

Bild 6-25: Amplituden- und Phasengang des Tiefpasses 2. Ordnung für D=1/√2 (Butterworth)

Als Anwendungsbeispiel für die Schaltung in Bild 6-24 soll ein Tiefpass 2. Ordnung mit der Dämpfung $D = 1/\sqrt{2}$ realisiert werden. Mit den Gleichungen in Bild 6-24 erhält man:

$$D = 1/\sqrt{2}:$$

Gl. 6-42: $$f_g = f_{Pk} = \frac{1}{2\pi R\, C}$$

$$V_0 = 3 - \sqrt{2} = 1.59$$

In Bild 6-25 sind der Amplituden- und Phasengang des Tiefpass-Filters 2. Ordnung am Beispiel der Dämpfung $D = 1/\sqrt{2}$ gezeigt. Der Amplitudengang ist für diesen Fall im Durchlassbereich konstant bis in die Nähe der 3dB-Grenzfrequenz f_g, wobei sich im Sperrbereich der Amplitudenabfall zu -40 dB /Dekade einstellt. Der Phasengang ist von 0° monoton fallend bis zum Minimalwert -180° und erreicht bei f_g den Wert -90°.

6.8.2. Hochpass

Das Hochpass-Filter 2. Ordnung (HP 2. O.) kann mittels der Transformation

Gl. 6-43: $$j\,\Omega_{TP} \Rightarrow \frac{1}{j\,\Omega_{HP}}$$

aus der allgemeinen Übertragungsfunktion in Bild 6-24 des Tiefpass-Filters 2. Ordnung ermittelt werden. Die so erhaltene allgemeine Übertragungsfunktion des Hochpass-Filters 2. Ordnung ist rechts oben in Bild 6-26 angegeben. Außerdem zeigt Bild 6-26 die Schaltung des nicht invertierenden Hochpasses 2. Ordnung, auf die sich die weiteren Gleichungen in Bild 6-26 beziehen.

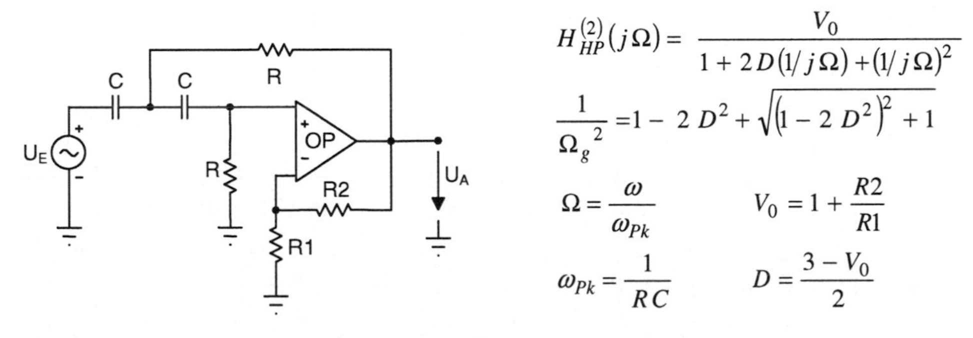

$$H_{HP}^{(2)}(j\Omega) = \frac{V_0}{1 + 2D(1/j\Omega) + (1/j\Omega)^2}$$

$$\frac{1}{{\Omega_g}^2} = 1 - 2\,D^2 + \sqrt{\left(1 - 2\,D^2\right)^2 + 1}$$

$$\Omega = \frac{\omega}{\omega_{Pk}} \qquad V_0 = 1 + \frac{R2}{R1}$$

$$\omega_{Pk} = \frac{1}{RC} \qquad D = \frac{3 - V_0}{2}$$

Bild 6-26: Nicht invertierender Hochpass 2. Ordnung (Sallen-Key-Schaltung)

Wie bei den entsprechenden Filtern 1. Ordnung entsteht die Schaltung des HP 2. O. aus der Schaltung des TP 2. O. durch Vertauschen von $R \rightarrow C$. Da beide Schaltungen dieselbe Struktur aufweisen, ist die Vorgehensweise zur Analyse der Schaltungen identisch.

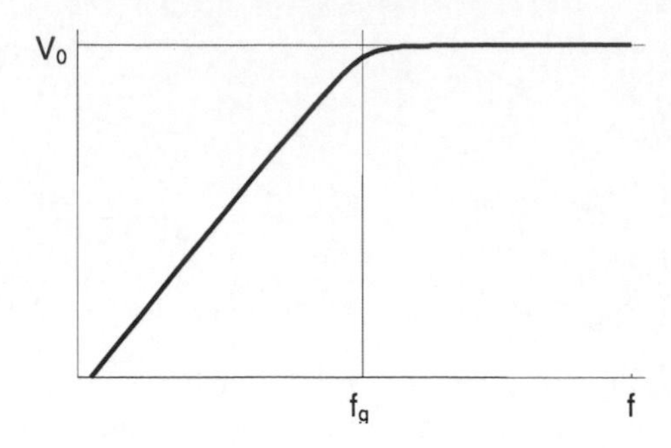

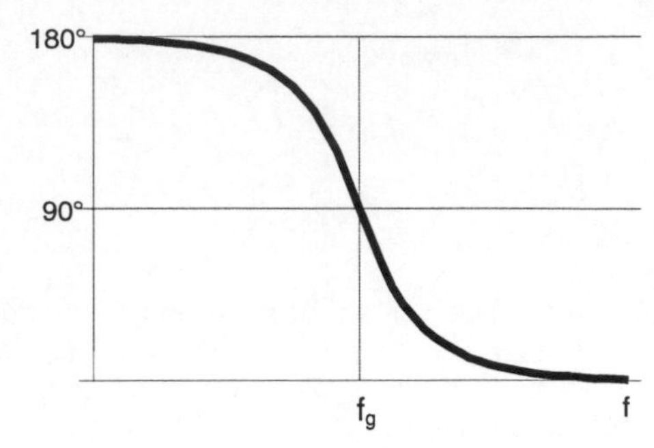

Bild 6-27: Amplituden- und Phasengang des Hochpasses 2. Ordnung für D=1/√2 (Butterworth)

Als Anwendungsbeispiel für die Schaltung in Bild 6-26 soll ein Hochpass 2. Ordnung mit der Dämpfung $D = 1/\sqrt{2}$ realisiert werden. Mit den Gleichungen in Bild 6-26 erhält man dieselben Beziehungen wie in Gl. 6-42:

Gl. 6-44:

$$D = 1/\sqrt{2}:$$

$$f_g = f_{Pk} = \frac{1}{2\pi R C}$$

$$V_0 = 3 - \sqrt{2} = 1.59$$

In Bild 6-27 sind der Amplituden- und Phasengang des Hochpass-Filters 2. Ordnung am Beispiel der Dämpfung $D = 1/\sqrt{2}$ gezeigt. Der Amplitudengang ist für diesen Fall im Durchlassbereich konstant oberhalb der 3dB-Grenzfrequenz f_g, wobei sich im Sperrbereich der Amplitudenanstieg zu +40 dB /Dekade einstellt. Der Phasengang ist von 0° monoton steigend bis zum Maximalwert +180° und erreicht bei f_g den Wert +90°.

6.8.3. Bandpass

Bandpass-Filter werden zur Selektion von Frequenzbändern benutzt, um Nutzsignale in einem bestimmten Frequenzband von störenden Signalen außerhalb dieses Frequenzbandes zu trennen.

Das Bandpass-Filter 2. Ordnung (BP 2. O.) kann mittels der Transformation

Gl. 6-45:

$$j\Omega_{TP} = B_r \left(j\,\Omega_{BP} + \frac{1}{j\,\Omega_{BP}} \right)$$

aus der allgemeinen Übertragungsfunktion des Tiefpass-Filters 1. Ordnung

Gl. 6-46:

$$H_{TP}^{(1)} = \frac{1}{1 + j\,\Omega_{TP}}, \quad \Omega_{TP} = \frac{\omega}{\omega_g}$$

ermittelt werden. Die so erhaltene allgemeine Übertragungsfunktion des Bandpass-Filters 2. Ordnung ist rechts oben in Bild 6-28 angegeben. Außerdem zeigt Bild 6-28 die Schaltung des nicht invertierenden Bandpasses 2. Ordnung, auf die sich die weiteren Gleichungen in Bild 6-28 beziehen. Hierbei kennzeichnen B_r die relative Bandbreite, f_M die Mittenfrequenz und V_M die Verstärkung bei der Mittenfrequenz.

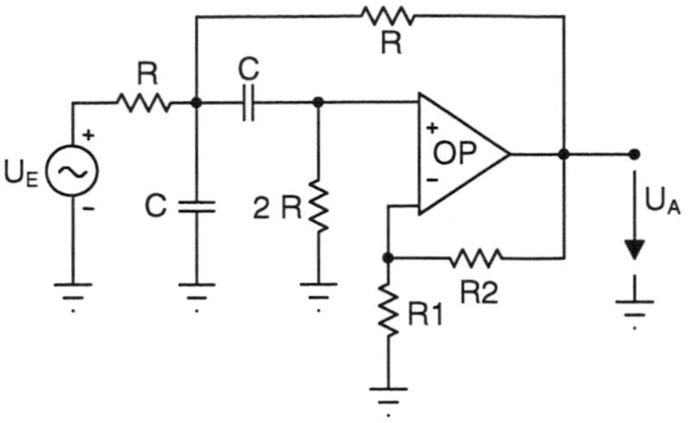

$$H_{BP}^{(2)}(j\Omega) = \frac{V_M \, B_r(j\Omega)}{1 + B_r(j\Omega) + (j\Omega)^2}$$

$$\Omega = \frac{\omega}{\omega_M} \qquad V_0 = 1 + \frac{R2}{R1}$$

$$\omega_M = \frac{1}{RC} \qquad B_r = 3 - V_0 \le 2$$

$$V_M = \frac{V_0}{3 - V_0}$$

Bild 6-28: Nicht invertierender Bandpass 2. Ordnung für $B_r \le 2$

Mit der Schaltung in Bild 6-28 ist eine maximale relative Bandbreite von $B_{r\,\mathrm{max}} = 2$ möglich, da V_0 nicht kleiner als 1 werden kann. Für größere relative Bandbreiten kann der Bandpass 2. Ordnung, wie es in Bild 6-29 gezeigt ist, durch Reihenschaltung eines TP 1. O. und eines HP 1. O. erzeugt werden. Die Schaltung in Bild 6-29 darf allerdings nur extrem hochohmig belastet werden, damit keine Beeinträchtigung der Zeitkonstanten am Ausgang stattfindet. Um einen Lastwiderstand zu treiben, ist der Schaltung in Bild 6-29 ein Spannungsfolger nachzuschalten.

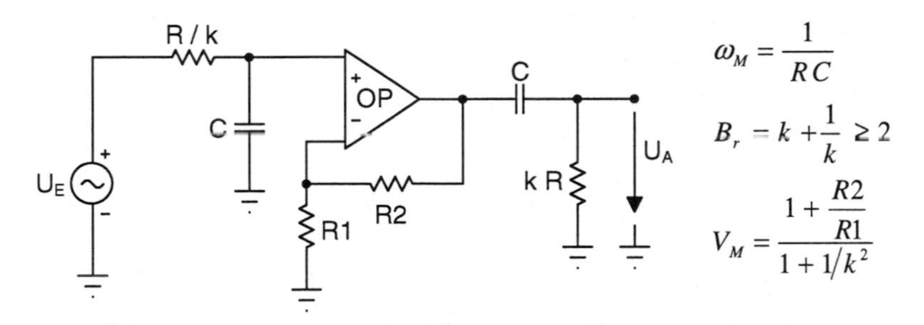

$$\omega_M = \frac{1}{RC}$$

$$B_r = k + \frac{1}{k} \ge 2$$

$$V_M = \frac{1 + \frac{R2}{R1}}{1 + 1/k^2}$$

Bild 6-29: Nicht invertierender Bandpass 2. Ordnung für $B_r \ge 2$

Als Anwendungsbeispiel soll ein Bandpasses 2. Ordnung mit der relativen Bandbreite $B_r = 1$ realisiert werden. Mit den Gleichungen in Bild 6-28 erhält man:

$$V_0 = 2$$

$$\frac{R2}{R1} = V_0 - 1 = 1$$

In Bild 6-30 sind der Amplituden- und Phasengang des Bandass-Filters 2. Ordnung am Beispiel der relativen Bandbreite $B_r = 1$ gezeigt. Der Amplitudengang zeigt ein ausgeprägtes Maximum bei der Mittenfrequenz f_M, wobei im Sperrbereich für $f < f_M$ der Amplitudenanstieg + 20 dB / Dekade und für $f > f_M$ der Amplitudenabfall -20 dB / Dekade betragen. Der Phasengang ist von 90° monoton fallend bis zum Minimalwert -90° und erreicht b ei f_M den Wert 0°.

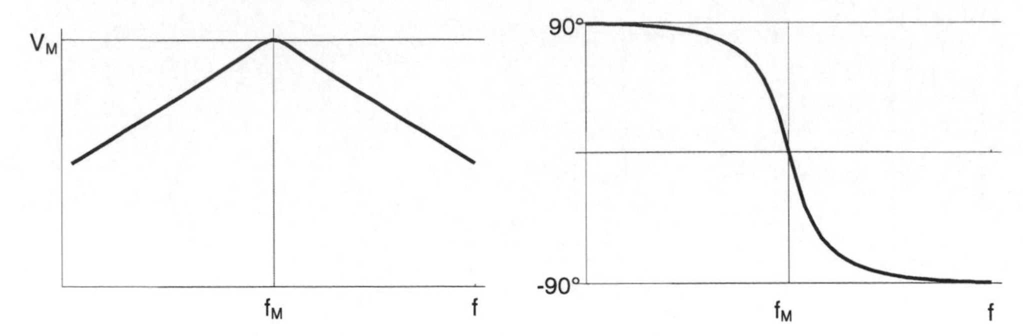

Bild 6-30: Amplituden- und Phasengang des Bandpasses 2. Ordnung für $B_r = 1$

6.8.4. Bandsperre

Bandsperr-Filter werden zur selektiven Unterdrückung von Frequenzanteilen in einem Signalspektrum verwendet. Auf diese Weise kann zum Beispiel eine störende Frequenz, wie die 50 Hz-Netzfrequenz, eliminiert werden.

Das Bandsperr-Filter 2. Ordnung (BS 2. O.) kann mittels der Transformation

Gl. 6-47:
$$j\Omega_{TP} = \frac{B_r}{j\,\Omega_{BP} + \frac{1}{j\,\Omega_{BP}}}$$

aus der allgemeinen Gl. 6-46 des Tiefpass-Filters 1. Ordnung entwickelt werden. Diese Transformation führt zu der Beziehung:

Gl. 6-48:
$$H_{BS}(j\Omega) = V_M - H_{BP}(j\Omega)$$

Auf diese Weise wird bei der Mittenfrequenz f_M die gewünschte Nullstelle erzeugt, da der Bandpass bei f_M den reellen Übertragungswert V_M aufweist. Die so erhaltene allgemeine Übertragungsfunktion des Bandsperr-Filters 2. Ordnung ist rechts oben in Bild 6-31 angegeben. Zusätzlich zeigt Bild 6-31 die Schaltung der nicht invertierenden Bandsperre 2. Ordnung, auf die sich die weiteren Gleichungen in Bild 6-31 beziehen. Hierbei kennzeichnen B_r die relative Bandbreite, f_M die Mittenfrequenz und $V_M = V_0$ die Gleichspannungsverstärkung.

Mit der Schaltung in Bild 6-31 ist eine maximale relative Bandbreite von $B_{r\,max} = 2$ möglich, da V_0 nicht kleiner als 1 werden kann. Für größere relative Bandbreiten kann die Bandsperre 2. Ordnung durch Kombination der Bandpass-Schaltung aus Bild 6-29 mit einem Subtrahierer gemäß Bild 6-7 erzeugt werden. Auf diese Weise wird die Übertragungsfunktion der Bandsperre gemäß Gl. 6-48 für $B_r \geq 2$ hergestellt.

Als Anwendungsbeispiel soll eine Bandsperre 2. Ordnung mit der relativen Bandbreite $B_r = 1$ realisiert werden. Mit den Gleichungen in Bild 6-31 erhält man:

$$V_0 = 1{,}5$$

$$\frac{R2}{R1} = V_0 - 1 = 0{,}5$$

In Bild 6-32 sind der Amplituden- und Phasengang des Bandsperr-Filters 2. Ordnung am Beispiel der relativen Bandbreite $B_r = 1$ gezeigt. Der Amplitudengang zeigt eine Nullstelle bei der Mittenfrequenz f_M, wobei im Durchlassbereich der Wert V_0 angenommen wird. Der Phasengang springt bei f_M vom Wert -90° um 180° auf den Wert +90°.

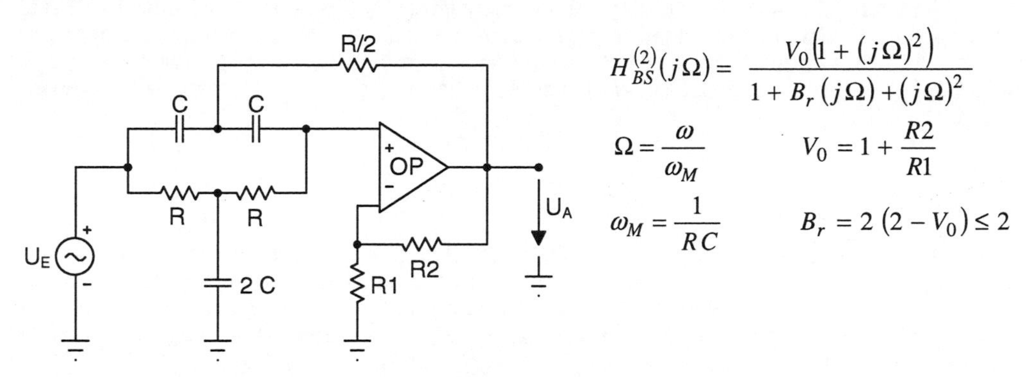

$$H_{BS}^{(2)}(j\Omega) = \frac{V_0\left(1 + (j\Omega)^2\right)}{1 + B_r\,(j\Omega) + (j\Omega)^2}$$

$$\Omega = \frac{\omega}{\omega_M} \qquad V_0 = 1 + \frac{R2}{R1}$$

$$\omega_M = \frac{1}{RC} \qquad B_r = 2\,(2 - V_0) \leq 2$$

Bild 6-31: Nicht invertierende Bandsperre 2. Ordnung für $B_r \leq 2$

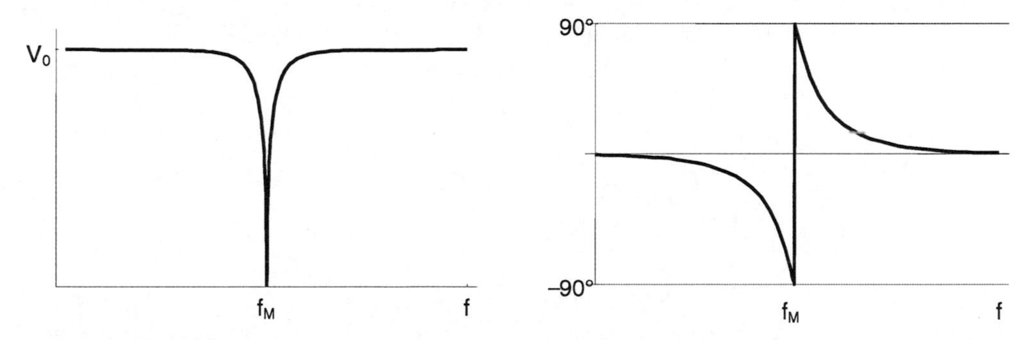

Bild 6-32: Amplituden- und Phasengang der Bandsperre 2. Ordnung für $B_r = 1$

7. Nicht lineare Analogschaltungen

Nicht lineare Analogschaltungen sind dadurch gekennzeichnet, dass an ihrem Ausgang kein Abbild der Eingangsspannung entsteht. Aufgrund der nicht linearen Kennlinien von Transistoren sind zwar streng genommen alle Schaltungen ungewollt nicht linear, sie können allerdings durch spezielle Maßnahmen, wie zum Beispiel durch Gegenkopplung annähernd linear gestaltet werden. In diesem Kapitel werden analoge Schaltungskonzepte behandelt, deren nicht lineare Funktionsweise beabsichtigt ist.

7.1. Schaltanwendungen

Für den Verstärkerbetrieb wird der Arbeitspunkt AP so eingestellt, dass die Aussteuerung bei annähernd linearem Übertragungsverhalten erfolgt. Im Schaltbetrieb liegen jedoch stationäre Betriebspunkte entweder nur im Sperrbereich ("AUS") oder im Übersteuerungsbereich (Sättigungsbereich, "EIN"). Diese Betriebsweise dient zum Ausschalten oder Einschalten von Stromkreisen mit Hilfe von Transistoren.

7.1.1. Transistoren als Schalter

In Bild 7-1 ist ein Bipolar-Transistor, der mittels der sprunghaft änderbaren Eingangsspannung U_E als Schalter betrieben wird, mit den parasitären Kapazitäten *Ce* und *Ca* gezeigt.

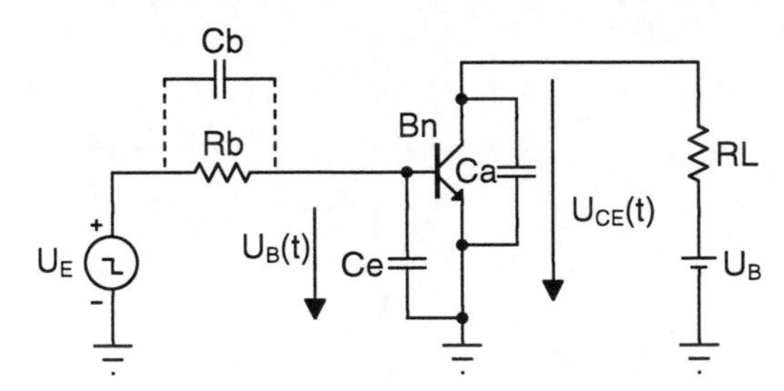

Bild 7-1: Bipolar-Transistor als Schalter mit parasitären Kapazitäten

Um den EIN-Zustand des Bipolar-Transistors vollständig zu erreichen, muss der Basisstrom so groß sein, dass der Transistor bis auf die Kollektor-Emitter-Restspannung U_{CR} aufgesteuert wird:

Gl. 7-1:

$$I_{B,Ein} > \frac{I_{C,Ein}}{B}$$

$$I_{C,Ein} = \frac{U_B - U_{CR}}{RL} \approx \frac{U_B}{RL}$$

Um den AUS-Zustand vollständig zu erreichen, sollte die Basis-Emitter-Diode entweder kurzgeschlossen oder an eine Sperrspannung gelegt werden. Wird lediglich $I_B = 0$, so ist der Basiskreis unterbrochen und der verbleibende Kollektor-Reststrom wird um ein Vielfaches größer:

Gl. 7-2:

$$I_{C,Aus} \approx \begin{cases} I_{CI0} & \text{für } I_B = 0 \\ I_{CU0} & \text{für } U_{BE} = 0 \end{cases} \qquad I_{CU0} < I_{CI0}$$

Bei Verstärkeranwendungen ist davon auszugehen, dass der Arbeitspunkt dauerhaft eingestellt bleibt. Daher muss die Arbeitsgerade, auf der die Aussteuerung erfolgt, unterhalb der Grenzkurve in Bild 4-17 für die höchstzulässige Verlustleistung liegen. Bei der Schaltanwendung darf jedoch die Arbeitsgerade den Bereich oberhalb der Verlustleistungsgrenze in Bild 4-17 passieren, wenn gewährleistet ist, dass der Übergang zwischen den Zuständen AUS und EIN sprunghaft vollzogen wird und die stationären Zustände selbst unterhalb der Verlustleistungsgrenze bleiben.

Aufgrund der parasitären Kapazitäten *Ce* und *Ca* in Bild 7-1 führt die sprunghafte Änderung von U_E zu einer verzögerten Reaktion im Ausgangskreis, wie es in den Diagrammen in Bild 7-2 für den Ein- und AUS-Schaltvorgang gezeigt ist. Die Diagramme beziehen sich auf den zeitlichen Verlauf der Kollektor-Emitterspannung von *Bn* in Bild 7-1, nachdem ein Spannungssprung auf den Eingang zur Einleitung des Umschaltvorgangs gegeben wurde. Da die Schaltung in Bild 7-1 aufgrund der Kapazitäten *Ce* und *Ca* den Charakter eines Tiefpasses 2. Ordnung aufweist, ist die Anstiegs- bzw. Abfallgeschwindigkeit in den Diagrammen in Bild 7-2 im Sprungmoment gering und es stellen sich Verzögerungs- bzw. Schaltzeiten ein.

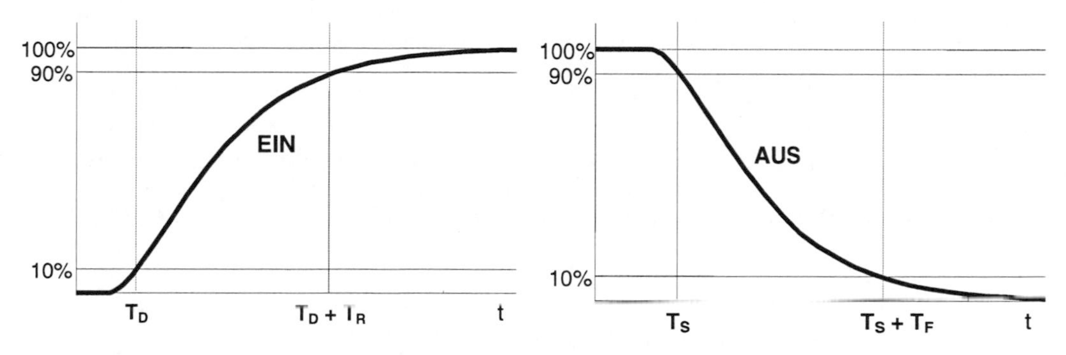

Bild 7-2: EIN- und AUS-Schaltvorgang und zugehörige Schaltzeiten

Die Definitionen der Schaltzeiten bei den 10%- und 90%-Pegeln, wie sie in Bild 7-2 eingetragen wurden, sind in Tabelle 7-1 angegeben.

T_D	(0% bis 10%)-Verzögerungszeit (Delay Time)	T_S	(100% bis 90%)-Speicherzeit (Storage Time)
T_R	(10% bis 90%)-Anstiegszeit (Rise Time)	T_F	(90% bis 10%)-Abfallzeit (Fall Time)

Tabelle 7-1: Definitionen der Schaltzeiten aus Bild 7-2

Als größte Zeit erweist sich in der Regel die Speicherzeit T_S, die beim Ausschalten eines Transistors aus dem Übersteuerungsbereich heraus entsteht. Wegen der großen Stromverstärkungstoleranzen sollte die Forderung in Gl. 7-1 um etwa das Dreifache übererfüllt werden. Je höher allerdings der Basisstrom ist, desto größer wird die Speicherzeit T_S. Um eine schnellere Abschaltung erzielen zu können, kann daher parallel zum Basisvorwiderstand *Rb* in Bild 7-1 eine Parallelkapazität *Cb* geschaltet werden. Somit entsteht ein kapazitiver Spannungsteiler mit *Ce*, der sprunghafte Änderungen schneller übertragen kann.

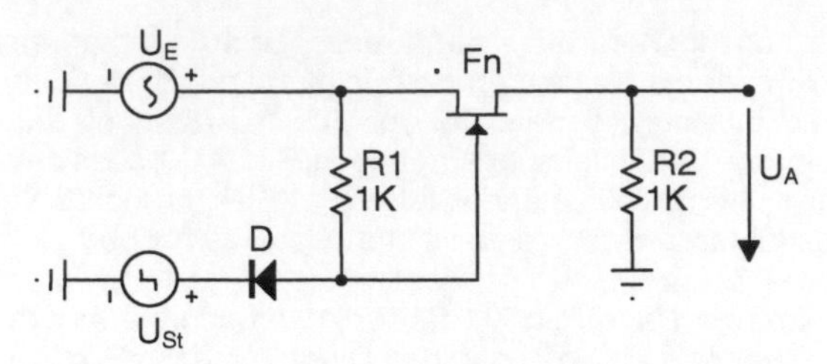

Bild 7-3: n-Kanal- JFET als Schalter mit vereinfachter Ansteuerung

Bei kleinen Leistungen ist die Verwendung eines JFET als schaltendes Element gemäß Bild 7-3 eine bessere Alternative zum Bipolar-Transistor. Wie bereits in Kapitel 2.3.3 gezeigt wurde, verhält sich ein FET entsprechend Gl. 2-60 für kleine Drain-Sourcespannungen wie ein steuerbarer Widerstand, dessen Leitwert nahezu proportional zu $|U_{GS} - U_P|$ ansteigt. In der Schaltung in Bild 7-3 stellt sich der größte Leitwert für $U_{GS} = 0$ ein, so dass der JFET-Schalter für diesen Fall als geschlossen betrachtet werden kann und U_A ist ungefähr gleich U_E. Die Steuerspannung U_{St} sollte dann die Bedingung erfüllen:

$$U_{StEIN} > U_{E\max} - U_S$$

Hierbei sind $U_{E\,\max}$ der Maximalwert der Eingangsspannung und U_S die Schwellenspannung der Diode D. Ist U_{StEIN} hinreichend groß, so sperrt die Diode und die Gate-Sourcespannung von Fn nimmt den Wert Null an. Wenn der JFET-Schalter geöffnet werden soll, muss die Steuerspannung hinreichend negativ sein:

$$U_{StAUS} < U_{E\min} - U_S + U_P$$

Bei einer Pinch-Offspannung des JFET von $U_P = -2{,}8\text{V}$, einer Schwellenspannung von $U_S = 0{,}7$ V und den Scheitelwerten $U_{E\,\max} = 2$ V, $U_{E\,\min} = -2$ V der Eingangsspannung erhält man beispielsweise den Minimalwert $U_{St\,EIN\,\min} = 1{,}3$ V und den Maximalwert $U_{St\,AUS\,\max} = -5{,}5$ V für die Steuerspannung.

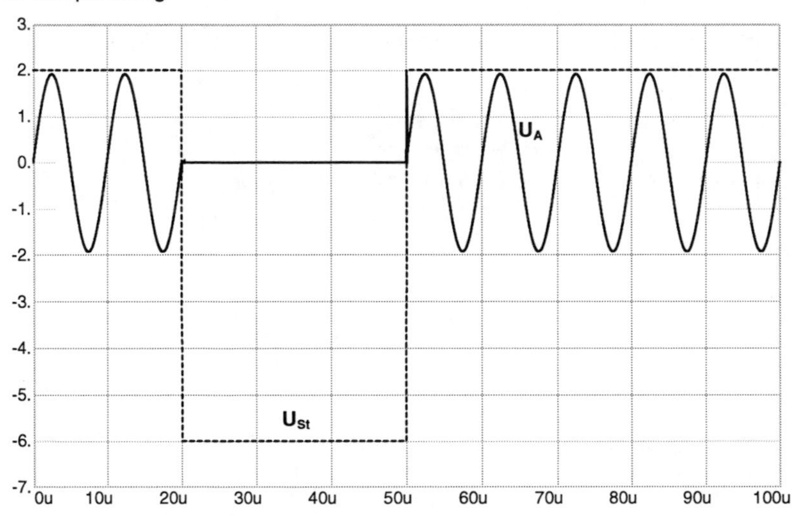

Bild 7-4: Ausgangs- und Steuerspannungsverlauf der Schaltung in Bild 7-3

In Bild 7-4 ist der zeitliche Verlauf von U_A und U_{St} dargestellt, wobei als Eingangsspannung der Schaltung in Bild 7-3 ein sinusförmiges Signal mit den Scheitelwerten $U_{E\,max} = 2$ V, $U_{E\,min} = -2$ V gemäß obigem Beispiel gewählt wurde. Um ein sicheres Ein- und Ausschalten zu erzielen, wurde $U_{StEIN} = 2$ V $> U_{St\,EIN\,min}$ und $U_{St\,AUS} = -6$ V $< U_{St\,Aus\,min}$ festgelegt.

Wird ein selbstsperrender n-Kanal-MOSFET als schaltendes Element eingesetzt, so sind die Polaritäten der Diode und der Steuerspannung zu invertieren:

$$U_{StEIN} > U_{E\max} + U_S + U_P$$

$$U_{StAUS} < U_{E\min} + U_S$$

7.1.2. Schaltanwendungen mit großer kapazitiver oder induktiver Last

Befindet sich im Kollektorkreis eine große Kapazität oder eine Induktivität, wie zum Beispiel eine Relais-Spule, so kann bei Schaltvorgängen die Überlastung des Transistors auftreten. Der Einfluss einer großen Kapazität ist in Bild 7-5 dargestellt. Bei gesperrtem Transistor lädt sich die Kapazität auf die Betriebsspannung U_B auf. Wird der Transistor dann sprunghaft mit der hohen Eingangsspannung U_{Emax} in den Zustand EIN aufgesteuert, so bleibt zunächst die Spannung U_B am Kondensator bestehen und der Kollektorstrom springt auf den hohen Wert:

$$I_{C\max} \approx B\, U_{E\max} / Rb$$

Danach bewegt sich der Kollektorstrom, wie es in dem Diagramm in Bild 7-5 gezeigt ist, beginnend im Problempunkt **P** bei abnehmender Kollektor-Emitterspannung in einem linearen Gebiet hoher Verlustleistung, ehe schließlich der stationäre Strom I_{CEin} im Sättigungsbereich erreicht ist. Beim Umschalten in den Zustand AUS springt der Kollektorstrom zunächst auf Null und erst danach steigt die Spannung an der Kapazität und mit ihr U_{CE} wieder an. Folglich resultiert hieraus keine Überlastung am Transistor. Eine Gefährdung des Transistors kann also nur im Einschaltmoment oder bei zu rascher Wiederholung der Einschaltvorgänge auftreten.

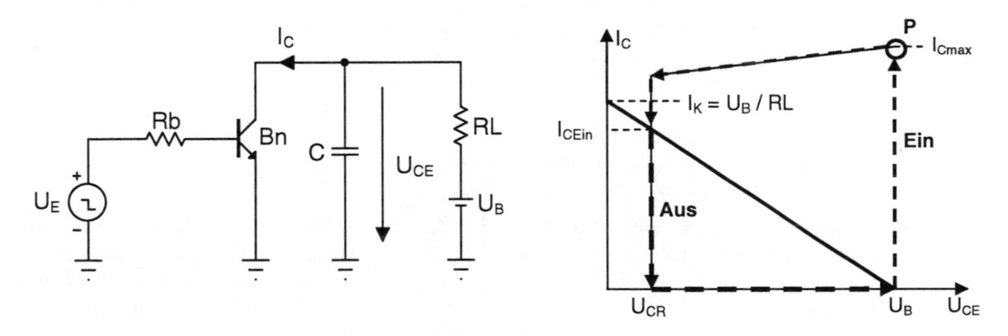

Bild 7-5: Schaltanwendung mit großer Kapazität

Der Einfluss einer Induktivität im Kollektorkreis ist in Bild 7-6 dargestellt. Hier tritt beim Einschalten keine Überlastung des Transistors auf, wie es aus dem Diagramm in Bild 7-6 erkennbar ist. Da der Strom durch die Induktivität nicht sprunghaft ansteigen kann, ist der Transistor im Einschaltmoment im Sättigungsbereich und die Kollektor-Emitterspannung ist mit U_{CR} minimal. Erst danach nimmt I_C mit der Zeitkonstanten $\tau = L / RL$ zu, bis schließlich der stationäre Kollektorstrom I_{CEin} erreicht ist.

Würde beim Übergang in den Zustand AUS der Transistor gesperrt, so würde der Kollektorstrom I_{CEin} ohne die Diode D in Bild 7-6 zunächst von der Induktivität aufrechterhalten und erst danach mit der Zeitkonstanten $\tau = L / RL$ abnehmen. Somit würde im Problempunkt **P** an der Induktivität eine extrem hohe Spannung induziert werden, die sich zu der Betriebsspannung U_B addiert und einen eventuellen Durchbruch der Kollektor-Emitter-Strecke verursachen könnte. Außerdem ist im Punkt **P** die Verlustleitung am Transistor sehr hoch, da hier I_C und U_{CE} maximal sind.

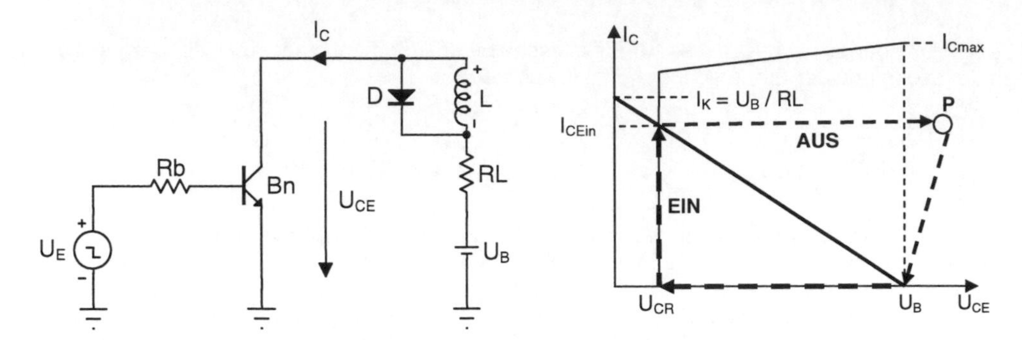

Bild 7-6: Schaltanwendung mit großer Induktivität

Daher wird zur Vorbeugung üblicherweise die in Bild 7-6 dargestellte Schutzdiode vorgesehen. Somit kann U_{CE} beim Abschalten maximal nur auf $U_B + U_S \approx U_B + 0{,}6$ V ansteigen, weil der Strom der Induktivität dann über die Diode abfließen kann. Im Zustand EIN befindet sich die Diode im Sperrzustand.

7.2. Kippschaltungen

Wie bei den Schaltanwendungen aus Kapitel 7.1 weisen Kippschaltungen zwei Zustände mit definierten Ausgangsspannungen auf. Allerdings haben Kippschaltungen zusätzlich eine Schalthysterese, so dass die Eingangsspannung nach dem Schaltvorgang ohne Änderung der Ausgangsspannung wieder auf einen Ruhewert zurückgeschaltet werden kann. Das Prinzip der Kippschaltungen basiert auf Mitkopplung.

7.2.1. Prinzip der Mitkopplung mit Schalthysterese

7.2.1.1. Nicht invertierende Mitkopplung

Zur Erläuterung der Schalthysterese wird ein idealer Verstärker mit der endlichen inneren Verstärkung V_i, mit unendlich großen Eingangswiderständen und verschwindendem Ausgangswiderstand betrachtet. Dieser Verstärker wird gemäß Bild 7-7 gegengekoppelt, indem zwischen seinem positiven Eingang und dem Ausgang eine Spannungsquelle der Spannung U_E geschaltet wird. Zur Ermittlung der Ringverstärkung wird die Schaltung so modifiziert, dass eine Trennstelle zwischen dem Ausgang und dem negativen Pol der Spannungsquelle geschaffen und der negative Pol auf Masse gelegt wird. Wird jetzt die Spannung der Spannungsquelle mit $U_E^{\#}$ bezeichnet, so erhält man:

Gl. 7-3: $$V_R = \frac{U_A}{U_E^{\#}} = \frac{U_A}{U_D} = V_i$$

Die Mitkopplung entsteht, da die Ringverstärkung dieser Anordnung mit $V_R = +V_i$ positiv ist.

Die Analyse der unveränderten Schaltung gemäß Bild 7-7 führt zu:

$$U_E = U_D - U_A = \frac{U_A}{V_i} - U_A$$

Nach Auflösung dieser Gleichung erhält man die Ring-Betriebsverstärkung:

Gl. 7-4: $$V_E = \frac{U_A}{U_E} = \frac{1}{1/V_i - 1} = \frac{V_i}{1 - V_i}$$

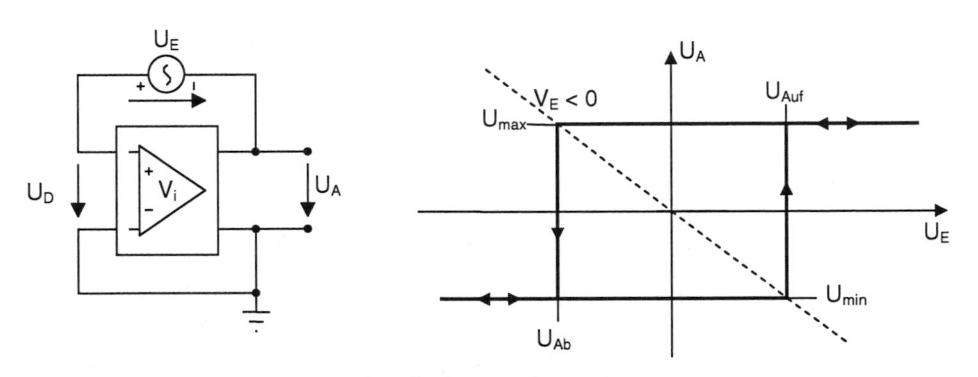

Bild 7-7: Nicht invertierende Mitkopplung mit Hysterese für $V_i > 1$

Die Ring-Betriebsverstärkung V_E ist in dem Diagramm in Bild 7-7 als gestrichelte Gerade eingezeichnet, die auch als quasilineare Kennlinie bezeichnet wird. Diese Kennlinie hat die Steigung V_E und geht durch den Nullpunkt, da hier U_A proportional zu U_D ohne Gleichanteil angenommen wird. Weiterhin sei angenommen, dass die Ausgangsspannung des idealen Verstärkers den Wert U_{max} nicht überschreiten und den Wert U_{min} nicht unterschreiten kann. In der Regel werden die Aussteuergrenzen U_{max} und U_{min} durch die Betriebsspannungen definiert. Folglich schneidet die Kennlinie der Steigung V_E die Aussteuer-Grenzlinien bei den Schwellenspannungen:

Gl. 7-5: $$U_{Ab}^{Auf} = \frac{1}{V_E} U_{max}^{min}$$

Der Abstand dieser Schwellenspannungen wird als Hysteresebreite bezeichnet:

Gl. 7-6: $$B_{Hyst} = \left| U_{Auf} - U_{Ab} \right| = \left| \frac{1}{V_E} \left(U_{min} - U_{max} \right) \right|$$

Um nun das Verhalten der Schaltung in Bild 7-7 mit der Ring-Betriebskennlinie der Steigung V_E zu erläutern, sei zunächst angenommen, dass $U_E = 0$ und $U_A = U_{min}$ ist. Nimmt U_E nun zu, so folgt U_A dem unteren horizontalen Kennlinienzweig in dem Diagramm in Bild 7-7 bis die Schwellenspannung U_{Auf} erreicht ist. Bei weiterer Erhöhung von $U_E > U_{Auf}$ springt U_A auf den Wert U_{max} und die Ausgangsspannung bewegt sich entlang des oberen horizontalen Kennlinienzweigs. Wird U_E nun wieder Null, so behält die Ausgangsspannung den Wert U_{max} bei.

Wird U_E nun ausgehend von Null zunehmend negativ, so folgt U_A dem oberen horizontalen Kennlinienzweig bis die Schwellenspannung U_{Ab} erreicht ist. Bei weiterer Erniedrigung von $U_E < U_{Ab}$ springt U_A auf den Wert U_{min} zurück und die Ausgangsspannung bewegt sich entlang des unteren horizontalen Kennlinienzweigs. Wird U_E nun wieder Null, behält die Ausgangsspannung den Wert U_{min} bei und der ursprüngliche Ausgangspunkt ist wieder erreicht.

Die durchlaufene Figur wird maßgeblich durch die Schwellenspannungen U_{Auf}, U_{Ab} und die Aussteuergrenzen U_{max}, U_{min} charakterisiert, weshalb sie auch als Schwellwertdiagramm oder Aussteuerdiagramm bezeichnet wird. Wegen der Ähnlichkeit mit einer Hysterese aus der Magnetisierungstechnik nennt man den zugrunde liegenden Effekt, nämlich das Auseinanderrücken der beiden Schwellenspannungen, die Schalthysterese des mitgekoppelten Systems. Gemäß Gl. 7-6 variiert die Breite der Schalthysterese zwischen $B_{Hyst} = 0$ für $V_R = V_i = 1$ und $B_{Hyst} = U_{max} - U_{min}$ für $V_R = V_i \rightarrow \infty$, da sich die Steigung der quasilinearen Kennlinie zwischen $V_E = -\infty$ für $V_R = V_i = 1$ und $V_E = -1$ für $V_R = V_i \rightarrow \infty$ bewegt. Die Hysteresebreite B_{Hyst} nimmt also mit wachsender Ringverstärkung zu. Sie nähert sich dabei einem Grenzwert, der der Höhe des Schwellwertdiagramms entspricht. Die bei den Schwellspannungen U_{Auf} und U_{Ab} auftretenden Übergänge werden als Kippvorgänge und die zugehörigen Schaltungen als Kippschaltungen bezeichnet.

Eine Betriebseinstellung auf der in Bild 7-7 gestrichelt gezeichneten quasilinearen Kennlinie mit der Steigung V_E kann, außer bei den Schwellenspannungen U_{Auf} und U_{Ab}, nicht erreicht werden, wenn die Eingangsspannung U_E von einer Spannungsquelle mit verschwindendem Innenwiderstand geliefert wird. Daher kann U_E nicht durch die Schaltung verändert werden.

Wenn die Ringverstärkung kleiner als 1 ist, liegt keine Hysterese und auch kein instabiles Verhalten mehr vor, da die Steigung V_E der quasilinearen Kennlinie gemäß Gl. 7-4 positiv wird. Für diesen Fall ergibt sich kein Kippverhalten sondern reines Verstärkerverhalten. Dieses lässt sich nachweisen, wenn für V_i das Tiefpassverhalten gemäß Gl. 5-50 angenommen wird. Nach Einsetzen von Gl. 5-50 in Gl. 7-4 erhält man:

$$V_E = \frac{1}{1/V_{i0} - 1} \; \frac{1}{1 + s/\left(\omega_{gi}\left(1 - V_{i0}\right)\right)}$$

Hieraus ergibt sich die Polstelle von V_E zu:

Gl. 7-7:
$$s_\infty = -\,\omega_{gi}\left(1 - V_{i0}\right) = \omega_{gi}\left(V_{i0} - 1\right) = \begin{cases} <0 \; \textit{für} \; V_{i0} < 1 \\ 0 \; \textit{für} \; V_{i0} = 1 \\ >0 \; \textit{für} \; V_{i0} > 1 \end{cases}$$

Folglich ist die Polstelle nur negativ und somit die Schaltung nur dann stabil, wenn $V_{i0} = V_R$ kleiner als 1 ist.

7.2.1.2. Invertierende Mitkopplung

Neben der nicht invertierenden existiert die invertierende Mitkopplung, wie es am Beispiel der Schaltung und dem zugehörigen Aussteuerdiagramm in Bild 7-8 gezeigt ist. Zur Ermittlung der Ringverstärkung wird der Mitkopplungszweig aufgetrennt und die ursprüngliche Eingangsspannung zu Null geregelt. Wird anschließend an den (+)-Eingang die Spannung $U_E^{\#}$ gegen Masse gelegt, so erhält man dasselbe Ergebnis wie in Kapitel 7.2.1.1 :

$$V_R = \frac{U_A}{U_E^{\#}} = \frac{U_A}{U_D} = V_i$$

Die Analyse der unveränderten Schaltung führt zu:

$$U_E = -U_D + U_A = -\frac{U_A}{V_i} + U_A$$

Nach Auflösung dieser Gleichung erhält man die Ring-Betriebsverstärkung oder die Steigung der quasilinearen Kennlinie:

Gl. 7-8:
$$V_E = \frac{U_A}{U_E} = \frac{1}{1 - 1/V_i} = \frac{V_i}{V_i - 1}$$

Die Ring-Betriebsverstärkung V_E ist in dem Diagramm in Bild 7-8 wiederum als gestrichelte Gerade eingezeichnet. Diese Kennlinie geht durch den Nullpunkt, da auch hier U_A proportional zu U_D ohne Gleichanteil angenommen wird. Weiterhin sei wieder angenommen, dass die Ausgangsspannung des idealen Verstärkers den Wert U_{max} nicht überschreiten und den Wert U_{min} nicht unterschreiten kann. Folglich schneidet die Kennlinie der Steigung V_E die Aussteuer-Grenzlinien bei den Schwellenspannungen:

$$U_{Ab}^{Auf} = \frac{1}{V_E} U_{\max}^{\min}$$

Die Hysteresebreite beträgt somit:

$$B_{Hyst} = U_{Ab} - U_{Auf} = \frac{1}{V_E} \left(U_{\max} - U_{\min}\right)$$

Diese Ergebnisse sind identisch mit denjenigen aus Gl. 7-5 und Gl. 7-6. Allerdings ist hier V_E positiv und unterschiedlich festgelegt.

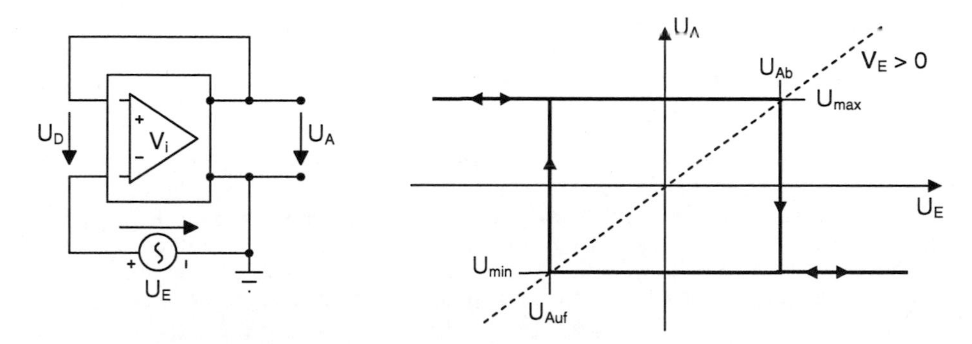

Bild 7-8: Invertierende Mitkopplung mit Hysterese für $V_i > 1$

Da V_E positiv ist, muss das Aussteuergramm demjenigen in Bild 7-7 an der vertikalen Achse gespiegelt werden, so dass sich hier ein invertiertes Schaltverhalten gegenüber Bild 7-7 einstellt. Da sich die Polstellen von V_E bei Annahme von V_i gemäß Gl. 5-50 wieder gemäß Gl. 7-7 ergeben, kann sich die Hysterese und das instabile Verhalten der Schaltung nur einstellen, wenn die innere Verstärkung $V_i = V_R$ größer als 1 ist.

7.2.2. Komparator

Komparatoren (KP), die gemäß ihrer wörtlichen Bedeutung (lat: comparare) als Vergleicher betrieben werden, sind ähnlich wie Operationsverstärker aufgebaut. Sie haben genauso wie ein OP sehr große Eingangswiderstände, eine sehr große innere Verstärkung und einen verschwindenden Ausgangswiderstand. Da sie allerdings für den Betrieb ohne Gegenkopplung konzipiert sind, wird auf die interne Frequenzgangkorrektur und somit auf die Korrekturkapazität verzichtet. Hieraus resultiert eine wesentlich höhere Anstiegsgeschwindigkeit als beim OP. Wegen des Verzichts auf Gegenkopplung kann die Differenzspannung U_D dauerhaft große Werte annehmen, so dass ein KP gegen diese Übersteuerung in der Regel durch Schutzdioden abgesichert wird.

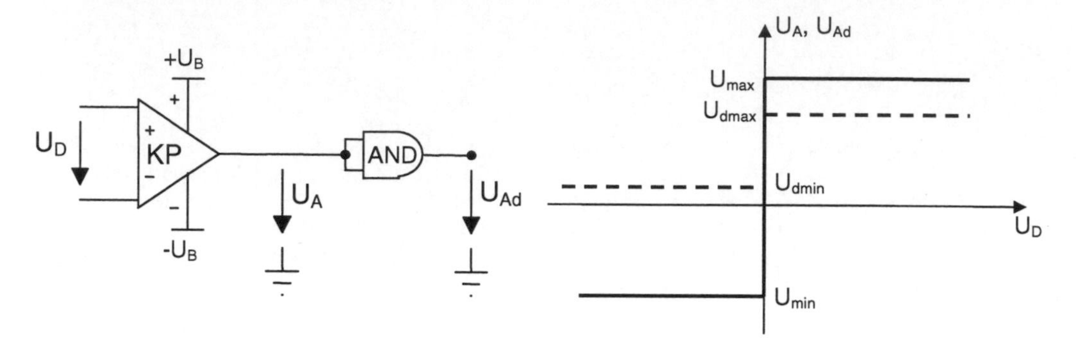

Bild 7-9: Komparator mit digitalem Ausgang und Aussteuerdiagramm

In Bild 7-9 ist ein Komparator mit digitalem Ausgang und dem zugehörigen Aussteuerdiagramm gezeigt. Da U_D nur für den kurzen Moment des Kippvorgangs verschwindet, nimmt die Ausgangsspannung des KP nur zwei stabile Werte an:

$$U_A = \begin{cases} U_{\max} & \text{für } U_D > 0 \\ U_{\min} & \text{für } U_D < 0 \end{cases}$$

Aufgrund der sehr großen inneren Verstärkung des KP reagiert dieser auch bei sehr kleinen Werten von $U_D = U_+ - U_-$ auf einen Vorzeichenwechsel mit einem schnellen Durchlauf der steilen Kurve in Bild 7-9. Der KP eignet sich demnach zum Vergleich der beiden Spannungen U_+ und U_- mit großer Genauigkeit.

Je nach Bauart können Komparatoren für den bipolaren oder unipolaren Betrieb ausgelegt sein. Bei bipolarer Auslegung liegen die Betriebsspannungen U_B zwischen ± 5 V und ± 30 V, wobei U_{min} und U_{max} nahezu identisch mit den Betriebsspannungswerten $-U_B$ und $+U_B$ sind. Bei unipolarer Auslegung ist dem KP häufig ein Ausgangstreiber mit digital kompatiblen Ausgangspegeln U_{dmin} und U_{dmax} nachgeschaltet, wie dieses in Bild 7-9 dargestellt ist. Um die Anpassung an geläufige Logikfamilien (TTL, CMOS) zu gewährleisten, sind typische Ausgangspegel hierbei $U_{dmin} < 1$ V und $U_{dmax} > 4$ V.

7.2.3. Bistabile Kippschaltungen

7.2.3.1. Schaltungsprinzip

Bistabile Schaltungen weisen zwei stabile Zustände auf, die ohne äußeren Einfluss beliebig lange beibehalten werden können. Ein derartiges Verhalten zeigt die Schaltung in Bild 7-10, die aus zwei idealen Verstärkern *V1* und *V2*, einem Rückkoppelnetzwerk mit den Widerständen *Rr1* und *Rr2* und einem Koppelnetzwerk mit den Widerständen *Rk1* und *Rk2* besteht. Da die Schaltung dem in Kapitel 7.2.1 beschriebenen Mitkopplungsprinzip unterliegt, existiert eine Schalthysterese unter der Voraussetzung, dass die Ringverstärkung im Kippmoment größer als 1 ist. Hieraus resultiert:

$$V_R = V_1\, V_2\, \frac{Rr2}{Rr1 + Rr2}\, \frac{Rk2}{Rk1 + Rk2} > 1$$

Die beiden Eingangsspannungen U_{E1} und U_{E2} verursachen den Wechsel zwischen den stabilen Zuständen, wobei vereinbart wird, dass immer nur eine der beiden Spannungen zur Initiierung des kontrollierten Wechsels ungleich Null sein darf. Wird diese Vereinbarung verletzt, so entstehen zufällige, nicht kontrollierbare Übergänge.

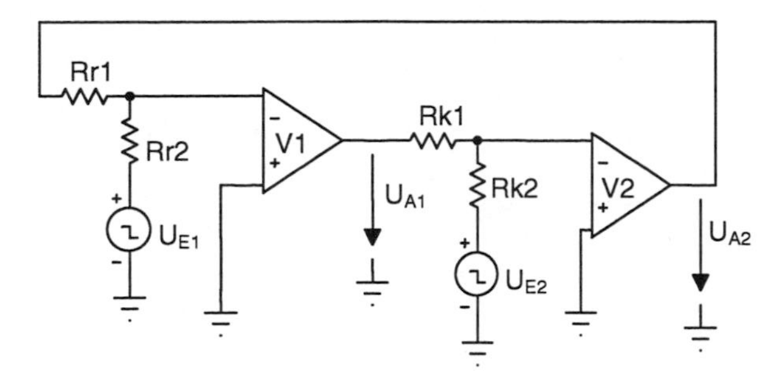

Bild 7-10: Prinzip der bistabilen Kippschaltung

7.2.3.2. RS-Flipflop mit Transistoren

Das Prinzip der bistabilen Kippschaltung gemäß Bild 7-10 kann durch Einsatz von Transistoren in Emitterschaltung als Verstärker *V1* und *V2* verwirklicht werden, wie es in Bild 7-11 am Beispiel des ungetakteten RS-Flipflops gezeigt ist.

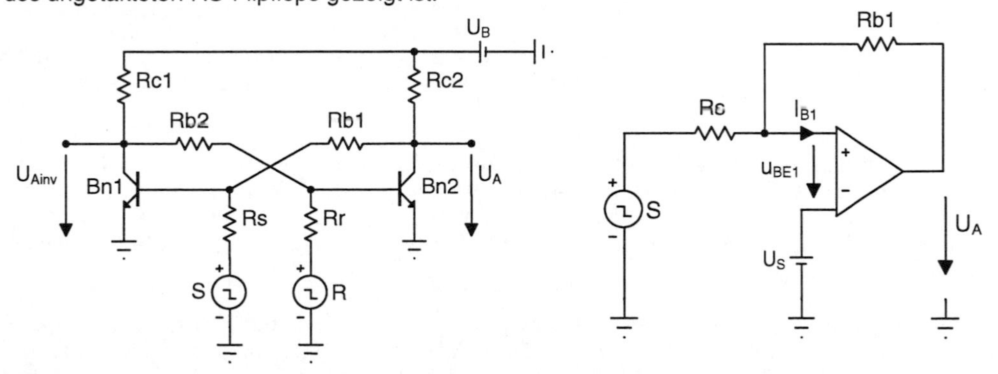

Bild 7-11: RS-Flipflop und Ersatzschaltung

Das RS-Flipflop besitzt zwei Eingangsspannungen, die mit *S* (Set, Setzen) und *R* (Reset, Rücksetzen) bezeichnet werden. Mit Hilfe der Pegeldiagramme in Bild 7-12 sollen die Schaltvorgänge erläutert werden. Eine ausreichend große positive Spannung $S \approx 5$ V versetzt den Transistor *Bn1* in den leitenden und gesättigten Zustand. Dadurch sinkt die Kollektor-Emitterspannung von *Bn1* nahezu auf die Restspannung $U_{CR} \approx 0{,}2$ V und die Spannung am invertierenden Ausgang beträgt $U_{Ainv} = U_{CR}$. Gleichzeitig sinkt das Basispotential von *Bn2* so weit ab, dass *Bn2* in den Sperrzustand übergeht. Gemäß Bild 7-12 ist dann die Ausgangsspannung $U_A \approx U_B = 10$ V. Dieser Zustand wird auch dann beibehalten, wenn die Spannung *S* wieder auf Null zurück geregelt wird. Die Schaltung verriegelt sich also selbst, was eine Folge des Hystereseverhaltens gemäß Kapitel 7.2.1 ist. Sie ist also in der Lage, den Zustand $U_{Ainv} = U_{CR}$ und $U_A \approx U_B$ auf Dauer beizubehalten. In der Digitaltechnik ordnet man nun beispielsweise dem *H*-Pegel (z.B. U_B) den logischen Wert „1“ oder „true“, dem *L*-Pegel (z.B. U_{CR}) den logischen Wert „0“ oder „false“ zu. Folglich verfügt man über einen elementaren Speicher für die kleinste Informationseinheit (auch "Bit" genannt). Dieser Fähigkeit der bistabilen Kippschaltung kommt in der Digital- und Speichertechnik eine wesentliche

Bedeutung zu.

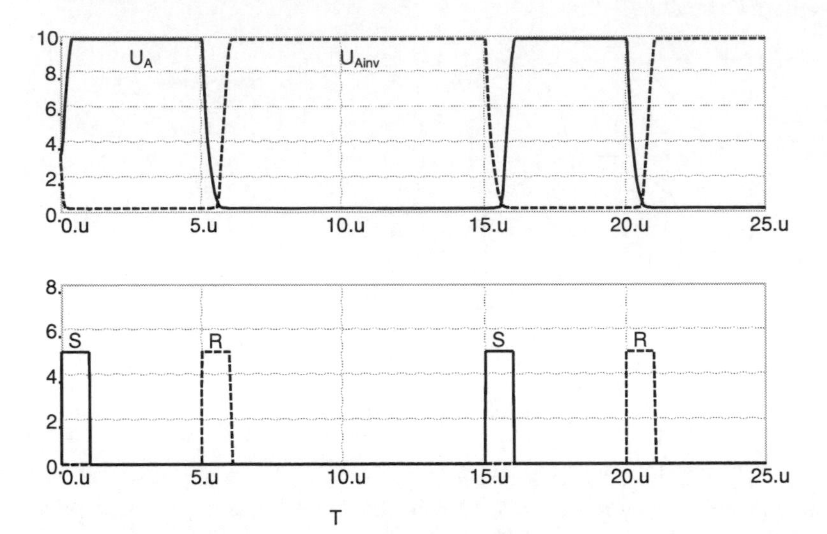

Bild 7-12: Pegeldiagramme des RS-Flipflops

Das Flip-Flop kehrt in die Ausgangsstellung zurück, wenn *R* positiv ausgesteuert wird. *R* und *S* dürfen nicht gleichzeitig positiv sein, da sich für diesen Fall kein definierter Schaltzustand einstellen würde.

Die Schaltgeschwindigkeit des RS-Flip-Flops in Bild 7-12, die im Wesentlichen von den Basis-Emitterkapazitäten der Transistoren im Zusammenwirken mit den Widerständen *Rb1* und *Rb2* abhängt, kann erhöht werden, indem zu diesen Widerständen zusätzlich jeweils eine Kapazität parallel geschaltet wird. Dadurch entstehen kapazitive Spannungsteiler mit weitaus besserem Impulsverhalten.

Zur Dimensionierung der Schaltung kann davon ausgegangen werden, dass *Rb1*, *Rb2*, *Rs* und *Rr* gleich groß und wesentlich größer als *Rc1*, *Rc2* sind. Wenn *Rc1*, *Rc2* hinreichend klein sind, werden die Steilheiten von *Bn1* und *Bn2* im Arbeitspunkt $U_B/2$ hinreichend groß und die zugehörigen Basis-Emitterwiderstände so klein, dass sie gegenüber *Rs* und *Rr* vernachlässigbar sind. Somit erhält man für die Ringverstärkung bei Auftrennung an der Basis von *Bn1*:

Gl. 7-9:
$$V_R \approx S_{1AP}\, Rc1\, \frac{R_{BE2AP}}{Rb2}\, S_{2AP}\, Rc2\, \frac{R_{BE1AP}}{Rb1} = B^2 \frac{Rc1}{Rb2} \frac{Rc2}{Rb2}$$

Folglich gilt zur Erfüllung der Hysteresebedingung $V_R > 1$ bei symmetrischer Dimensionierung:

Gl. 7-10:
$$Rb1 = Rb2 = Rs = Rr < B\,(Rc1 = Rc2)$$

Hierbei ist *B* die Stromverstärkung der beiden Transistoren *Bn1* und *Bn2*. Für *B* = 200 und *Rb1* = 50 *Rc1* ergäbe sich beispielsweise $V_R = V_i = 16$. Um einen ausgangsseitigen Innenwiderstand von R_{iA} = *Rc1* = *Rc2* = 100 Ω zu erreichen, müssten dann *Rb1*= *Rb2* = *Rs* = *Rr* = 5 KΩ gewählt werden.

Die Ersatzschaltung in Bild 7-11 zeigt, dass das RS-Flipflop eine nicht invertierende Mitkopplung gemäß Bild 7-7 aufweist. Stellvertretend wird in Bild 7-11 nur die Spannung *S* verwendet und die

Spannung *R* zu Null gesetzt. Wegen der Schaltungssymmetrie des RS-Flipflops gelten die nachfolgenden Aussagen aber auch für den umgekehrten Fall. Der Basisstrom I_{B1} des Transistors *Bn1*, der in den positiven Eingang des Verstärkers fließt, soll für den Schaltmoment definiert werden zu:

$$I_{B1} = \frac{U_B/2}{B\ Rc1}$$

Hierbei wird stark vereinfachend angenommen, dass die Kollektor-Emitterspannung von *Bn1* im Schaltmoment $U_{CEAP} = U_B/2$ beträgt. Die Spannung U_S repräsentiert die Schwellenspannung der Transistoren und u_{BE1} steht für die Änderung der Basis-Emmitterspannung von *Bn1*, die bei ausreichnd hoher innerer Verstärkung als verschwindend gering angesehen werden kann. Unter den genannten Voraussetzungen ergibt sich die Ausgangsspannung U_A der Ersatzschaltung in Abhängigkeit der Eingangsspannung *S* zu:

$$U_A = U_{Offs} - \frac{Rb1}{Rs} S, \qquad U_{Offs} = \left(\frac{Rb1}{Rs} + 1\right) U_S + \frac{Rb1\ U_B}{2\ B\ Rc1}$$

Die obige Gleichung repräsentiert die quasilineare Kennlinie, wobei das negative Vorzeichen vor der Eingangsspannung *S* die nicht invertierende Mitkopplung wiederspiegelt. Die zugehörigen Schwellenspannungen ergeben sich hier zu:

$$S_{Ab}^{Auf} = \frac{Rs}{Rb1}\left(U_{Offs} - U_{\max}^{\min}\right)$$

Somit erhält man für die Hysteresebreite:

$$B_{Hyst} = \frac{Rs}{Rb1}\left(U_{\max} - U_{\min}\right)$$

Es ist also ersichtlich, dass die Schaltung des RS-Flipflops auch nur mit einer Eingangsspannung *S* oder *R* betrieben werden könnte. Werden beispielsweise die Aussteuergrenzen entsprechend Bild 7-12 mit $U_B = U_{max}$ = 10 V und $U_{min} = U_{CR}$ = 0,2 V vorausgesetzt, die Schwellenspannung der Transistoren zu U_S = 0,7 V angenommen und *Rs* = *Rb1*, *Rb1* = 50 *Rc1*, *B* = 200 wie oben gewählt, so ergibt sich:

$$S^{Auf} = 2{,}45\,V, \quad S_{Ab} = -7{,}35\,V, \quad B_{Hyst} = 9{,}8\,V$$

7.2.3.3. Schmitt-Trigger mit Komparator

Als Schmitt-Trigger werden bistabile Kippschaltungen mit Hysterese bezeichnet, deren Breite mittels der äußeren Beschaltung verändert werden kann. Die Prinzip-Schaltung in Bild 7-10 kann als Schmitt-Trigger verwendet werden, wenn eine Eingangsspannung (z. B. U_{E2}) zu Null geregelt wird. Für diesen Fall können die beiden invertierend betriebenen Verstärker *V1* und *V2* durch einen nicht invertierenden Verstärker, der als Komparator KP ausgeführt sein kann, ersetzt werden.

In Bild 7-13 ist ein invertierender Schmitt-Trigger mit einem Komparator KP gezeigt, der mittels des aus *R2* und *R1* gebildeten Spannungsteilers mitgekoppelt wird. Da die Eingangsspannung am (-)-Eingang des KP angeschlossen ist, liegt hier die invertierende Mitkopplung gemäß Kapitel 7.2.1.2 vor.

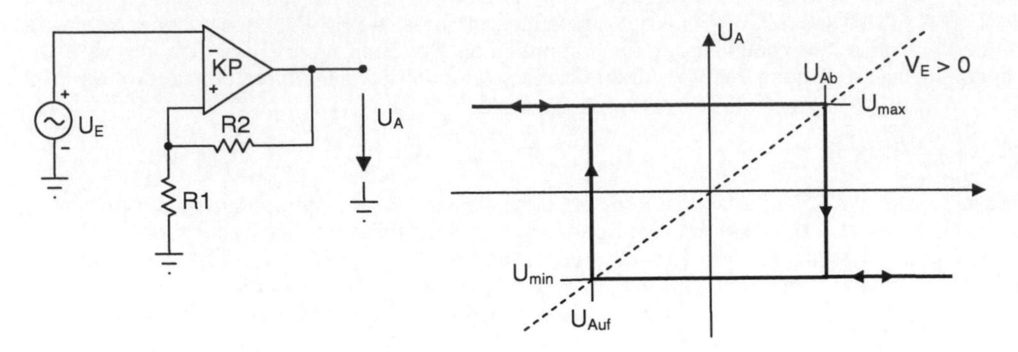

Bild 7-13: Invertierender Schmitt-Trigger und Aussteuerdiagramm

Zur Ermittlung der Ringverstärkung wird der Mitkopplungszweig am Ausgang des KP aufgetrennt und die ursprüngliche Eingangsspannung zu Null geregelt. Wird anschließend an *R2* die Spannung $U_E{}^{\#}$ gegen Masse angelegt, so erhält man:

Gl. 7-11:

$$V_R = \frac{U_A}{U_E{}^{\#}} = K\,\frac{U_A}{U_D} = K\;V_i$$

$$K = \frac{R1}{R1 + R2}$$

Die Analyse der unveränderten Schaltung führt zu:

$$U_E = -\,U_D + K\,U_A = -\,\frac{U_A}{V_i} + K\,U_A$$

Nach Auflösung dieser Gleichung erhält man die Ring-Betriebsverstärkung oder die Steigung der quasilinearen Kennlinie:

Gl. 7-12:

$$V_E = \frac{U_A}{U_E} = \frac{1}{K}\,\frac{V_R}{V_R - 1}$$

Zur Erzielung einer Hysterese muss $V_R > 1$ sein, da nur dann die Steigung V_E positiv und somit gegenläufig zur stabilen Aussteuerung wird. Gemäß Kapitel 7.2.2 kann beim KP eine hohe innere Verstärkung angenommen werden, so dass für $1/K << V_i$ eine ausreichend hohe Ringverstärkung anzunehmen ist. Da dann V_E nur noch von der äußeren Beschaltung abhängig ist, kann durch *R1* und *R2* eine sehr präzise Einstellung der Schwellwerte U_{Auf} und U_{Ab} vorgenommen werden. Somit erhält man mit Gl. 7-12, Gl. 7-5 und Gl. 7-6:

Gl. 7-13:

$$\textit{Für}\;\; V_R >> 1: \qquad V_E = \frac{1}{K} = \frac{R1 + R2}{R1}$$

$$U_{Ab}^{Auf} = K\;U_{max}^{min} = \frac{R1}{R1 + R2}\,U_{max}^{min}$$

$$B_{Hyst} = K\left(U_{max} - U_{min}\right) = \frac{R1}{R1 + R2}\left(U_{max} - U_{min}\right)$$

Die Ring-Betriebsverstärkung V_E ist in dem Diagramm in Bild 7-13 als gestrichelte Gerade eingezeichnet. Wegen $U_A = V_i\ U_D$ verläuft diese Kennlinie durch den Nullpunkt. Außerdem kann die Ausgangsspannung des KP, so wie sie in Kapitel 7.2.2 definiert wurde, statisch nur die beiden Werte U_{max} und U_{min} annehmen, so dass die Kennlinie der Steigung V_E die Aussteuer-Grenzlinien bei den Schwellenspannungen U_{Auf} und U_{Ab} schneidet.

Wenn das Prinzip der nicht invertierenden Mitkopplung gemäß Kapitel 7.2.1.1 angewendet wird, resultiert die Schmitt-Trigger-Schaltung in Bild 7-14, wobei zunächst *C* kurzgeschlossen sei. Diese Schaltung entspricht genau dem Prinzip in Bild 7-10 für den Fall, dass die beiden Verstärker *V1* und *V2* durch einen einzigen KP ersetzt werden.

Die Ringverstärkung dieser Schaltung ist dieselbe wie beim invertierenden Schmitt-Trigger, so dass auch hier Gl. 7-11 gilt. Die Strombilanz am (+)-Eingang des KP führt zu:

$$\frac{U_E - U_D}{R1} + \frac{U_A - U_D}{R2} = 0$$

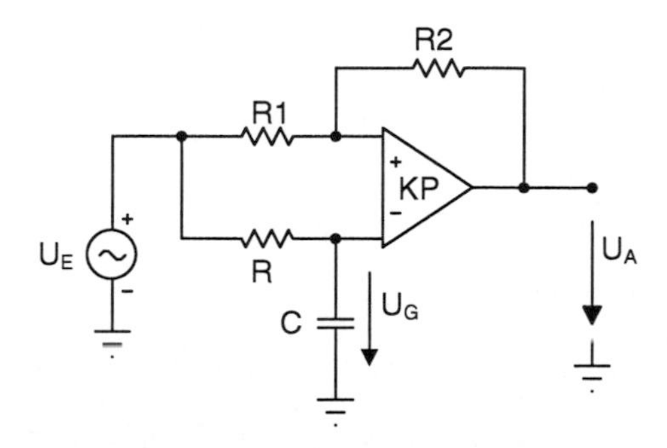

Bild 7-14: Nicht invertierender Schmitt-Trigger mit mitlaufender Schwelle

Nach Auflösung dieser Gleichung erhält man die Ring-Betriebsverstärkung oder die Steigung der quasilinearen Kennlinie:

Gl. 7-14:
$$V_E = \frac{U_A}{U_E} = \frac{R2}{R1}\ \frac{V_R}{1 - V_R}$$

Zur Erzielung einer Hysterese muss auch hier $V_R > 1$ sein, da nur dann die Steigung V_E negativ und somit gegenläufig zur stabilen Aussteuerung wird. Da beim KP eine ausreichend hohe innere Verstärkung angenommen werden kann, erhält man mit Gl. 7-14, Gl. 7-5 und Gl. 7-6:

Gl. 7-15:
$$\text{Für } V_R \gg 1: \quad V_E = -\frac{R2}{R1}$$

$$U_{Ab}^{Auf} = -\frac{R1}{R2}\, U_{max}^{min}$$

$$B_{Hyst} = -\frac{R1}{R2}\left(U_{min} - U_{max}\right)$$

Das Aussteuerdiagramm ist für kurzgeschlossenes *C* identisch mit dem Diagramm in Bild 7-7.

Wird nun die um *C* erweiterte Schaltung gemäß Bild 7-14 betrachtet, so stellt sich im eingeschwungenen Zustand am (-)-Eingang eine Gleichspannung U_G ein, die mit dem Gleichspannungsanteil der Eingangsspannung U_E identisch ist. Ändert sich der Gleichspannungsanteil von U_E, so ändert sich auch U_G im gleichen Maße. Somit erhält man einen Schmitt-Trigger mit mitlaufenden Schwellwerten. Da für $V_R >> 1$ zur Ermittlung der Ring-Betriebskennlinie das PvE angewendet werden kann, führt nun die Strombilanz am (+)-Eingang zu:

$$\frac{U_E - U_G}{R1} + \frac{U_A - U_G}{R2} = 0$$

Durch Umformung erhält man die Ring-Betriebskennlinie $U_A = f(U_E)$, die Schwellenspannungen U_{Auf}, U_{Ab}, die Hysteresebreite B_{Hyst} und den Mittelwert U_M der Hysterese:

Gl. 7-16:

$$\text{Für } V_R >> 1: \quad U_A = -\frac{R2}{R1} U_E + \left(1 + \frac{R2}{R1}\right) U_G$$

$$U_{Ab}^{Auf} = -\frac{R1}{R2} U_{\max}^{\min} + \left(1 + \frac{R1}{R2}\right) U_G$$

$$B_{Hyst} = \frac{R1}{R2}\left(U_{\max} - U_{\min}\right)$$

$$U_M = -\frac{R1}{R2}\left(\frac{U_{\max} + U_{\min}}{2}\right) + \left(1 + \frac{R1}{R2}\right) U_G$$

Es ist also ersichtlich, dass der Mittelwert U_M der Hysterese von der Gleichspannung U_G abweicht. In praktischen Anwendungsfällen, wie zum Beispiel bei der Rückgewinnung von verrauschten und im Gleichanteil schwankenden Datensignalen, wird B_{Hyst} an die Rauschamplitude angepasst. Da diese in der Regel relativ klein ist, wird der Faktor *R1 / R2* gemäß Gl. 7-16 ebenfalls so klein, dass die Abweichung zwischen U_M und U_G vernachlässigbar wird. Dieses wird an einem Beispiel deutlich, bei dem einem Datensignal eine Rauschspannung mit der Amplitude A_R = 100 mV und eine schwebende Gleichspannung mit dem Mittelwert U_G = 2 V überlagert ist. Wenn als KP ein Typ mit U_{max} = 5 V und U_{min} = -5 V verwendet wird, so erhält man mit Gl. 7-16:

$$\frac{R1}{R2} = \frac{B_{Hyst}}{\left(U_{\max} - U_{\min}\right)} = \frac{2\,A_R}{\left(U_{\max} - U_{\min}\right)} = 0{,}02$$

$$U_M - U_G = \frac{R1}{R2}\left(U_G - \frac{U_{\max} + U_{\min}}{2}\right) = -0.06V$$

Die resultierende Abweichung zwischen U_M und U_G ist somit vernachlässigbar.

7.2.4. Monostabile Kippschaltungen

7.2.4.1. Schaltungsprinzip

Kippschaltungen werden als monostabil bezeichnet, wenn sie einen stabilen und einen quasistabilen Zustand aufweisen. Durch eine Signalspannung, die als so genanntes Triggersignal dient, wird die monostabile Kippschaltung in den quasistabilen Zustand versetzt. Aus diesem Zustand kehrt die Schaltung selbsttätig nach einer bestimmten, einstellbaren Zeit wieder in den stabilen Zustand zurück.

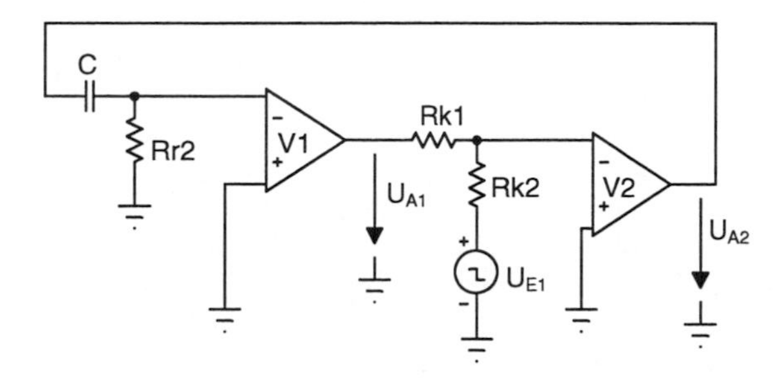

Bild 7-15: Prinzip der monostabilen Kippschaltung

Ein derartiges Verhalten zeigt die Schaltung in Bild 7-15, die aus Bild 7-10 mittels Ersetzen des Widerstands *Rr1* durch die Kapazität *C* und mittels Verzicht auf die zweite Eingangsspannung U_{E2} hervorgeht. Auch die so modifizierte Schaltung unterliegt dem in Kapitel 7.2.1 beschriebenen Mitkopplungsprinzip und es existiert eine Schalthysterese unter der Voraussetzung, dass die Ringverstärkung im Kippmoment größer als 1 ist. Hieraus resultiert:

$$V_R = V_1 V_2 \frac{Rk2}{Rk1 + Rk2} > 1$$

Die Spannung U_{E1} dient als Triggersignal, das als kurzer Impuls ausgeführt wird. Die Polarität der Ausgangspannung U_{A2} im stabilen Ruhezustand hängt vom Offsetverhalten des Verstärkers *V1* ab. Ist U_{A1} negativ und U_{A2} somit positiv, so muss U_{E1} ebenfalls positiv sein, um den Kippvorgang zu initiieren. Die Zeitdauer T_Q, in der der quasistabile Zustand angenommen wird, ist abhängig von der Zeitkonstanten $\tau = Rr2\, C$. Da nur ein Energiespeicher, nämlich der Kondensator *C* vorliegt, kann die Berechnung mit der allgemeinen Gleichung für die Sprungantwort oder Ladekurve eines Tief- oder Hochpasses 1. Ordnung, wie sie in Bild 7-16 abgebildet ist, ermittelt werden:

Gl. 7-17: $$U\left(t_0 + T_Q\right) = U_{Ende} + \left(U_{Anf} - U_{Ende}\right) e^{-T_Q/\tau}$$

Hierbei kennzeichnet U_{Anf} die Spannung, die kurz nach dem Umschalten zum Zeitpunkt t_0 in den quasistabilen Bereich angenommen wird und $U(t_0 + T_Q)$ ist die Schwellenspannung, die kurz vor dem Umschalten zum Zeitpunkt $t_0 + T_Q$ vom quasistabilen in den stabilen Zustand erreicht wird. Die Spannung U_{Ende} entspricht dem theoretisch angestrebten Endwert, der allerdings aufgrund des vorherigen Rücksprungs in den stabilen Zustand nicht erreicht werden kann.

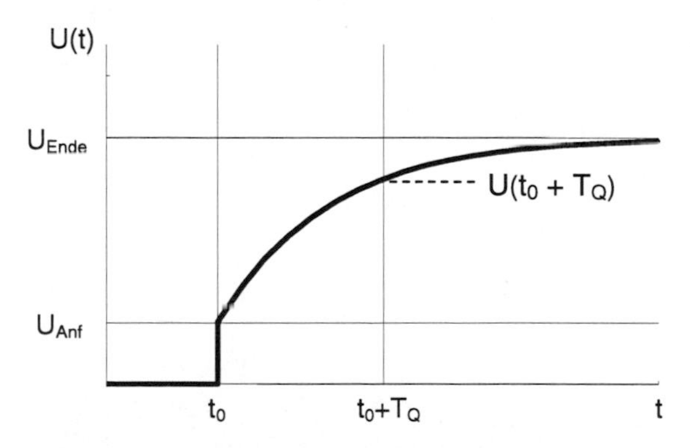

Bild 7-16: Ladekurve eines Energiespeichers

7.2.4.2. Monoflop mit Transistoren

Wie bereits in Kapitel 7.2.4.1 erläutert wurde, gelangt man zur monostabilen Kippschaltung, wenn eines der Koppelnetzwerke kapazitiv ausgeführt wird. Bild 7-17 zeigt ein Beispiel, bei dem die Verstärker *V1* und *V2* in Bild 7-15 durch Transistoren in Emitterschaltung ersetzt wurden. Im stationären, stabilen Zustand fließt dem Transistor *Bn2* über *Rb2* ein so großer Basisstrom zu, dass *Bn2* leitend und gesättigt ist. Daher nimmt U_A die geringe Kollektor-Emitter-Restspannung von $U_{CR} \approx 0{,}2$ V an und der Transistor *Bn1* ist gesperrt.

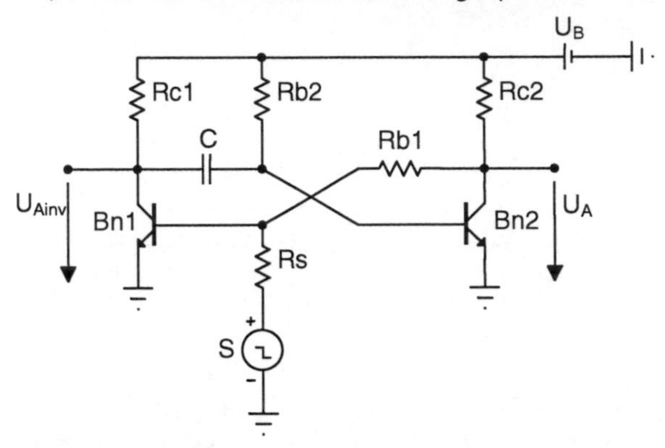

Bild 7-17: Monoflop

Wird nun gemäß Bild 7-18 ein kurzer positiver Impuls *S* auf den Trigger-Eingang gegeben, dann wird der Transistor *Bn1* leitend und in die Sättigung gefahren. Folglich sinkt die invertierte Ausgangsspannung U_{Ainv} aufgrund der Mitkopplung sehr schnell von ca. der Betriebsspannung U_B, die aus dem Pegeldiagramm in Bild 7-18 als 10 V zu entnehmen ist, bis auf die Kollektor-Emitter-Restspannung U_{CR} ab. Da sich dieser negative Spannungssprung mittels *C* auf die Basis von *Bn2* überträgt, wird *Bn2* gesperrt, und seine Ausgangsspannung U_A springt auf nahezu $+U_B$. Die hohe Ausgangsspannung U_A hält dann über den Spannungsteiler, der durch *Rb1* und *Rs* gebildet wird, den Transistor *Bn1* leitend, obwohl der positive Eingangsimpuls *S* verschwindet. Dieser Zustand ist jedoch quasistabil, denn der Kondensator *C* wird über den Widerstand *Rb2* umgeladen, so dass U_{BE2} gegen den theoretischen Endwert $+U_B$ ansteigt, wie es in Bild 7-18 dargestellt ist. Sobald die Spannung U_{BE2} die Schwellenspannung $U_S \approx 0{,}7$ V des Transistors *Bn2* erreicht hat, wird *Bn2* wieder leitend gesättigt, und die Schaltung kippt in ihren stabilen Anfangszustand zurück.

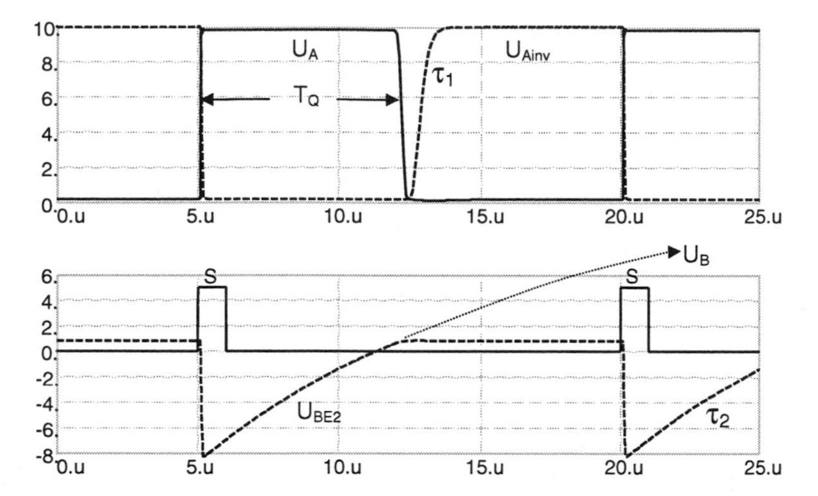

Bild 7-18: Pegeldiagramme des Monoflop

Aus dem Spannungsverlauf von $U_{BE2}(t)$ in Bild 7-18 soll nun die Dauer T_Q des quasistabilen Zustandes mittels Gl. 7-17 berechnet werden. Beim Übergang vom stabilen in den quasistabilen Zustand springt U_{BE2} zum Zeitpunkt t_0 (= 5 µs in Bild 7-18) auf den Anfangswert:

$$U_{Anf} = U_{BE2}(t_0) = U_S - (U_B - U_{CR})$$

Da der Transistor *Bn1* gesättigt ist und in diesem Zustand aufgrund des steilen Kennlinienastes einen sehr kleinen Kollektor-Emitterwiderstand R_{CE1} << *Rb2* hat, lädt sich *C* im Wesentlichen mit der Zeitkonstanten τ_2 = *Rb2 C* gegen den theoretischen Endwert $U_{Ende} = U_B$ auf, bis die Schwellenspannung $U_S \approx 0{,}7$ V des Transistors *Bn2* zum Zeitpunkt $t_0 + T_Q$ erreicht ist. Somit gilt mit Gl. 7-17:

$$U_{BE2}(t_0 + T_Q) = U_S = U_B + (U_S - (U_B - U_{CR}) - U_B) \cdot e^{-T_Q/\tau_2}$$

Die Auflösung nach T_Q liefert:

Gl. 7-18:

$$T_Q = \tau_2 \cdot \ln\left(\frac{2\,U_B - U_{CR} - U_S}{U_B - U_S}\right) \approx \tau_2 \cdot \ln(2) \approx 0{,}7\,\tau_2$$

$$\tau_2 = Rb2\;C$$

Nach dem Rückkippvorgang in den stabilen Zustand erfolgt der Wiederanstieg von U_{Ainv} im Wesentlichen mit der Zeitkonstanten τ_1 = *Rc1 C*, da der Basis-Emitterwiderstand R_{BE2} des gesättigten Transistors *Bn2* als vernachlässigbar gegenüber *Rc1* angesehen werden kann.

7.2.4.3. Timer mit Komparator

Das Prinzip der monostabilen Schaltung in Bild 7-15 bleibt erhalten, wenn die beiden invertierend betriebenen Verstärker *V1* und *V2* durch einen einzigen nicht invertierenden Verstärker, der als Komparator KP ausgeführt sein kann, ersetzt werden. In Bild 7-19 ist eine entsprechende Schaltung gezeigt, die auch als Timer bezeichnet wird.

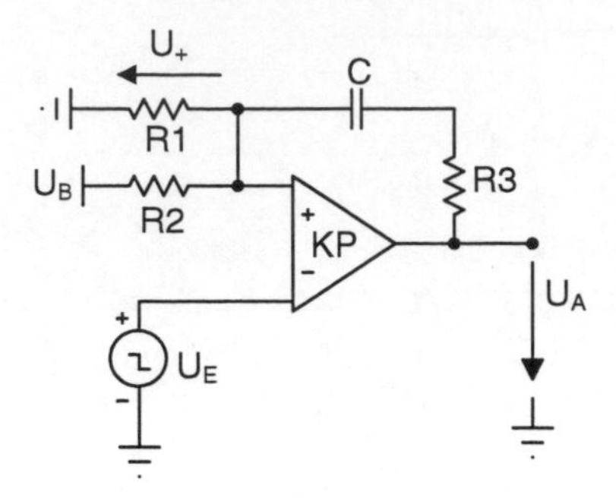

Bild 7-19: Timer mit Komparator

Wie aus dem Pegeldiagramm in Bild 7-20 zu entnehmen ist, nimmt die Ausgangsspannung U_A im stabilen Zustand den Wert U_{max} an, der hier +15 V beträgt. Der Grund hierfür ist, dass U_+ mittels des Spannungsteilers, der durch *R1* und *R2* gebildet wird, auf einen positiven Wert gehalten wird. Somit ist wegen $U_- = 0$ die Differenzspannung $U_D = U_+ - U_- > 0$ und $U_A = U_{max}$.

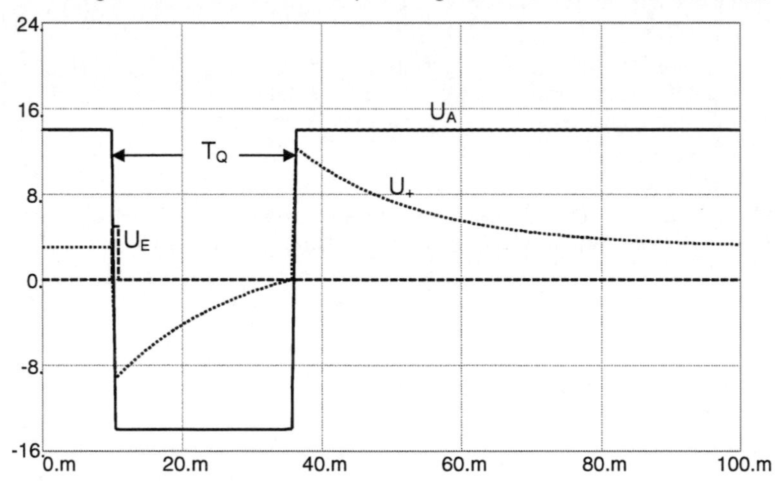

Bild 7-20: Pegeldiagramm des Timers

Wird nun zum Zeitpunkt $t = t_0$ ein positiver Spannungsimpuls $U_E > U_+(t < t_0)$ mit

Gl. 7-19: $$U_+(t < t_0) = \frac{R1}{R1 + R2} U_B$$

an den (-)-Eingang des KP angelegt, so springt U_A von $U_{max} = 15$ V auf $U_{min} = -15$ V und die Schaltung geht in den quasistabilen Zustand über. Da dieser negative Spannungssprung mittels des Kondensators auf den Spannungsteiler mit *R1*, *R2*, *R3* übertragen wird, springt U_+ um den Wert:

Gl. 7-20: $$\Delta U_+ = \frac{R1 \,//\, R2}{R3 + (R1 \,//\, R2)} \Delta U_A = \frac{R1 \,//\, R2}{R3 + (R1 \,//\, R2)} (U_{\min} - U_{\max})$$

Folglich nimmt $U_+(t_0)$ folgenden Anfangswert an:

Gl. 7-21:

$$U_+(t_0) = U_{Anf} = U_+(t < t_0) + \Delta U_+$$
$$= \frac{R1}{R1 + R2} U_B + \frac{R1 \,//\, R2}{R3 + (R1 \,//\, R2)} (U_{min} - U_{max})$$

Für $t > t_0$ wird der Kondensator C mit der Zeitkonstanten $\tau = (R3 + (R1 \,//\, R2))\, C$ umgeladen und U_+ strebt gegen den theoretischen Wert $U_{Ende} = U_+(t < t_0)$. Wenn U_+ das Potential des (-)-Eingangs erreicht hat, das wegen $U_E = 0$ zu diesem Zeitpunkt $t_0 + T_Q$ gleich Null ist, so kehrt sich die Differenzspannung U_D am KP um und die Ausgangsspannung U_A nimmt wieder die Spannung U_{max} des stabilen Zustands an. Der nun positive Sprung von U_A wird in gleicher Weise auf U_+ abgebildet wie der negative Sprung, so dass sich die betragsgleiche Sprunghöhe wie beim negativen Sprung von U_A im Pegeldiagramm von Bild 7-20 ergibt. Danach strebt U_+ dem Wert $U_+(t < t_0)$ entgegen, da der Kondensator mit der Zeitkonstanten $\tau = (R3 + (R1 \,//\, R2))\, C$ auf den Ursprungswert des stabilen Zustands zurück geladen wird.

Mit Hilfe von Gl. 7-17 wird die Zeitdauer T_Q aus dem Verlauf von U_+ für $t_0 \leq t < t_0 + T_Q$ berechnet zu:

Gl. 7-22:

$$T_Q = \tau \ln\left(\frac{R2}{R3 + (R1 \,//\, R2)} \frac{(U_{max} - U_{min})}{U_B}\right)$$
$$\tau = (R3 + (R1 \,//\, R2))\, C$$

Dem Pegeldiagramm in Bild 7-20 liegen folgende Kennwerte zu Grunde:

$R1$	$R2$	$R3$	C	U_{max}	U_{min}	U_B
2 KΩ	8 KΩ	2 KΩ	5 µF	15 V	-15 V	15 V

Mit Gl. 7-19, Gl. 7-20, Gl. 7-21 und Gl. 7-22 erhält man dann:

$U_+(t < t_0)$	$\lvert\Delta U_+\rvert$	τ	T_Q
3 V	13,3 V	18 ms	26,85 ms

7.2.5. Astabile Kippschaltungen

7.2.5.1. Schaltungsprinzip

Astabile Kippschaltungen besitzen zwei quasistabile Zustände, die ohne äußeren Einfluss periodisch wechseln. Derartige Schaltungen werden als Multivibratoren oder als Rechteck-Oszillatoren bezeichnet.

In Bild 7-21 ist das Prinzip der astabilen Kippschaltung gezeigt. Diese Schaltung geht aus Bild 7-15 mittels Ersetzen des Widerstands $Rk1$ durch die Kapazität Ck und mittels Verzicht auf die Eingangsspannung U_{E1} hervor. Auch die so modifizierte Schaltung unterliegt dem in Kapitel 7.2.1 beschriebenen Mitkopplungsprinzip und es existiert eine Schalthysterese unter der Voraussetzung, dass die Ringverstärkung im Kippmoment größer als 1 ist. Hieraus resultiert:

$$V_R = V_1\, V_2 > 1$$

Die Zeitkonstanten, die die Puls- und Pausendauer der Ausgangsspannung U_{A2} festlegen, ergeben sich zu $\tau_r = Rr2\ Cr$ und $\tau_k = Rk2\ Ck$.

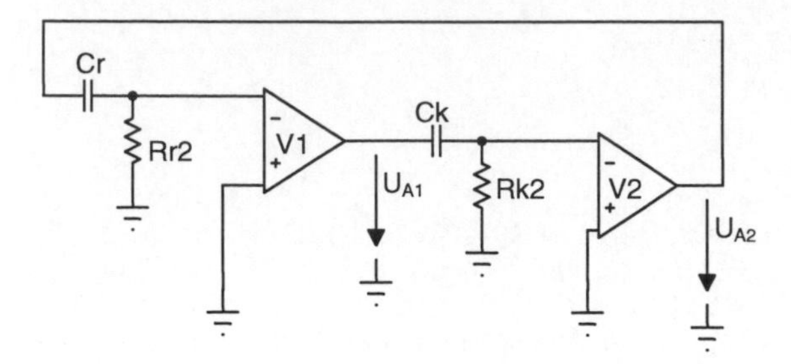

Bild 7-21: Prinzip der astabilen Kippschaltung

7.2.5.2. Rechteck-Oszillator mit Transistoren

Gemäß Kapitel 7.2.5.1 wird eine astabile Kippschaltung erhalten, indem beide Koppelnetzwerke kapazitiv ausgeführt werden. Das Schaltungsbeispiel in Bild 7-22 zeigt eine Ausführung, bei der die Verstärker *V1* und *V2* in Bild 7-21 durch Transistoren in Emitterschaltung ersetzt wurden.

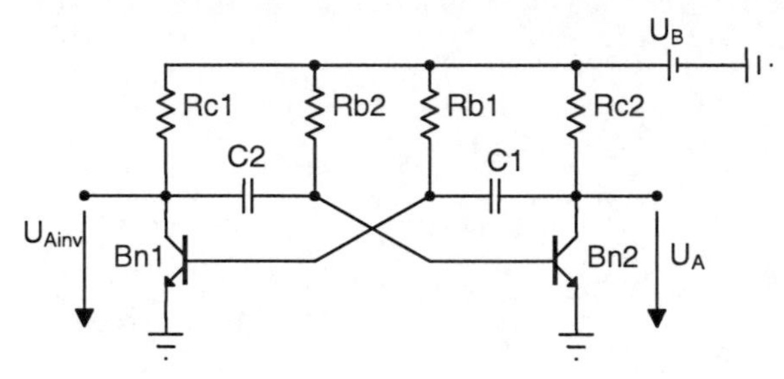

Bild 7-22: Rechteck-Oszillator

Zur Veranschaulichung der Schaltvorgänge dienen die Pegeldiagramme in Bild 7-23. Nach dem Einschalten der Betriebsspannung U_B setzt zunächst der Einschwingvorgang ein, da die Kondensatoren ungeladen waren. Die zeitlichen Vorgänge werden sinnvollerweise erst im eingeschwungenen Zustand diskutiert, der erreicht ist, wenn U_{Ainv} zum ersten Mal für die Zeitdauer T_L den Wert U_B (= 10 V in Bild 7-23) annimmt. Zu diesem Zeitpunkt ist der Transistor *Bn1* gesperrt und seine Basis-Emitterspannung U_{BE1} ist somit kleiner als die Schwellenspannung U_S. Dieser Zustand ist nicht dauerhaft, weil *C1* mit der Zeitkonstanten $\tau_1 = Rb1\ C1$ gegen den theoretischen Endwert $U_{Ende1} = U_B$ hin aufgeladen wird. Sobald U_{BE1} die Schwellenspannung U_S erreicht hat, wird *Bn1* leitend. Dadurch sinkt wegen der Mitkopplung die invertierte Ausgangsspannung U_{Ainv} sehr schnell ab, wobei sich dieser negative Spannungssprung über *C2* auf die Basis von *Bn2* überträgt und damit ein rasches Ansteigen der Ausgangsspannung U_A von *Bn2* auf den Wert U_B verursacht. Der Spannungssprung von U_A überträgt sich über *C1* auf die Basis von *Bn1* und beschleunigt somit den Abfall von U_{Ainv} bis auf die Kollektor-Emitter-Restspannung $U_{CR} \approx 0{,}2$ V. Beginnend mit dem negativen Spitzenwert wächst U_{BE2} anschließend mit der Zeitkonstanten $\tau_2 = Rb2\ C2$ gegen den theoretischen Endwert $U_{Ende2} = U_B$ an, bis U_S erreicht ist und der Rückkippvorgang einsetzt.

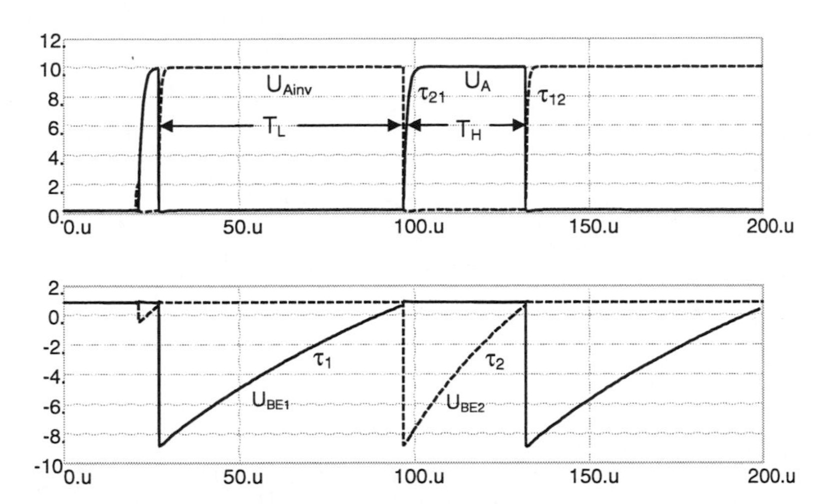

Bild 7-23: Pegeldiagramme des Rechteck-Oszillators

Dieser Ablauf wiederholt sich dann periodisch. Man kann für die beiden Teilvorgänge jeweils dieselbe mathematische Beschreibung verwenden, wie sie in Kapitel 7.2.4.2 entwickelt wurde. Folglich ergeben sich für die quasistabilen Zustände bei entsprechender Änderung der Bezeichner aus Gl. 7-18 die beiden Zeitspannen, die Pulsdauer T_H und Pausendauer T_L genannt werden:

Gl. 7-23:

$$T_L = \tau_1 \cdot \ln\left(\frac{2\,U_B - U_{CR} - U_S}{U_B - U_S}\right) \approx \tau_1 \cdot \ln(2) \approx 0{,}7\ \tau_1$$

$$T_H = \tau_2 \cdot \ln\left(\frac{2\,U_B - U_{CR} - U_S}{U_B - U_S}\right) \approx \tau_2 \cdot \ln(2) \approx 0{,}7\ \tau_2$$

$$\tau_1 = Rb1\ C1, \quad \tau_2 = Rb2\ C2$$

Die resultierende Schwingfrequenz ist somit:

Gl. 7-24:

$$f_0 = \frac{1}{T_L + T_H}$$

Die Anstiegsflanken der Ausgangsspannungen U_A bzw. U_{Ainv} sind wieder mit den Zeitkonstanten τ_{21}=*Rc2 C1* bzw. τ_{12}=*Rc1 C2* verzögert, weil die Koppelkondensatoren über die Kollektorwiderstände *Rc1 und Rc2* umgeladen werden müssen.

7.2.5.3. Quarz-Oszillator mit Komplementär- MOSFET-Inverter

Der Multivibrator in Bild 7-22 hat den Nachteil, dass die Schwingfrequenz von Widerständen abhängt. Widerstände können durch thermische Einwirkung Werte-Änderungen erfahren, die eine erhebliche Abweichung der tatsächlichen Schwingfrequenz von der Sollfrequenz verursachen. Diesem Nachteil wird durch Einsatz eines Quarzes als frequenzbestimmendes Element entgangen. Die Schaltung eines Quarz-Oszillators ist in Bild 7-24 zusammen mit dem Quarz-Ersatzbild gezeigt. Schwingquarze können zu mechanischen Schwingungen angeregt werden, die eine sehr geringe relative Frequenzabweichung von weniger als 10^{-6} bezüglich ihrer Sollfrequenz aufweisen.

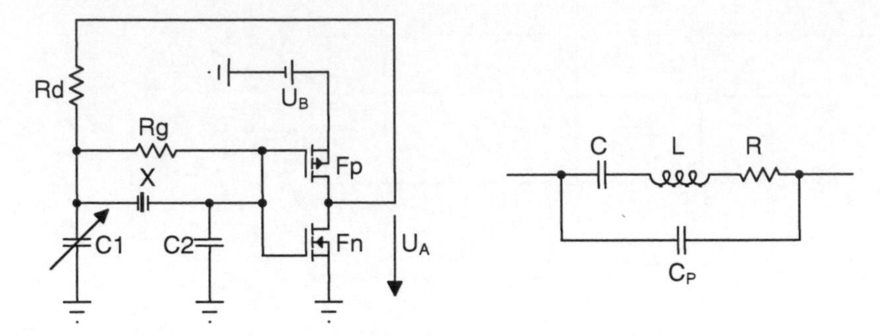

Bild 7-24: Quarz-Oszillator und Quarz-Ersatzbild

Quarzkristalle sind für Frequenzen ab etwa 10 KHz bis hin zu 10 MHz erhältlich, wobei Oberwellen-Quarze bis zu etwa 250 MHz verwendbar sind. Aufgrund des Rechteckcharakters der Schwingungen entstehen ausgeprägte Oberwellen, die bei Oberwellenquarzen selektiv verstärkt werden. Obwohl Quarze für bestimmte Frequenzen individuell angefertigt müssen, existiert eine Vielzahl von frei verfügbaren Quarzen für häufig verwendete Frequenzen. Hierzu gehören die Frequenzen 100 KHz, 1 MHz, 2 MHz, 4 MHz, 5 MHz und 10 MHz.

Das Quarz-Ersatzbild in Bild 7-24 enthält den Widerstand R, der die Dämpfung der Quarzschwingung festlegt. Die beiden Kapazitäten C und C_P sind so dimensioniert, dass die Reihen-Resonanzfrequenz und die Prallel-Resonanzfrequenz des Quarzes nahe beieinander liegen. Für $R = 0$ erhält man die Reihen-Resonanzfrequenz f_R durch Nullsetzen des Zählerpolynoms und die Parallel-Resonanzfrequenz f_P durch Nullsetzen des Nennerpolynoms der Quarzimpedanz:

Gl. 7-25:

$$Z_Q = \frac{1}{(j\omega)(C_P + C)} \frac{1 + (j\omega)^2 L\,C + j\omega RC}{1 + (j\omega)^2 L/(1/C_P + 1/C) + j\omega R/(1/C_P + 1/C)}$$

$$f_R = \frac{1}{2\pi\sqrt{L\,C}}, \quad f_P = \frac{\sqrt{1 + C/C_P}}{2\pi\sqrt{L\,C}}$$

Die beiden Resonanzfrequenzen liegen folglich nur nahe beieinander, wenn $C_P >> C$ ist. Typische Parameter für Schwingquarze sind:

Q	C_P	R
>10 000	5 pF	< 500 Ω

Hierbei ist Q die Güte des Quarzes, die definiert ist als:

$$Q = \frac{1}{R}\sqrt{\frac{L}{C}}$$

Aus diesen Werten und der Kenntnis der Resonanzfrequenz $f_R \approx f_P$ können die Serienkapazität C und die Induktivität L des Quarz-Ersatzbildes berechnet werden:

Gl. 7-26:

$$L = \frac{R\,Q}{2\,\pi\,f_R}$$

$$C = \frac{1}{2\,\pi\,f_R\,R\,Q}$$

Bei der Resonanzfrequenz f_R wird die Quarzimpedanz mit $Z_Q = R \,//\, (1/(j\,\omega\, C_p)) \approx R$ nahezu reellwertig.

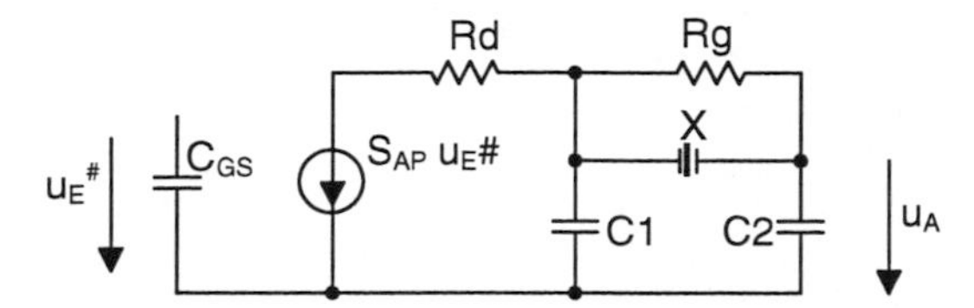

Bild 7-25: K-WEB des Ringverstärkers zur Schaltung in Bild 7-24

In der Oszillator-Schaltung in Bild 7-24 bildet der Quarz *X* im Zusammenhang mit den Kondensatoren *C1* und *C2* einen Reihenschwingkreis. Die Anregung des Schwingkreises erfolgt über den gemeinsamen Drainanschluss der beiden selbstsperrenden komplementären MOSFETs, die jeweils in Sourceschaltung betrieben werden. Der Strom I_{Diff}, der durch die Differenz der Drainströme der Transistoren *Fn*, *Fp* gebildet wird und über den Widerstand *Rd* abfließt, kann mit Hilfe von Gl. 2-58 berechnet werden zu:

$$I_{Diff} = I_{Dn} - I_{Dp} = \left((U_{GSn}/U_P - 1)^2 - ((U_B - U_{GSn})/U_P - 1)^2\right) I_{D0}$$

Hierbei wurde vereinfachend unterstellt, dass die Transistoren nahezu betragsgleiche Kenngrößen I_{D0}, U_P und $KF_{EA} \approx 1$ aufweisen. Nach Zusammenfassung der Gleichung ergibt sich:

Gl. 7-27:
$$I_{Diff} = S_{AP0}\left(U_{GSn} - U_B/2\right), \qquad S_{AP0} = \frac{2\, I_{D0}}{U_P}\left(\frac{U_B}{U_P} - 2\right)$$

Da der Drainstrom der beiden Transistoren vor Einsetzen der Schwingung identisch sein muss, ist $I_{Diff} = 0$ und die Gate-Sourcespannungen der beiden Transistoren sind entsprechend Gl. 7-27 betragsgleich ($U_{GSn} = |U_{GSp}| = U_B/2$). Mittels des Widerstands *Rg*, der wegen des hochohmigen Eingangswiderstands der Transistoren ebenfalls sehr hochohmig (typ. einige MΩ) gewählt werden kann, wird dann die Ausgangsspannung U_A im Arbeitspunkt auf etwa die Hälfte der Betriebsspannung festgelegt.

Zur Ermittlung der Ringverstärkung der Schaltung in Bild 7-24 soll die modifizierte Schaltung in Bild 7-25 bei der Resonanzfrequenz f_R betrachtet werden. Mit der Annahme $Z_Q \approx R << R_g$ kann folgende Gleichung für die Ringverstärkung aufgestellt werden:

Gl. 7-28:
$$V_R = \frac{u_A}{u_E{}^{\#}} = -\frac{S_{AP}}{j\,\omega_R\, C2}\;\frac{1}{(C1/C2 + 1) + j\,\omega_R\, R\, C1} \approx \frac{j\, S_{AP}}{\omega_R\,(C1 + C2)}$$

Hierbei wurde ausgenutzt, dass $j\,\omega_R\, R << 1 + C1/C2$ ist. Während des Anschwingvorgangs kann die Schwingungsamplitude als so gering angesehen werden, dass beide Transistoren im Linearbereich arbeiten. Der Steilheit S_{AP} im Arbeitspunkt ($U_{GSn} = |U_{GSp}| = U_B/2$) der beiden MOSFET *Fn* und *Fp* kann entsprechend Gl. 6-12 der Frequenzverlauf eines Tiefpasses 1. Ordnung zugeordnet werden

$$S_{AP} = \frac{S_{AP0}}{1 + j\,f/f_{gi}}\;,$$

wobei f_{gi} die 3dB-Grenzfrequenz angibt und S_{AP0} durch Gl. 7-27 definiert ist. Aus Gl. 7-28 erhält mann dann für die Ringverstärkung während des Anschwingvorgangs:

$$V_R = \frac{j\, S_{AP0}}{\omega_R\,(C1 + C2)\left(1 + j\, f_R / f_{gi}\right)} \approx \frac{S_{AP0}\, f_{gi}}{2\pi\, f_R^{\,2}\,(C1 + C2)}$$

Nur unter der Voraussetzung, dass die Resonanzfrequenz $f_R >> f_{gi}$ ist, wird die Ringverstärkung nahezu positiv reell und es liegt Mitkopplung vor. Ein sicheres Anschwingen ist aber nur dann gewährleistet, wenn $V_R > 1$ ist. Folglich muss mit Gl. 7-27 gelten:

Gl. 7-29:
$$C1 + C2 < \frac{S_{AP0}\, f_{gi}}{2\pi\, f_R^{\,2}} = \frac{f_{gi}\, I_{D0}}{\pi\, f_R^{\,2}\, U_P}\left(\frac{U_B}{U_P} - 2\right)$$

Nach Einsetzen der Schwingung geraten die Transistoren um so schneller abwechselnd in die Sättigung und somit in den eingeschwungenen Zustand, je größer die Verstärkung

Gl. 7-30:
$$V = \left|\frac{u_A}{u_{GSn}}\right| \approx S_{AP}\; Rd \approx \frac{2\, f_{gi}\, I_{D0}\, Rd}{f_R\, U_P}\left(\frac{U_B}{U_P} - 2\right)$$

ist. Der Widerstand *Rd* wird üblicherweise so dimensioniert, dass sich Verstärkungen > 40 dB bei der Reihen-Resonanzfrequenz f_R ergeben. Die Kapazitäten *C1*, C2 werden möglichst in der Größenordnung von C_P festgelegt, wobei einer der Kondensatoren als trimmbar ausgeführt ist, um einen Feinabgleich der Resonanzfrequenz durchführen zu können. Um die Frequenzänderung durch *C1* bzw. *C2* ermitteln zu können, ist zunächst die veränderte Impedanz Z_{Qv}, die aus der Reihenschaltung des Quarzes mit den Kapazitäten entsteht, zu ermitteln:

$$Z_{Qv} = Z_Q + \frac{1}{j\omega\, C_v}, \quad \frac{1}{C_v} = \frac{1}{C1} + \frac{1}{C2 + 2\, C_{GS}}$$

Zu beachten ist hierbei, dass *C2* parallel zu den Gate-Source-Kapazitäten C_{GS} der beiden MOSFET geschaltet ist. Nach Einsetzen von Z_Q aus Gl. 7-25 erhält man bei Vernachlässigung von *R* und durch Nullsetzen des Zählerpolynoms die veränderte Reihen-Resonanzfrequenz:

$$f_{Rv} = \frac{\sqrt{1 + C/(Cp + C_v)}}{2\pi\sqrt{L\, C}} = f_R\sqrt{1 + \frac{C}{Cp + C_v}}$$

Die Parallel-Resonanzfrequenz f_P bleibt unverändert. Da $C << C_p + C_v$ sein soll, kann der Wurzelausdruck in der obigen Gleichung in eine Reihe entwickelt werden, die bereits nach dem linearen Term abgebrochen wird:

$$f_{Rv} = f_R\,\sqrt{1 + x} \approx f_R\left(1 + \frac{1}{2}\,x\right) = f_R + \frac{C}{2\left(C_p + C_v\right)} f_R$$

Somit erhält man die relative Änderung der Reihen-Resonanzfrequenz:

Gl. 7-31:
$$\frac{\Delta f_R}{f_R} = \frac{C}{2\left(C_p + C_v\right)}$$

Die Frequenzänderung wird maximal für $C_v \to 0$. Da *C2* mit den Gate-Sourcekapazitäten der Transistoren parallel geschaltet ist, kann zur Erzielung maximaler Frequenzänderung nur *C1* in der Schaltung aus Bild 7-24 als trimmbar gewählt werden. Um den Resonanzkreis möglichst gering zu beeinflussen, wird dem Schaltkreis in Bild 7-24 häufig ein Verstärker mit hohem Eingangswiderstand nachgeschaltet. Hierzu kann nochmals dieselbe invertierende Komplementärstufe verwendet werden, wie sie durch die Transistoren *Fn* und *Fp* gebildet wird.

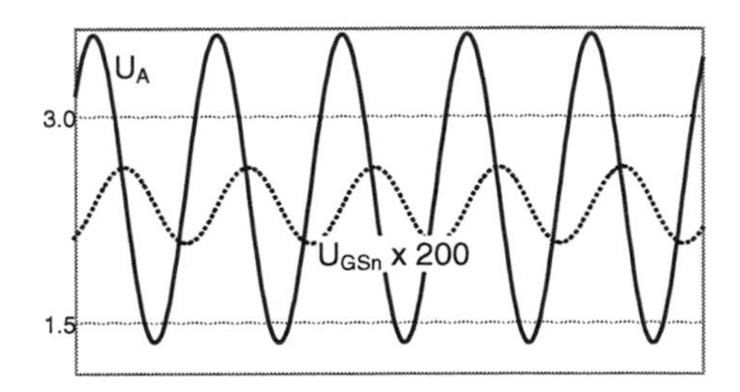

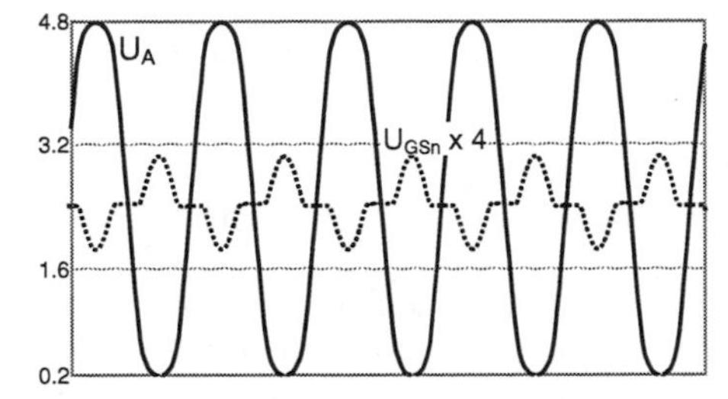

Einschwingvorgang — Eingeschwungener Zustand

Bild 7-26: Spannungsverläufe des Quarz-Oszillators in Bild 7-24

Die Schaltung des Quarz-Oszillators soll nun beispielhaft für die in Tabelle 7-2 aufgeführten Parameter dimensioniert werden.

I_{D0}	$\|U_p\|$	f_{gi}	U_B	f_R	Q	C_p	R
120 mA	1,7 V	1 KHz	5 V	200 KHz	15 000	5 pF	100 Ω

Tabelle 7-2: Parameter-Beispiel zur Schaltung in Bild 7-24

Es wurden also MOSFET mit $f_{gi} << f_R$ gewählt, um bei f_R eine 90°-Phasenrückdrehung der Steilheit S_{AP} zu erzielen. Wie es aus Gl. 7-28 ersichtlich ist, wird dadurch die Ringverstärkung positiv reell und das Anschwingen erst ermöglicht. Mit Gl. 7-26 erhält man für die Quarz-Serien-Kapazität C = 0,53 pF und für die Quarz-Induktivität L=1194 mH. Die Auflösung von Gl. 7-30 nach Rd liefert:

$$Rd = \frac{V\,U_P\,f_R}{2I_{D0}\,f_{gi}\,(U_B/U_P - 2)}$$

Bei einer gewünschten Verstärkung von V = 100 resultiert dann für $Rd \approx$ 150 KΩ. Unter Anwendung von Gl. 7-29 wird der Maximalwert von $C1 + C2$ = 529 pF ermittelt. Bei diesem Wert stellt sich gerade V_R =1 ein. Um die Ringverstärkung für ein sicheres Anschwingen größer zu gestalten, wird mit $C2$ = 100 pF und $C1$ = 50 pF der Summenwert kleiner als der Maximalwert gewählt. Da $C1$ trimmbar sein soll, kann hier ein drehbarer Scheibenkondensator (typ. < 50 pF) verwendet werden. Die Frequenzabweichung von der Reihen-Resonanzfrequenz f_R durch die Reihenschaltung des Quarzes mit C_v beträgt gemäß Gl. 7-31 $\Delta f_R = f_{Rv} - f_R$ = 1384 Hz, wobei allerdings die Gate-Source-Kapazität der MOSFET nicht berücksichtigt wurde. Die durch Trimmen von $C1$ maximal mögliche Frequenzabweichung von der veränderten Reihen-Resonanzfrequenz f_{Rv} = 201,384 KHz erhält man zu $\Delta f_{Rvmax} = f_{Rv}(C1 = 0) - f_{Rv}\,(C1 = 50\text{ pF})$ =879 Hz, was relativ 4,4 ‰ ausmacht.

Der Einschwingvorgang für den so dimensionierten Quarz-Oszillator ist im linken Diagramm von Bild 7-26 dargestellt. Da der Wechselanteil der Ausgangsspannung U_A dem Wechselanteil der Gate-Sourcespannung U_{GSn} um 90° nacheilt, liegt wegen der 90°-Phasenvoreilun g der Spannung an $C1$ Mitkopplung vor und die Amplitude von U_A nimmt wegen V_R > 1 mit wachsender Zeit zu. Wenn U_A sich den Aussteuergrenzen nähert, geraten die Transistoren abwechselnd in die Sättigung und ihr Drain-Sourcewiderstand R_{DS0} beträgt gemäß Gl. 2-60 nur noch 3,6 Ω. Wie es aus dem rechten Diagramm von Bild 7-26 ersichtlich ist, nimmt U_{GSn} im Bereich der Flanken von U_A ungefähr den Wert U_B / 2 an. Folglich arbeiten im Bereich der Flanken beide Transistoren wie beim Anschwingen im Linearbereich und der Schwingvorgang wird durch den Stromfluss über Rd mitkoppelnd unterstützt. Im Bereich der Sättigung nimmt V wegen des wechselseitig auftretenden, sehr geringen Drain-Sourcewiderstands drastisch ab und U_{GS} nimmt erheblich zu. Gleichzeitig wird der Stromfluss über Rd unterbrochen und die Spannung an $C1$ ist nahezu identisch mit U_A.

Der Strom durch *C1* kann dann nur über den *Quarz* und die Parallelschaltung $C2 \,//\, (2\, C_{GS})$ fließen, so dass U_{GS} gegenphasig zu U_A sein muss.

7.2.5.4. Collpitts-Sinus-Oszillator

Für Resonanzfrequenzen oberhalb von ca. 250 MHz, für die keine geigneten Quarze mehr verfügbar sind, müssen Schwingkreise aus Spulen und Kapazitäten aufgebaut werden. Die Güte derartiger Schwingkreise ist aufgrund der höheren Dämpfung, die hauptsächlich durch die ohmschen Spulenwiderstände bedingt ist, erheblich geringer als bei Quarz-Resonatoren.

So besteht beispielsweise der Collpits-Oszillator in Bild 7-27 aus einem Schwingkreis, der aus der Spule mit der Induktivität *L* und aus der Reihenschaltung der Kondensatoren *CA*, *CB* gebildet wird. Die Resonanzfrequenz beträgt somit:

Gl. 7-32: $$f_0 = \frac{1}{2\pi}\sqrt{\frac{1}{L}\left(\frac{1}{C_A}+\frac{1}{C_B}\right)}$$

Da der Transistor *Bn* in Basisschaltung betrieben wird, ist die Ringverstärkung positiv und es liegt eine Mitkopplung vor.

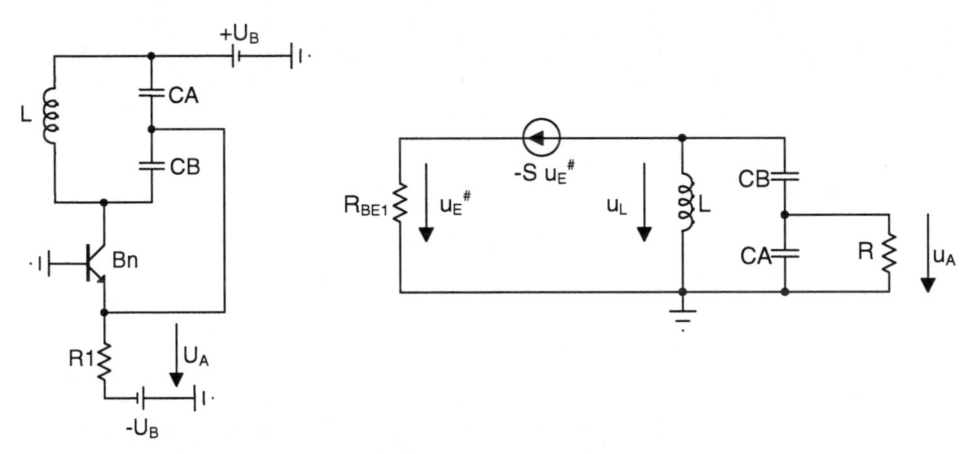

Bild 7-27: Collpits-Oszillator und K-WEB des Ringverstärkers

Zur Ermittlung der Ringverstärkung wird die Oszillator-Schaltung am Emitter von *Bn* aufgetrennt und dort mittels einer Spannungsquelle der Spannung $U_E^{\#}$ gespeist. Das Kleinsignal-Wechselspannungsersatzbild (K-WEB) der auf diese Weise modifizierten Oszillator-Schaltung ist in Bild 7-27 auf der rechten Seite dargestellt. Da sich durch die Auftrennung die Belastung am Emitter von *Bn* ändert, wird diese Veränderung im K-WEB durch den Ersatzwiderstand *R* berücksichtigt. *R* ist der Widerstand, der von der Rückführung aus in die unveränderte Schaltung hinein gesehen wird. *R* besteht aus der Parallelschaltung von *R1* und dem Eingangswiderstand am Emitter. Gemäß Gl. 3-11 erhält man hierfür:

$$R = R1 \,//\, \left(1/S_{AP}\right)$$

Da sich in der Oszillator-Schaltung nach dem Einschwingvorgang die Resonanzfrequenz f_0 einstellen wird, kann die Analyse auf diese Frequenz beschränkt werden. Der Ersatzwiderstand des durch *R* belasteten Schwingkreises beträgt im Resonanzfall:

$$Z_{Ers} = \left(1 + \frac{C_A}{C_B}\right)\left(\frac{1}{j\omega_0\, C_B} + \left(1 + \frac{C_A}{C_B}\right) R\right)$$

Bei der Resonanzfrequenz erhält man die Ausgangsspannung u_A in Abhängigkeit der Spulenspannung u_L zu:

$$\frac{u_A}{u_L} = \frac{R\,(1 + C_A/C_B)}{Z_{Ers}}$$

Somit resultiert die Ringverstärkung:

Gl. 7-33: $$V_R = \frac{u_A}{u_E^{\#}} = \frac{u_A}{u_L}\, S_{AP}\, Z_{Ers} = \left(1 + \frac{C_A}{C_B}\right) \frac{1}{1 + 1/(S_{AP}\, R1)}$$

Die Schaltung ist nur dann instabil und beginnt zu schwingen, wenn $V_R \geq 1$ ist. Somit ergibt sich die Schwingbedingung:

Gl. 7-34: $$S_{AP}\ R1 \geq \frac{C_B}{C_A}$$

Da im eingeschwungenen Zustand die Spule gleichspannungsmäßig als Kurzschluss anzusehen ist, kann mit Gl. 2-41 die Bedingung in Gl. 7-34 umgeformt werden zu:

Gl. 7-35: $$S_{AP}\ R1 = \frac{U_B - U_{BE1AP}}{U_T} \approx \frac{U_B - U_S}{U_T} \geq \frac{C_B}{C_A}$$

In Bild 7-28 ist der Einschwingvorgang des Collpits-Oszillators für *CB /CA* = 8 gezeigt. Bei der Betriebsspannung von U_B = 5 V erhält man mit der Schwellenspannung U_S = 0,7 V und der Temperaturspannung U_T = 30 mV aus Gl. 7-35:

$$\frac{4{,}3\ V}{30\ mV} = 143{,}3 \geq \frac{C_B}{C_A}$$

Mit *CB /CA* = 8 << 143,3 ist hier die Schwingbedingung deutlich übererfüllt, so dass ein sicheres Anschwingen gewährleistet ist. Wird das Verhältnis *CB /CA* größer, so wird auch die Amplitude der Schwingung kleiner, bis sich oberhalb von *CB /CA* ≈140 keine Schwingung mehr einstellt. Bei kleinerem Verhältnis *CB /CA* wird die Amplitude größer, bis die Begrenzung durch die Betriebsspannungen eintritt. In diesem Fall resultiert eine rechteckförmige Schwingung mit hohem Oberwellengehalt.

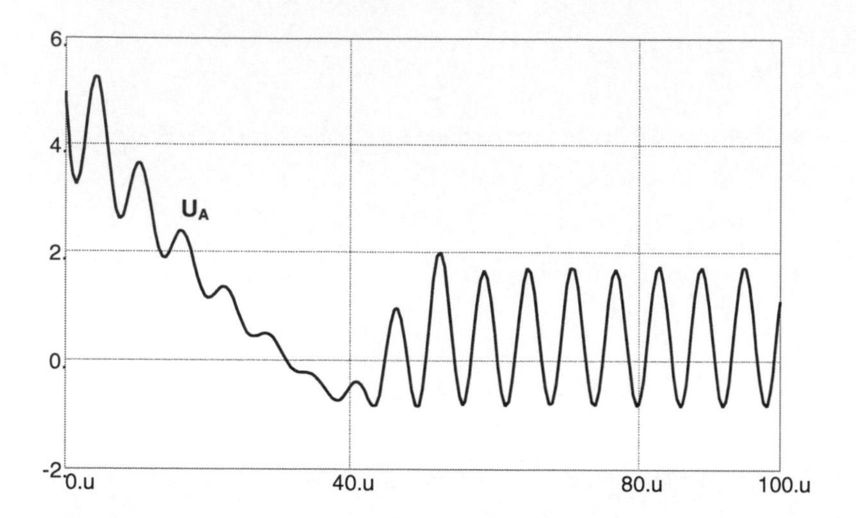

Bild 7-28: Einschwingvorgang des Collpits-Oszillators für *CB /CA* = 8

Im eingeschwungenen Zustand ist der Transistor für die negative Halbwelle nahezu gesperrt und die Steilheit nimmt dadurch soweit ab, bis die Rinverstärkung genau 1 ist. Somit stellt sich eine stabile, weder an- noch abklingende Schwingung von U_A ein.

Wie es aus Bild 7-28 ersichtlich ist, beginnt die stabile Schwingung erst dann, wenn die Ausgangsspannung U_A die Schwellenspannung $U_S \approx 0{,}7$ V des Transistors *Bn* unterschritten hat. Dann wird *Bn* leitend, so dass aufgrund der erst jetzt ausreichenden Ringverstärkung die Schwingbedingung erfüllt wird. Kurz nach dem Einschalten entsteht zwar auch eine Schwingung der Resonanzfrequenz f_0. Diese Schwingung klingt allerdings aufgrund des noch gesperrten Transistors wieder ab.

Beim Einschalten von U_B sind die Kapazitäten zunächst ungeladen und es kann ein nahezu konstanter Ladestrom über die Spule fließen. Demnach sind für den Ladevorgang die Kapazitäten als parallel geschaltet anzusehen, da der Kollektorstrom von *Bn* noch Null ist. Die Ausgangsspannung sinkt demnach beginnend bei $U_{Anf} = U_B = 5$ V mit der Zeitkonstante

$$\tau = R1\,(CA + CB)$$

bis zum theoretischen Endwert $U_{Ende} = -U_B$. Dieser Endwert wird allerdings nicht erreicht, da vorher der Transistor *Bn* bei $U_A = -U_S$ leitend wird. Mit Hilfe von Gl. 7-17 kann die Einschwingzeit T_S berechnet werden zu:

Gl. 7-36:

$$T_S = \tau \ln \frac{2\,U_B}{U_B - U_S} \approx \tau \ln 2 \approx 0{,}7\,\tau$$

$$\tau = R1\,(CA + CB)$$

Für das vorliegende Beispiel, dem das Diagramm in Bild 7-28 zu Grunde liegt, ergibt sich mit $CA = 10$ nF, $CB = 8\ CA = 80$ nF und $R1 = 500\ \Omega$ eine Einschwingzeit von $T_S \approx 38\ \mu$s.

8. Digitale Schaltungsfamilien

Die grundlegenden Prinzipien der mathematischen Aussagelogik wurden bereits im Altertum aufgestellt. Wesentliche Beiträge hierzu lieferten die griechischen Philosophen Plato, Sokrates und Aristoteles in der Zeit zwischen 500 bis 300 v. Chr. Die erste Anwendung dieser Aussagelogik auf binäre Grundschaltungen erfolgte durch den englischen Mathematiker George Boole (1815-1864). Im Jahre 1938 entwickelte Shannon den Boole'schen Formalismus zu der heute noch verwendeten Fassung weiter.

Die Grundgesetze der Bool'schen Schaltalgebra, die auch Axiome genannt werden, beziehen sich auf die logischen Verknüpfungen NICHT = NOT, UND = AND, ODER = OR und sind in Tabelle 8-1 definiert.

NOT	AND	OR
	$0 \bullet 0 = 0$	$0 + 0 = 0$
$\overline{1} = 0$	$0 \bullet 1 = 0$	$0 + 1 = 1$
$\overline{0} = 1$	$1 \bullet 0 = 0$	$1 + 0 = 1$
	$1 \bullet 1 = 1$	$1 + 1 = 1$

Tabelle 8-1: Axiome der Schaltalgebra

Aus diesen Axiomen lassen sich alle logischen Verknüpfungen ableiten, die zur Lösung komplexer Aufgabenstellungen notwendig sind.

In digitalen Schaltungen werden Logikzustände im Allgemeinen durch elektrische Spannungswerte U_X gekennzeichnet. Für positive Logik werden folgende drei Bereiche unterschieden.

a. $U_X \leq U_L$ $X = L$ *(Low)* $\hat{=}$ 0

b. $U_L < U_X < U_H$ X = undefiniert

c. $U_X \geq U_H$ $X = H$ *(High)* $\hat{=}$ 1

Hierbei sind U_L, U_H die Schwellenspannungen für die binären Zustände *L* bzw. *H,* denen die logischen Werte 0 oder *false* bzw. 1 oder *true* zugeordnet sind. Bei negativer Logik sind die Zuordnungen invertiert.

Arbeitstabelle			Pegeltabelle			Wahrheitstabelle		
U_{X1}	U_{X2}	U_Y	X1	X2	Y	X1	X2	Y
0V	0V	0V	L	L	L	0	0	0
0V	4V	4V	L	H	H	0	1	1
4V	0V	4V	H	L	H	1	0	1
4V	4V	4V	H	H	H	1	1	1

Tabelle 8-2: Tabellen für die logische Funktion Y = f (X1, X2) mit U_L=0,8 V, U_H=2,5 V

Die Abhängigkeit der Ausgangsvariablen von den Eingangsvariablen einer logischen Verknüpfung kann in Tabellenform angegeben werden. Entsprechend der obigen Zuordnung wird in Arbeits-, Pegel- und Wahrheitstabelle unterschieden. Tabelle 8-2 zeigt diese Tabellen beispielsweise für die logische OR-Verknüpfung für n = 2 Eingangsvariablen, für die 2^n = 4 Kombinationen existieren. Die Zuordnungen in Tabelle 8-2 basieren auf positiver Logik, die auch für die weiteren Betrachtungen gelten soll.

Im Folgenden werden die unterschiedlichen Schaltungskonzepte zur Realisierung von logischen Grundschaltungen für die Axiome aus Tabelle 8-1 erläutert. Schaltungen für die Axiome NOT (Inverter), AND, OR und weitere Elementarverknüpfungen, wie NAND, NOR usw. werden als Gatter (Gate) bezeichnet.

Aufgrund der raschen Entwicklung im Bereich der Halbleiter-Technologie sind digitale Schaltkreise nahezu ausschließlich in integrierter Form ausgeführt. Integrierte Schaltkreise (Integrated Circuit) enthalten eine Vielzahl von Transistoren auf einem Substrat. Bezüglich der Integrationsdichte sind die Bezeichnungen gemäß Tabelle 8-3 gebräuchlich.

Abkürzung	Bezeichnung	Anzahl Transistoren/IC
SSI	Small Scale Integration	< 50
MSI	Medium Scale Integration	50...500
LSI	Large Scale Integration	$500 \ldots 50 \cdot 10^3$
VLSI	Very Large Scale Integration	$50 \cdot 10^3 \ldots 500 \cdot 10^3$
ULSI	Ultra Large Scale Integration	$> 500 \cdot 10^3$

Tabelle 8-3: Bezeichnungen der gebräuchlichen Integrationsdichten

Hoch integrierte Baugruppen (ULSI), wie beispielsweise aktuelle Mikroprozessoren mit mehr als 10^7 Transistoren, werden aufgrund des geringeren Energieverbrauchs und den hiermit verbundenen geringeren Wärmeproblemen ausschließlich in CMOS (Complementary Metal Oxide Semiconductor)-Technologie entwickelt. Wie in Kapitel 8.1.2 noch näher ausgeführt wird, benötigen CMOS-Baugruppen im statischen Betrieb einen verschwindend geringen Ruhestrom. Im dynamischen Betrieb wächst der Ruhestrom mit der Taktfrequenz.

8.1. Transistor-Transistor-Logik (TTL)

In den 70er-Jahren des 20. Jahrhunderts begann die industrielle Fertigung digitaler Schaltkreise in integrierter Form, wobei zunächst bipolare Transistoren auf Silizium-Basis eingesetzt wurden. Eine der wichtigsten bipolaren Schaltkreis-Familien, die Transistor-Transistor-Logik (TTL) genannt wurde, findet heute noch (zum Teil in abgewandelter Form) verbreitete Anwendung.

8.1.1. Standard-TTL-Schaltungen

In Bild 8-1 sind die Schaltung und die Pegeldiagramme eines vereinfachten TTL-Inverters dargestellt. Ist $X = H$ (3,5 V), so ist $U_{BC1} > 0$ und *Bn1* in der Sättigung, da seine Basis-Kollektor-Diode leitet. Aufgrund des negativen Kollektorstroms, der über die Basis-Emitterdiode von *Bn2* abfließt, wird *Bn1* invers betrieben. Sein Kollektorstrom beträgt:

$$-I_{C1H} = I_{B2H} = \frac{Ucc - U_{BC1} - U_{BE2}}{R1} \approx \frac{5\,V - 0{,}5\,V - 0{,}7\,V}{4\,K\Omega} = 0{,}95\ mA$$

Daher ist die Basis-Emitterspannung U_{BE1} des Transistors *Bn1* negativ und sein Basisstrom verschwindet:

$$U_{BE1H} = Ucc - X_H - R1\,I_{B2H} = 5\,V - 3{,}5\,V - 3{,}8\,V = -\,2{,}3\,V \;\Rightarrow\; I_{B1H} = 0.$$

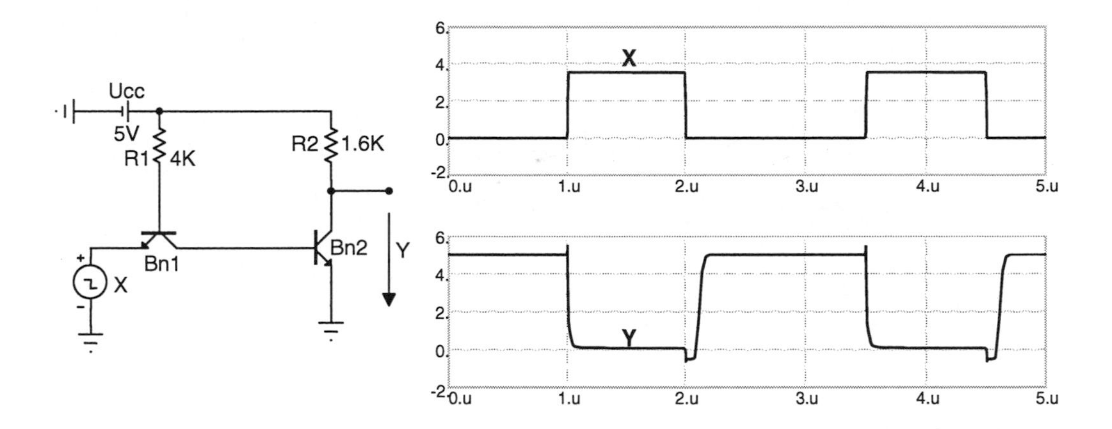

Bild 8-1: Vereinfachter TTL-Inverter und Pegeldiagramme

Bei einer typischen Stromverstärkung von B = 100 des Transistors *Bn2* würde sich theoretisch sein Kollektorstrom zu I_{C2} = 95 mA einstellen. Da jedoch die Spannung an der Basis-Kollektordiode von *Bn2* nicht über 0,5 V steigen kann, wird der Kollektorstrom von *Bn2* auf

$$I_{C2H} = \frac{Ucc - U_{CR2}}{R2} = \frac{5\ V - 0{,}2\ V}{1{,}6\ K\Omega} = 3\ mA$$

begrenzt. *Bn2* befindet sich also im Normalbetrieb und ist ebenfalls gesättigt. *Y* ist mit der Kollektor-Emitter-Restspannung von 0,2 V auf *L*-Pegel.

Befindet sich *X1* auf *L*-Pegel (0,1 V), so ist die Basis-Emitter-Diode von *Bn1* leitend und der Basisstrom beträgt:

$$I_{B1L} = \frac{Ucc - X_L - U_{BE1L}}{R1} \approx \frac{5\ V - 0{,}1\ V - 0{,}7\ V}{4\ K\Omega} = 1{,}05\ mA$$

Da der Kollektorstrom von *Bn1* über die gesperrte, hochohmige Basis-Kollektor-Diode von *Bn2* fließen muss, ist dieser deutlich geringer als der theoretische Wert $B\ I_{B1L}$ = 105 mA. Folglich ist *Bn1* in der Sättigung und *Bn2* gesperrt, da seine Basis-Emitterspannung zu gering ist:

$$U_{BE2L} = X_L + U_{CR2} \approx 0{,}1\ V + 0{,}2V = 0{,}3V < U_S$$

Der Ausgang *Y* liegt somit auf H-Pegel (5 V). Der Nachteil der Schaltung aus Bild 8-1 ist die starke Änderung des ausgangsseitigen Innenwiderstandes R_{iA} in den beiden verschiedenen Schaltzuständen. Für *Y* = *L* wird R_{iA} durch den Innenwiderstand des gesättigten Transistors *Bn2* bestimmt (unter 50 Ω). Für *Y* = *H*, also bei gesperrtem *Bn2*, beträgt R_{iA} = 1,6 KΩ. Daher werden TTL-Schaltungen üblicherweise um eine Gegentakt-Treiberstufe erweitert. In Bild 8-2 ist eine NAND-Schaltung mit einer solchen Treiberstufe dargestellt. Die zugehörigen Pegeldiagramme zeigt Bild 8-3.

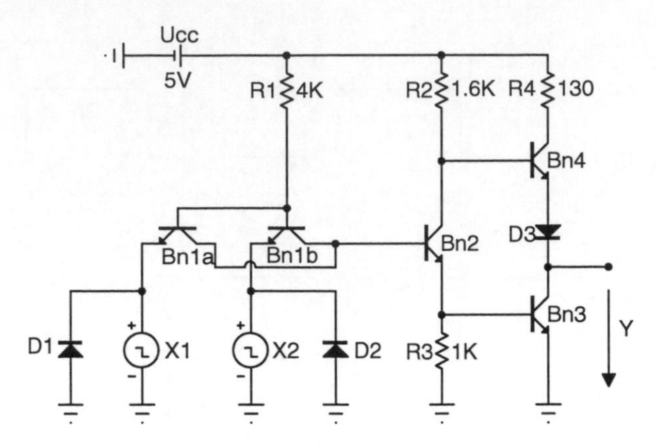

Bild 8-2: NAND-Schaltung in TTL-Technik

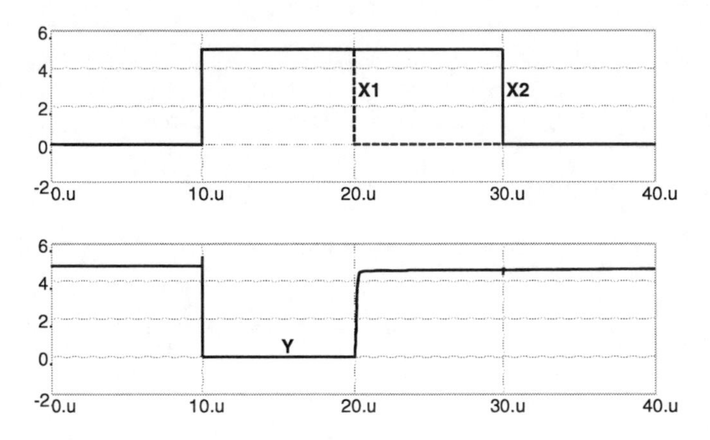

Bild 8-3: Pegeldiagramme der NAND-Schaltung in TTL-Technik

Die an den Eingängen angebrachten Klemm-Dioden *D1* und *D2* schützen die Schaltung vor negativer Überspannung. Die NAND-Funktion wird am Eingang durch die Transistoren *Bn1a* und *Bn1b* realisiert, die in einer integrierten Schaltung als ein einziger Multi-Emitter-Transistor *Bn1* ausgeführt werden. Für *X1* = *L* und/oder *X2* = *L* befindet sich *Bn1* in der Sättigung und *Bn2* sperrt. Folglich leitet *Bn4* und da *Bn3* sperrt, gerät *Bn4* in die Sättigung und es resultiert *Y* = *H*. Sind beide Eingänge *X1* = *X2* = *H*, so fließt der Basisstrom von *Bn2* über die Basiskollektordiode von *Bn1* (Inversbetrieb) und *Bn2* ist gesättigt. Somit würde sich ein theoretischer Spannungsabfall an *R3* von

$$U_{R3} = \frac{R3}{R1}\left(Ucc - U_{CR2}\right) = \frac{1K\Omega}{1{,}6K\Omega}\left(5V - 0{,}2V\right) = 3V$$

einstellen, der jedoch nicht erreicht werden kann, da zuvor die Basis-Emitterdiode von *Bn3* leitend wird. Da die Basis-Emitterspannung $U_{S3} \approx 0.7$ V von *Bn3* zuzüglich der Kollektor-Emitterrestspannung $U_{CR3} \approx 0.2$ V von *Bn2* nicht ausreicht, die Diode *D3* und die Basis-Emitterdiode von *Bn4* in den leitenden Zustand zu versetzen, sperrt *Bn4* und *Bn3* geht in die Sättigung. Folglich liegt *Y* auf *L*-Potential. Aufgrund der Treiberstufe ergibt sich nun der Ausgangswiderstand R_{iA} zu:

$$Y = L \quad : \quad R_{iA} = R_{CE3Sät} \approx 10\ \Omega$$
$$Y = H \quad : \quad R_{iA} = R_{CE4Sätt} + R_{D3} + R4 \approx 140\ \Omega$$

Die Wahrheitstabelle der NAND-Schaltung zeigt Tabelle 8-4. Die Schaltung ist durch Hinzufügen von weiteren Transistoren *Bn1* auf die Mehrfach-NAND-Funktion erweiterbar.

NAND

X1	X2	$Y = \overline{X_1 \bullet X_2}$
0	0	1
0	1	1
1	0	1
1	1	0

NOR

X1	X2	$Y = \overline{X_1 + X_2}$
0	0	1
0	1	0
1	0	0
1	1	0

Tabelle 8-4: NAND- und NOR-Funktion

Mittels der Schaltung in Bild 8-2 erhält man durch Verzicht auf *Bn1b* einen Inverter. Wie in Bild 8-4 ersichtlich ist, kann durch Parallelschaltung zweier derartiger Inverter, bestehend aus *Bn1a*, *Bn1b* und *Bn2a* und *Bn2b*, die NOR-Funktion realisiert werden. Wie es in den Pegeldiagrammen in Bild 8-5 dargestellt ist, erreicht *Y* nur dann den *H*-Pegel, wenn *X1* und *X2* auf *L*-Pegel liegen.

Ein wesentlicher Nachteil der Standard-TTL-Technik ist die mit dem Sättigungsbetrieb verbundene hohe Umschaltzeit der Transistoren. Bevor ein gesättigter Transistor in den gesperrten Zustand überführt werden kann, muss zunächst die angereicherte Ladung aus den Sperrschichten ausgeräumt werden. Die typischen Verzögerungszeiten von TTL-Gattern liegen zwischen 10 ns und 30ns. Zudem ist während des Umschaltens der Kollektorquerstrom von *Bn3* und *Bn4* beachtlich ($\approx$ *Ucc/R4* = 38 mA), da dann beide Transistoren aufgrund von Laufzeitverzögerungen gleichzeitig leiten. Um Störungen auf den Signalleitungen zu vermeiden, müssen die Versorgungsspannungen von TTL-IC's aufgrund des hohen Schaltquerstroms mittels Kondensatoren, die direkt am IC gegen Masse angeschlossen werden, stabilisiert werden.

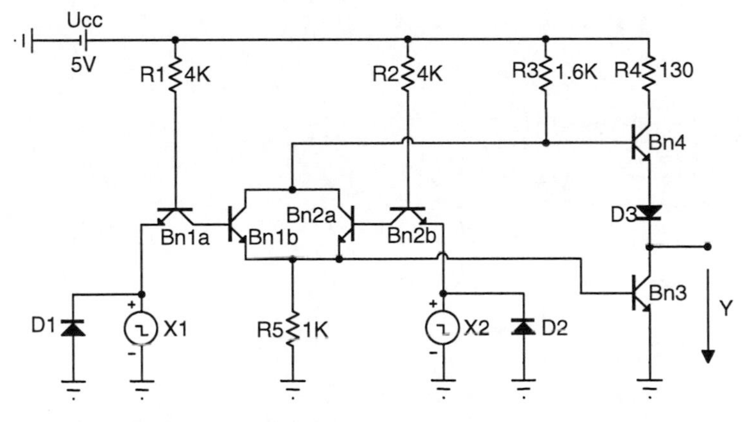

Bild 8-4: NOR-Schaltung in TTL-Technik

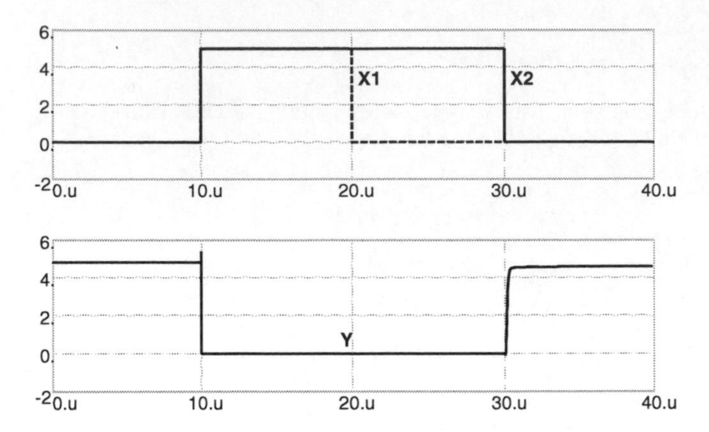

Bild 8-5: Pegeldiagramme der NOR-Schaltung in TTL-Technik

8.1.1.1. TTL-Schaltungen mit niedrigem Leistungsverbrauch

Zur Vermeidung der Transistorsättigung werden Schottky-Dioden, die auf einem Metall-Halbleiterübergang basieren, parallel zur Basis-Kollektordiode geschaltet, so wie es in der NAND-Schaltung in Bild 8-6 gezeigt ist. Schottky-Dioden weisen eine kleinere Schwellenspannung und eine kleinere Sperrschichtkapazität als Silizium-Halbleiter auf, so dass kürzere Umschaltzeiten vom Durchlass- in den Sperrzustand (oder umgekehrt) resultieren.

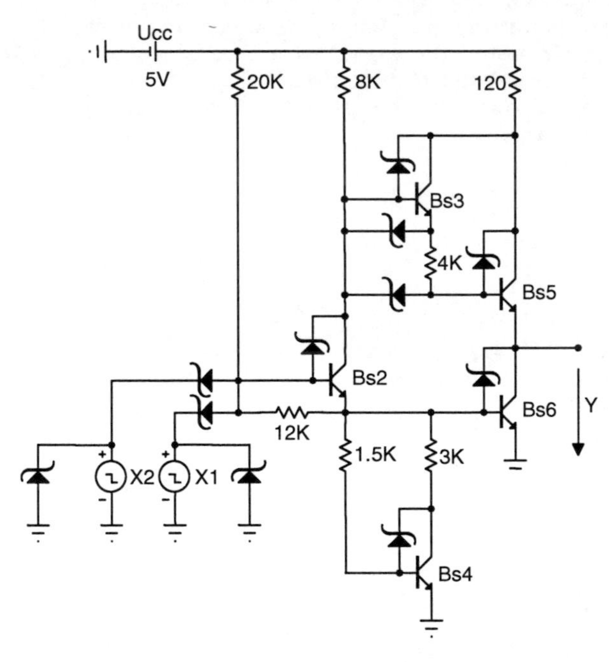

Bild 8-6: NAND-Schaltung in Low-Power-Schottky-Technik

Der Aufbau und die Funktionsweise von Schottky-TTL-Bausteinen sind ähnlich wie bei den Standard-TTL-Gattern. Aufgrund der Vermeidung des Sättigungsbetriebs werden mit Schottky-TTL-Gattern allerdings deutlich kürzere Verzögerungszeiten von weniger als 5ns erzielt.
Aufgrund der niederohmigen Dimensionierung weisen sowohl Standard-TTL- als auch Schottky-TTL-Gatter eine hohe Verlustleistung auf. Dieser Nachteil wird bei der Low-Power-Schottky (LS)-Technik durch hochohmige Dimensionierung des Eingangskreises umgangen, wie es am Beispiel der NAND-Schaltung in Bild 8-6 gezeigt wird. Da die Verlustleistungsaufnahme und die Eingangsströme von LS-TTL-Gattern bei gleichen Verzögerungszeiten deutlich niedriger sind, haben sie die Standard-TTL-Bausteine nahezu vollständig in der Schaltungsentwicklung verdrängt.

Weitere Verbesserungen bezüglich Verlustleistung, Eingangsströmen und Gatterdurchlaufzeiten stellen die Advanced Schottky-TTL- und Advanced-Low-Power-Schottky-TTL-Technologie dar. Typische Daten hierzu findet man in Tabelle 8-7.

8.1.1.2. TTL-Schaltungen mit verschaltbaren Ausgängen

Bei der Übertragung von digitalen Signalen werden Sende- und Empfangs-Systeme oft mit nur einer Leitung (Halbduplex) verbunden, wie es in Bild 8-7a) dargestellt ist. Im Wechsel wird am einen oder am anderen Leitungsende eingespeist bzw. empfangen, wobei ein festgelegtes Kommunikationsprotokoll eingehalten wird. Es ergibt sich also die Notwendigkeit, dass beide Systeme sowohl als Sende- als auch Empfangseinheit betreibbar sind. Im Empfangsbetrieb müssen die Ausgänge hochohmig geschaltet werden. Die gleiche Forderung ergibt sich für so genannte Bussysteme, bei denen mehrere intelligente Systeme gemäß Bild 8-7b) über ein Leitungsbündel parallel geschaltet sind.

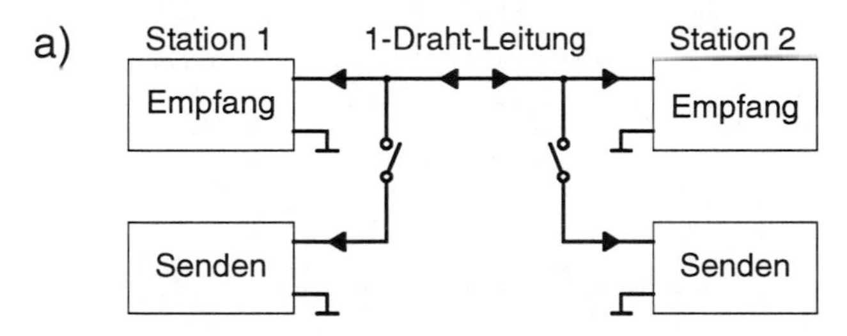

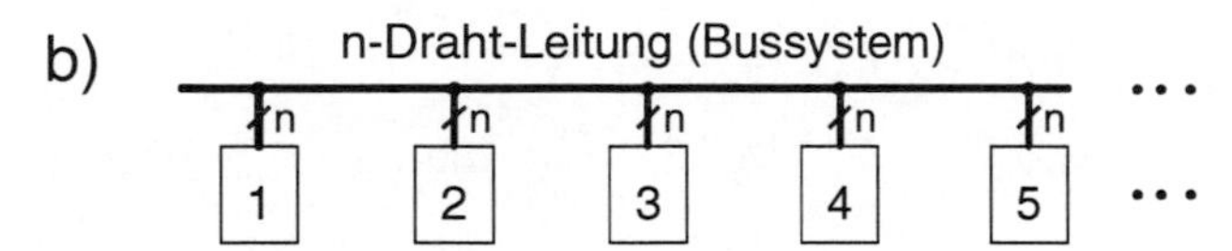

Bild 8-7: Sende-Empfangssysteme a) Halbduplex b)Bussystem

Bild 8-8 zeigt ein TTL-NAND-Gatter mit Tri-State-Ausgang, der über den Eingang *En* (Enable) hochohmig geschaltet werden kann. Liegt *En* auf *H*, so sperrt die Diode *D5* und die Schaltung arbeitet wie das NAND-Gatter in Bild 8-2. Für *En* = *L* fließt über *R2* und *D5* ein ausreichend hoher Strom, um eine geringe Diodenspannung von $U_D \approx 0{,}7$ V zu erreichen und damit die Transistoren *Bn2*, *Bn3* und *Bn4* zu sperren. Folglich sind die Transistoren *Bn1* unabhängig von den Eingangspegeln *X1*, *X2* gesättigt und der Ausgang *Y* ist somit hochohmig. In Datenblättern wird dieser hochohmige Zustand meistens durch das Symbol *Z* gekennzeichnet. Da der Ausgang *Y* drei unterschiedliche Zustände, nämlich *L*, *H* und *Z* annehmen kann, werden diese Schaltungen als Tri-State- oder Three-State-Schaltungen bezeichnet.

Das Pegeldiagramm der Tri-State-NAND-Schaltung aus Bild 8-8 ist in Bild 8-9 dargestellt. Hierbei wurde der Ausgang *Y* mittels eines Taktsignals am *En*-Eingang periodisch in den inaktiven (*Z*) und in den aktiven Zustand versetzt. Da hier keine weitere Tri-State-Schaltung ausgangsseitig angeschlossen ist, sind die *Y*-Pegel im inaktiven Zustand zufällig (hier ≈ 0).

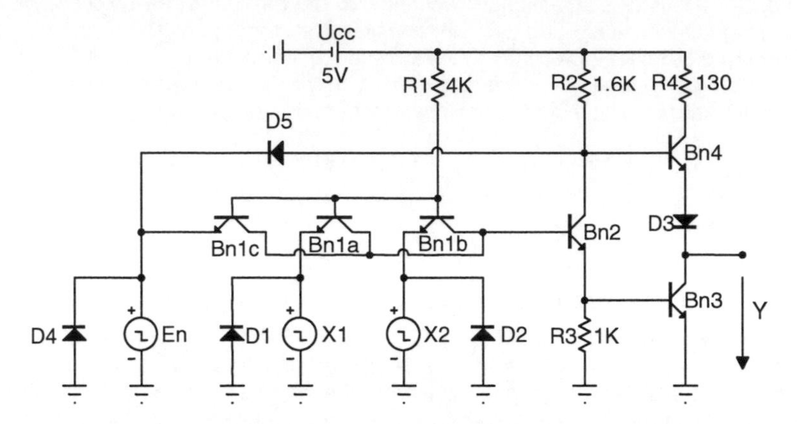

Bild 8-8: TTL-NAND-Schaltung mit Tri-State-Ausgang

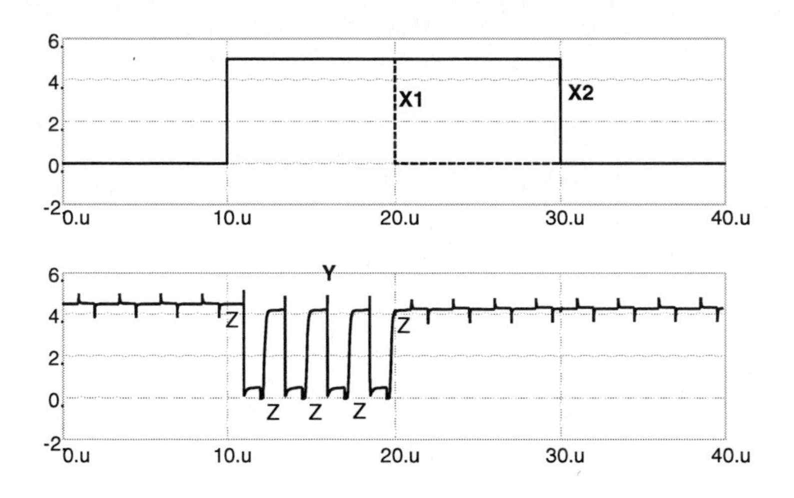

Bild 8-9: Pegeldiagramm der Tri-State-NAND-Schaltung

Bei der Parallelschaltung von Tri-State-Ausgängen ist sicherzustellen, dass nur einer der Ausgänge niederohmig und somit aktiv geschaltet ist. Würden mehrere Ausgänge gleichzeitig aktiv geschaltet, so würde aufgrund der Niederohmigkeit der Ausgänge ein sehr hoher Querstrom fließen, der die Ausgangstreiberstufen zerstören könnte.

Eine weitere Möglichkeit Ausgänge hochohmig auszuführen bietet die Offene-Kollektor-Schaltung (Open Collector). Bild 8-10 zeigt ein TTL-NAND-Gatter mit offenem Kollektor, bei dem nur ein zumeist leistungsstarker Ausgangstransistor *Bn3* verwendet wird. Der Arbeitswiderstand *Rext* ist mittels externer Beschaltung hinzuzufügen. Schaltungen mit offenem Kollektor können unabhängig von den Eingangszuständen (*X1*, *X2*) ausgangsseitig parallel an einen gemeinsamen Arbeitswiderstand *Rext* angeschlossen werden. Zudem kann *Bn3* höhere Ströme als Standard TTL-

Gatter treiben, so dass direkt Leuchtdioden, Relais usw. gesteuert werden können. Außerdem ist bei fehlendem Transistors *Bn4* der Übergang vom Sättigungsbereich in den Sperrbereich des Transistors *Bn3* schneller als mit Transistor *Bn4,* wie es bei den Pegeldiagrammen in Bild 8-3 der Fall ist. Denn die Sättigungsladung von *Bn3* kann über den externen 1K-Widerstand wesentlich schneller abfließen als über den deutlich hochohmigeren Kollektor-Emitterwiderstand des beim Schaltvorgang zunächst gesperrten Transistors *Bn4.*

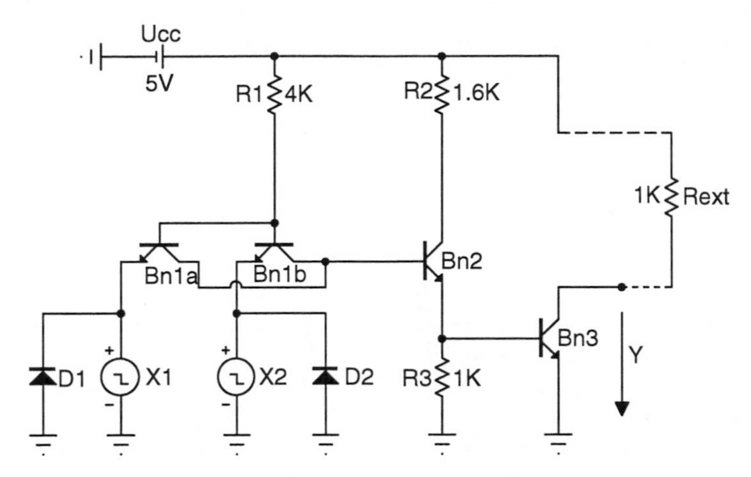

Bild 8-10: TTL-NAND-Schaltung mit offenem Kollektor

Mit offenen Kollektorausgangen bietet sich zusätzlich zur Bauteileminimierung die Möglichkeit der „Wired"-Verknüpfungen an. Das Beispiel in Bild 8-11 zeigt eine verdrahtete OR-Verknüpfung, wobei das ◊ -Zeichen an den Symbolen der NAND-Schaltungen anzeigt, dass es sich um eine Offene-Kollektor-Schaltung handelt.

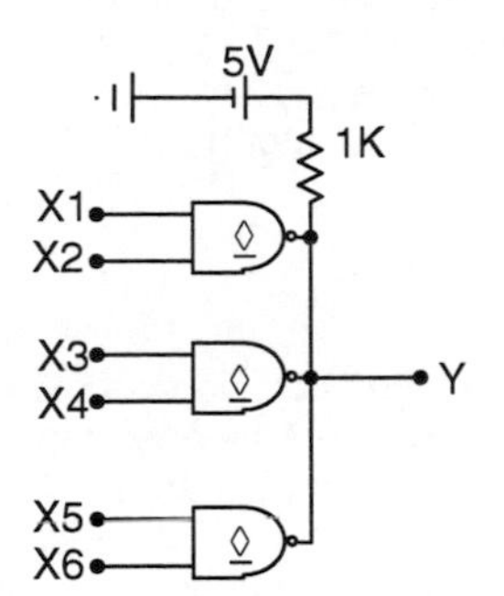

X1•X2	X3•X4	X5•X6	Y
1	0	0	0
0	1	0	0
0	0	1	0

$$\overline{Y} = X1\ X2 + X3\ X4 + X5\ X6$$

$$Y = \overline{X1\ X2 + X3\ X4 + X5\ X6}$$

Bild 8-11: Verdrahtete OR-Funktion (Wired OR) bei NAND-Schaltungen

Nur wenn alle Eingänge einer NAND-Schaltung in Bild 8-11 auf *H*-Pegel liegen, ist der zugehörige Ausgang auf *L*-Pegel. In der verdrahteten Verknüpfung reicht es jedoch aus, einen Ausgang auf *L*-Pegel zu schalten, um den Gesamtausgang *Y* auf *L*-Pegel zu ziehen. Anhand der Wahrheitstabelle in Bild 8-11 ergibt sich dann für *Y* die verdrahtete OR-Verknüpfung der einzelnen NAND-Verknüpfungen.

In der Tabelle 8-5 sind weitere verdrahtete Funktionen zusammengestellt, wenn AND-, NOR- und OR-Schaltungen zu Grunde gelegt werden.

Bei der Verwendung von TTL-Schaltungen ist grundsätzlich zu beachten, dass nicht verdrahtete Eingänge systembedingt als *H*-Pegel interpretiert werden. Eingänge sollten zur Vermeidung von Störeinflüssen immer mittels eines so genannten Pull-up - oder Pull-down-Widerstands auf festes Potential (0 oder 5V) gelegt werden. Pull-up- und Pull-down-Widerstände sind entsprechend der verwendeten Technologie (Standard, Schottky, LS usw.) zu dimensionieren. Die marktverfügbaren TTL-Familien sind in Tabelle 8-6 zusammengefasst. Wesentliche Kenndaten zu den Schaltungsfamilien befinden sich in Tabelle 8-7.

Verdrahtete OR-Verknüpfung von	Gesamtfunktion
AND-Schaltungen	$\overline{Y} = \overline{X1\;X2} + \overline{X3\;X4} + \overline{X5\;X6}$ $Y = X1\;X2\;X3\;X4\;X5\;X6$
NOR-Schaltungen:	$\overline{Y} = X1 + X2 + X3 + X4 + X5 + X6$ $Y = \overline{X1 + X2 + X3 + X4 + X5 + X6}$
OR-Schaltungen:	$\overline{Y} = \overline{X1 + X2} + \overline{X3 + X4} + \overline{X5 + X6}$ $Y = (X1 + X2)(X3 + X4)(X5 + X6)$

Tabelle 8-5: Weitere verdrahtete Verknüpfungsmöglichkeiten

Schaltungs-Familie	Bezeichnung
Standard TTL	74xxx
Schottky TTL	74Sxxx
Low Power Schottky TTL	74LSxxx
Advanced Schottky TTL	74ASxxx
Advanced LS TTL	74ALSxxx

Tabelle 8-6: Verfügbare TTL-Schaltungsfamilien

Die Nummerierung der TTL-Reihe bezieht sich auf die Funktion der Bausteine. Diese Nummerierung wurde nicht in Funktionsgruppen eingeordnet, sondern entspringt hauptsächlich der Chronologie. So wurde die grundlegende NAND-Schaltung mit zwei Eingängen beispielsweise mit 7400, mit vier Eingängen mit 7401, die grundlegende NOR-Schaltung mit zwei Eingängen mit 7402 usw. bezeichnet.

8.1.2. Komplementär-MOS (CMOS)

In der Digitaltechnik werden vornehmlich selbstsperrende MOSFETs eingesetzt, wobei stets Paare von p-Kanal- und n-Kanal-Typen gebildet werden. Aufgrund des hierdurch entstehenden komplementären Aufbaus werden diese Digitalschaltungen als CMOS (Complementary MOS)-Schaltungen bezeichnet. In Bild 8-12 ist ein CMOS-Inverter mit den zugehörigen Pegeldiagrammen dargestellt. Da im statischen Zustand immer einer der beiden Transistoren gesperrt ist, fließt kein Querstrom über die Transistoren und es existiert nahezu keine Verlustleistung. Am Ausgang *Y* liegt *L*-Pegel an, wenn der Transistor *Fp* gesperrt und *Fn* gesättigt ist. Für den umgekehrten Fall liegt der Ausgang *Y* auf *H*-Pegel.

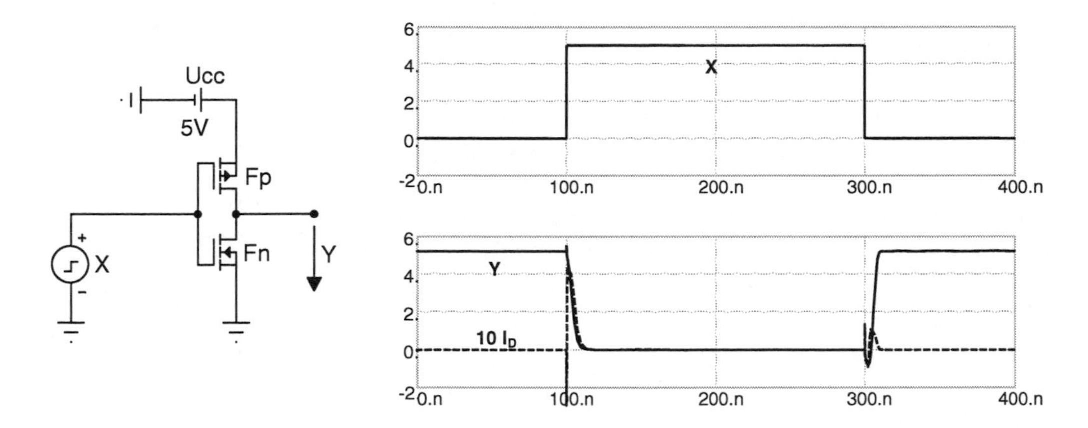

Bild 8-12: CMOS-Inverter und Pegeldiagramme

CMOS-Schaltungen haben gegenüber anderen digitalen Schaltungsfamilien den entscheidenden Vorteil der verschwindenden statischen Verlustleistung. Aus diesem Grund werden hochintegrierte Schaltungen (ULSI) fast ausschließlich in CMOS-Technik realisiert. Im dynamischen Fall fließt allerdings während des kurzen Umschaltmoments ein Querstrom, wie es im Pegeldiagramm in Bild 8-12 an Hand der gestrichelten Linie gezeigt ist. Da beim Umschalten die parasitären Schaltkapazitäten C_P der Transistoren mit der Schaltfrequenz ω_S umgeladen müssen werden, wird bei annähernd sinus-förmigem Kondensatorstrom die dynamische Verlustleistung

Gl. 8-1:
$$P_V = U_{CC} \cdot I_{eff} \approx U_{CC} \cdot \left(\frac{1}{\sqrt{2}} \cdot \frac{U_{CC}}{|j\,\omega_S \cdot C_P|} \right) = \frac{1}{\sqrt{2}} \cdot \omega_S \cdot C_P \cdot U_{CC}^{\;2}$$

umso größer, je größer die Schaltfrequenz ist. Daher verfügen hochgetaktete CMOS-Systeme, wie z. B. schnelle Prozessoren über sehr leistungsfähige Kühlungsverfahren (heat pipes).

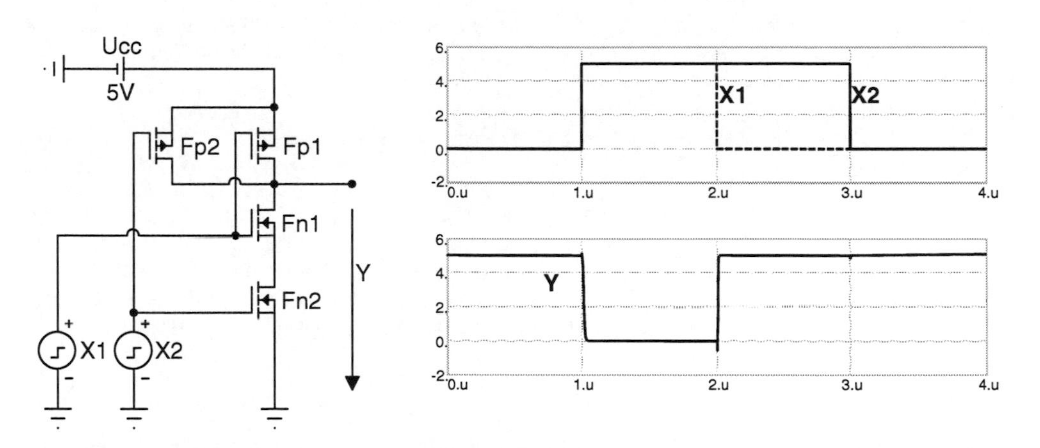

Bild 8-13: CMOS-NAND-Schaltung und Pegeldiagramme

In Bild 8-13 ist die NAND-Schaltung und in Bild 8-14 die NOR-Schaltung in C-MOS-Technik dargestellt. Die Reihenschaltung von MOSFETs ist problemlos durchführbar, da der Spannungshub an den Gate-Anschlüssen wesentlich größer ist als die Pegelverschiebung an den Source-Anschlüssen.

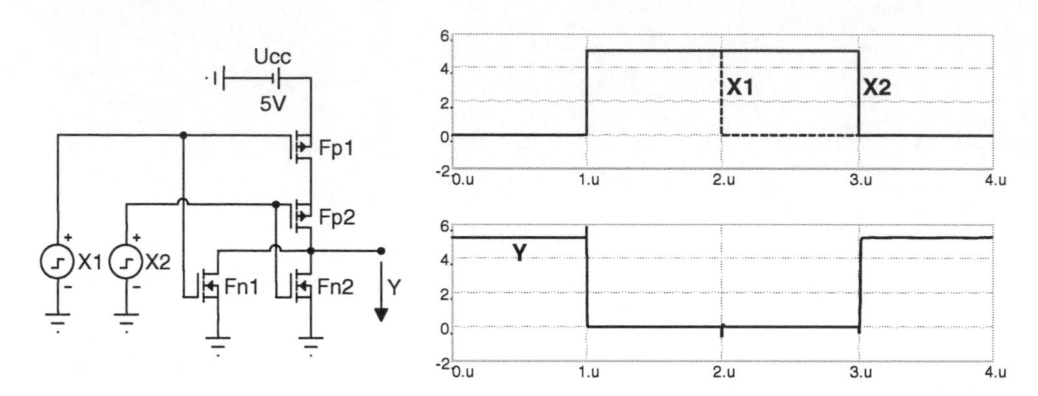

Bild 8-14: CMOS-NOR-Schaltung und Pegeldiagramme

Typische Gatterlaufzeiten von CMOS-Schaltungen liegen bei ca. 100ns. Für höhere Verarbeitungsraten stehen High Speed-CMOS (HC)-Baugruppen mit Verzögerungszeiten von ca. 10ns pro Gatter zur Verfügung. Offene Gattereingänge (*X1*, *X2*) sind bei CMOS-Schaltungen undefiniert und müssen über hochohmige Widerstände auf festes Potential gelegt werden.

8.1.3. Emittergekoppelte Logik (ECL)

Emittergekoppelte Logik-Schaltungen (Emitter Coupled Logic, ECL) basieren auf Bipolar-Transistoren und vermeiden den Sättigungseffekt. Daher können extrem kurze Gatterdurchlaufzeiten von unter 1ns erzielt werden. Die ECL-Technik wird bei hohen Datenraten, z.B. bei Zentraleinheiten von Großrechnern, Breitbandübertragungsstrecken im Zeitmultiplex, schnellen A/D-Wandlern usw., eingesetzt.

ECL-Schaltungen beruhen auf dem Prinzip des Differenzverstärkers, der in Kapitel 5.3 behandelt wurde. In Bild 8-15 ist eine OR/NOR-Schaltung in ECL-Technik dargestellt, in der eine Referenzspannung U_{Ref} am Emitter des Transistors *Bn4* gebildet wird:

$$U_{Ref} = \left(2\,U_{SD1,2} - U_{SBn4} - \frac{2{,}3\ \mathrm{K\Omega}}{2{,}3\ \mathrm{K\Omega} + 0{,}3\ \mathrm{K\Omega}} \left(U_{CC} + 2\,U_{SD1,2}\right)\right) + U_{CC} \approx -1{,}2\ \mathrm{V}$$

Wird nun eine der Eingangsspannungen hinreichend größer als U_{Ref}, so steigt die Spannung am gemeinsamen 1,2 KΩ -Emitterwiderstand der Transistoren *Bn1* und *Bn2* so weit an, dass *Bn3* sperrt und der Ausgang *Y* einen *H*-Pegel von etwa der Schwellenspannung $-U_S \approx -0{,}7\ \mathrm{V}$ annimmt. Sind jedoch *X1* und *X2* deutlich kleiner als $U_{Ref} = -1{,}2\ \mathrm{V}$, so wird *Bn3* aufgesteuert und der Strom durch seinen 300Ω-Kollektorwiderstand nimmt zu. Der Ausgang nimm den *L*-Pegel von

$$U_{YL} = -\frac{0{,}3\mathrm{K\Omega}}{1{,}2\mathrm{K\Omega}}\left(-U_{CC} + U_{Ref} - U_{SBn3}\right) - U_{SBn6} \approx -1{,}5\ \mathrm{V}$$

Um nachfolgende ECL-Schaltungen ansteuern zu können, sollte die Referenzspannung etwa den Mittelwert der Schaltpegel der Eingangsspannungen bilden. Diese Zusammenhänge sind aus dem Pegeldiagramm in Bild 8-16 ersichtlich.

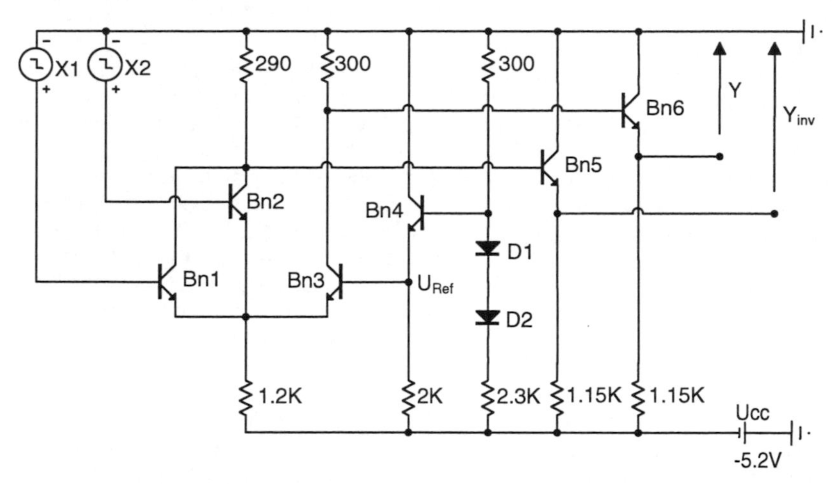

Bild 8-15: OR/NOR-Schaltung in ECL-Technik

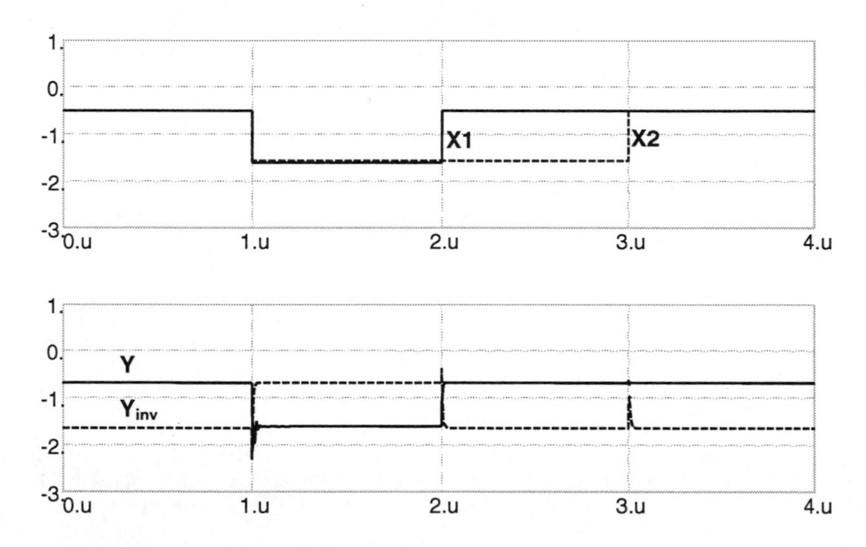

Bild 8-16: Pegeldiagramme der OR/NOR-Schaltung in ECL-Technik

Der invertierte Ausgang Y_{inv} wird wie beim Differenzverstärker von dem korrespondierenden Kollektorwiderstand abgeleitet. Beide Ausgänge *Y* und Y_{inv} werden mittels der Transistoren *Bn5* und *Bn6*, die als Emitterfolger beschalteten sind, niederohmig ausgeführt. ECL-Bausteine haben aufgrund der niederohmigen Beschaltung einen sehr hohen Leistungsbedarf. Da die Ströme jedoch beim Umschalten nur zwischen den Zweigen verlagert werden und somit der Summenstrom nahezu konstant bleibt, entstehen keine nennenswerten Störspitzen auf den Versorgungsleitungen.

Aufgrund der Verwendung von negativen Spannungspegeln sind ECL-Bausteine nicht kompatibel zu anderen Logikfamilien. In Anbetracht der hohen Datenrate von bis zu 1Gbit/sec ist bei der Verschaltung von ECL-Bausteinen besondere Sorgfalt bezüglich Anpassung, Leitungswellenwiderstand, Leitungslängen und Abschirmung zu wahren.

8.1.4. Gallium Arsenid (Ga As)-Baugruppen

Bei Schaltfrequenzen oberhalb von 1,5 GHz ist keine der bisher behandelten Schaltkreisfamilien mehr verwendbar. Für den Frequenzbereich zwischen 1,5 GHz und ca. 10 GHz wurde eine spezielle Logikfamilie entwickelt, die auf extrem schnellen Gallium-Arsenid (GaAs)-Feldeffekt-Transistoren basiert. Bei Gate-Längen von unter 100 nm weisen diese Transistoren sehr kurze Schaltzeiten von einigen Pikosekunden (ps = 10^{-12} sec) und sehr kleine Ein- bzw. Ausgangskapazitäten von nur einigen Femtofarad (fF = 10^{-15} F) auf. Die Schaltungsstruktur ist ähnlich wie bei einem CMOS-Inverter aus Bild 8-12, bei dem allerdings der p-Kanal-Transitor durch einen integrierten Drain-Widerstand ersetzt wird. Um kurze Gatterdurchlaufzeiten zu erzielen, muss die Anzahl der verwendeten Transistoren in einem GaAs-Baustein so klein wie möglich gehalten werden. Auf Kompatibilität mit anderen Logikfamilien und besonderem Benutzerkomfort wird daher verzichtet. Zudem sind nur Schaltungen mit mittlerer Komplexität, wie zum Beispiel logische Verknüpfungen, Flipflops, Zähler usw. verfügbar.

Die Handhabung dieser Bauelemente, die aufgrund der kleinen Stückzahlen ein höheres Preisniveau als Bauelemente aus Standardfamilien haben, erfordert einige Erfahrung im Umgang mit HF-Schaltungskomponenten. GaAs-Logikschaltungen werden im Allgemeinen auf Streifenleitungsschaltungen mit definierten Wellen- und angepassten Abschlusswiderständen eingesetzt. Es ist im besonderen Maße darauf zu achten, dass keine Mehrfachreflexionen durch Fehlanpassung an den Eingängen der Bauelemente auftreten. Mehrfachreflexionen verursachen bei Leitungslaufzeiten, die größer als die Impulslänge sind, dynamische Vorgänge mit stark signalveränderndem Charakter. Die Leitungslängen sollten daher so kurz wie möglich gehalten werden.

8.1.5. Parameter digitaler Schaltungsfamilien

Zur Charakterisierung digitaler Schaltkreise wurden Definitionen und Begriffe eingeführt, auf die in Datenblättern nahezu einheitlich Bezug genommen wird. Die wesentlichen Definitionen und Begriffe sind nachfolgend zusammengestellt.

a) Eingangslastfaktor (Fan-In)

Der Eingangslastfaktor (Fan-In) eines Einganges legt fest, um welchen Faktor die Stromaufnahme größer ist als bei einem Standard-Gatter mit Fan-In = 1. Ist Fan-In größer als 1, wird der treibende Ausgang eines Gatters stärker belastet.

b) Ausgangslastfaktor (Fan-Out)

Der Ausgangslastfaktor (Fan-Out) legt fest, mit wie vielen Eingängen eines Standard-Gatters (Fan-In =1) der Ausgang eines vorgeschalteten Schaltkreises belastet werden darf. Reicht der Ausgangslastfaktor nicht aus, sind spezielle Treiberstufen mit hohem Fan-Out einzusetzen.

c) Statischer Störspannungsabstand (S_H, S_L)

Für den statischen Betrieb der Schaltung, in dem keine Änderung der Ein- bzw. Ausgangspegel erfolgt, gelten die Definitionen gemäß Bild 8-17 . Hierbei kennzeichnet U_{AHmin} die kleinste garantierte Spannung für *H*-Pegel am Ausgang, U_{EHmin} die kleinste zulässige Spannung zur Interpretation als *H*-Pegel am Eingang, U_{ALmax} die größte garantierte Spannung für *L*-Pegel am Ausgang und U_{ELmax} die größte zulässige Spannung zur Interpretation als *L*-Pegel am Eingang.

Im ungünstigsten Fall (worst case) ergeben sich also die Störspannungsabstände S_H, S_L:

$$S_H = U_{AH\min} - U_{EH\min}$$

$$S_L = U_{EL\max} - U_{AL\max}$$

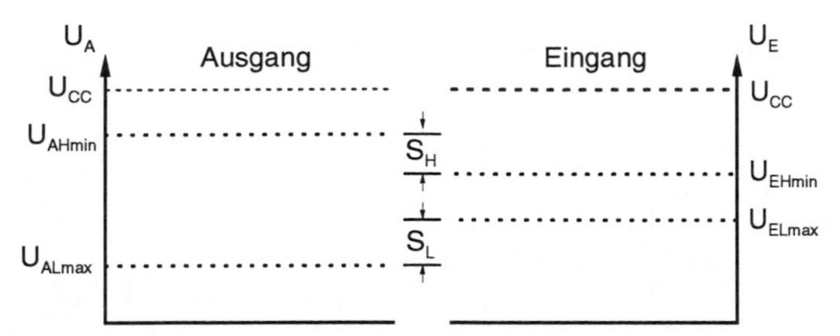

Bild 8-17: Definitionen der statischen Störspannungsabstände

d) Schaltzeiten

Bei Schaltvorgängen in analogen Schaltkreisen wurden gemäß Tabelle 7-1 bereits die Definitionen für die Verzögerungszeit T_D, die Speicherzeit T_S, die Anstiegszeit T_R und die Abfallzeit T_F vereinbart. In Datenblättern werden für digitale Schaltkreise häufig auch die vereinfachten Zeitdefinitionen gemäß Bild 8-18 verwendet.

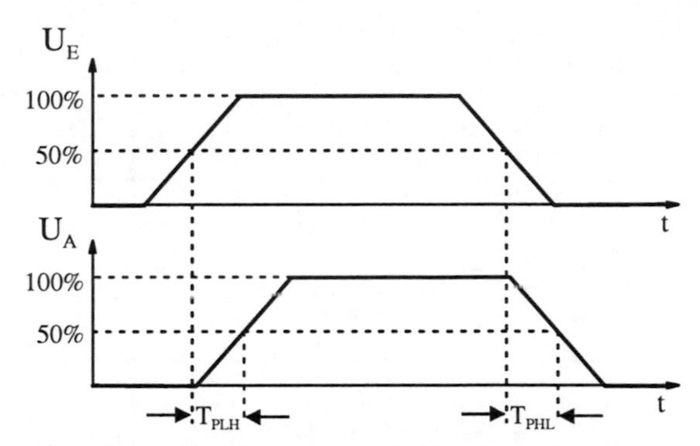

Bild 8-18: Definition der Impuls-Verzögerungszeiten

Hierbei ist die Impuls-Verzögerungszeit T_{PLH} von *L*- nach *H*-Pegel (Propagation Delay Time from Low to High) festgelegt als Verzögerungszeit zwischen dem 50%-Wert der ansteigenden Flanke von U_E und dem 50%-Wert der ansteigenden Flanke von U_A. Die Impuls-Verzögerungszeit T_{PHL} von *H*- nach *L*-Pegel (Propagation Delay Time from High to Low) ist die Verzögerungszeit zwischen dem 50%-Wert der abfallenden Flanke von U_E und dem 50%-Wert der abfallenden Flanke von U_A.

Die Gatterdurchlaufzeit T_{PD} (Propagation Delay Time) ist der Mittelwert der Impuls-Verzögerungszeiten:

Gl. 8-2:
$$T_{PD} = \frac{T_{PHL} + T_{PLH}}{2}$$

Tabelle 8-7 gibt zusammenfassend eine Übersicht über die wichtigsten digitalen Schaltungsfamilien.

Familie	TTL					CMOS		ECL
Daten	**Standard**	**S**	**LS**	**ALS**	**AS**	**High Speed HC**	**High Speed HCT**	**High Speed**
U_{CC} (V)	5	5	5	5	5	5	5	-5,2
U_{AHmin} (V)	2,4	2,4	2,4	2,4	2,4	3,84	3,84	-1,025
U_{ALmax} (V)	0,4	0,5	0,4	0,5	0,5	0,33	0,33	-1,620
U_{EHmin} (V)	2,0	2,0	2,0	2,0	2,0	3,15	2,0	-1,165
U_{ELmax} (V)	0,8	0,8	0,8	0,8	0,8	0,9	0,8	-1,475
S_H (V)	0,4	0,4	0,4	0,4	0,4	0,69	1,84	0,14
S_L (V)	0,4	0,3	0,4	0,3	0,3	0,57	0,47	0,145
I_{EH} (mA)	0,04	0,05	0,02	0,02	0,02	0,001	0,001	0,35
I_{EL} (mA)	-1,6	-2	-0,4	-0,1	-0,5	-0,001	-0,001	0,0005
I_{AH} (mA)	-0,4	-1	-0,4	-0,4	-2	-4	-4	-
I_{AL} (mA)	16	20	8	8	20	4	4	-
$(\text{Fan-Out})_H$	10	20	20	20	40	4000	4000	10
$(\text{Fan-Out})_L$	10	10	20	80	100	4000	4000	10
P_V (mW)/Gatt. (1)	10	19	2	1	8,5	0,5/MHz (2)	0,5/MHz (2)	50 (3)
t_{PD} (ns) (1)	10	3	10	4	1,5	8	8	0,75
$P_V \cdot t_{PD}$ (pJ) (1)	100	57	20	4	13	4/MHz (2)	4/MHz (2)	38
P_V (mW)/Gatt. (4)	12,5	21,7	2,5	1,6	8,5			
t_{PD} (ns) (4)	14	5	15	9	4	23	23	
$P_V \cdot t_{PD}$ (pJ) (4)	175	109	38	14	34			
f_{max} (MHz) (4)	35	125	40	70	200	40	40	400

(1) typische Werte
(2) $P_V \approx 0$ statisch, $P_V = 0{,}5$ mW/MHz dynamisch
(3) Lastwiderstand $=50\Omega$
(4) Maximalwerte

Tabelle 8-7: Kenngrößen der wichtigsten digitalen Schaltungsfamilien

9. Entwurfsverfahren für Digitalschaltungen

In diesem Kapitel werden systematische Entwurfsverfahren für komplexe digitale Schaltungen erläutert, wobei die wesentlichen Fehlerquellen analysiert werden sollen. Es wird vorausgesetzt, dass Grundkenntnisse der sequentiellen Schaltalgebra vorhanden sind. Zur Herstellung einer einheitlichen Plattform sollen jedoch die wesentlichen Grundlagen noch einmal zusammengefasst werden.

Die Entwicklung digitaler Schaltkreise geht ähnlich wie bei den analogen Schaltungen stets einher mit der rechnergestützten Simulation. Programme wie PSPICE™ oder MICROCAP™ erlauben die so genannte Mixed-Mode-Simulation, die sowohl analoge als auch digitale Schaltungen analysieren kann. Da häufig keine strikte Abgrenzung zwischen analoger und digitaler Schaltkreisentwicklung existiert, ist die Mixed-Mode-Analyse unverzichtbar.

Die hier betrachtete Auswahl von Digitalschaltungen, die gerade bei komplexerer Struktur zu stark verflochtenen Impulsdiagrammen führen kann, wird mittels Simulation auf ihre Funktionsfähigkeit untersucht. Die gezeigten Impulsdiagramme sind realitätsnah und somit aussagefähig. Es soll hier von der Hardwareseite her gezeigt werden, wie digitale Schaltungen sich in der Praxis verhalten und welche Gesichtspunkte zur einwandfreien Funktion zu berücksichtigen sind.

Aufgrund der Vielfältigkeit digitaler Schaltungsstrukturen kann hier nur ein kleiner Ausschnitt betrachtet werden, der allerdings so gewählt ist, dass häufig auftretende Probleme aufgezeigt werden können. Gerade die erfolgreiche Behandlung oder Eliminierung dieser Probleme steht bei der digitalen Schaltkreisentwicklung im Vordergrund.

Das Studium der Halbleiterschaltungstechnik muss zwingend durch eigenständig erworbene Erfahrungen begleitet werden, wobei die Erfahrungspraxis den wesentlichen und nachhaltigen Lerneffekt ausmacht. Die Auseinandersetzung mit Problemen und deren erfolgreiche Behandlung kann nur in Verbindung mit praktischen Systemen erlernt werden. Hierzu bieten die oben erwähnten Simulationsprogramme einen effizienten und raschen Einstieg. Die Aussagefähigkeit dieser Programme ist inzwischen so verlässlich, dass gravierende Abweichungen zwischen Simulation und den später erzielten Ergebnissen an praktischen Aufbauten eher seltene Ausnahmen darstellen.

9.1. Grundgesetze der Bool'schen Schaltalgebra

9.1.1. Grundfunktionen und Symbole

Für zwei Eingangsvariablen $X1$, $X2$ existieren insgesamt sechzehn mögliche logische Grundfunktionen $Y_n = f_n(X1, X2)$. Diese sind zusammen mit den Kombinationen der Verknüpfungsvariablen, deren logische Werte willkürlich zu $X1$ = 0101 und $X2$ = 0011 festgelegt wurden, in Tabelle 9-1 zusammengestellt.

X1 **X2**	0101 0011	**Logische Funktion**	**Bezeichnung**	**Symbol**
Y0	0000	$Y0 = 0$	Konstante 0	0
Y1	0001	$Y1 = X1 \bullet X2$	Konjunktion, UND, AND	$\bullet$, $\wedge$
Y2	0010	$Y2 = \overline{X1}\,X2$	Inhibition	
Y3	0011	$Y3 = 1 \bullet X2 = X2$	Identität	
Y4	0100	$Y4 = X1\,\overline{X2}$	Inhibition	
Y5	0101	$Y5 = X1 \bullet 1 = X1$	Identität	
Y6	0110	$Y6 = X1 \oplus X2 = X1\,\overline{X2} + \overline{X1}\,X2$	Antivalenz, XOR, Exklusiv Oder	$\oplus$
Y7	0111	$Y7 = X1 + X2$	Disjunktion, ODER, OR	$+$, $\vee$
Y8	1000	$Y8 = \overline{Y7} = \overline{X1 + X2}$	NOR	$\overline{+}$, $\overline{\vee}$
Y9	1001	$Y9 = \overline{X1 \oplus X2} = X1\,X2 + \overline{X1}\,\overline{X2}$	Äquivalenz	$\overline{\oplus}$, $\equiv$
Y10	1010	$Y10 = \overline{Y5} = \overline{X1} + 0 = \overline{X1}$	Negation (X1)	$\overline{}$
Y11	1011	$Y11 = \overline{Y4} = \overline{X1} + X2$	Implikation	
Y12	1100	$Y12 = \overline{Y3} = 0 + \overline{X2} = \overline{X2}$	Negation (X2)	$\overline{}$
Y13	1101	$Y13 = \overline{Y2} = X1 + \overline{X2}$	Implikation	
Y14	1110	$Y14 = \overline{Y1} = X1 \overline{\bullet} X = \overline{X1\,X2}$	NAND	$\overline{\bullet}$, $\overline{\wedge}$
Y15	1111	$Y15 = \overline{Y0} = 1$	Konstante 1	1

Tabelle 9-1: Sämtliche logische Verknüpfungen zweier binärer Variablen

Nach DIN 66000 sind die Symbole

$$\wedge \hat{=} UND, \quad \vee \hat{=} ODER, \quad \leftarrow\!\!|\!\!\rightarrow \hat{=} XOR$$

genormt. Gebräuchlicher in internationalen Dokumentationen sind jedoch die Symbole:

$$\bullet \hat{=} AND, \quad + \hat{=} OR, \quad \oplus \hat{=} XOR.$$

Im Folgenden sollen die gebräuchlicheren Symbole und nicht die nach DIN 66000 genormten Symbole verwendet werden. Wie es in Tabelle 9-1 bereits praktiziert wurde, kann in der Regel das AND - Symbol bei eindeutiger Zuordnung weggelassen werden, da die AND –Verknüpfung Vorrang vor der OR -Verknüpfung hat. Diese Schreibweise entstand in Anlehnung an die Schreibweise bei der arithmetischen Multiplikation und Addition.

DIN 40900	Amerikanische Norm	Wahrheitstabelle	Funktion
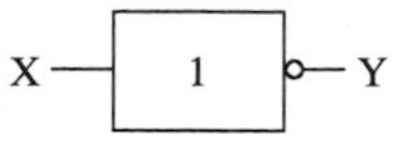 X — [1] o— Y	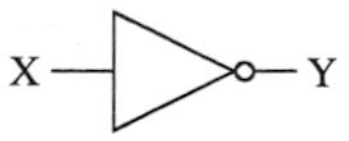 X — ▷o — Y	X | Y: 0 | 1; 1 | 0	$Y = \overline{X}$
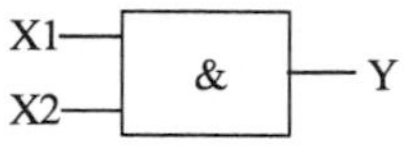 X1, X2 — [&] — Y	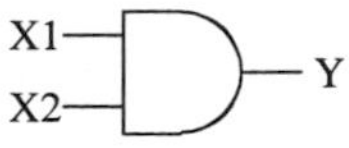 X1, X2 — AND — Y	X1 X2 | Y: 0 0 | 0; 0 1 | 0; 1 0 | 0; 1 1 | 1	$Y = X1 \bullet X2$
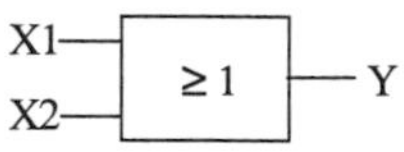 X1, X2 — [≥1] — Y	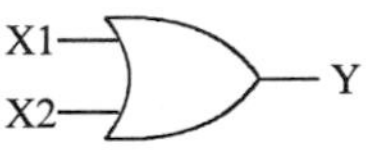 X1, X2 — OR — Y	X1 X2 | Y: 0 0 | 0; 0 1 | 1; 1 0 | 1; 1 1 | 1	$Y = X1 + X2$
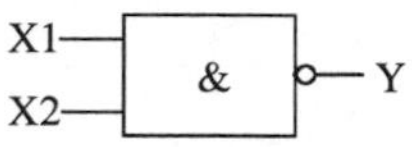 X1, X2 — [&] o— Y	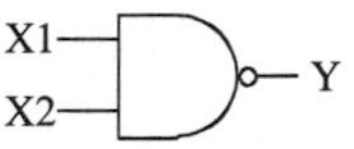 X1, X2 — NAND — Y	X1 X2 | Y: 0 0 | 1; 0 1 | 1; 1 0 | 1; 1 1 | 0	$Y = \overline{X1 \bullet X2}$
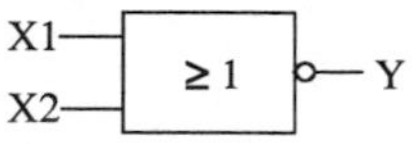 X1, X2 — [≥1] o— Y	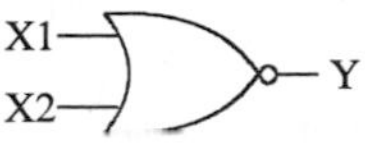 X1, X2 — NOR — Y	X1 X2 | Y: 0 0 | 1; 0 1 | 0; 1 0 | 0; 1 1 | 0	$Y = \overline{X1 + X2}$
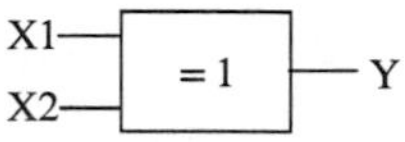 X1, X2 — [=1] — Y	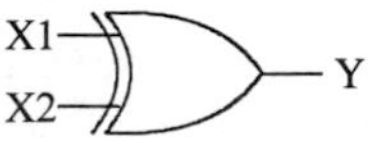 X1, X2 — XOR — Y	X1 X2 | Y: 0 0 | 0; 0 1 | 1; 1 0 | 1; 1 1 | 0	$Y = X1 \oplus X2$
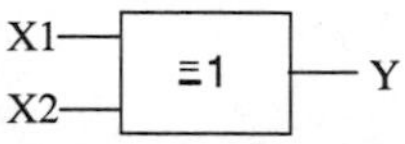 X1, X2 — [≡1] — Y	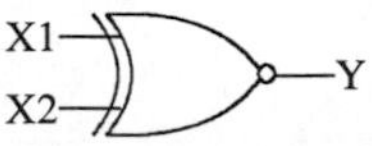 X1, X2 — XNOR — Y	X1 X2 | Y: 0 0 | 1; 0 1 | 0; 1 0 | 0; 1 1 | 1	$Y = \overline{X1 \oplus X2}$

Bild 9-1: Symbole, Wahrheitstabellen und logische Funktionen der Grundverknüpfungen

Die wesentlichen logischen Grundverknüpfungen sind in Bild 9-1 zusammen mit den zugehörigen Schaltsymbolen und Wahrheitstabellen angegeben. Da in internationalen Publikationen, Datenblättern und Dokumentationen zu Simulationsprogrammen die amerikanischen Symbole dominieren, sollen hier diese Symbole und nicht die nach DIN 40900 genormten Symbole verwendet werden.

Aus den in Tabelle 8-1 angegebenen Axiomen der Schaltalgebra lassen sich die nachfolgend aufgelisteten Beziehungen ableiten, die mit Hilfe von Kontaktschaltungen veranschaulicht sind:

Gl. 9-1:	$X + 0 = X$	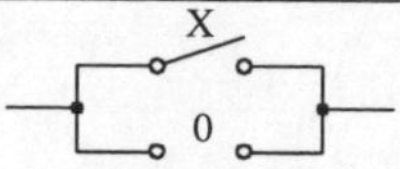
Gl. 9-2:	$X + 1 = 1$	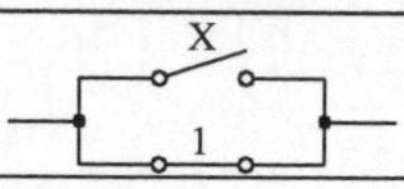
Gl. 9-3:	$X \bullet 0 = 0$	
Gl. 9-4:	$X \bullet 1 = X$	
Gl. 9-5:	$X + \overline{X} = 1$	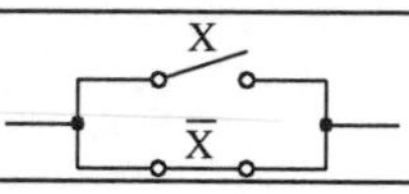
Gl. 9-6:	$X \bullet X = X$	
Gl. 9-7:	$X + X = X$	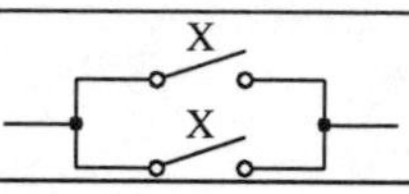
Gl. 9-8:	$X \bullet \overline{X} = 0$	
Gl. 9-9:	$\overline{\overline{X}} = X$	
Gl. 9-10:	$X1\ X2 = X2\ X1$ $X1 + X2 = X2 + X1$	Kommutativ-Gesetz
Gl. 9-11:	$X1\,(X2 + X3) =$ $(X1\ X2) + (X1\ X3)$ $X1 + (X2\ X3) =$ $(X1 + X2)\,(X1 + X3)$	Distributiv-Gesetz
Gl. 9-12:	$X1\ X2\,X3 = X1\,(X2\ X3)$ $X1 + X2 + X3 = X1 + (X2 + X3)$	Assoziativ-Gesetz
Gl. 9-13:	$\overline{f(X1, X2, X3, \cdots, \cdots Xn, \bullet, +, 0, 1)}$ $= f(\overline{X1}, \overline{X2}, \overline{X3}, \cdots, \cdots \overline{Xn}, +, \bullet, 1, 0)$	Gesetz von Shannon
Gl. 9-14:	$\overline{X1 + X2 + X3 + \cdots + Xn}$ $= \overline{X1} \cdot \overline{X2} \cdot \overline{X3} \cdot \cdots \cdot \overline{Xn}$ $\overline{X1 \cdot X2 \cdot X3 \cdot \cdots \cdot Xn}$ $= \overline{X1} + \overline{X2} + \overline{X3} + \cdots + \overline{Xn}$	Gesetz von De Morgan

Nach dem Gesetz von Shannon wird die Negation einer logischen Funktion *f*(...), die aus verschiedenen Variablen, den drei Hauptoperatoren (•, +, ¯) den Konstanten 0,1 und Klammern besteht, erhalten durch die Negation aller Variablen und Konstanten sowie durch die Vertauschung der beiden Operatoren (• ↔ +). Hierbei bleiben die Klammern, die wegen der Priorität der (•)-Operation vor der (+)-Operation vollständig ausgeführt sein müssen, unverändert.

Das Gesetz von De Morgan ist ein häufig verwendeter Spezialfall des Gesetzes von Shannon.

9.1.2. Normalformen

Gemäß dem so genannten Entwicklungssatz kann die logische Funktion

Gl. 9-15:

$$f(X1, X2, X3, \cdots, Xn) = X1 \cdot f(1, X2, X3, \cdots, Xn) + \overline{X1} \cdot f(0, X2, X3, \cdots, Xn)$$
$$= [X1 + f(0, X2, X3, \cdots, Xn)] \cdot [\overline{X1} \cdot f(1, X2, X3, \cdots, Xn)]$$

nicht nur nach der Variablen *X1*, wie es in Gl. 9-15 beispielhaft ausgeführt ist, sondern nach jeder beliebigen Variablen *Xi* entwickelt werden. Minterme und Maxterme sind zwei besondere Arten von Schaltfunktionen, die auf diese Weise zusammengesetzt werden.

Unter einem Minterm versteht man eine logische Funktion *m*(*X1*,..., *Xn*), die nur für eine einzige Wertekombination von (*X1*,..., *Xn*) das Ergebnis 1 liefert. Dieses ist nur zu erfüllen, wenn *m*(*X1*,..., *Xn*) ausschließlich konjunktive (AND) Verknüpfungen enthält.

Unter einem Maxterm versteht man eine logische Funktion *M*(*X1*,..., *Xn*), die nur für eine einzige Wertekombination von (*X1*,..., *Xn*) das Ergebnis 0 liefert. Dieses ist nur zu erfüllen, wenn *M*(*X1*,..., *Xn*) ausschließlich disjunktive (OR) Verknüpfungen enthält.

Beliebige logische Funktionen lassen sich durch Minterme oder Maxterme darstellen. Eine logische Funktion *Y* = *f*(*X1*,..., *Xn*) ist bestimmt durch ihre Wahrheitstabelle, die sich aus 2^n Kombinationen der Ein- und Ausgangswerte zusammensetzt.

Dez. X	X3	X2	X1	Y	$\overline{Y}$	Minterme	Maxterme
0	0	0	0	1	0	$m_0 = \overline{X3} \cdot \overline{X2} \cdot \overline{X1}$	
1	0	0	1	0	1		$M_1 = X3 + X2 + \overline{X1}$
2	0	1	0	0	1		$M_2 = X3 + \overline{X2} + X1$
3	0	1	1	1	0	$m_3 = \overline{X3} \cdot X2 \cdot X1$	
4	1	0	0	1	0	$m_4 = X3 \cdot \overline{X2} \cdot \overline{X1}$	
5	1	0	1	0	1		$M_5 = \overline{X3} + X2 + \overline{X1}$
6	1	1	0	0	1		$M_6 = \overline{X3} + \overline{X2} + X1$
7	1	1	1	0	1		$M_7 = \overline{X3} + \overline{X2} + \overline{X1}$

Tabelle 9-2: Wahrheitstabelle, Minterme und Maxterme einer logischen Funktion Y = f(X1, X2, X3)

Als Beispiel wird Tabelle 9-2 betrachtet. Sie lässt sich in zwei Teilmengen unterteilen, wobei die eine alle Eingangskombinationen (X_1, . . ., X_n) mit dem Funktionswert *Y*=1 und die andere alle Eingangskombinationen mit dem Funktionswert *Y*=0 enthält. Die beiden Teilmengen werden Einsmenge oder Nullmenge genannt. Die Funktion *Y* lässt sich nun durch OR-Verknüpfung aller

Minterme bilden, die den Elementen der Einsmenge zugeordnet sind. In dem Beispiel aus Tabelle 9-2 erhält man:

Gl. 9-16:
$$Y = m_0 + m_3 + m_4 = \overline{X3} \cdot \overline{X2} \cdot \overline{X1} + \overline{X3} \cdot X2 \cdot X1 + X3 \cdot \overline{X2} \cdot \overline{X1}$$

Diese Disjunktion der Minterme wird als disjunktive Normalform bezeichnet.

Alternativ lässt sich die Funktion *Y* auch durch AND-Verknüpfung aller Maxterme bilden, die den Elementen der Nullmenge zugeordnet sind. In dem Beispiel aus Tabelle 9-2 erhält man:

Gl. 9-17:
$$\begin{aligned} Y &= M_1 \cdot M_2 \cdot M_5 \cdot M_6 \cdot M_7 \\ &= \left(X3 + X2 + \overline{X1}\right) \cdot \left(X3 + \overline{X2} + X1\right) \cdot \left(\overline{X3} + X2 + \overline{X1}\right) \\ &\cdot \left(\overline{X3} + \overline{X2} + X1\right) \cdot \left(\overline{X3} + \overline{X2} + \overline{X1}\right) \end{aligned}$$

Diese Konjunktion der Maxterme wird als konjunktive Normalform bezeichnet.

Die beiden Normalformen zeigen, dass sich jede beliebige logische Funktion aus den Grundoperationen AND, OR und NOT zusammensetzen lässt.

Die konjunktive Normalform kann auch aus der disjunktiven Normalform für $\overline{Y}$ hergeleitet werden:

Gl. 9-18:
$$\begin{aligned} \overline{Y} &= \left(\overline{X3} \cdot \overline{X2} \cdot X1\right) + \left(\overline{X3} \cdot X2 \cdot \overline{X1}\right) + \left(X3 \cdot \overline{X2} \cdot X1\right) \\ &+ \left(X3 \cdot X2 \cdot \overline{X1}\right) + \left(X3 \cdot X2 \cdot X1\right) \end{aligned}$$

Die Negation mittels des Gesetzes von De Morgan Gl. 9-14 liefert:

Gl. 9-19:
$$\begin{aligned} Y &= \left(X3 + X2 + \overline{X1}\right) \cdot \left(X3 + \overline{X2} + X1\right) \cdot \left(\overline{X3} + X2 + \overline{X1}\right) \\ &\cdot \left(\overline{X3} + \overline{X2} + X1\right) \cdot \left(\overline{X3} + \overline{X2} + \overline{X1}\right) \end{aligned}$$

Die Frage nach der Wahl zwischen konjunktiver und disjunktiver Normalform wird nach der Anzahl der Null- bzw. Einsterme in der Wahrheitstabelle entschieden. In dem Beispiel aus Tabelle 9-2 ist die disjunktive Normalform vorzuziehen, da sie weniger Verknüpfungen als die konjunktive Normalform enthält.

9.1.3. Minimierung von Schaltnetzen

Eine aus einer Wahrheitstabelle entstandene logische Funktion in konjunktiver oder disjunktiver Normalform lässt sich im Allgemeinen durch Anwendung von Reduktionsgesetzen noch vereinfachen. Beispielsweise kann die disjunktive Normalform Gl. 9-16 noch folgendermaßen zusammengefasst werden.

Gl. 9-20:
$$\begin{aligned} Y &= \overline{X3} \cdot \overline{X2} \cdot \overline{X1} + \overline{X3} \cdot X2 \cdot X1 + X3 \cdot \overline{X2} \cdot \overline{X1} \\ &= \overline{X2} \cdot \overline{X1} \cdot (\overline{X3} + X3) + \overline{X3} \cdot X2 \cdot X1 \\ &= \overline{X2} \cdot \overline{X1} + \overline{X3} \cdot X2 \cdot X1 \end{aligned}$$

Die minimierte disjunktive Normalform wird als disjunktive Minimalform bezeichnet. Entsprechend kann die konjunktive Normalform aus Gl. 9-17 zur konjunktiven Minimalform reduziert werden. Ausgegangen wird hier von der negierten Form in Gl. 9-18:

Gl. 9-21:

$$\begin{aligned}\overline{Y} &= \left(\overline{X3}\cdot\overline{X2}\cdot X1\right)+\left(\overline{X3}\cdot X2\cdot\overline{X1}\right)+\left(X3\cdot\overline{X2}\cdot X1\right)\\ &+\left(X3\cdot X2\cdot\overline{X1}\right)+\left(X3\cdot X2\cdot X1\right)\\ &= \overline{X2}\;X1+X2\;\overline{X1}+X3\;X2\end{aligned}$$

Die Negation mittels des Gesetzes von De Morgan Gl. 9-14 liefert:

Gl. 9-22: $$Y=(X2+\overline{X1})\cdot(\overline{X2}+X1)\cdot(\overline{X3}+\overline{X2}).$$

Das Ergebnis stellt also die konjunktive Minimalform von Gl. 9-17 dar. Die beiden Minimalformen in Gl. 9-20 und Gl. 9-22 sind mit den Gesetzen der Schaltalgebra ineinander überführbar sein.

Wie aus den obigen Beispielen ersichtlich ist, wird der rechnerische Aufwand bei der Minimierung von Schaltfunktionen mit drei und mehr Eingangsvariablen beträchtlich hoch. Folglich ist es nicht sinnvoll größere Schaltnetze nur mit den bisher behandelten Verfahren der Bool'schen Algebra zu minimieren. Für umfangreiche Schaltnetze existiert eine Vielzahl von numerischen Minimierungsverfahren, die eine nahezu beliebig große Variabelenanzahl zulassen. Da heute allerdings größere Schaltnetze fast ausschließlich mit programmierbaren Logikschaltungen (FPGA (Field Programmable Gate Array) oder CPLD (Complex Programmable Logical Device)) realisiert werden, wird auf die in der Entwicklungssoftware integrierten Minimierungsverfahren zurückgegriffen.

Für kleinere Netze wurden grafische Verfahren entwickelt, von denen nur das Verfahren nach Karnaugh-Veitch noch aktuelle Bedeutung hat. Das Karnaugh-Veitch (KV)-Diagramm ist für Schaltnetze bis zu 6 Eingangsvariablen ökonomisch verwendbar. Da sich für *n* Variablen insgesamt 2^n verschiedene Minterme bilden lassen, muss das KV-Diagramm stets 2^n Felder besitzen. Die Felder des Diagramms werden mit den Variablen gekennzeichnet. Zur Schreibvereinfachung werden die Felder zusätzlich mit Dezimalzahlen beschriftet, die den binären Wert der kennzeichnenden Variablen repräsentieren. So gilt beispielsweise die folgende Zuordnung:

$$\overline{X2}\;X1 \mathrel{\hat{=}} 1_{Dez.}$$

Bild 9-2 zeigt die Entwicklung des KV-Diagramms, indem beginnend bei $n = 1$ Variablen durch Spiegelung an der durch den Pfeil gekennzeichneten Achse die Feldanzahl bei jedem Spiegelschritt verdoppelt wird. Die Bezeichnung der Kanten des Rechtecks ist grundsätzlich beliebig. Es ist nur sicherzustellen, dass sich Minterme zweier direkt aneinander grenzender horizontaler oder vertikaler Felder in nur einer Variablen unterscheiden.

Nach Gl. 9-15 lässt sich jede beliebige logische Schaltfunktion $Y = f(X1,...,Xn)$ in disjunktiver Normalform, also als OR-Verknüpfung ihrer Minterme darstellen. Zur Minimierung von $Y = f(X1,...,Xn)$ werden diese Minterme den entsprechenden Feldern des KV-Diagramms zugeordnet und mit 1 bezeichnet. Die übrigen Felder des Diagramms erhalten eine 0.

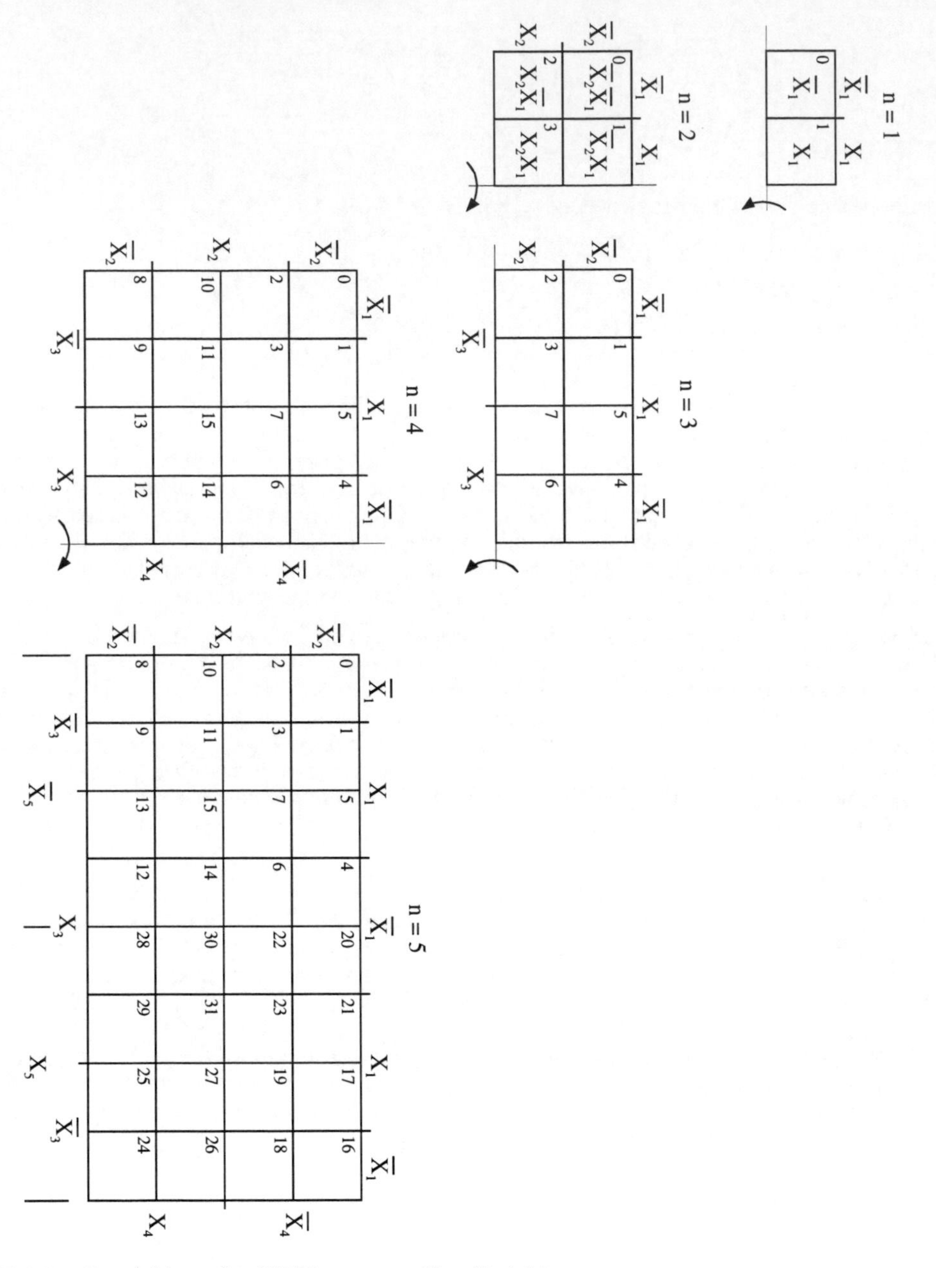

Bild 9-2: Entwicklung des KV-Diagramms für n Variablen

Das Beispiel in Bild 9-3 zeigt für eine logische Funktion *Y* mit 2 Variablen, wie ihre in der Wahrheitstabelle definierten Minterme den Feldern des KV-Diagramms zugeordnet werden. Zur Minimierung von *Y* können nun benachbarte 1-Felder im KV-Diagramm zusammengefasst werden. Als benachbart gelten zwei Felder, die sich nur in einer Variablen unterscheiden und diese Variable in negierter und nicht negierter Form enthalten.

Dez.	X_2	X_1	Y	Minterme
0	0	0	1	$\overline{X}_2 \cdot \overline{X}_1$
1	0	1	0	$\overline{X}_2 \cdot X_1$
2	1	0	1	$X_2 \cdot \overline{X}_1$
3	1	1	0	$X_2 \cdot X_1$

$$Y = \overline{X}_2 \cdot \overline{X}_1 + X_2 \cdot \overline{X}_1$$

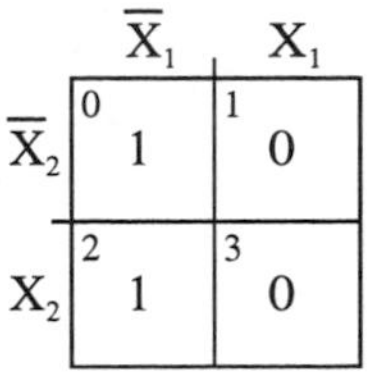

	$\overline{X}_1$	X_1
$\overline{X}_2$	(0) 1	(1) 0
X_2	(2) 1	(3) 0

Bild 9-3: Beispiel für die Anwendung des KV-Diagramms

Im Beispiel in Bild 9-3 sind in dezimaler Nummerierung die folgenden Felder benachbart:

3 – 2 = 2 - 3 3 – 1 = 1 - 3 2 – 0 = 0 - 2 1 – 0 = 0 - 1

In diesem Beispiel grenzen alle benachbarten Felder auch räumlich aneinander. Dieses ist in KV-Diagrammen mit mehr als zwei Variablen nicht immer zwingend notwendig, wie später noch gezeigt wird. Im Beispiel in Bild 9-3 sind die beiden 1-Felder benachbart und können zu einem Block zusammengefasst werden. Die Minimierung basiert nun darauf, diesen Block mit möglichst wenigen Variablen eindeutig zu beschreiben. Wie es aus dem KV-Diagramm in Bild 9-3 ersichtlich ist, kann die logische Funktion zu

$$Y = \overline{X}_2 \cdot \overline{X}_1 + X_2 \cdot \overline{X} = \overline{X}_1$$

minimiert werden, da das Feld 0_{Dez} und das Feld 2_{Dez} zu einem Block zusammengefasst werden können. Das Prinzip der Minimierung mit Hilfe des KV-Diagramms besteht also darin, möglichst viele benachbarte 1-Felder zu möglichst großen Blöcken zusammenzufassen und diese Blöcke durch möglichst wenige Variablen eindeutig zu beschreiben. Aufgrund von Gl. 9-7 dürfen 1-Felder bei der Zusammenfassung auch mehrfach benutzt werden. Jeder Block wird durch einen konjunktiven Term (AND-Verknüpfung der Variablen) eindeutig gekennzeichnet. Blöcke, die nicht mehr zu vereinfachen sind, werden als Primterme bezeichnet. Die Anzahl K der zu einem Block zusammengefassten Felder errechnet sich aus der Anzahl k der eliminierten Variablen:

$$K = 2^k$$

Folglich ist der gebildete Block umso größer, je kleiner die Anzahl der ihn kennzeichnen Variablen ist.

Zur weiteren Veranschaulichung des KV-Verfahrens soll die logische Funktion aus Bild 9-4 betrachtet werden. Aus der Wahrheitstabelle ergibt sich die Funktion in ihrer disjunktiven Normalform zu

$$Y = \overline{X}_4 \overline{X}_3 \overline{X}_2 \overline{X}_1 + \overline{X}_4 X_3 \overline{X}_2 \overline{X}_1 + X_4 \overline{X}_3 \overline{X}_2 X_1 + X_4 \overline{X}_3 X_2 \overline{X}_1$$
$$+ X_4 \overline{X}_3 X_2 X_1 + X_4 X_3 X_2 \overline{X}_1 + X_4 X_3 X_2 X_1.$$

Wie es aus dem KV-Diagramm in Bild 9-4 ersichtlich ist, lassen sich die 1-Felder zu drei Blöcken *A*, *B* und *C* mit

$$A = X_4 X_2, B = X_4 \overline{X}_3 X_1, \quad C = \overline{X}_4 \overline{X}_2 \overline{X}_1$$

zusammenfassen. Folglich ergibt sich Y in minimierter Form zu

$$Y = X_4 X_2 + X_4 \overline{X}_3 X_1 + \overline{X}_4 \overline{X}_2 \overline{X}_1.$$

Das obige Beispiel zeigt, dass benachbarte Felder nicht unbedingt räumlich aneinandergrenzen müssen und dass 1-Felder auch mehrfach benutzt werden können.

Dez.	X_4	X_3	X_2	X_1	Y
0	0	0	0	0	1
1	0	0	0	1	0
2	0	0	1	0	0
3	0	0	1	1	0
4	0	1	0	0	1
5	0	1	0	1	0
6	0	1	1	0	0
7	0	1	1	1	0
8	1	0	0	0	0
9	1	0	0	1	1
10	1	0	1	0	1
11	1	0	1	1	1
12	1	1	0	0	0
13	1	1	0	1	0
14	1	1	1	0	1
15	1	1	1	1	1

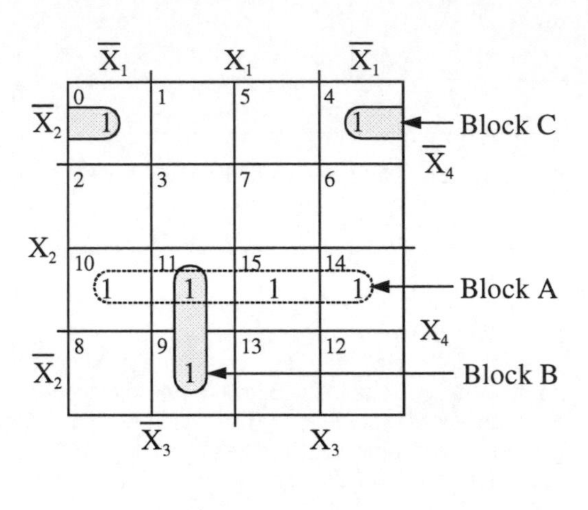

Bild 9-4: Minimierungsbeispiel für eine logische Funktion Y mit 4 Variablen

In den Fällen, in denen die Anzahl der 1-Werte gegenüber den 0-Werten für *Y* in der Wahrheitstabelle überwiegen, ist es manchmal sinnvoll, im KV-Diagramm von der konjunktiven Normalform auszugehen. Dieses Verfahren wird am Beispiel in Bild 9-5 erläutert. In ihrer konjunktiven Normalform ergibt sich die logische Funktion *Y* zu:

$$Y = \left(\overline{X}_3 + X_2 + \overline{X}_1\right) \cdot \left(\overline{X}_3 + \overline{X}_2 + \overline{X}_1\right)$$

Zur Darstellung im KV-Diagramm kann sie mittels des Gesetzes von De Morgan Gl. 9-14 in die disjunktive Normalform von $\overline{Y}$ umgewandelt werden:

$$\overline{Y} = \left(X_3 \cdot \overline{X}_2 \cdot X_1\right) + \left(X_3 \cdot X_2 \cdot X_1\right)$$

Die den Mintermen von $\overline{Y}$ zugeordneten Felder werden im KV-Diagramm mit 0 bezeichnet und geeignet zusammengefasst. Als Ergebnis erhält man:

$$\overline{Y} = X_3 \cdot X_1$$

Die anschließende Negation liefert das Endergebnis:

$$Y = \overline{X}_3 + \overline{X}_1$$

Nach geeigneter Umformung würde man dasselbe Ergebnis erhalten, wenn die 1-Felder der disjunktiven Normalform zusammengefasst würden.

Dez.	X_3	X_2	X_1	Y	$\overline{Y}$
0	0	0	0	1	0
1	0	0	1	1	0
2	0	1	0	1	0
3	0	1	1	1	0
4	1	0	0	1	0
5	1	0	1	0	1
6	1	1	0	1	0
7	1	1	1	0	1

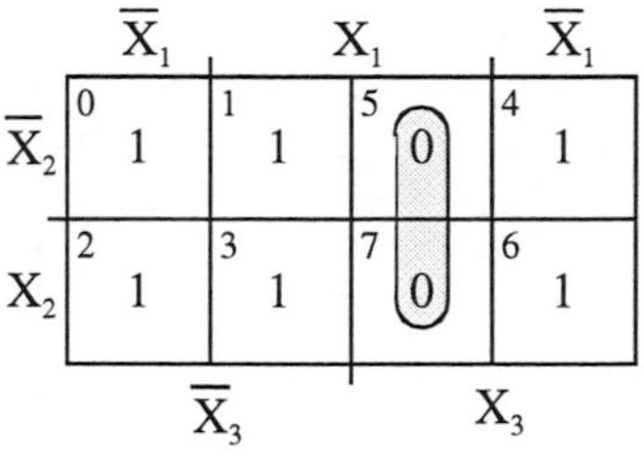

	$\overline{X_1}$	X_1	X_1	$\overline{X_1}$
$\overline{X_2}$	0: 1	1: 1	5: (0)	4: 1
X_2	2: 1	3: 1	7: (0)	6: 1
	$\overline{X_3}$	$\overline{X_3}$	X_3	X_3

Bild 9-5: Beispiel zur konjunktiven Normalform im KV-Diagramm

Als abschließendes Beispiel zur Minimierung mit Hilfe des KV-Diagramms soll ein Code-Umsetzer (Code-Wandler) entworfen werden, der aus dem 8-4-2-1-Code in den BCD-Gray-Code wandelt. Die Wahrheitstabelle ist in Tabelle 9-3 dargestellt.

Code	8-4-2-1-Code				BCD-Gray-Code				Fehler
Dez. X	X_4	X_3	X_2	X_1	Y_4	Y_3	Y_2	Y_1	F
0	0	0	0	0	0	0	0	0	0
1	0	0	0	1	0	0	0	1	0
2	0	0	1	0	0	0	1	1	0
3	0	0	1	1	0	0	1	0	0
4	0	1	0	0	0	1	1	0	0
5	0	1	0	1	0	1	1	1	0
6	0	1	1	0	0	1	0	1	0
7	0	1	1	1	0	1	0	0	0
8	1	0	0	0	1	1	0	0	0
9	1	0	0	1	1	1	0	1	0
Pseudotetraden	1	0	1	0	*	*	*	*	1
	1	0	1	1	*	*	*	*	1
	1	1	0	0	*	*	*	*	1
	1	1	0	1	*	*	*	*	1
	1	1	1	0	*	*	*	*	1
	1	1	1	1	*	*	*	*	1

Tabelle 9-3: Wahrheitstabelle des 8-4-2-1- zu BCD-Gray-Code-Wandlers

Die mit * bezeichneten Pseudotetraden können zur Minimierung herangezogen werden. Für die vier Stellen Y_4, Y_3, Y_2, Y_1 und für die Erkennung F, die eine der Pseudotetraden signalisiert, werden mit Hilfe der KV-Diagramme in Bild 9-6 die disjunktiven Minimalformen erstellt. Die KV-Diagramme in Bild 9-6 wurden durch die zugehörigen Ausgangsvariablen gekennzeichnet.

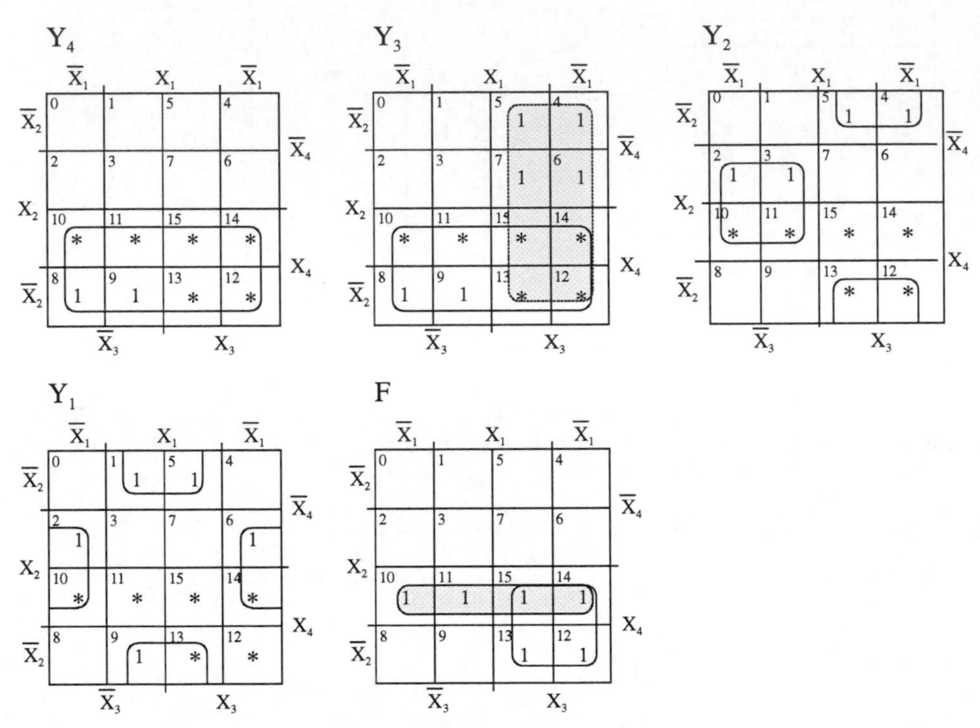

Bild 9-6: KV-Diagramme des 8-4-2-1 zu BCD-Gray-Code-Wandlers

Als Ergebnis erhält man schließlich gemäß Bild 9-7 die minimierten logischen Gleichungen und die zugehörige Schaltung des 8-4-2-1-BCD-Gray-Code-Wandlers.

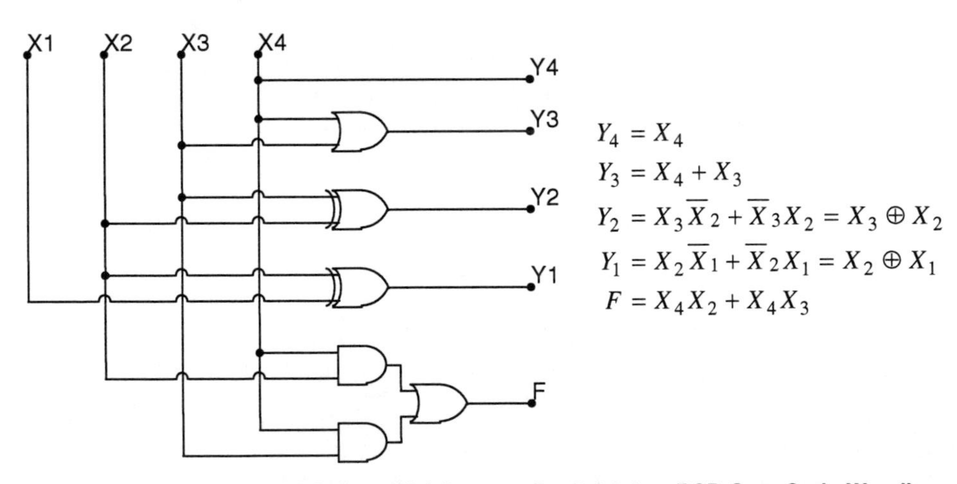

$$Y_4 = X_4$$
$$Y_3 = X_4 + X_3$$
$$Y_2 = X_3\overline{X}_2 + \overline{X}_3X_2 = X_3 \oplus X_2$$
$$Y_1 = X_2\overline{X}_1 + \overline{X}_2X_1 = X_2 \oplus X_1$$
$$F = X_4X_2 + X_4X_3$$

Bild 9-7: Schaltung und minimierte Gleichungen des 8-4-2-1 zu BCD-Gray-Code-Wandlers

9.2. Hazards in Schaltnetzen

Eines der Hauptprobleme bei der Schaltkreisentwicklung ist die Vermeidung des Einflusses von unterschiedlichen Verzögerungszeiten, die durch digitale Bauelemente hervorgerufen werden. Verzögerungszeiten spielen bei ungetakteten Netzwerken eine wesentliche Rolle. Dieses soll am Beispiel der Schaltung in Bild 9-8 erläutert werden.

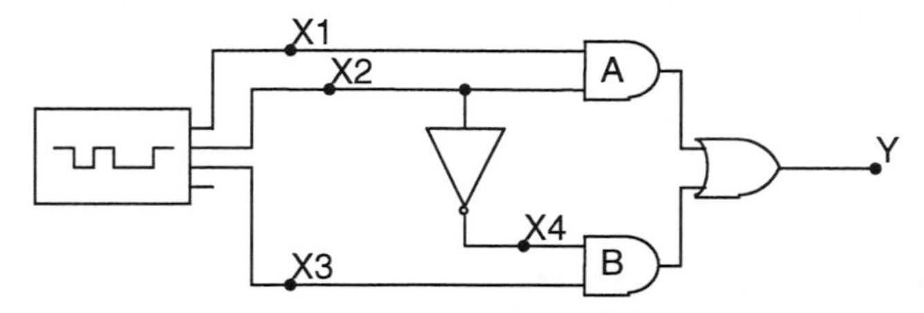

Bild 9-8: Beispiel für ein Schaltnetz mit Hazard

Dargestellt ist die Realisierung der logischen Funktion:

$$Y = X1 \cdot X2 + \overline{X2} \cdot X3$$

Typischerweise weist jeder logische Baustein eine Gatterdurchlaufzeit T_{PD} zwischen den Zustandsänderungen am Ein- und Ausgang auf. Diese Durchlaufzeit ist gemäß Gl. 8-2 als Mittelwert der Impuls-Verzögerungszeit T_{PLH} von *L*- nach *H*-Pegel und der Impuls-Verzögerungszeit T_{PLH} von *L*- nach *H*-Pegel definiert. Der Einfachheit halber sei hier angenommen, dass alle Funktionsblöcke dieselbe Durchlaufzeit T_{PD} aufweisen. Ändert sich nun das Eingangswort [*X*] = [*X3, X2, X1*], das vom 4Bit-Generator in Bild 9-8 erzeugt wird, in der Form

$$[X] = [111] \rightarrow [X] = [101],$$

so bleibt bei idealem Verhalten der Schaltung ($T_{PD} = 0$) der Ausgang *Y* konstant auf 1. Wird $T_{PD} > 0$, so geht *Y* nach dem Schaltmoment kurzfristig für die Zeitdauer von T_{PD} auf 0, wie es in dem Impulsdiagramm in Bild 9-9 dargestellt ist. Diese Abhängigkeit zwischen Verzögerungszeiten und unbeabsichtigter Änderung des Ausgangssignals kennzeichnen einen Hazard, der auch Glitch oder Spike genannt wird.

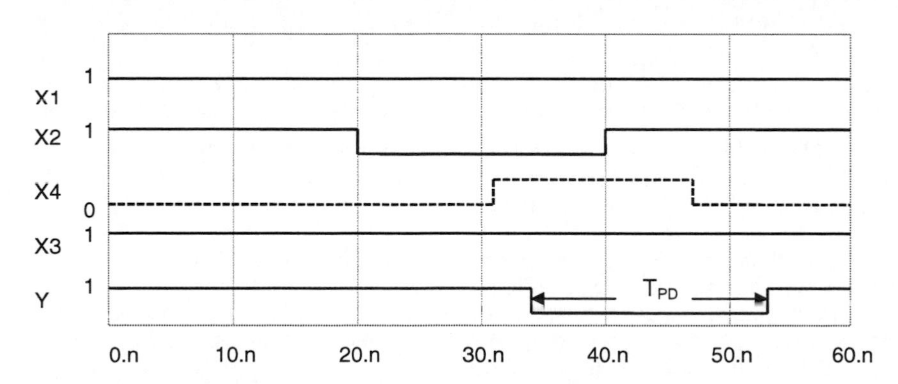

Bild 9-9: Impulsdiagramm des Schaltnetzes aus Bild 9-8

Der Hazard kann im erläuterten Beispiel durch die redundante Erweiterung des Netzwerks gemäß Bild 9-10 beseitigt werden.

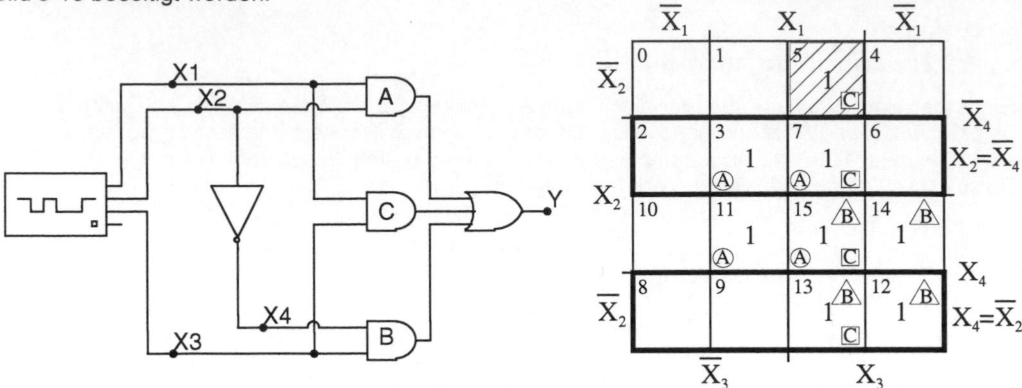

Bild 9-10: Beseitigung des Hazards durch redundante Erweiterung

Zur Erläuterung des Hazards wird das KV-Diagramm in Bild 9-10 betrachtet, wobei der redundante Block *C* zunächst nicht berücksichtigt werden soll. Da für den dynamischen Fall, also während des Eingangswortwechsels aufgrund der Durchlaufzeit nicht $X_4 = \overline{X}_2$ gewährleistet ist, muss die zusätzliche Variable *X4* für das KV-Diagramm in Bild 9-10 eingeführt werden. Im statischen Fall, wenn kein Eingangswortwechsel stattfindet, ist stets $X_4 = \overline{X}_2$ und es resultieren nur die fett eingerahmten Felder im KV-Diagramm in Bild 9-10.

Für die dynamische Betrachtung werden die Minterme, die durch die AND-Verknüpfungen *A* und *B* realisiert sind, in das KV-Diagramm in Bild 9-10 eingetragen:

Block	Felder				Minterm
A	3	7	11	15	$X1 \cdot X2$
B	12	13	14	15	$X3 \cdot X4$

Im dynamischen Fall wird zwischen Block *A* und Block *B* gewechselt. Von welchem alten Feld des einen Blocks auf welches neue Feld des anderen Blocks gewechselt wird, hängt von der alten und der neuen Variablenkombination des Eingangsworts [*X*] ab. Im vorliegenden Beispiel (gemäß Bild 9-9) erfolgt der Wechsel vom Block *A* zum Ziel-Block *B* in der Form

$$[X]_{ALT} = [0111] \mathrel{\hat{=}} 7_{Dez} \quad \rightarrow \quad [X]_{NEU} = [1101] \mathrel{\hat{=}} 13_{Dez} \;,$$

wobei die Änderung der höchstwertigen Variable *X*4 von 0 auf 1 einbezogen werden muss. Gemäß dem Impulsdiagramm in Bild 9-9 entsteht während des Wechsels ein Zwischenzustand mit $\overline{X_2} = \overline{X_4}$, der durch $[X]_{DYN}$ =[0101] = 5_{Dez} repräsentiert wird. Wie es anhand des KV-Diagramms in Bild 9-10 ersichtlich ist, würde durch den Zwischenzustand im schraffierten Feld 5 ohne Berücksichtigung des redundanten Blocks *C* der Wert *Y*=0 verursacht.

In diesem Beispiel wird der dezimale Zahlenwert des dynamischen Zustands *DYN* erhalten, indem vom dezimalen Zahlenwert des statischen Zustands *NEU* die dezimale Wertigkeit 8 der Variablen *X4* subtrahiert wird. Denn im dynamischen Zustand ist *X*4 noch 0. Somit können also für alle statischen Felder des Ziel-Blocks *B* die zugehörigen dynamischen Zwischenfelder angegeben werden, wie es in der linken Hälfte von Tabelle 9-4 geschehen ist.

Zustand	Felder	
ALT	Block A	Block A
DYN	**4**	**5**
NEU	12	13
Y	**0**	**0**

Zustand	Felder	
ALT	Block B	Block B
DYN	11	15
NEU	3	7
Y	1	1

Tabelle 9-4: Hazards vor redundanter Erweiterung

Auch beim inversen Wechsel vom Block *B* in den Ziel-Block *A* mit

$$[X]_{ALT} = [1101] \triangleq 13_{Dez} \quad \rightarrow \quad [X]_{NEU} = [0111] \triangleq 7_{Dez}$$

entsteht ein Zwischenzustand mit $X_2 = X_4$. Hierbei wird der dezimale Zahlenwert des dynamischen Zustands *DYN* erhalten, indem zum dezimalen Zahlenwert des statischen Zustands *NEU* die dezimale Wertigkeit 8 der Variablen *X4* addiert wird. Denn im dynamischen Zustand ist hier *X4* noch 1. Somit können für alle statischen Felder des Ziel-Blocks *A* die zugehörigen dynamischen Zwischenfelder angegeben werden, wie es in der rechten Hälfte von Tabelle 9-4 geschehen ist.

Wie es aus Tabelle 9-4 zu entnehmen ist, entstehen nur zwei Hazards mit den Zwischenfeldern 4 und 5 beim Wechsel vom Block *A* in den Block *B*, während beim inversen Wechsel vom Block *B* in den Block *A* kein Hazard auftritt. Zur Beseitigung der Hazards besteht die Möglichkeit, redundante Blöcke hinzuzufügen, die die statische Funktion der Schaltung nicht verändern.

Aus dem KV-Diagramm in Bild 9-10 ist ersichtlich, dass in den statischen, fett umrahmten Feldern keine weiteren 1-Einträge hinzukommen, wenn zusätzlich zu den Blöcken *A* und *B* ein weiterer Block *C* entsprechend Bild 9-10 in die Schaltung aufgenommen wird:

Block	Felder				Minterm
A	3	7	11	15	$X1 \cdot X2$
B	12	13	14	15	$X3 \cdot X4$
C	5	7	13	15	$X1 \cdot X3$

Da Block *C* redundant ist, kann er ohne Beeinflussung des logischen Verhaltens von *Y* hinzugefügt werden. Die erweiterte statische Funktion lautet nun:

$$Y = X1 \cdot X2 + \overline{X2} \cdot X3 + X1 \cdot X3$$

Der Hazard in Tabelle 9-4 mit dem dynamischen Zwischenfeld 5 ist durch Block *C* beseitigt, da Block *C* das Feld 5 belegt. Allerdings kann der verbleibende Hazard mit dem Zwischenfeld 4 nicht beseitigt werden.

Zusammenfassend ist also festzustellen, dass Hazards nur beim Wechsel zwischen einzelnen Blöcken auftreten. Dieser Zusammenhang ist noch einmal im linken KV-Diagramm von Bild 9-11 für den statischen Fall mit den Variablen *X3, X2, X1,* also ohne Berücksichtigung der dynamischen Zwischenzustände, dargestellt. Liegen also die Variablenkombinationen von [*X*] sowohl vor als auch nach dem Wechsel innerhalb desselben Blocks, so kann sich kein Hazard einstellen. Für das Beispiel in Bild 9-8 entstehen zwei Hazards beim Übergang vom Block *A* zum Ziel-Block *B*. Durch Erstellung eines neuen redundanten Blocks *C*, kann nur der Hazard eliminiert werden, der beim Wechsel vom Feld 5 in das Feld 7 (im linken Diagramm in Bild 9-11) entsteht. Denn hier findet der Wechsel nur innerhalb des Blocks *C* statt.

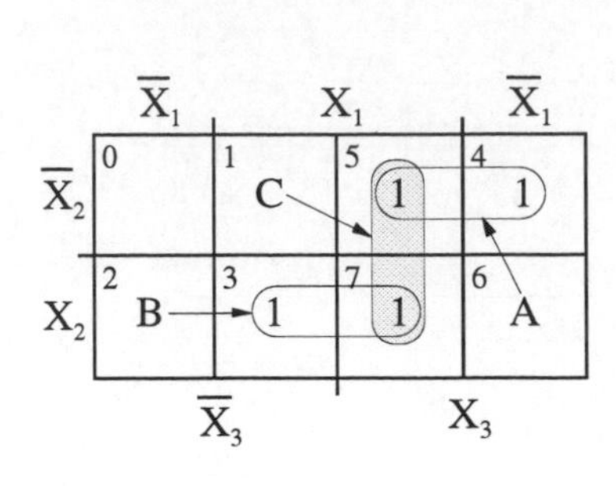

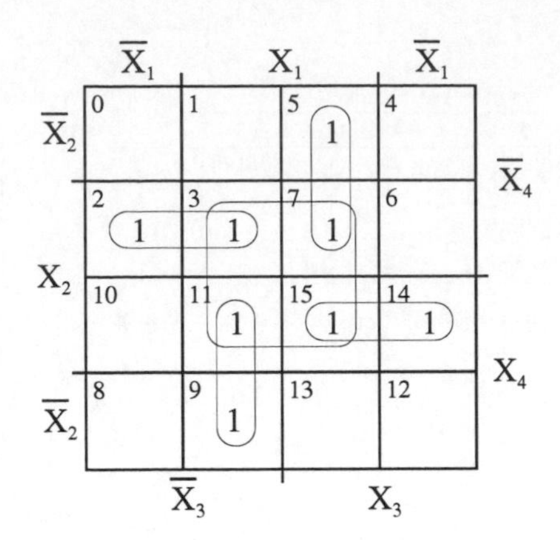

Bild 9-11: Beispiele für redundante Erweiterung zur Beseitigung von Hazards

Ein weiteres Beispiel zur redundanten Erweiterung ist im rechten KV-Diagramm von Bild 9-11 gezeigt. Hierbei besteht die logische Funktion *Y* vor der redundanten Erweiterung aus den Blöcken (Feld 2, Feld 3), (Feld 5, Feld 7), (Feld 14, Feld 15) und (Feld 9, Feld 11). Durch Hinzufügung des redundanten Blocks (Feld 3, Feld 7, Feld 11, Feld 15) entstehen keine weiteren 1-Felder, so dass keine Änderung des statischen Verhaltens der logischen Funktion *Y* resultiert. Mittels des redundanten Blocks werden die Hazards eliminiert, die eventuell beim Wechsel innerhalb dieses Blocks ohne diesen Block entstehen könnten, also beispielsweise beim Wechsel von Feld 3 nach Feld 15, beim Wechsel von Feld 7 nach Feld 15 usw.

Wie es aus den Beispielen in Bild 9-11 ersichtlich ist, können logische Funktionen immer dann redundant erweitert werden, wenn ihre Funktionsblöcke im KV-Diagramm benachbart sind. Nur dann können die angrenzenden Felder zu zusätzlichen redundanten Blöcken zusammengefasst werden, um einen Teil der möglichen Hazards zu beseitigen.

Das Problem der Hazards tritt vornehmlich bei ungetakteten (asynchronen) Netzwerken auf. Bei getakteten (synchronen) Netzwerken machen sich Laufzeitunterschiede nur bemerkbar, wenn sie größer als die Taktperiode sind. Aufgrund der geringeren Anfälligkeit gegenüber Hazards werden meistens synchrone den asynchronen Netzwerken vorgezogen.

9.3. Flipflops und ihre charakteristische Gleichung

In diesem Kapitel werden die unterschiedlichen Bauformen von Flipflops erläutert. Wesentliche Unterschiede bestehen in der Wirkungsweise der Eingangsvariablen und in der Steuerart mittels eines Takts. Wie es bereits in Kapitel 7.2.3 erläutert wurde, basieren Flipflops auf dem Prinzip der Mitkopplung. Folglich existieren nur zwei stabile Zustände, die als „gesetzt“ für *H*-Pegel und als „rückgesetzt“ für *L*-Pegel am Ausgang bezeichnet werden. Beim dynamischen Wechsel wird immer von einem aktuellen Zustand, der als *Z* bezeichnet wird, in den durch Z^+ gekennzeichneten Folgezustand geschaltet. Entsprechend der in der Literatur gebräuchlichen Benennung wird bei Flipflops der Ausgang mit *Q* und der negierte Ausgang mit $\overline{Q}$ oder *Qb* (*Qbar*) angegeben.

9.3.1. RS-Flipflops

Gemäß Kapitel 7.2.3.2 werden die Eingänge des RS-Flipflops mit *S* für Setzen (Set) und *R* für Rücksetzen (Reset) bezeichnet. Für das ungetaktete RS-Flipflop lässt sich die Wahrheitstabelle und das zugehörige KV-Diagramm für den Folgezustand Q^+ gemäß Bild 9-12 bestimmen

Dez SRQ	S	R	Q	Q⁺
0	0	0	0	0
1	0	0	1	1
2	0	1	0	0
3	0	1	1	0
4	1	0	0	1
5	1	0	1	1
6	1	1	0	*
7	1	1	1	*

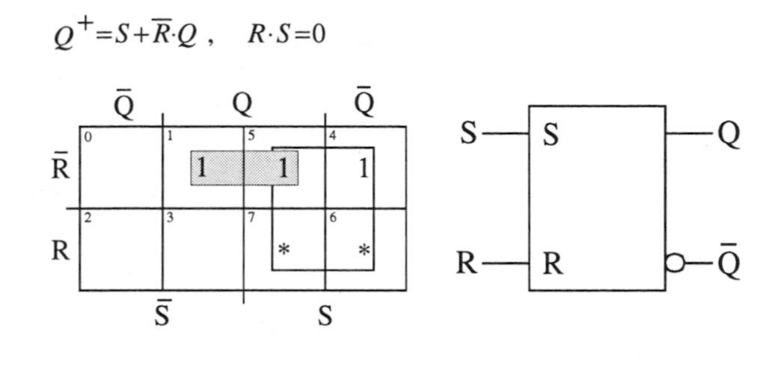

Bild 9-12: Wahrheitstabelle, KV-Diagramm und Symbol des ungetakteten RS-Flipflops

Es resultiert also die allgemeine charakteristische Gleichung für ein RS-Flipflop *i*:

Gl. 9-23: $Z_i^+ = S_i + \overline{R_i} \cdot Z_i \,, \quad R_i \cdot S_i = 0$

Aus der Wahrheitstabelle ist ersichtlich, dass für die Eingangskombination *R* = *S* =1 kein definierter Zustand existiert. Daher muss dieser Zustand im praktischen Betrieb vermieden werden. Das RS-Flipflop lässt sich sowohl mit NAND- als auch mit NOR-Gattern aufbauen. Nach Umformung mittels Gl. 9-14 erhält man für das RS-Flipflop in NAND-Technik:

$$Q^+ = \overline{\overline{S + \overline{R} \cdot Q}} = \overline{(\overline{S}) \cdot (\overline{\overline{R} \cdot Q})}$$

Die Umformung in NOR-Technik liefert:

$$\overline{Q^+} = \overline{S + \overline{R} \cdot Q} = \overline{S + \overline{\overline{\overline{R} \cdot Q}}} = \overline{S + \overline{R + \overline{Q}}}$$

Die zugehörigen Schaltungen sind in Bild 9-13 angegeben.

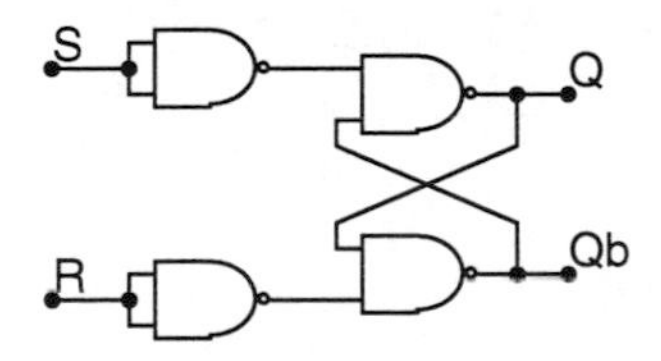

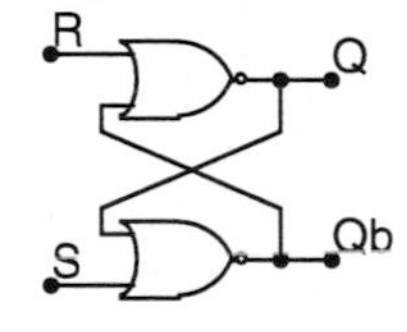

Bild 9-13: Schaltungen des ungetakteten RS-Flipflops

Es ist darauf hinzuweisen, dass das Flipflop aus Kapitel 7.2.3 zwar die Funktion des RS-Flipflops erfüllt, aber dass es die Integrationsanforderungen digitaler Schaltkreise bezüglich der Pegelvereinbarungen, des Ein- und Ausgangswiderstands und der Belastbarkeit nicht erfüllt. Daher sind zur Realisierung der NAND- bzw. NOR-Gatter in Bild 9-13 die diesbezüglichen Schaltungen der jeweiligen Schaltungsfamilien aus Kapitel 8 zu Grunde zu legen.

Das zustandsgesteuerte RS-Flipflop in NAND-Technik hat gegenüber dem ungetakteten RS-Flipflop aus Bild 9-13 einen zusätzlichen Takteingang CL, der durch Auftrennung an den NAND-Gattern am Eingang hergestellt werden kann.

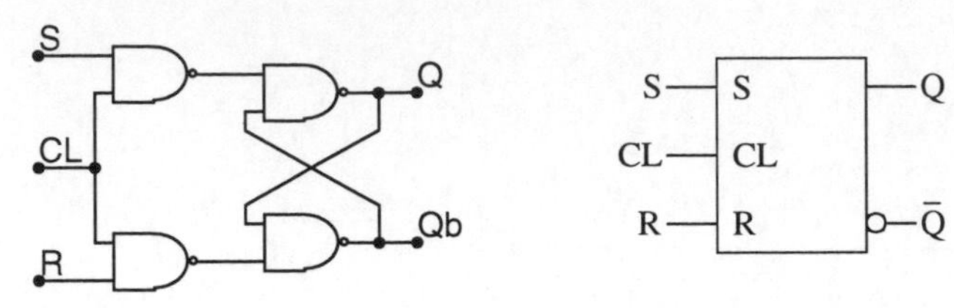

Bild 9-14: Schaltung und Schaltsymbol des zustandsgesteuerten RS-Flipflops

Die allgemeine charakteristische Gleichung des zustandsgesteuerten RS-Flipflops *i* lautet:

Gl. 9-24: $$Z_i^+ = S_i \cdot CL + \overline{R_i \cdot CL} \cdot Z_i, \qquad R_i \cdot S_i = 0$$

Beim zustandsgesteuerten Flipflop, das auch als transparent bezeichnet wird, haben die Eingänge nur einen Einfluss auf den Zustand Z_i, wenn der Takteingang $CL = 1$ ist.

9.3.2. D-Flipflops

Das D-Flipflop besitzt nur einen Eingang, der als *D* (Data oder Delay)-Eingang bezeichnet wird. In der Praxis existiert nur die getaktete Form. Das zustandsgesteuerte D-Flipflop, das auch transparentes D-Flipflop oder Latch genannt wird, entsteht aus dem zustandsgesteuerten RS-Flipflop in Bild 9-14, indem

$$S = D, \qquad R = \overline{D}$$

gesetzt wird. Die Nebenbedingung ist dann mit

$$S \cdot R = D \cdot \overline{D} = 0$$

immer erfüllt. Folglich ergibt sich die Gleichung des zustandsgesteuerten D-Flipflops aus der charakteristischen Gleichung Gl. 9-24 des RS-Flipflops zu:

$$\begin{aligned} Q^+ &= D \cdot CL + \overline{\overline{D} \cdot CL} \cdot Q \\ &= D \cdot CL + D \cdot Q + Q \cdot \overline{CL} \\ &= D \cdot CL + D \cdot Q\,(CL + \overline{CL}) + Q \cdot \overline{CL} \\ &= D \cdot CL\,(Q + 1) + Q \cdot \overline{CL}\,(D + 1) \\ &= D \cdot CL + \overline{CL} \cdot Q \end{aligned}$$

Die Umformung in die NAND-Schreibweise liefert:

$$Q^+ = \overline{\overline{D \cdot CL + \overline{CL} \cdot Q}} = \overline{\overline{D \cdot CL} \cdot \overline{\overline{CL} \cdot Q}}$$

Die Schaltung und das Schaltsymbol des zustandsgesteuerten D-Flipflops sind in Bild 9-15 dargestellt.

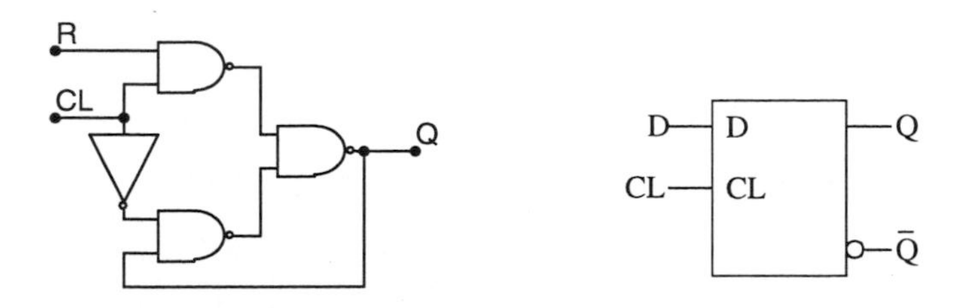

Bild 9-15: Schaltung und Schaltsymbol des zustandsgesteuerten D-Flipflops

Die allgemeine charakteristische Gleichung des zustandsgesteuerten D-Flipflops *i* lautet:

Gl. 9-25: $$Z_i^+ = D_i \cdot CL + \overline{CL} \cdot Z_i$$

Für $CL = 1$ ist das D-Flipflop transparent, da Z_i^+ dann gleich D_i ist.

Das flankengesteuerte D-Flipflop hat einen flankensensitiven Takteingang *CL*, der nur auf die Änderung des Taktsignals reagiert. Man unterscheidet zwischen positiver $(0 \rightarrow 1)$ und negativer $(1 \rightarrow 0)$ Flankensteuerung. Positive Flankensteuerung wird auch als Vorderflankensteuerung und negative Flankensteuerung auch als Rückflankensteuerung bezeichnet.

Die Pegeltabelle sowie das Schaltsymbol des positiv und negativ flankengesteuerten D-Flipflops sind im Bild 9-16 dargestellt. Das Symbol ↑,(↓) kennzeichnet die jeweilige positive ↑ oder negative ↓ Flankensteuerung. Zusätzlich zu dem dargestellten taktabhängigen D-Eingang können D-Flipflops auch noch taktunabhängige (statische) Setz- und Rücksetzeingänge besitzen, die üblicherweise mit Preset (*Pr*) und Clear (*Clr*) bezeichnet sind.

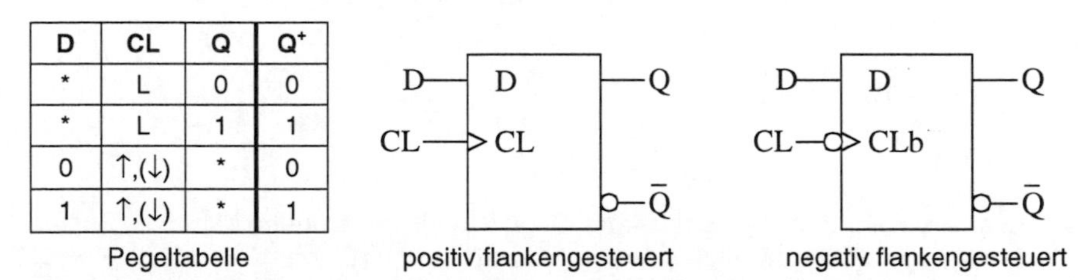

D	CL	Q	Q^+
*	L	0	0
*	L	1	1
0	↑,(↓)	*	0
1	↑,(↓)	*	1

Bild 9-16: Pegeltabelle und Schaltsymbole des flankengesteuerten D-Flipflops

Im Bild 9-17 ist die Schaltung des positiv flankengesteuerten D-Flipflops gezeigt. Die Schaltung besteht im Wesentlichen aus zwei RS-Flipflops, die ihre Ausgänge in komplementärer Weise an ein drittes RS-Flipflop weiterleiten. Nur bei der positiven Flanke nimmt der momentane logische Wert von *D* einen Einfluss auf den Ausgang *Q*, da nur kurz nach dem Übergang des Takts *CL* von 0 auf 1 die beiden obere Eingänge des Gatters *G1* auf log. 1 liegen. Das Zeitfenster, innerhalb dessen die beiden oberen Eingänge von *G1* den logischen Wert 1 annehmen und somit auf den Eingang *D* reagiert werden kann, wird durch die Gatterdurchlaufzeit von *G1, G2* und *G3* bestimmt.

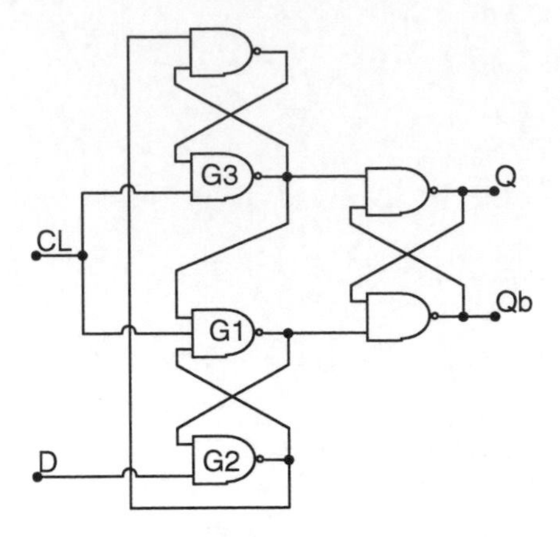

Bild 9-17: Schaltung des positiv flankengesteuerten D-Flipflops 7474

Die allgemeine charakteristische Gleichung des flankengesteuerten D-Flipflops entspricht derjenigen des zustandsgesteuerten D-Flipflops. Allerdings ist beim flankengesteuerten D-Flipflop der Takt *CL* als positive oder negative Flanke zu interpretieren.

9.3.3. Flankengesteuerte JK-Flipflops

Das JK-Flipflop entsteht aus dem RS-Flipflop durch Verknüpfung von Ein- und Ausgangsgrößen derart, dass die Kombination $R \bullet S = 1$ vermieden wird:

$$S = J \cdot \overline{Q},\quad R = K \cdot Q$$

Somit ergibt sich mit $Z_i^+ = Q^+$ und $Z_i = Q$ die Gleichung des ungetakteten JK-Flipflops aus der charakteristischen Gleichung Gl. 9-23 des ungetakteten RS-Flipflops zu:

$$Q^+ = J \cdot \overline{Q} + \overline{K \cdot Q} \cdot Q$$
$$= J \cdot \overline{Q} + (\overline{K} + \overline{Q}) \cdot Q$$
$$= J \cdot \overline{Q} + \overline{K} \cdot Q$$

Zu beachten ist, dass für $J \bullet K = 1$ der Folgezustand Q^+ gleich dem invertierten aktuellen Zustand Q ist. Folglich hat das ungetaktete JK-Flipflop keine praktische Bedeutung, da es für $J \bullet K = 1$ instabil wird. Das heißt, es würde sich am Ausgang eine Oszillation einstellen, deren Frequenz von der Signallaufzeit zwischen Ein- und Ausgang abhängig ist. Auch das zustandsgesteuerte JK-Flipflop hat keine praktische Bedeutung, da es für $CL = 1$ und $J \bullet K = 1$ instabil wird.

Das flankengesteuerte JK-Flipflop besteht aus einem flankengesteuerten RS-Flipflop und einem Vorschaltnetz für die Eingänge *R*, *S* nach Bild 9-18. Das RS-Flipflop besitzt hier einen zusätzlichen negierten Preset-Eingangs (*Prb*) und einen negierten Clear-Eingang (*Clb*).

Die Pegeltabelle und das Schaltsymbol sind für positive bzw. negative Flankensteuerung in Bild 9-19 dargestellt. Die allgemeine charakteristische Gleichung des flankengesteuerten JK-Flipflops lautet bei anliegender Flanke ($CL = 1$):

Gl. 9-26: $$Z_i^+ = J_i \cdot \overline{Z_i} + \overline{K_i} \cdot Z_i$$

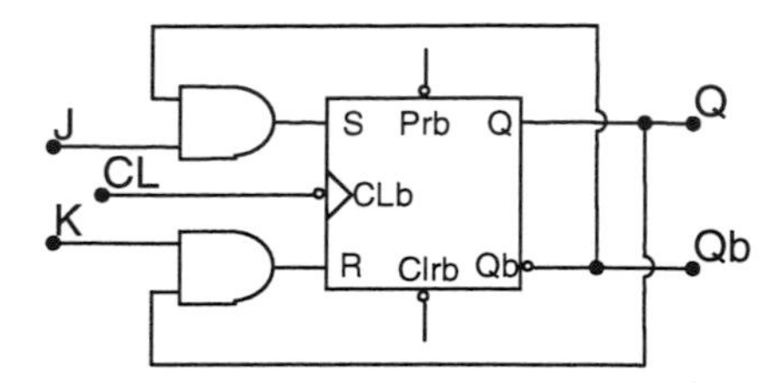

Bild 9-18: Prinzip des negativ flankengesteuerten JK-Flipflops

J	K	CL	Q^+
*	*	L	Q
*	*	H	Q
L	L	↑,(↓)	Q
L	H	↑,(↓)	L
H	L	↑,(↓)	H
H	H	↑,(↓)	$\overline{Q}$

Pegeltabelle

J — J, CL — CL, K — K; Q, $\overline{Q}$

positiv flankengesteuert

J — J, CL — CLb, K — K; Q, $\overline{Q}$

negativ flankengesteuert

Bild 9-19: Pegeltabelle und Schaltsymbole des flankengesteuerten JK-Flipflops

Mit Hilfe von JK-Flipflops lassen sich durch geeignete Verknüpfung der J- und K-Eingänge gemäß Bild 9-20 sowohl D-Flipflops als auch T-Flipflops realisieren. Das T-Flipflop wird häufig als Toggle-Flipflop bezeichnet. Für $T = 1$ „toggelt" der Ausgang Q bei jeder Taktflanke, d. h. $Q^+ = \overline{Q}$. Das T-Flipflop eignet sich besonders zur Frequenzteilung.

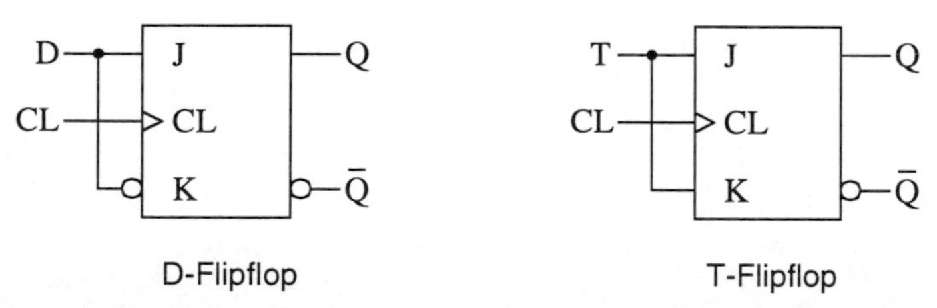

D-Flipflop T-Flipflop

Bild 9-20: Realisierung des D- und T-Flipflops mit Hilfe des JK-Flipflop

9.3.4. Puls- und Zweiflankengesteuertes JK-Flipflops

Das pulsgesteuerte JK-Flipflop besteht aus einem Vorschaltnetz und aus zwei hintereinander geschalteten zustandsgesteuerten RS-Flipflops, wobei das erste Flipflop Master und das zweite Flipflop Slave genannt wird. Der Master ist für $CL = 1$ transparent. Für $CL = 0$ wird der Zustand des Masters vom Slave übernommen. Master-Slave-Flipflops sind erheblich unempfindlicher gegen kurze Störimpulse auf den Taktleitungen als einfache Flipflops. Nachteilig ist jedoch die längere Reaktionszeit. Die Schaltung und das Schaltsymbol des pulsgesteuerten RS-Flipflops ist in Bild 9-21 dargestellt.

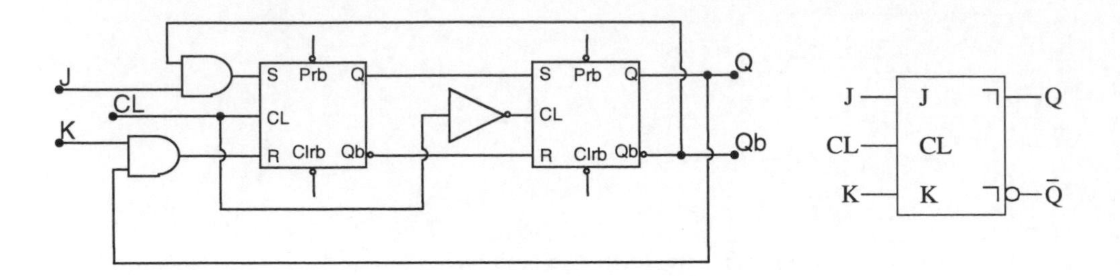

Bild 9-21: Schaltung und Schaltsymbol des pulsgesteuerten JK-Flipflops

Das zweiflankengesteuerte JK-Flipflop, das auch als pulsgetriggert mit Data Lockout bezeichnet wird, besteht aus einem Vorschaltnetz und zwei hintereinander geschalteten flankengesteuerten RS-Flipflops (Master, Slave). Der Master wird mit der Vorderflanke getaktet. Mit der Rückflanke des Taktes wird der Zustand des Masters vom Slave übernommen. Die Schaltung und das Schaltsymbol des zweiflankengesteuerten JK-Flipflops sind in Bild 9-22 dargestellt.

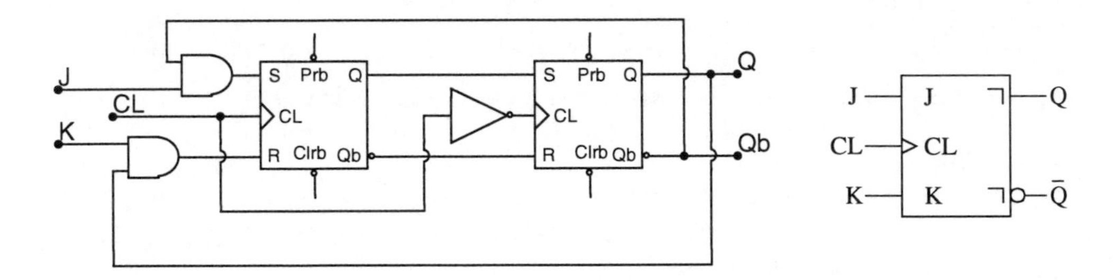

Bild 9-22: Schaltung und Schaltsymbol des zweiflankengesteuerten JK-Flipflops

9.4. Sequentielle Schaltalgebra

Bei Schaltnetzen, die nicht auf Rückkopplung basieren, sind die Ausgangsgrößen nur von den Eingangsgrößen abhängig. Ein wesentliches Kennzeichen von Schaltnetzen ist das Fehlen von Speicherelementen. Schaltungen mit Speicherelementen werden Schaltwerke genannt. Bei einem Schaltwerk, dessen prinzipieller Aufbau in Bild 9-23 gezeigt ist, werden die Ausgangsgrößen sowohl von den momentanen Eingangsgrößen als auch von den Eingangssignalen der Vergangenheit bestimmt. Die Vergangenheit wird durch die gespeicherten inneren Zustände der Schaltung berücksichtigt.

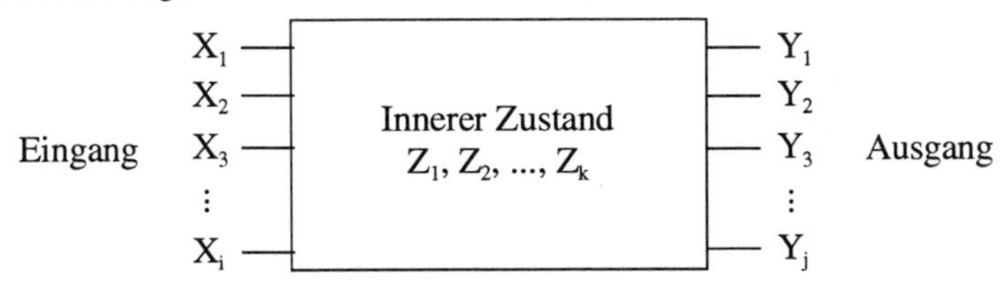

Bild 9-23: Prinzipieller Aufbau eines Schaltwerks

Für Schaltwerke sind alternativ die folgenden Bezeichnungen gebräuchlich:

- Sequentielle Logik (oder Sequentielle Schaltung)
- Endlicher Automat
- Finite State Machine (FSM)

9.4.1. Automaten

Zur algebraischen Behandlung sequentieller Schaltungen wird die sequentielle Schaltalgebra eingesetzt. Hinsichtlich der Abhängigkeit der Eingangsgrößen [*X*], der Ausgangsgrößen [*Y*] und der inneren Zustandsgrößen [*Z*] können zwei verschiedene Automatenmodelle eingesetzt werden. Diese Modelle werden als Moore-Automat und Mealy-Automat bezeichnet.

Für den Moore-Automaten besteht der funktionale Zusammenhang:

Gl. 9-27: $[Z]^{n+1} = g([Z],[X])^n, \qquad [Y]^n = f([Z])^n$

Für den Mealy-Automaten lautet der Zusammenhang:

Gl. 9-28: $[Z]^{n+1} = g([Z],[X])^n, \qquad [Y]^n = f([Z],[X])^n.$

Hierbei werden die Eingangsvariablen mit $[X] = [X_i, ..., X_1]$, die Ausgangsvariablen mit $[Y] = [Y_j, ..., Y_1]$ und die Zustandsvariablen mit $[Z] = [Z_k, ..., Z_1]$ bezeichnet. Der Hochindex „*n*+1" kennzeichnet den auf *n* folgenden Zeitpunkt, bei dem eine Änderung der Variablen erfolgt. Abkürzend soll „*n*+1" durch „+" ersetzt und *n* weggelassen werden.

Die Blockschaltbilder der beiden Automaten-Modelle sind in Bild 9-24 und Bild 9-25 dargestellt. Während beim Moore-Automaten die Ausgangsgrößen [*Y*] nur von den inneren Zustandsgrößen [*Z*] abhängen, kommt beim Mealy-Automaten noch die Abhängigkeit von den Eingangsgrößen [*X*] hinzu. Somit weist der Mealy- Automat eine deutliche höhere Komplexität auf, die mit einer größeren Flexibilität einhergeht. Es lässt sich zeigen, dass Problemlösungen, die auf dem Mealy-Automaten basieren, auch mittels Moore- Automaten erreicht werden können. Jedoch sind für dieselbe Lösung beim Moore-Automaten aufgrund seiner geringeren Flexibilität die Anzahl der erforderlichen inneren Zustände und damit auch die erforderliche Speicheranzahl größer als die Anzahl der Zustände des Mealy-Automaten.

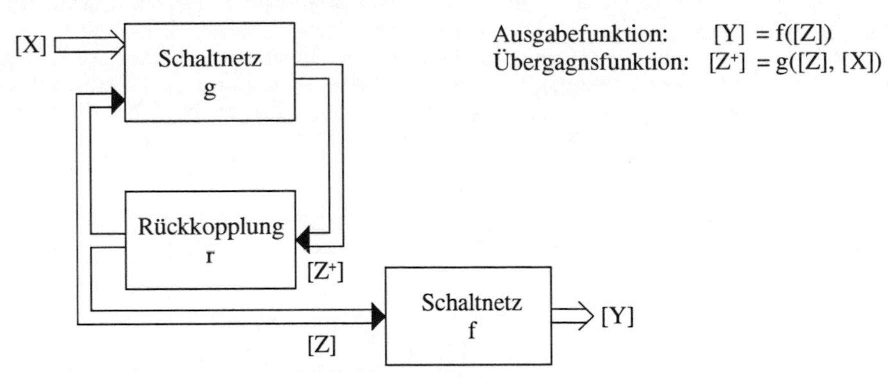

Bild 9-24: Blockschaltbild des Moore-Automaten

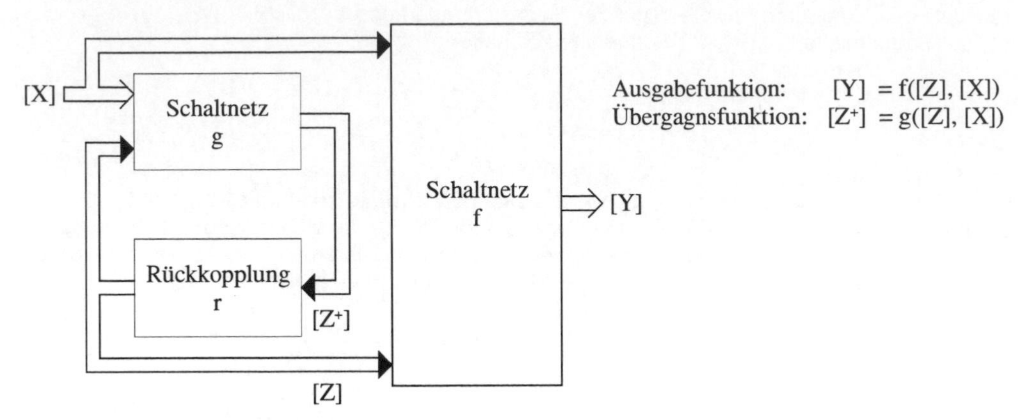

Bild 9-25: Blockschaltbild des Mealy-Automaten

Neben den beiden Gleichungssystemen Gl. 9-27 und Gl. 9-28, die das Verhalten des jeweiligen Schaltwerks beschreiben, wird das Verhalten der einzelnen Speicherelemente innerhalb des Schaltwerks durch ihre allgemeine charakteristische Gleichung bestimmt:

$$Z_i^{n+1} = (P_i \cdot Z_i + Q_i \cdot \overline{Z}_i)^n$$

Diese Gleichung soll im Folgenden nur in der abgekürzten Schreibweise verwendet werden:

Gl. 9-29: $$Z_i^+ = P_i\, Z_i + Q_i\, \overline{Z}_i$$

Dabei kennzeichnen die Verknüpfungen P_i und Q_i die jeweiligen Speichertypen, die beispielsweise durch Flipflops realisiert werden können. Im Allgemeinen stellen P_i die Rücksetzbedingungen ($Z_i = 1,\ Z_i^+ = 0$) und Q_i die Setzbedingung ($\overline{Z}_i = 1,\ Z_i^+ = 1$) der Speicher dar.

9.4.2. Zustandsdiagramm

Sowohl die Analyse als auch die Synthese komplexer Schaltwerke wird durch das Zustandsdiagramm und durch die hieraus resultierende Zustandsfolgetabelle auf übersichtliche Weise systematisiert. Für asynchrone Schaltwerke erfolgt der Übergang der Zustände entweder durch Änderung der Eingangsvariablen oder bei Instabilität auch durch interne Änderung der Zustandsvariablen. Bei synchronen Schaltwerken erfolgt der Übergang der Zustände nur bei jeder Taktflanke. Der Takt ist bei synchronen Systemen also nicht als Variable anzusehen und bleibt im Zustandsdiagramm unberücksichtigt.

Das Zustandsdiagramm basiert auf den Übergangs- und Ausgangsfunktionen Gl. 9-27 und Gl. 9-28 der sequentiellen Schaltalgebra. Demnach besteht für die beiden verschiedenen Automatenmodelle die folgende Abhängigkeit:

Automat	**Mealy**	**Moore**
Übergangsfunktion	$[Z^+] = g([Z], [X])$	
Ausgangsfunktion	$[Y] = f([Z], [X])$	$[Y] = f([Z])$

Beim Zustandsdiagramm, das für verschiedene Beispiele in Bild 9-26 und Bild 9-27 dargestellt ist, werden die einzelnen Zustände $[Z]$ durch Kreise gekennzeichnet und gemäß der Zustandszahl nummeriert. Die Zustandszahl muss eindeutig sein, d. h. verschiedene Zustände sind unterschiedlich zu nummerieren. Die Pfeile zwischen den Zustandskreisen repräsentieren den Übergang zwischen den Zuständen, wobei am Pfeilende die Übergangsbedingung als Minterm der Eingangsvariablen [X] angegeben ist. Der Pfeilanfang wird beim Mealy-Automat mit dem Minterm der Ausgangsvariablen [Y] beschriftet. Da beim Moore-Automat für [Y] keine Abhängigkeit von [X] besteht, bezieht sich die Angabe von [Y] auf den gesamten Zustandskreis. Zur Schreibvereinfachung ist es üblich, [X], [Y] und [Z] anstelle von Mintermen durch die entsprechenden Dezimalzahlen zu ersetzen.

Um aus dem Zustandsdiagramm ein logisches Schaltwerk zu entwickeln, kann ergänzend die Zustandsfolgetabelle verwendet werden. In der Zustandsfolgetabelle, deren prinzipieller Aufbau in Tabelle 9-5 wiedergegeben ist, sind für sämtliche Kombinationen der Eingangsgrößen [X] und der Zustandsgrößen [Z] die Folgezustände $[Z^+]$ sowie die Ausgangsgrößen [Y] notiert. Hierbei bezieht sich [Y] auf die aktuellen Zustände [Z] und nicht auf die Folgezustände $[Z^+]$. Die Kombinationen, die im Zustandsdiagramm nicht definiert sind, werden als *-Bedingungen (don´t care) eingetragen. Beim Aufstellen der Gleichungen für die Übergangsfunktionen $[Z^+]$ und die Ausgangsfunktionen [Y] können diese *-Bedingungen zur Minimierung der logischen Gleichungen verwendet werden. Die Zustandsfolgetabelle sollte systematisch aufgebaut werden und mit dem Anfangszustand [Z] = [0...0] beginnen.

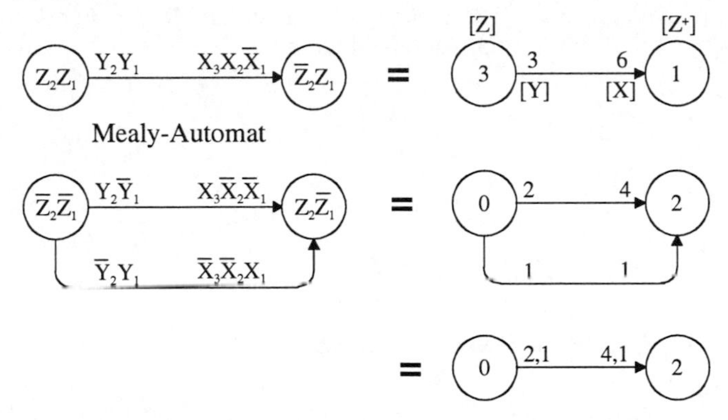

Bild 9-26: Beispiele zum Zustandsdiagramm eines Mealy-Automaten

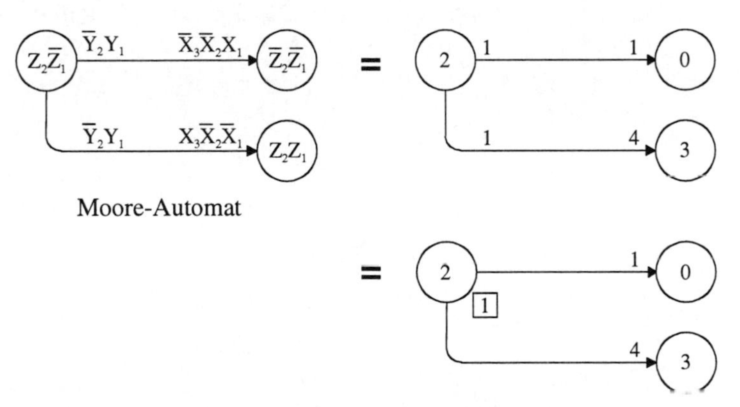

Bild 9-27: Beispiele zum Zustandsdiagramm eines Moore-Automaten

Eingangsvariable	Zustandsvariable		Ausgangsvariable
$X_i \cdots X_3 \ X_2 \ X_1$	$Z_k \cdots Z_3 \ Z_2 \ Z_1$	$Z_k^+ \cdots Z_3^+ \ Z_2^+ \ Z_1^+$	$Y_j \cdots Y_3 \ Y_2 \ Y_1$
0 ··· 0 0 0	0 ··· 0 0 0	- ··· - - -	- ··· - - -
- ··· - - -	- ··· - - -	- ··· - - -	- ··· - - -
1 ··· 1 1 1	0 ··· 0 0 0	- ··· - - -	- ··· - - -
0 ··· 0 0 0	0 ··· 0 0 1	- ··· - - -	- ··· - - -
- ··· - - -	- ··· - - -	- ··· - - -	- ··· - - -
1 ··· 1 1 1	0 ··· 0 0 1	- ··· - - -	- ··· - - -
"	"	"	"
"	"	"	"

Tabelle 9-5: Aufbau der Zustandsfolgetabelle

Als Beispiel ist im Bild 9-28 das Zustandsdiagramm eines zustandsgesteuerten D-Flipflops wiedergegeben. Da den Zuständen unabhängig von den Eingangsvariablen *CL* , *D* feste Ausgangswerte zugeordnet sind, handelt sich hierbei um einen Moore-Automaten.

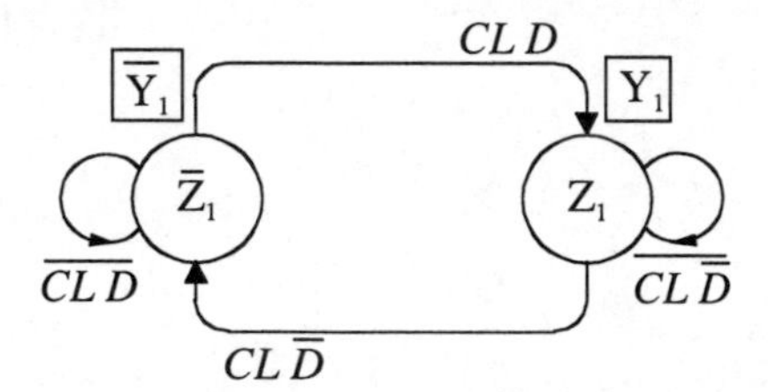

Bild 9-28: Zustandsdiagramm eines zustandsgesteuerten D-Flipflops

Im rückgesetzten Zustand ($Z_1 = 0$, $Y_1 = 0$) ändert sich der Ausgang Y_1 nicht, solange der Takt *CL* oder *D* logisch 0 sind. Erst für $CL \cdot D = 1$ wird das Flipflop gesetzt ($Y_1 = 1$). Das Flipflop kippt nur für $CL \cdot \overline{D} = 1$ in seine Ursprungslage $Y_1 = 0$ zurück. Im Zustandsdiagramm von Bild 9-28 existieren keine *-Bedingungen bezüglich der Übergänge, da in jedem Zustand für die $i = 2$ Eingangsvariablen *CL* und *D* alle $2^i = 4$ möglichen Übergangsbedingungen definiert sind.

Dezimal Z CL D	CL	D	Z_1	Z_1^+	Y_1
0	0	0	0	0	0
1	0	1	0	0	0
2	1	0	0	0	0
3	1	1	0	1	0
4	0	0	1	1	1
5	0	1	1	1	1
6	1	0	1	0	1
7	1	1	1	1	1

Tabelle 9-6: Zustandsfolgetabelle zum zustandsgesteuerten D-Flipflop nach Bild 9-28

Tabelle 9-6 zeigt die aus dem Zustandsdiagramm in Bild 9-28 entwickelte Zustandsfolgetabelle. Aus dieser Tabelle lassen sich nun die KV-Diagramme gemäß Bild 9-29 für die Folgezustände [Z^+] und die Ausgangsfunktion [Y] aufstellen.

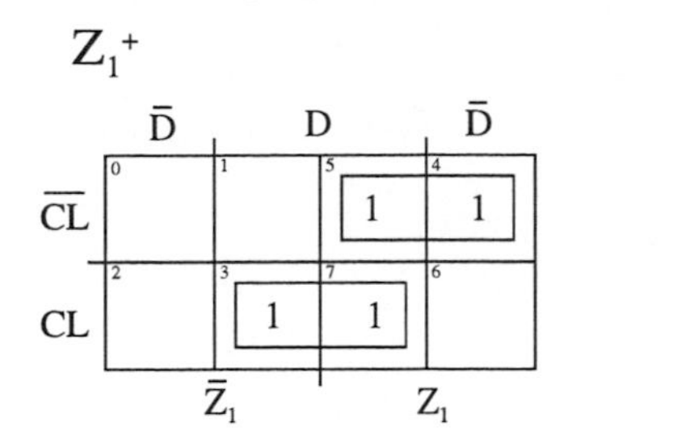

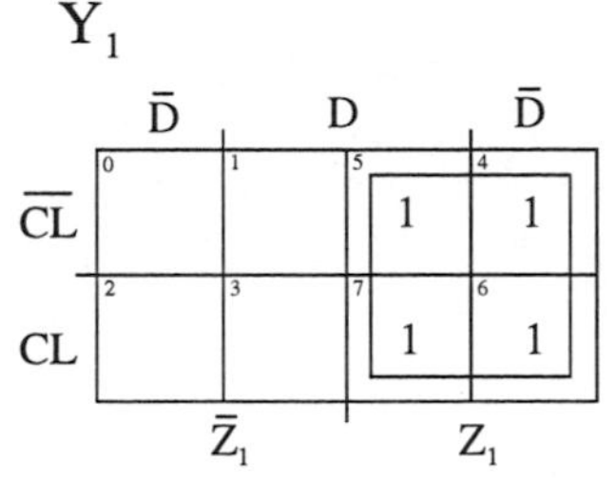

Bild 9-29: KV-Diagramme zu Tabelle 9-6

Für Z^+ und Y_1 ergeben sich dann in NAND-Technik:

Gl. 9-30:

$$Z_1^+ = CL \cdot D + \overline{CL} \cdot Z_1 = \overline{\overline{CL \cdot D} \cdot \overline{\overline{CL} \cdot Z_1}}$$

$$Y_1 = Z_1$$

Die Übergangsfunktion Z_1^+ des D-Flipflops ist identisch mit der charakteristischen Gleichung Gl. 9-25. Die Schaltungstechnische Realisierung von Gl. 9-30 ist in Bild 9-30 dargestellt. Diese Darstellung stimmt logischerweise mit derjenigen in Bild 9-15 überein.

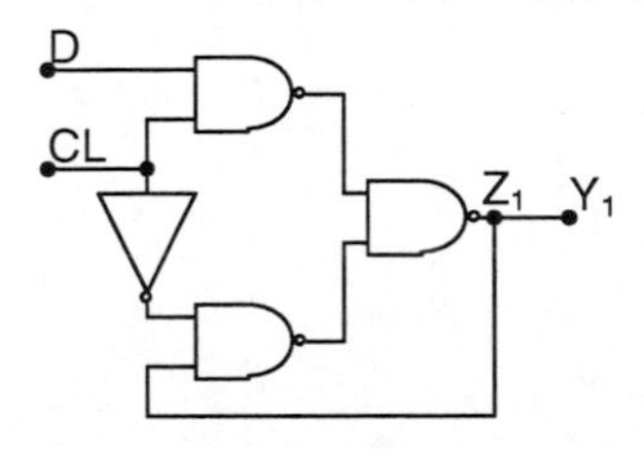

Bild 9-30: D-Flipflop gemäß dem Zustandsdiagramm in Bild 9-28 in NAND-Technik

9.4.3. Reduzierung durch Zusammenfassung äquivalenter Zustände

Unter gewissen Voraussetzungen können bestimmte Zustände zusammengefasst werden, ohne dass das Schaltwerk sein Verhalten nach außen hin verändert. Zustände, die zusammengefasst werden können, heißen äquivalent. Äquivalenz liegt dann vor, wenn für zwei Zustände *Z1* und *Z2* gilt:

Z1 und *Z2* haben dieselben Kombinationen von Ein [X]- und Ausgangsvariablen [Y] und sie weisen dieselben Folgezustände [Z^+] auf

oder

als Folgezustände treten nur *Z1* und / oder *Z2* auf.

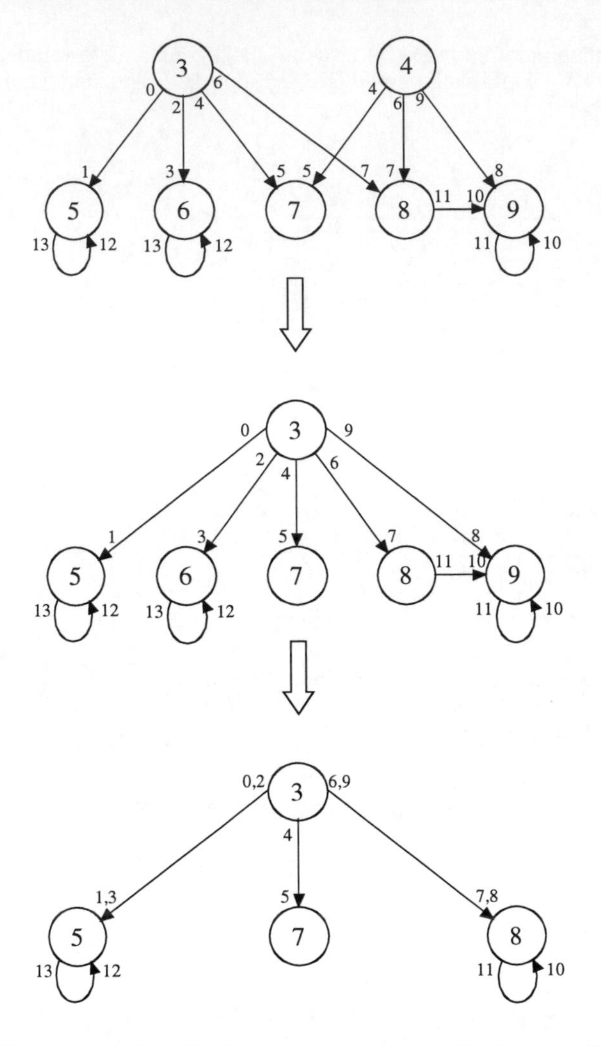

Bild 9-31: Beispiele für die Zusammenfassung äquivalenter Zustände

Tritt für einen Zustand eine Kombination von [*X*] und [*Y*] nicht auf, so gilt die Äquivalenzvoraussetzung als erfüllt. Bezüglich der Abhängigkeit zwischen den Eingangsgrößen [X] und den Ausgangsgrößen [*Y*] ist das Verhalten des reduzierten und nicht reduzierten Schaltwerks identisch. Jedoch ist das innere Verhalten aufgrund der verschiedenen Anzahl der Zustände [*Z*] unterschiedlich. Bild 9-31 zeigt einige Beispiele zur Äquivalenz.

Anhand eines praktischen Beispiels soll die Minimierung von Zuständen veranschaulicht werden. Es wird ein Schaltwerk zur selektiven Pausenverlängerung eines Eingangssignals X_1 betrachtet, das sich gemäß dem Impulsdiagramm in Bild 9-32 verhalten soll. Hierbei kann sich Y_1 nur mit der Rückflanke und X_1 nur mit der Vorderflanke des Taktes *CL* ändern. Y_1 soll X_1 folgen, sofern zwischen zwei Impulsen von X_1 eine Pausendauer von mindestens zwei Taktzyklen (2*T*) vergeht. Beträgt die Pausendauer nur einen Taktzyklus (1*T*), so muss zusätzlich eine Pause von 1*T* eingefügt werden, bevor Y_1 wieder 1 werden darf.

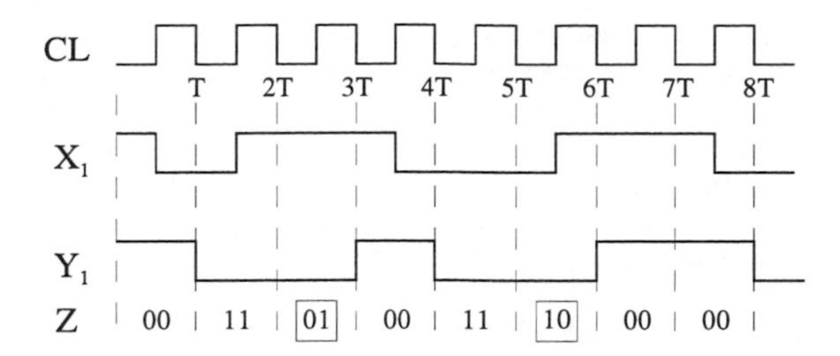

Bild 9-32: Impulsdiagramm mit äquivalenten Zuständen

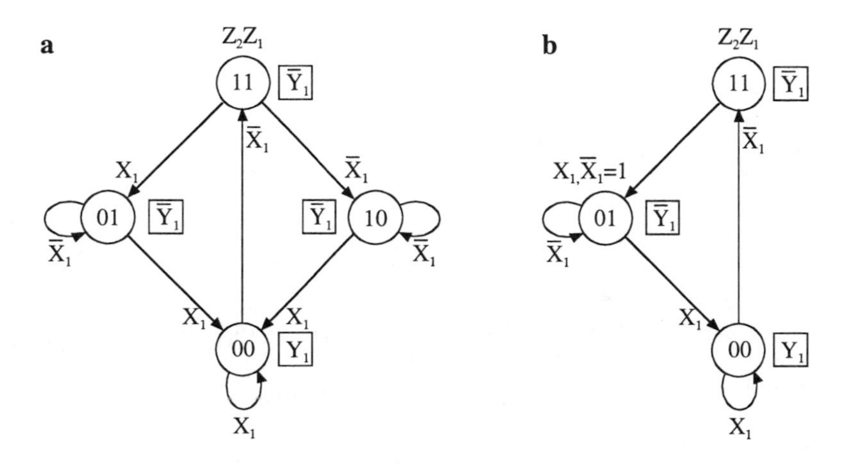

Bild 9-33: Zustandsdiagramme zum Impulsdiagramm in Bild 9-32 als Moore-Automat

a

Dez. Z X	X_1	Z_2	Z_1	Z_2^+	Z_1^+	Y_1
0	0	0	0	1	1	1
1	1	0	0	0	0	1
2	0	0	1	0	1	0
3	1	0	1	0	0	0
4	0	1	0	1	0	0
5	1	1	0	0	0	0
6	0	1	1	1	0	0
7	1	1	1	0	1	0

b

Dez. Z X	X_1	Z_2	Z_1	Z_2^+	Z_1^+	Y_1
0	0	0	0	1	1	1
1	1	0	0	0	0	1
2	0	0	1	0	1	0
3	1	0	1	0	0	0
4	0	1	0	*	*	*
5	1	1	0	*	*	*
6	0	1	1	0	1	0
7	1	1	1	0	1	0

Tabelle 9-7: Zustandsfolgetabellen zu den Zustandsdiagrammen in Bild 9-33a und Bild 9-33b

Das aus dem Impulsdiagramm direkt abgeleitete Zustandsdiagramm resultiert als Moore-Automat und ist in Bild 9-33a dargestellt. Die beiden Zustände [*Z*]=[01] und [*Z*]=[10] sind äquivalent, da der Ausgang Y_1 in beiden Fällen den Wert 0 hat und gleiche Folgezustände ([Z^+]=[00]) bei identischem Eingangssignal X_1 vorliegen bzw. die Folgezustände den Zuständen selbst entsprechen ([Z^+] =[*Z*]). Aufgrund der Äquivalenz können die Zustände [*Z*]=[01] und [*Z*]=[10] gemäß Bild 9-33b zu einem neuen Zustand [01] zusammengefasst werden. Beide Zustandsdiagramme Bild 9-33a und Bild 9-33b entsprechen, abgesehen von der geänderten Zustandsbenennung, dem Impulsdiagramm in Bild 9-32. Die Realisierung der aus dem Zustandsdiagramm entwickelten Schaltungen ist jedoch unterschiedlich. Zur vergleichenden Darstellung wurden die Zustandsfolgetabellen Tabelle 9-7a bzw. Tabelle 9-7b aus dem nicht reduzierten Zustandsdiagramm Bild 9-33a bzw. aus dem reduzierten Zustandsdiagramm Bild 9-33b entwickelt. Der nicht definierte Zustand [10] kann in Tabelle 9-7b als *-Bedingung (don't care) zur Minimierung der Schaltnetze für die Folgezustände Z_2^+, Z_1^+ und für den Ausgang Y_1 verwendet werden.

Aus der Zustandsfolgetabelle Tabelle 9-7a ergibt sich die Lösung:

$$Z_2^+ = \overline{X}_1 Z_2 + \overline{X}_1 \overline{Z}_1 = \overline{X}_1 \left(Z_2 + \overline{Z}_1\right)$$

$$Z_1^+ = \overline{X}_1 \overline{Z}_2 + X_1 Z_2 Z_1$$

$$Y_1 = \overline{Z}_2 \overline{Z}_1 \left(X_1 + \overline{X}_1\right) = \overline{Z}_2 \overline{Z}_1$$

Aus der reduzierten Zustandsfolgetabelle Tabelle 9-7b erhält man die erheblich vereinfachte Lösung:

$$Z_2^+ = \overline{X}_1 \overline{Z}_1$$

$$Z_1^+ = \overline{X}_1 + Z_2$$

$$Y_1 = \overline{Z}_1$$

Der Vergleich mit den Gleichungen für die reduzierte und nicht reduzierte Zustandsfolgetabelle zeigt, dass durch die Reduzierung der Bauteilebedarf erheblich eingeschränkt wird. Bild 9-34 zeigt die Realisierung der Schaltung mit reduzierten Zuständen unter Verwendung von D-Flipflops als Speicherelemente. Da der Takt *CL* in jedem Schaltmoment anliegt, kann *CL* in der charakteristischen Gl. 9-25 des D-Flipflops mit *CL* = 1 angenommen werden. Folglich ist

$$Z_i^+ = D_i.$$

In der Schaltung in Bild 9-34 wurden positiv flankengesteuerte D-Flipflops verwendet, da diese besser verfügbar sind. Um dennoch die Reaktion der Ausgangsvariablen Y_1 mit der negativen Flanke zu erzwingen, wurde ein Inverter vor die Takteingänge *CL* geschaltet. Um unkontrollierbare Schaltzustände zu vermeiden, sollten offene und unbenutzte Gattereingänge auf einen definierten Pegel gelegt werden. Daher wurden die negierten Preset-Eingänge über einen 1KΩ-Widerstand mit der Betriebsspannung *Vcc* = 5V verbunden. Da beim Einschalten einer Schaltung in der Regel für einen definierten Anfangszustand gesorgt werden sollte, wurden die negierten Clear-Eingänge *Clb* (*b* steht für *bar* und bedeutet invertiert) an den intelligenten Signal-Generator angeschlossen, der auf der Signalleitung *Clear* nach dem Einschalten einen kurzen negierten Puls (1-0-1) erzeugt. Mittels dieses Clear-Signals, das ist in dem Impulsdiagramm in Bild 9-35 gezeigt ist, wird erreicht, dass die Schaltung zu Beginn in dem definierten Zustand [*Z*] = [*Z2 Z*1] = [0 0] und nicht in einem undefinierten Zustand ist.

Um die Funktionsweise einer Schaltung einfacher nachvollziehen oder um Probleme systematisch beheben zu können, sollten die Zustandsvariablen Z_i in das Impulsdiagramm aufgenommen werden, wie dieses in Bild 9-35 geschehen ist. Impulsdiagramme wie in Bild 9-35 werden beispielsweise von Software-Programmen zur Schaltungssimulation (z. B. Microcap™) erzeugt. Die Zeitangabe (u) in Bild 9-35 erfolgt in µs.

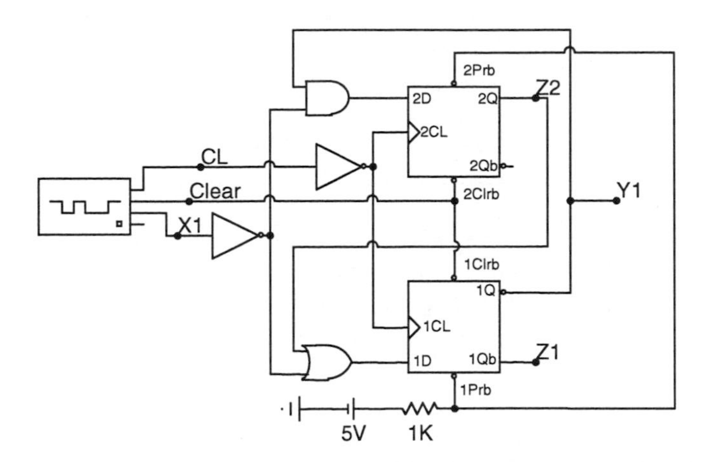

Bild 9-34: Schaltung gemäß dem reduzierten Zustandsdiagramm in Bild 9-33b

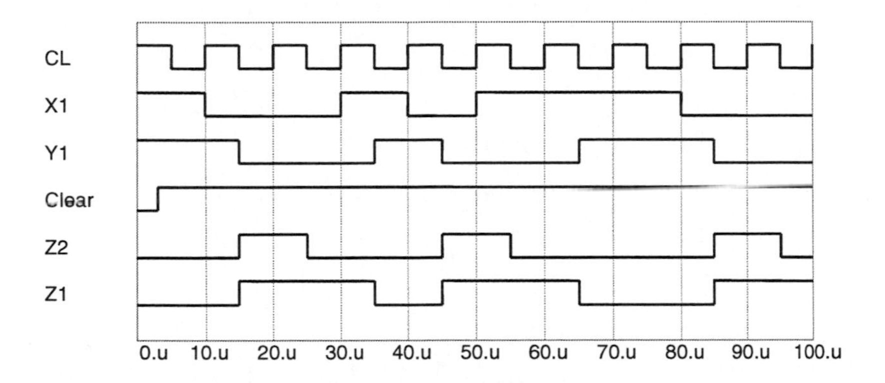

Bild 9-35: Impulsdiagramm der Schaltung in Bild 9-34

Das Impulsdiagramm in Bild 9-35 zeigt, dass die Anforderungen, die gemäß dem Impulsdiagramm in Bild 9-32 aufgestellt wurden, mit der auf reduzierten Zuständen basierenden Schaltung in Bild 9-34 vollständig erfüllt werden.

Dass sich zu jeder Schaltung, die als Moore-Automat realisiert ist, auch ein korrespondierender Mealy-Automat finden lässt, soll an dem hier betrachteten Beispiel der selektiven Pausenverlängerung gezeigt werden. Einschränkend sei noch vorausgesetzt, dass die Pause von *X1* entweder 1*T* oder nur ganzzahlige Vielfache von 2*T* betragen darf. Die Funktion des Mealy-Automaten wird durch das Zustandsdiagramm in Bild 9-36 beschrieben, in dem im Zustand $Z_1 = 0$ so lange gewartet wird, wie $X_1 = 1$ ist, wobei dann die zugehörige Ausgangsvariable $Y_1 = 1$ ist. Für $X_1 = 0$ wird mit $Y_1 = 0$ in den Zustand $Z_1 = 1$ übergegangen und beim nächsten Takt unabhängig von X_1, was durch die 1 am Zweigende angezeigt wird, wieder in den Zustand $Z_1 = 0$ zurückgesprungen. Die Zwangsrückführung verursacht die gewünschte Pausenverlängerung entsprechend dem Impulsdiagramm in Bild 9-32.

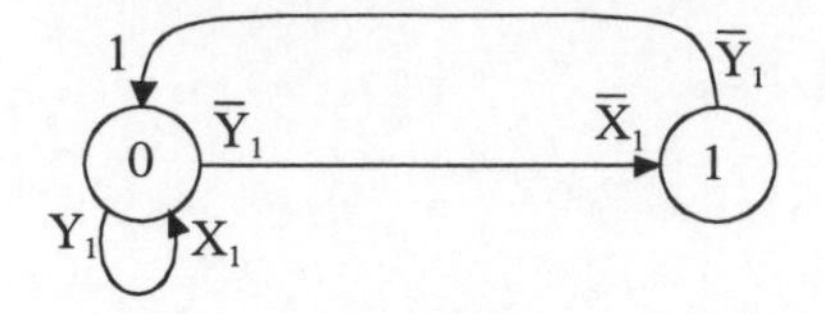

X1	Z_1	Z_1^+	Y_1
0	0	1	0
1	0	0	1
0	1	0	0
1	1	0	0

Bild 9-36: Zustandsdiagramm als Mealy-Automat

Mittels der Zustandsfolgetabelle im Bild 9-36, die aus dem Zustandsdiagramm des Mealy-Automaten entwickelt wurde, lassen sich die folgenden Gleichungen ableiten:

$$Z_1^+ = \overline{X_1}\ \overline{Z_1}$$

$$Y_1 = X_1\ \overline{Z_1}$$

Da nur eine Zustandsvariable Z_1 existiert, ist für die Schaltung auch nur ein Flipflop erforderlich, so dass sich eine deutliche Einsparung gegenüber der Lösung als Moore-Automat einstellt. Wenn vorausgesetzt wird, dass zu den obigen Gleichungen die Schaltung mit einem JK-Flipflop realisiert werden soll, so liefert der Koeffizientenvergleich der obigen Gleichung mit der charakteristischen Gleichung Gl. 9-26 des JK-Flipflops die folgende Lösung für das Vorschaltnetz:

$$J_1 = \overline{X_1}$$

$$\overline{K_1} = 0$$

Die entsprechende Schaltung ist in Bild 9-37 dargestellt.

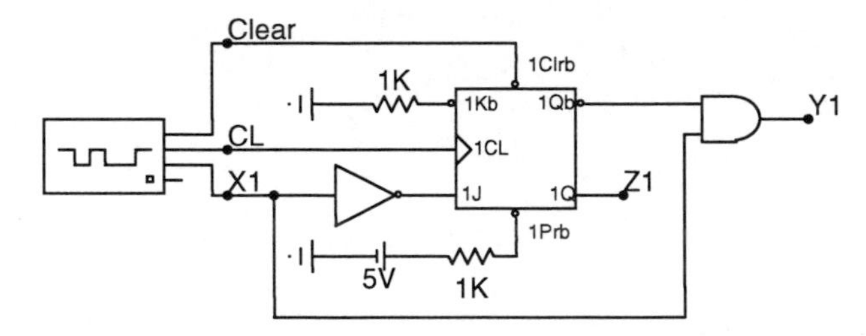

Bild 9-37: Schaltung gemäß dem Zustandsdiagramm in Bild 9-36

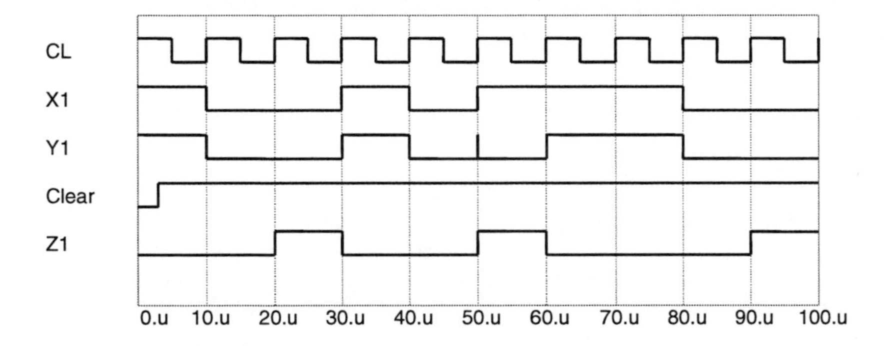

Bild 9-38: Impulsdiagramm der Schaltung in Bild 9-37

Da hier X_1 über das AND-Gatter direkten Einfluss auf Y_1 nimmt, kann die geforderte Reaktion von Y_1 auf die negative Flanke nicht mehr aufrecht erhalten werden, wie es aus dem Impulsdiagramm in Bild 9-38 ersichtlich ist. Die Reaktion von Y_1 erfolgt nun auf die positive Flanke und demzufolge muss das JK-Flipflop positiv flankengesteuert werden. Abgesehen von dieser Veränderung stellen sich, abgesehen von der einschränkenden Vereinbarung, dieselben Zusammenhänge wie im Impulsdiagramm (Bild 9-35) des korrespondieren Moore-Automaten ein, der durch die Schaltung in Bild 9-34 realisiert ist.

Die Spannungsspitze (Spike) bei t = 50 µs im Signalzug von Y_1 in Bild 9-38 entsteht durch die Laufzeit zwischen der positiven Flanke von *CL* und der Reaktion am Ausgang *Qb* (*bar* = invertiert) des JK-Flipflops. Hier liegt also ein Hazard vor, der nur dann unkritisch ist, wenn Y_1 von einer eventuell nachfolgenden Schaltung nicht vorderflankensensitiv ausgewertet wird. Bei vorderflankensensitiver Auswertung müsste X_1 zur Vermeidung des Hazards mittels eines zusätzlichen Flipflops, das mit demselben Takt *CL* gesteuert wird, synchronisiert werden. Hierbei ist streng darauf zu achten, dass die Signallaufzeit von *CL* zu allen Takteingängen der Schaltung identisch ist.

9.5. Asynchrone Schaltwerke

Ein asynchrones Schaltwerk ist ein ungetaktetes System, bei dem die Rückkopplung *r* in Bild 9-24 und Bild 9-25 nur aus einem speicherfreien Schaltnetz besteht. Folglich liegt eine direkte galvanische Verbindung zwischen $[Z]$ und $[Z^+]$ vor. Das System ist nur dann stabil, d.h. es laufen keine dynamischen Vorgänge im Schaltwerk ab, wenn ohne Änderung der Eingangsvariablen $[X]$

$$[Z^+] = g([X],[Z]) = [Z]$$

ist. Wird die obige Gleichung nicht erfüllt, so treten dynamische Vorgänge bzw. Schwingungen auf, die im Wesentlichen von den Durchlaufzeiten der Verknüpfungsglieder abhängen. Bei einem stabilen System kann ein Zustandswechsel nur erfolgen, wenn sich die Kombination der Eingangsvariablen verändert. Das in Bild 9-30 dargestellte zustandsgesteuerte D-FF ist ein einfaches Beispiel für ein asynchrones Schaltwerk mit einer Zustandsvariablen Z_1, die ohne Zwischenspeicherung auf den Eingang rückgekoppelt wird. Da nur eine Zustandsvariable Z_1 existiert, ist das System unter allen Umständen stabil.

9.5.1. Fehlerquellen durch Laufzeitunterschiede

Gerade in asynchronen Schaltwerken wirkt sich das Problem unterschiedlicher Gatterdurchlaufzeiten, das bereits in Kapitel 9.2 diskutiert wurde, gravierend aus, da sich Zustände zu jeder beliebigen Zeit ändern können. Dieses Problem führt dazu, dass Zustände übersprungen oder gar nicht erst angesprungen werden. Entsprechend der Ursache dieses Problems wird in so genannte Races oder Rückkopplungshazards unterschieden.

9.5.1.1. Kritischer und unkritischer Race

Im folgenden Beispiel können dynamische Zustände auftreten, deren Verlauf von den Verzögerungszeiten innerhalb des Schaltkreises abhängt. Betrachtet wird ein asynchrones Schaltwerk gemäß dem Zustandsdiagramm und der Zustandsfolgetabelle in Bild 9-39. Das Schaltwerk dient zur Feststellung, welche Rückflanke der beiden Signale X_1 und X_2 früher eintritt. Im Wartezustand $[Z]$ = [00] wird solange verharrt, bis die Vorderflanke beider Signale eintritt. Anschließend erfolgt der Übergang in den Zustand $[Z]$ = [11], in dem auf die jeweilige Rückflanke gewartet wird. Tritt die Rückflanke von X_1 früher als die Rückflanke von X_2 ein, so wird dieses durch den Zustand $[Z]$ = [10] angezeigt. Andernfalls erfolgt die Anzeige durch den Zustand $[Z]$ = [01]. Bei asynchronen Schaltwerken ist stets darauf zu achten, dass die Verweilbedingungen, die durch die Wertekombinationen an den in sich selbst zurückführenden Pfeilen beschrieben sind und das System in einem Zustand festhalten, konsistent definiert sind.

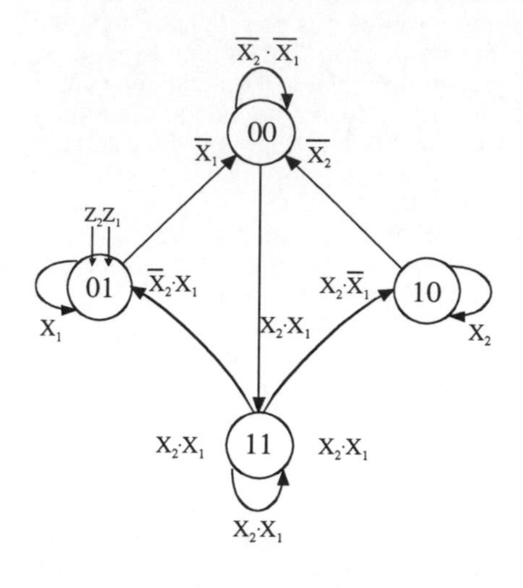

X_2	X_1	Z_2	Z_1	Z_2^+	Z_1^+
0	0	0	0	0	0
0	1	0	0	*	*
1	0	0	0	*	*
1	1	0	0	1	1
0	0	0	1	0	0
0	1	0	1	0	1
1	0	0	1	0	0
1	1	0	1	**0**	1
0	0	1	0	0	0
0	1	1	0	0	0
1	0	1	0	1	0
1	1	1	0	1	**0**
0	0	1	1	*	*
0	1	1	1	0	1
1	0	1	1	1	0
1	1	1	1	1	1

Bild 9-39: Kritischer Race

Aus der Zustandsfolgetabelle in Bild 9-39 resultieren die minimierten Gleichungen für die Folgezustände in NAND-Technik:

$$Z_2^+ = \overline{\overline{X_2\,Z_2} \cdot \overline{X_2\,\overline{Z_1}}}$$

$$Z_1^+ = \overline{\overline{X_1\,Z_1} \cdot \overline{X_1\,\overline{Z_2}}}$$

Die Schaltung, die gemäß diesen Gleichungen entwickelt wurde, ist in Bild 9-40 gezeigt und das zugehörige Impulsdiagramm ist in Bild 9-41 dargestellt. Zu den mit den Pfeilen markierten Zeitpunkten, treten Abweichungen zum Sollverhalten auf. Vor diesen Zeitpunkten war das System im Wartezustand $[Z]$ =[00], von dem mit den gleichzeitig auftretenden positiven Flanken der Signale X_1 und X_2 zum Zustand $[Z]$ =[11] gewechselt werden sollte. Wie das Impulsdiagramm zeigt, findet dieser Wechsel nur teilweise statt, da nur eine der beiden Zustandsvariablen, nämlich Z_2 den Wert 1 annimmt. Der Grund hierfür ist, dass wegen der unterschiedlichen Laufzeiten für Z_1 und Z_2 einer der stabilen Zustände $[Z]=[01]$ oder $[Z]=[10]$ zuerst angesprungen wird. Der Gewinner dieses so genannten Wettlaufs (Race) definiert, welcher der stabilen Zustände endgültig erreicht wird. Stabil bedeutet in diesem Zusammenhang, dass die Verweilbedingung, die durch den in sich selbst zurückführenden Pfeil aufgestellt ist, erfüllt wird.

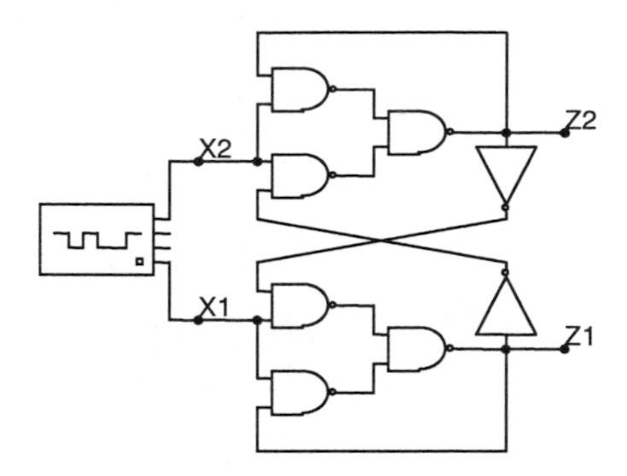

Bild 9-40: Schaltung zum Zustandsdiagramm in Bild 9-39

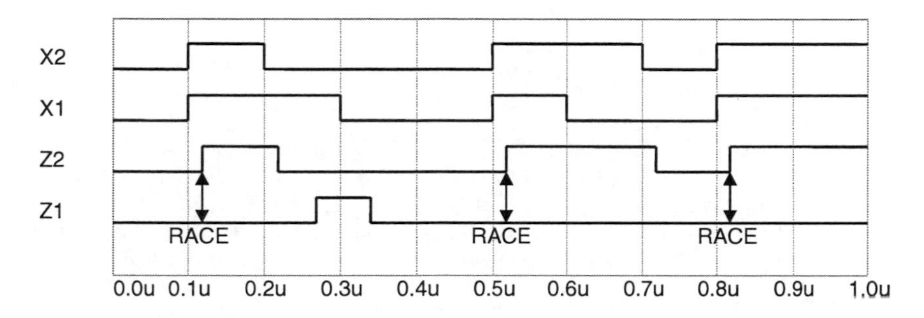

Bild 9-41: Impulsdiagramm zur Schaltung in Bild 9-40

An dem Beispiel des Zustandsdiagramms in Bild 9-39 wird eines der wesentlichen Probleme asynchroner Netzwerke deutlich. Ein instabiler Zustand oder ein Race kann nur auftreten, wenn sich zwei benachbarte Zustände in mehr als einer Binärstelle unterscheiden. Nur dann können zwei oder mehrere Rückführungen gleichzeitig ihre Signalpegel ändern. Da z.B. die Schaltung in Bild 9-30 nur eine Zustandsvariable aufweist, ist hier das Auftreten eines Race unmöglich. Bei mehreren Zustandsvariablen können Races vermieden werden, wenn die Zustände im Sinne eines Gray-Codes durchlaufen werden. Allerdings ist dieses nur dann möglich, wenn der chronologische Durchlauf nicht durchbrochen werden muss. Beim Zustandsdiagramm in Bild 9-39 muss jedoch beim Übergang von [*Z*] = [00] nach [*Z*] = [11] der chronologische Durchlauf unterbrochen werden und es entsteht ein so genannter kritischer Race, der die Funktionsweise der Schaltung erheblich beeinträchtigt.

Grundsätzlich wird zwischen kritischem und unkritischem Race unterschieden. Bei einem unkritischen Race hängt der letztendlich erreichte stabile Zustand nach einem dynamischen Vorgang nicht davon ab, welche Zustandsvariable den Wettlauf gewinnt. Asynchrone Schaltwerke müssen stets so entworfen werden, dass der kritische Race nicht auftreten kann. Bild 9-42 zeigt das modifizierte Zustandsdiagramm, das den kritischen Race im Zustandsdiagramm von Bild 9-39 durch Hinzufügen von redundanten, gestrichelt dargestellten Zweigen in einen unkritischen Race wandelt.

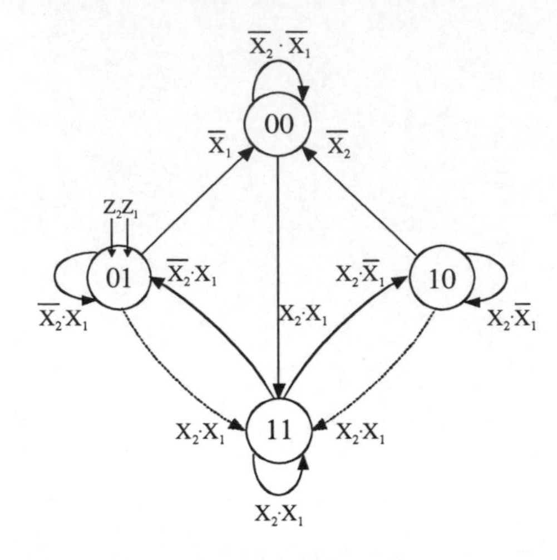

Bild 9-42: Unkritischer Race

Der Race tritt beim Übergang von $[Z] = [00]$ nach $[Z] = [11]$ für die Eingangsbedingung $X_1 \cdot X_2 = 1$ auf. Unabhängig davon, ob die Zustandsvariable Z_1 oder Z_2 gewinnt, d.h. ob $[Z] = [01]$ oder $[Z] = [10]$ als Zwischenzustand auftritt, wird nun in jedem Fall bei $X_1 \cdot X_2 = 1$ der Endzustand $[Z] = [11]$ erreicht. Der vorliegende Race ist jetzt unkritisch. Die Modifizierung erfordert die Änderung der markierten 0-Einträge in der Zustandsfolgetabelle von Bild 9-39 in 1-Einträge, so dass die folgenden modifizierten Gleichungen resultieren

$$Z_2^+ = \overline{\overline{X_2\, Z_2} \cdot \overline{X_2\, \overline{Z_1}} \cdot \overline{X_2\, X_1}}$$

$$Z_1^+ = \overline{\overline{X_1\, Z_1} \cdot \overline{X_1\, \overline{Z_2}} \cdot \overline{X_2\, X_1}}$$

und das zusätzliche Gatter $G1$ in der Schaltung in Bild 9-43 erforderlich ist. Das Impulsdiagramm dieser Schaltung, das in Bild 9-44 dargestellt ist, zeigt den Erfolg der Modifikation. Der beabsichtige Zustandwechsel von $[Z] = [00]$ nach $[Z] = [11]$ bei der gemeinsamen Vorderflanke von X_1 und X_2 wird nun vollständig ausgeführt.

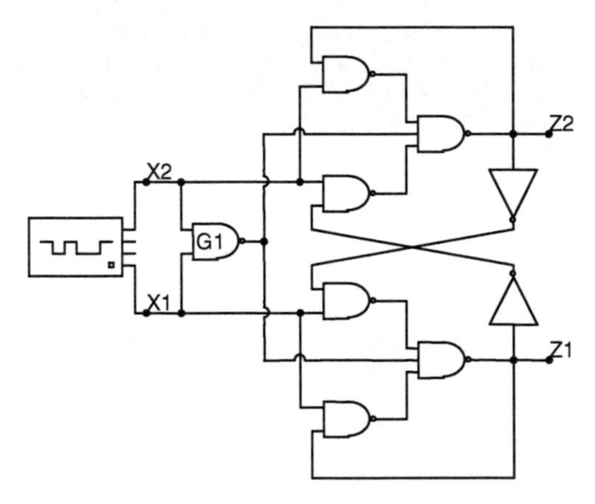

Bild 9-43: Schaltung zum Zustandsdiagramm in Bild 9-42

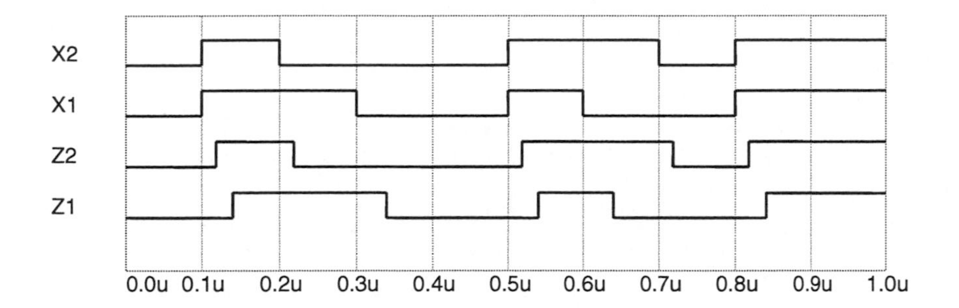

Bild 9-44: Impulsdiagramm zur Schaltung in Bild 9-43

9.5.1.2. Rückkopplungshazard

Zusätzlich zu den bereits in Kapitel 9.2 erläuterten Hazards in Schaltnetzen können in Schaltwerken noch so genannte Rückkopplungshazards existieren, die aufgrund von Laufzeiteffekten innerhalb der Signalwege zu unerwünschten Reaktionen der Schaltung führen können. Ein Rückkopplungshazard tritt dann auf, wenn bei mehrmaliger Werteänderung von mindestens einer Eingangsvariablen X_i mehrere unterschiedliche stabile Zustände Z_k, Z_l und Z_m angesprungen werden sollen. In diesem Fall können, bedingt durch unterschiedliche Verzögerungszeiten der Verknüpfungsglieder im Schaltwerk, Zwischenzustände von X_i das ungewollte Überspringen von stabilen Zuständen verursachen.

Zur Veranschaulichung dieses Sachverhaltes soll ein Schaltwerk betrachtet werden, das einen 2-Bit-Gray-Code-Zähler für Vorder- und Rückflankentaktung mittels des Takts *CL* darstellt. Das entsprechende Zustandsdiagramm und die zugehörige Zustandsfolgetabelle sind in Bild 9-45 dargestellt. Die Schaltung ist racefrei, da die Zustände chronologisch im Sinne des Gray-Codes durchlaufen werden.

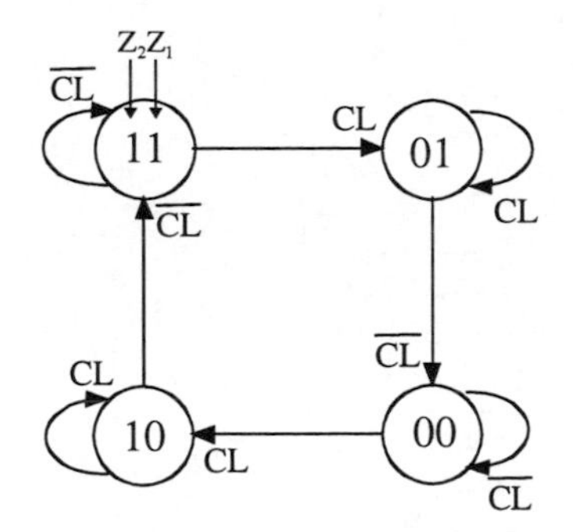

CL	Z_2	Z_1	Z_2^+	Z_1^+
0	0	0	0	0
1	0	0	1	0
0	0	1	0	0
1	0	1	0	1
0	1	0	1	1
1	1	0	1	0
0	1	1	1	1
1	1	1	0	1

Bild 9-45: Zustandsdiagramm und Zustandsfolgetabelle des 2-Bit-Gray-Code-Zählers

Aus der Zustandsfolgetabelle in Bild 9-45 können die Gleichungen für die Folgezustände abgeleitet werden:

$$Z_2^+ = CL\ \overline{Z_1} + \overline{CL}\ Z_2$$

$$Z_1^+ = CL\ Z_1 + \overline{CL}\ Z_2$$

Die Umwandlung der obigen Gleichungen in NAND-Technik liefert:

$$Z_2^+ = \overline{\overline{CL\;\overline{Z_1}} \cdot \overline{\overline{CL}\;Z_2}}$$

$$Z_1^+ = \overline{\overline{CL\;Z_1} \cdot \overline{\overline{CL}\;Z_2}}$$

Die zugehörige Schaltung, die in Bild 9-46 dargestellt ist, enthält noch eine Erweiterung zur Einrichtung eines Preset-Eingangs, um einen definierten Anfangszustand zu gewährleisten.

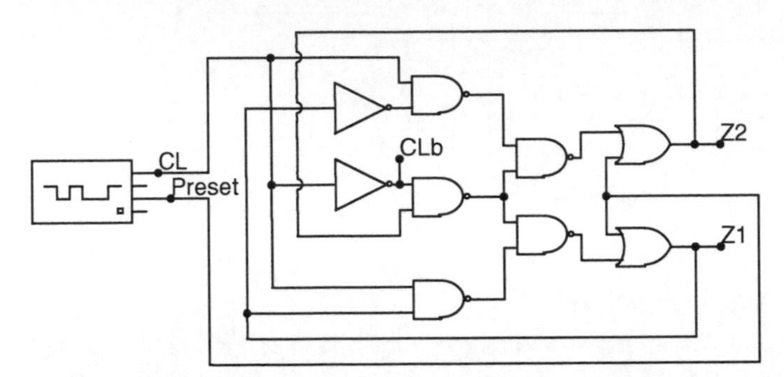

Bild 9-46: Schaltung zum Zustandsdiagram in Bild 9-45

Das zu dieser Schaltung gehörende Impulsdiagramm zeigt Bild 9-47. Nach dem Preset-Impuls wird zunächst der Anfangszustand [*Z*] = [11] angenommen, von dem aus bei jedem Flankenwechsel von *CL* einen Zustand weiter geschaltet wird. Allerdings wird die gewünschte Abfolge [*Z*] = [11] → [01] → [00] → [10] an den durch die Pfeile gekennzeichneten Zeitpunkten unterbrochen und es erfolgt fälschlicherweise nur noch der Wechsel von [*Z*] = [10] → [00] → [10] → [00] usw.

Der Grund hierfür ist, dass *CLb* ($=\overline{CL}$) aus *CL* durch einen Inverter erzeugt werden muss und somit *CLb* gegenüber *CL* um die Gatterdurchlaufzeit verzögert ist. Folglich existieren Zeitpunkte, zu denen *CLb* = *CL* ist. Die Folge ist, dass die zwischen den Zuständen [*Z*] = [10] und [*Z*] = [00] liegenden Zustände [*Z*] = [11] und [*Z*] = [01] ohne Verweilzeit übersprungen werden. Dieses ist das Kennzeichen eines Rückkopplungshazards.

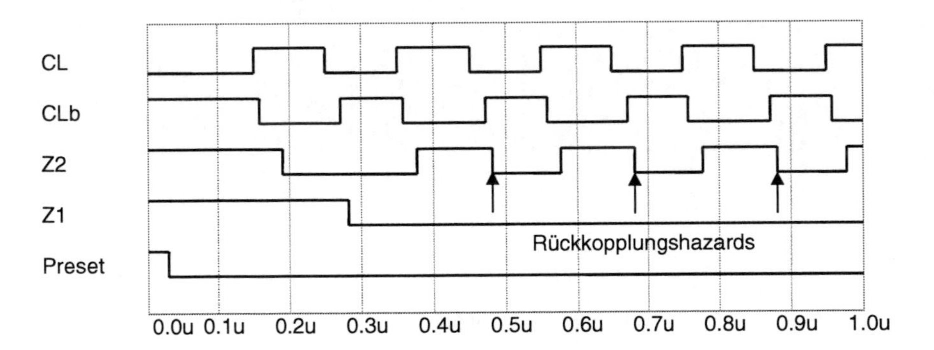

Bild 9-47: Impulsdiagramm der Schaltung in Bild 9-46

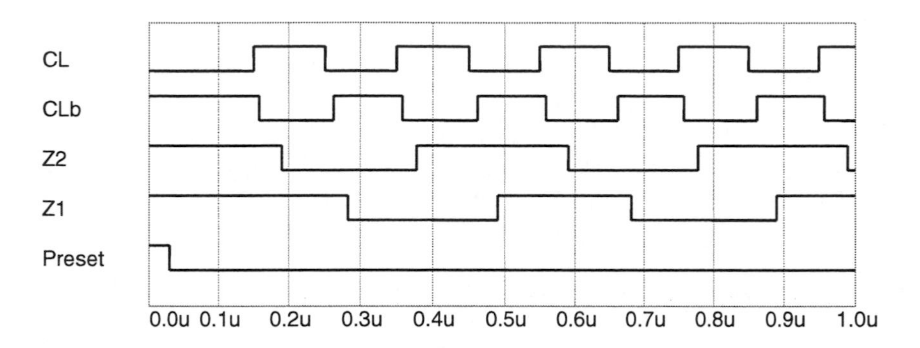

Bild 9-48: Impulsdiagramm nach Korrektur der Schaltung in Bild 9-46

Rückkopplungshazards sind nicht wie die in Kapitel 9.2 erläuterten Hazards durch logische Erweiterung der Schaltung eliminierbar. Allerdings können Rückkopplungshazards unwirksam gemacht werden, in dem die direkten Signalwege zwischen den Eingangsvariablen und den Zustandsvariablen einander angepasst werden. Für das Beispiel der Schaltung in Bild 9-46 bedeutet dieses, dass der Folgezustand erst dann angenommen werden darf, wenn die Änderungen von *CL* und *CLb* abgeschlossen sind. Dieses kann erreicht werden, indem die ursprünglichen Inverter mit T_{pLH} = 15 ns gegen schnellere Inverter mit T_{pLH} = 7ns ausgetauscht werden. Diese Maßnahme führt bereits zur gewünschten Funktionsweise der Schaltung, wie es im Impulsdiagramm in Bild 9-48 gezeigt ist.

9.5.2. Schaltungsbeispiele

In diesem Kapitel werden einige ausgesuchte Beispiele asynchroner Schaltwerke betrachtet. Hierbei soll gezeigt werden, dass die Realisierung asynchroner Schaltungen effizient geschehen kann, wenn die Fehlerquellen, die durch Laufzeitunterschiede hervorgerufen werden, mittels geeigneter Maßnahmen beseitigt werden.

9.5.2.1. Vorderflankengesteuertes D-Flipflop

Das vorderflankengesteuerte D-Flipflop, das bereits in Kapitel 9.3.2 an Hand von Bild 9-17 erläutert wurde, stellt ein asynchrones Schaltwerk mit zwei redundanten Zuständen dar. Das Zustandsdiagramm dieses D-Flipflops ist in Bild 9-49 gezeigt.

Die Zustände [*Z*] = 2 und [*Z*] = 5 sind redundant, da sie zur Funktionsweise nicht erforderlich sind. Denn bei Eintreffen der positiven Flanke von *CL* im Zustand [*Z*] = 6 könnte für *D* = 1 auch direkt in den Zustand [*Z*] = 3 gewechselt werden. Dasselbe gilt auch für den Übergang von [*Z*] = 7 nach [*Z*] = 4. Außerdem sind für die redundanten Zustände keine Verweilbedingungen definiert, so dass sie ohnehin direkt wieder verlassen werden müssen. Obwohl durch die redundanten Zustände die Anzahl der Zustandsvariablen um 1 erhöht wird, dienen diese Zustände ausschließlich zur Schaltkreisminimierung. Durch die Erhöhung der möglichen Zustände treten nämlich vermehrt *-Bedingungen (don't care) auf, die zur geeigneten Minimierung verwendet werden können.

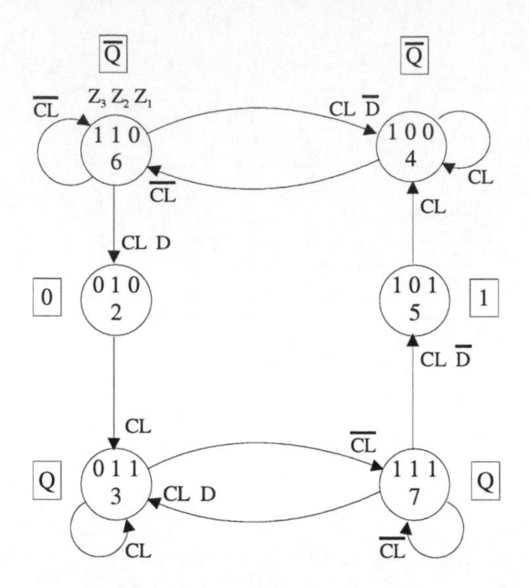

Bild 9-49: Zustandsdiagramm des vorderflankengesteuerten D-Flipflops

Das D-Flipflop gemäß dem Zustandsdiagramm in Bild 9-49 ist racefrei, da die Zustände im Sinne eines (unvollständigen) Gray-Codes nummeriert sind und chronologisch ohne Quersprung durchlaufen werden. Mittels der zugehörigen Zustandsfolgetabelle können nach der Minimierung folgende Gleichungen für das D-Flipflop aufgestellt werden:

$$Z_3^+ = \overline{Z_2} + \overline{CL} + Z_3 \bullet \overline{D}$$

$$Z_2^+ = \overline{CL} + \overline{Z_3} + Z_2 \bullet D$$

$$Z_1^+ = \overline{Z_3} + Z_2 Z_1$$

$$Q = Z_1$$

Durch gezielte Aufhebung von einzelnen Minimierungsschritten erhält man schließlich:

$$Z_2^+ = \overline{CL \cdot Z_3 \cdot \overline{\overline{Z_2 D}}}$$

$$Z_1^+ = \overline{Z_3 \cdot \overline{\overline{Z_2 Z_1}}}$$

$$Q = Z_1$$

$$\overline{Q} = \overline{Z_1 Z_2}$$

Diese Gleichungen führen zu der bereits in Bild 9-17 vorgestellten Schaltung, die in Bild 9-50 zusammen mit den zugehörigen Zustandsvariablen nochmals gezeigt.

Zum besseren Verständnis der inneren Abläufe zeigt Bild 9-51 das Impulsdiagramm des D-Flipflops. Da hier kein Anfangszustand durch taktunabhängiges Setzen (Preset) oder Rücksetzen (Reset) vorgesehen ist, treten beim Einschalten undefinierte Zustände auf, die nach ca. zwei Taktzyklen in definierte Zustände übergehen. Undefinierte Zustände werden im Impulsdiagramm durch gleichzeitige *L*- und *H*-Pegel angezeigt, wie dieses für *Z3*, *Z2*, *Z1* und *Q* bis ca. 0,13 µs in Bild 9-51 geschehen ist.

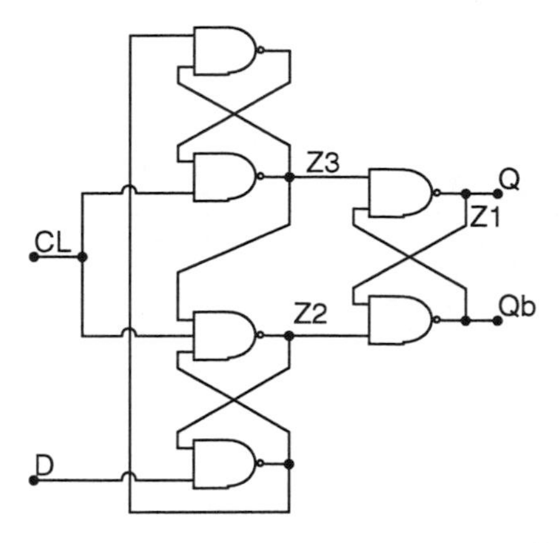

Bild 9-50: Schaltung gemäß dem Zustandsdiagramm in Bild 9-49

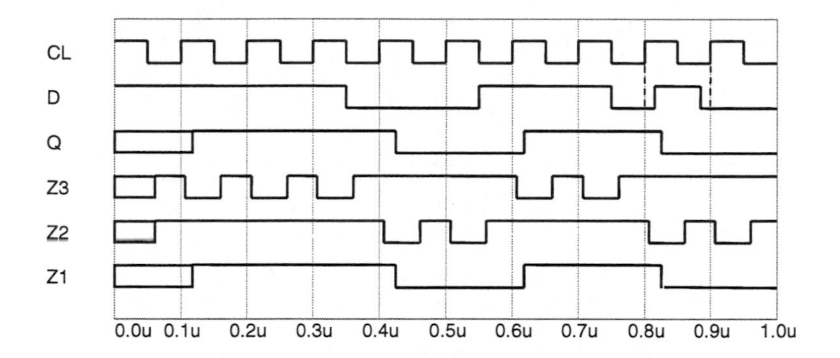

Bild 9-51: Impulsdiagramm der Schaltung in Bild 9-50

Wie es im Bild 9-51 an Hand des Zeitfensters zu erkennen ist, das sich von 0,8 µs bis 0,9 µs erstreckt und durch die gestrichelten Linien markiert wird, nimmt *D* nur im Zeitraum der jeweiligen Vorderflanke Einfluss auf *Q*. Dieser Zeitraum, innerhalb dessen *D* nicht geändert werden darf, beträgt ungefähr eine Gatterdurchlaufzeit T_{PD}. Bei den hier verwendeten NAND-Gattern ist T_{PD} ca. 15 ns. Findet dennoch eine Änderung innerhalb dieses Zeitraums statt, so können aufgrund von Rückkopplungshazards unkontrollierbare Zustandsabfolgen eintreten, die eine kurzfristige Oszillation beinhalten können.

9.5.2.2. Modulo-M-Zähler

Zählschaltungen gehören mit zu den am meisten verwendeten Einheiten in komplexen digitalen Schaltungen. Die Aufgabe von Zählschaltungen ist es, Zeitbezüge herzustellen, Zeitfenster zu definieren und zeitliche Abläufe zu steuern. Entsprechend des maximal gewünschten Zählerstands enthalten Zählschaltungen eine bestimmte Anzahl von Speicherflipflops. In diesem Kapitel werden ausschließlich taktasynchrone Schaltungen betrachtet. Am einfachsten ist der asynchrone Vorwärts- bzw. Rückwärts-Dual-Zähler nach Bild 9-52 und Bild 9-53 realisierbar. Mit N-Speicherflipflops ist beim *N*-Bit Dualzähler der folgende maximale Zählerstand erzielbar:

Gl. 9-31: $$Z_{\max} = 2^N - 1$$

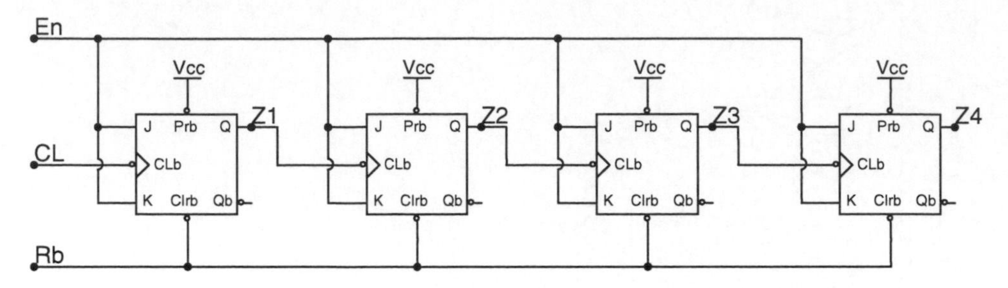

Bild 9-52: Asynchroner 4-Bit-Vorwärtsdualzähler mit rückflankengesteuerten T-Flipflops

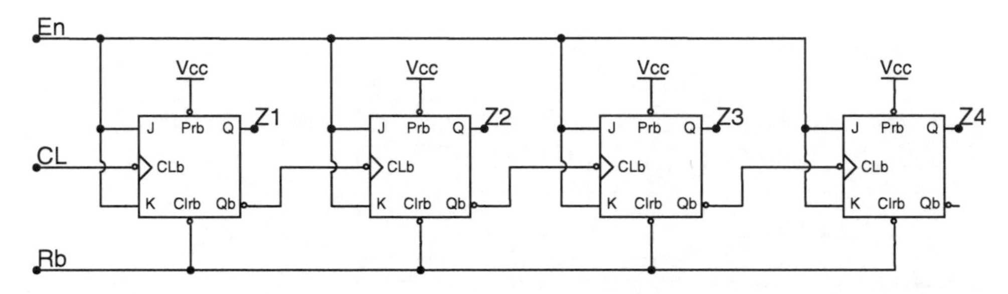

Bild 9-53: Asynchroner 4-Bit-Rückwärtsdualzähler mit rückflankengesteuerten T-Flipflops

Die T-Flipflops in Bild 9-52 und Bild 9-53 arbeiten als Frequenzhalbierer und untersetzen den Eingangstakt von Stufe zu Stufe. Der Takt *CL* ist nur mit dem ersten Flipflop verbunden. Da die Taktung der restlichen Speicher über die vorgeschalteten Speicherausgänge geschieht, wird diese Schaltungsart asynchrone Taktung genannt. Häufig haben industriell gefertigte Zählerbausteine noch einen zusätzlichen „Enable"-Eingang *En*, mit dem für *En* = 0 die Zählung auch bei anliegendem Takt unterbrochen werden kann. In den Schaltungen in Bild 9-52 und Bild 9-53 kann der T-Eingang der Flipflops entweder auf 0 oder 1 gelegt werden, was der Enable-Funktion entspricht. Zusätzlich steht noch ein statischer invertierter Rücksetz-Eingang *Rb* zur Verfügung, der den Zählerstand mit *Rb* = 0 unabhängig von *CL* auf Null zurücksetzt.

Eine weitere einfach aufzubauende und daher oft verwendete Zählervariante ist der asynchrone Modulo-M-Zähler, der bei Erreichen eines definierten Zählerstands

Gl. 9-32: $$M+1 < Z_{\max} = 2^N - 1$$

wieder bei Null anfängt. Die Erkennung des Zählerstands $M+1$ kann mittels eines Mehrfach-NAND-Gatters geschehen, dessen Ausgang mit dem statischen Rücksetz-Eingang der Flipflops verbunden ist. Bild 9-54 zeigt ein Ausführungsbeispiel hierzu für $M = 5$.

Das Eingangswort $[A] = [A_1,...,A_N]$ des NAND-Gatters wird aus dem maximalen Zählerstand $M+1$ ermittelt:

$$M + 1 = X_N 2^{N-1} + ... + X_1 2^0$$

$$X_i = 1: \quad A_i = Z_i$$

$$X_i = 0: \quad A_i = \overline{Z_i}$$

[*A*] kann im Allgemeinen noch minimiert werden, wie es am Schaltungsbeispiel in Bild 9-54 gezeigt ist. Hier soll der 3-Bit-Zähler beim Erreichen des Zählstands *M*+1=6 zurückgesetzt werden. Somit ergäbe sich:

$$[A] = [Z_3, Z_2, \overline{Z_1}] \Rightarrow Clrb = \overline{Z_3 \cdot Z_2 \cdot \overline{Z_1}}$$

Unter Einbeziehung der nicht erreichbaren Zählerstände $[Z_3\ Z_2\ Z_1] = M+2, \ldots, Z_{max} = 7, \ldots, 7 = 7$ als *-Bedingung kann $\overline{Clrb}$ noch minimiert werden zu:

$$Clrb = \overline{Z_3\ Z_2\ \overline{Z}_1 + Z_2 Z_3\ Z_2} = \overline{Z_3\ Z_2}$$

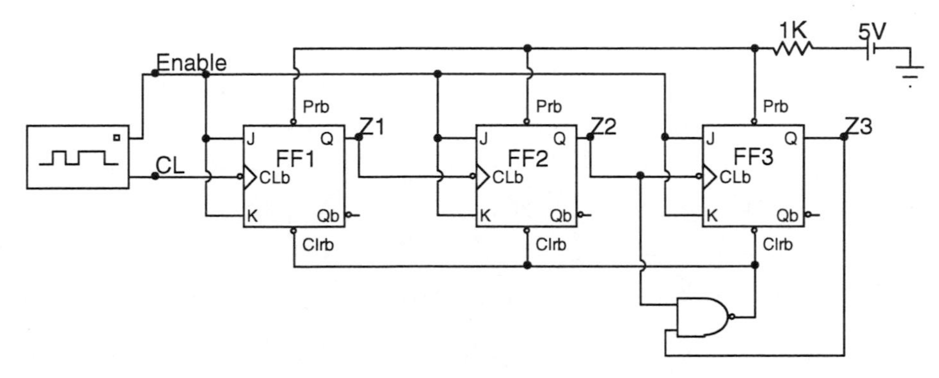

Bild 9-54: Asynchroner Modulo-5-Zähler mit rückflankengesteuerten T-Flipflops

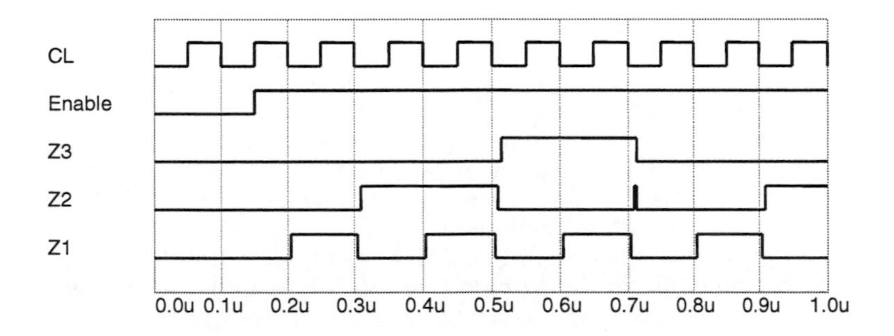

Bild 9-55: Impulsdiagramm zum asynchronen Modulo-5-Zähler

Der Nachteil von asynchronen Modulo-M-Zählern nach Bild 9-54 ist, dass das NAND-Gatter durch nicht synchrones Umschalten der Flipflops nicht exakt mit der Taktflanke den Rücksetzimpuls abgeben kann. Somit stellt sich zunächst ein Zwischenzählstand ein, bevor der Zähler vollständig zurückgesetzt wird. Dieser Zusammenhang ist im Impulsdiagramm in Bild 9-55 an dem kurzen Zwischenimpuls (Spike) der Zählvariablen *Z2* bei ca. 0,7 µs erkennbar.

9.5.2.3. BCD-Zähler

Eine elegantere und hazardfreie Möglichkeit beliebige asynchrone Modulo-M-Zähler aufzubauen, besteht in der Einführung von Vorschaltnetzen für die Eingänge der Flipflops. Als Beispiel soll ein asynchroner BCD-Zähler (M=9) mit rückflankengesteuerten JK-Flipflops gemäß dem Zustandsdiagramm in Bild 9-57 entworfen werden. Zunächst ist festzulegen, welcher Flipflop-Ausgang mit welchem Takteingang zu verbinden ist. Hierbei sollte die Taktbeschaltung so gewählt werden, dass ein minimaler Bauteilebedarf resultiert. Beim BCD-Zähler bieten sich die folgenden Kombinationen an:

$$CL \rightarrow CLb_1$$
$$Z_1 \rightarrow CLb_2$$
$$Z_2 \rightarrow CLb_3$$
$$Z_1 \rightarrow CLb_4$$

Die entsprechende Beschaltung der Takteingänge ist in Bild 9-56 dargestellt.

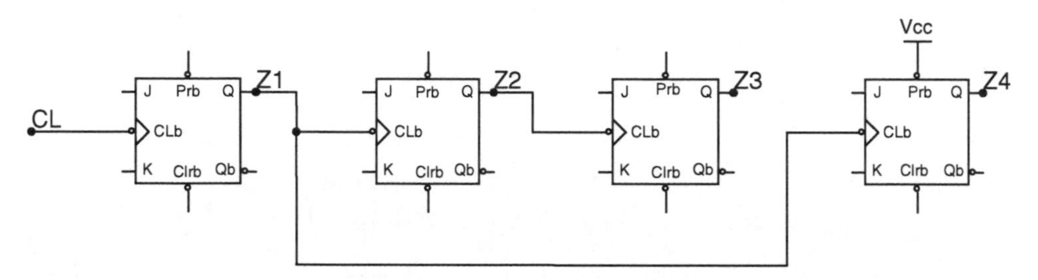

Bild 9-56: Beschaltung der Takteingänge des asynchronen rückflankengesteuerten BCD-Zählers

Anschließend werden im Zustandsdiagramm in Bild 9-57 als (rechteckig umrahmte) Ausgangsgrößen die Zustandsübergangsfunktionen $[V] = [Z_i^+]$ der Vorschaltnetze, die den J- und K-Eingängen der Flipflops zugeordnet sind, notiert. Da es sich um rückflankengesteuerte Flipflops handelt, sind nur die 1 → 0-Übergänge von Z_1und Z_2 beim Aufstellen der Werte für V_i zu beachten.

Findet mit $Z_i = Z_i^+$ am Takteingang CLb_j eines Flipflops keine Änderung statt oder liegt mit $Z_i=0 \rightarrow Z_i^+=1$ eine Vorderflanke an, so ist der Zustand V_j des Vorschaltnetzes des betreffenden Flipflops unerheblich und kann mit „*" bezeichnet werden. Liegt mit $Z_i=1 \rightarrow Z_i^+=1$ eine Rückflanke am Takteingang CLb_j an, so entspricht der Zustand V_j des Schaltnetzes dem Zustand der Binärstelle Z_j^+. Grundsätzlich sind die Funktionen V_i mit den Folgezuständen Z^+_i identisch, wenn am Takteingang CLb_i eine Rückflanke anliegt. Durch die gewählte Taktbeschaltung ist V_1 bei jeder negativen Taktflanke, V_2 und V_4 bei jeder 2. negativen Taktflanke und V_3 bei jeder 4. negativen Taktflanke aktiv. Die Pseudotetraden können als *-Bedingungen (don´t care) zur Minimierung für die logischen Funktionen von V_i verwendet werden. Mit Hilfe des KV-Diagramms können die minimierten logischen Gleichungen für die Vorschaltnetze $[V]$ ermittelt werden:

$$V_1 = \overline{Z}_1$$
$$V_2 = \overline{Z}_4\ \overline{Z}_2$$
$$V_3 = \overline{Z}_3$$
$$V_4 = \overline{Z}_4\ Z_3\ Z_2$$

In der Funktion V_4 wurden die Pseudotetraden 14 und 15 nicht berücksichtigt, um die charakteristische Gl. 9-26 der JK-Flipflops zu erfüllen:

$$Z_i^+ = J_i\overline{Z}_i + \overline{K}_i Z_i$$

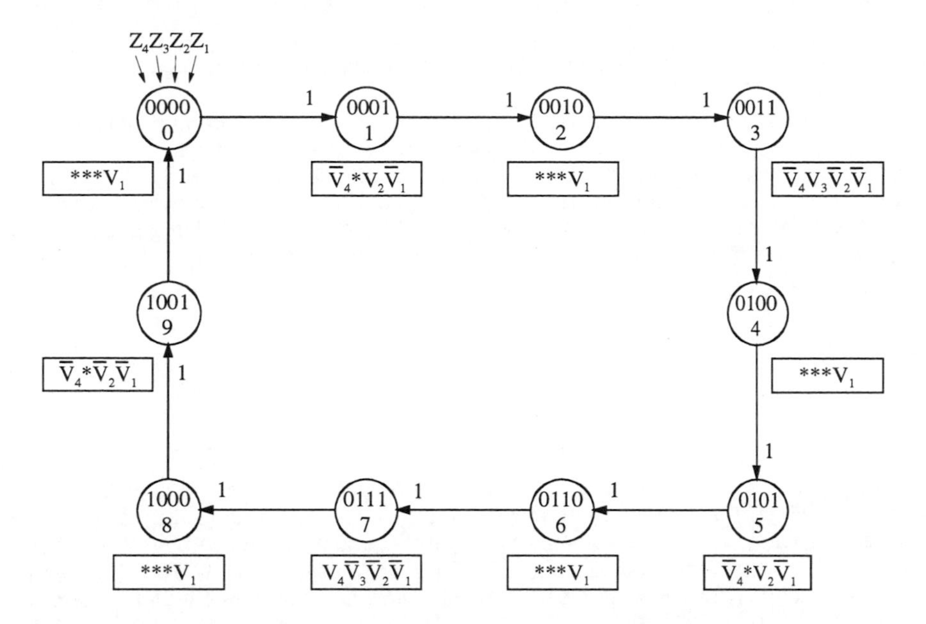

Bild 9-57: Zustandsdiagramm des asynchronen rückflankengesteuerten BCD-Zählers

Der Vergleich von V_i mit der charakteristischen Gleichung liefert für die Vorschaltnetze der J- und K-Eingänge:

$$J_1 = 1 \qquad \overline{K}_1 = 0 \quad bzw. \quad K_1 = 1$$
$$J_2 = \overline{Z}_4 \qquad \overline{K}_2 = 0 \quad bzw. \quad K_2 = 1$$
$$J_3 = 1 \qquad \overline{K}_3 = 0 \quad bzw. \quad K_3 = 1$$
$$J_4 = Z_2 Z_3 \qquad \overline{K}_4 = 0 \quad bzw. \quad K_4 = 1$$

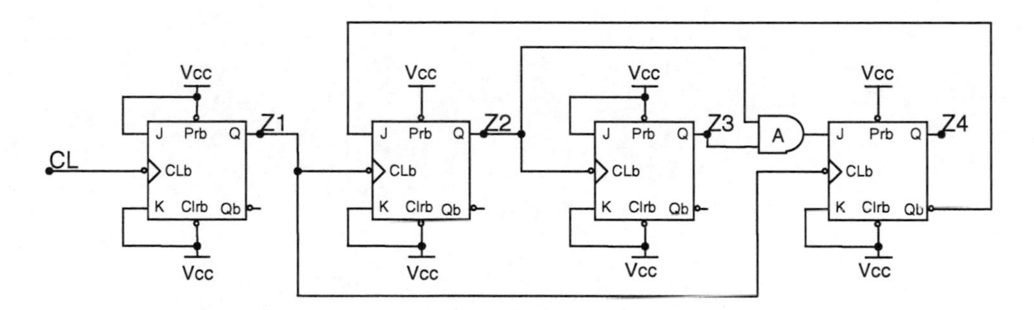

Bild 9-58: Realisierung des asynchronen rückflankengesteuerten BCD-Zählers mit JK-Flipflops

Die diesen Gleichungen entsprechende Schaltung ist in Bild 9-58 dargestellt. Ein Hazard-Problem kann in dieser Schaltung theoretisch nur entstehen, wenn die Summe der Durchlaufzeiten des AND-Gatters *A* und der Flipflops für *Z*2, *Z*3 kleiner ist als die Durchlaufzeit des Flipflops für *Z*4. In der Praxis sind die Durchlaufzeiten von Flipflops derselben Fertigungstechnologie (z.B. CMOS, TTL, usw.) ähnlich. Folglich tritt bei Verwendung von Bauelementen derselben Technologie in der Schaltung in Bild 9-58 kein Hazard auf. Der Einfachheit halber wurden in Bild 9-58 nicht verwendete Eingänge, die als log. 1 interpretiert werden sollen, mit V_{CC} verbunden. Die Verbindung soll als Anschluss an die Betriebsspannung (5 V) über einen Pull-Up-Widerstand (ca. 1K bei TTL) verstanden werden. Diese Vereinbarung soll auch für die weiteren Schaltungsbeispiele gelten.

Als weiteres Beispiel soll ein asynchroner BCD-Zähler mit rückflankengesteuerten T-Flipflops betrachtet werden. Bei asynchronen Zählern mit T-Flipflops sind die Vorschaltnetze der Takteingänge in Abhängigkeit der Zählabfolge zu entwerfen. Es soll wiederum von der Taktbeschaltung in Bild 9-56 ausgegangen werden. Die logischen Funktionen der zu entwickelnden Vorschaltnetze für die Takteingänge werden mit C_i bezeichnet. Mit der Taktbeschaltung nach Bild 9-56 ergibt sich dann folgender Ansatz für die Taktvorschaltfunktionen:

Gl. 9-33:

$$\begin{aligned} CLb_4 &= C_4 \cdot Z_1 \\ CLb_3 &= C_3 \cdot Z_2 \\ CLb_2 &= C_2 \cdot Z_1 \\ CLb_1 &= C_1 \cdot CL \end{aligned}$$

Im nächsten Schritt wird das Zustandsdiagramm in Bild 9-59 mit den Taktvorschaltfunktionen [C] als (rechteckig umrahmte) Ausgangsgrößen entwickelt. Da Z_1 bei jeder Taktflanke invertiert werden muss, ist die Taktvorschaltfunktion C_1 immer 1. C_2 und C_4 müssen nur bei jeder 2. Taktflanke den definierten Wert 1 annehmen, weil nur hier eine Rückflanke von Z_1 auftritt. Für C_3 ist nur bei den Zählerständen 3 und 7, bei denen Z_2 eine Rückflanke aufweist, der definierte Wert 1 erforderlich.

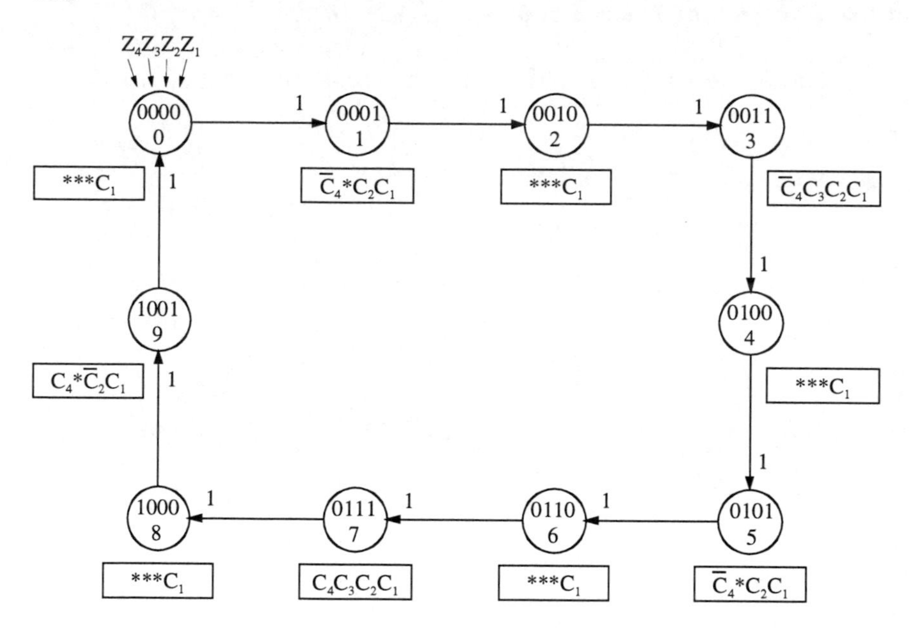

Bild 9-59: Zustandsdiagramm des asynchronen BCD-Zählers mit T-Flipflops

Mit Hilfe des KV-Diagramms können die minimierten logischen Gleichungen für die Taktvorschaltnetze [C] ermittelt werden:

$$C_1 = 1$$
$$C_2 = \overline{Z}_4$$
$$C_3 = 1$$
$$C_4 = Z_3 \cdot Z_2 + Z_4$$

Nach Einsetzen in Gl. 9-33 ergibt sich:

$$CLb_1 = CL$$
$$CLb_2 = \overline{Z}_4 \cdot Z_1$$
$$CLb_3 = Z_2$$
$$CLb_4 = Z_3 \cdot Z_2 \cdot Z_1 + Z_4 \cdot Z_1 = Z_3 + Z_4 \cdot Z_1.$$

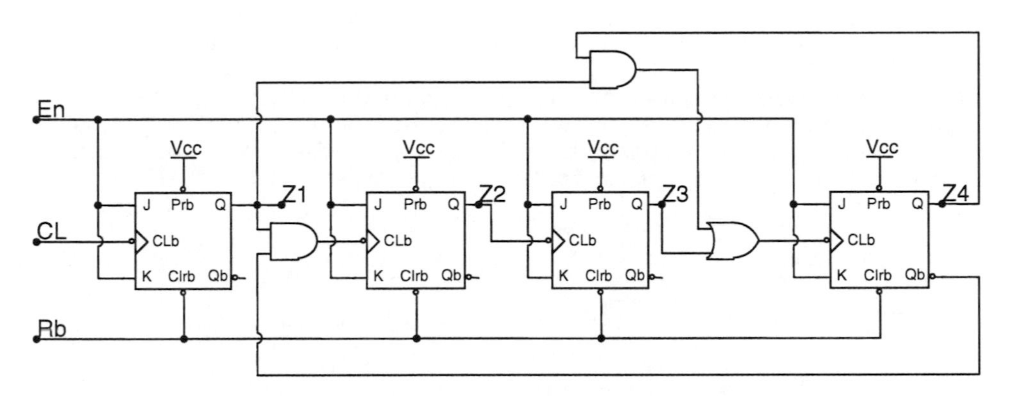

Bild 9-60: Schaltung des asynchronen rückflankengesteuerten BCD-Zählers mit T-Flipflops

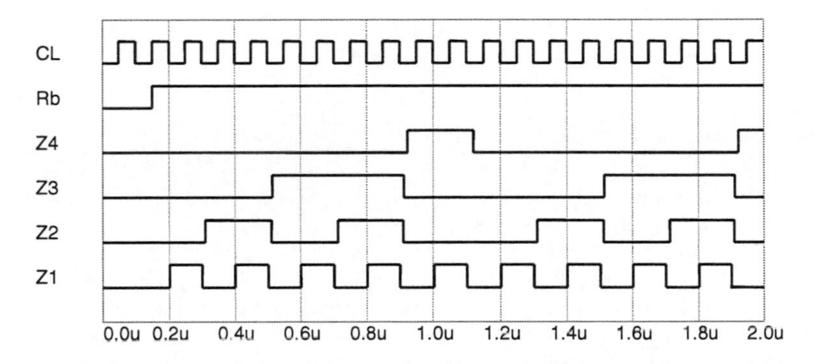

Bild 9-61: Impulsdiagramm des asynchronen rückflankengesteuerten BCD-Zählers mit T-Flipflops

Da Z_3 ohnehin nur beim Wechsel des Zählerstands $\left[\overline{Z_4} Z_3 Z_2 Z_1\right] = 7$ auf $\left[Z_4 \overline{Z_3}\,\overline{Z_2}\,\overline{Z_1}\right] = 8$ eine Rückflanke aufweist, kann hier auf die Einbeziehung der beiden anderen Variablen Z_2 und Z_1 verzichtet werden. Daher konnte CLb_4 in obiger Gleichung durch Streichung der Variablen Z_2 und Z_1 im ersten Term der OR-Verknüpfung weiter vereinfacht werden. Die auf diesen Gleichungen basierende Schaltung des asynchronen BCD- Zählers mit rückflankengesteuerten T-Flipflops ist in Bild 9-60 dargestellt. Wie es aus dem Impulsdiagramm in Bild 9-61 der Schaltung in Bild 9-60 ersichtlich ist, treten auch hier keine Hazards beim Umschalten der Zählerstände [*Z*] auf. Mit Hilfe des negierten Rücksetzimpulses *Rb* kann taktunabhängig der Zählerstand auf [*Z*] = 0 gesetzt werden, wie es am Anfang der Impulszüge in Bild 9-61 gezeigt ist.

9.6. Synchrone Schaltwerke

Ein großes Problem beim Entwurf asynchroner Schaltwerke ist die Vermeidung von Races und Rückkopplungshazards. Gerade bei komplexen asynchronen Systemen würde die Vermeidung von Races und Hazards eine nahezu unlösbare Aufgabe darstellen. Aus diesem Grund werden in der Regel größere Schaltwerke fast ausschließlich synchron aufgebaut. Da bei synchronen Schaltwerken die Signalübernahme in die Zustandsspeicher nur zum Taktzeitpunkt erfolgt, können die genannten Probleme (Race, Rückkopplungshazard, Hazard) nicht auftreten. Eine Ausnahme besteht bei großflächig integrierten Schaltungen, da hier bei strikt synchronem Betrieb ein sehr großer Strom aufgrund des gleichzeitigen Schaltens einer großen Anzahl von getakteten Baugruppen entstehen würde. Daher wird von dem strikt synchronen Betrieb in der Art abgewichen, dass Untergruppen mit zeitlich verzögerten Taktflanken angesteuert werden.

Ein synchrones Schaltwerk, dessen Prinzip in Bild 9-62 dargestellt ist, unterscheidet sich vom asynchronen Schaltwerk dadurch, dass die Rückkopplung anstelle des speicherfreien Schaltnetzes einen Speicher für die Zustandsvariablen [*Z*] enthält. Der Inhalt der Zustandsvariablenspeicher kann sich nur synchron mit dem zentral angelegten Takt ändern.

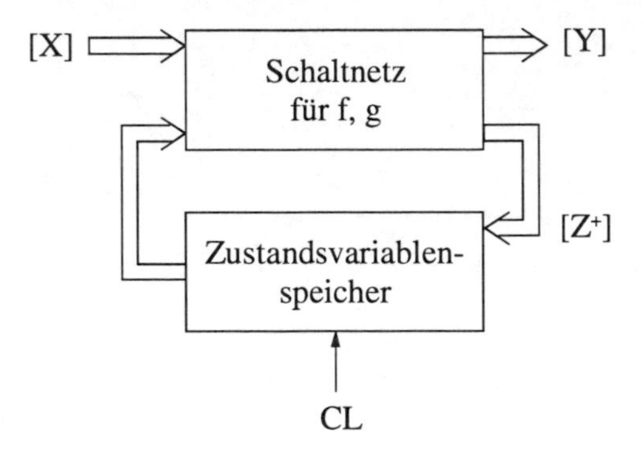

Bild 9-62: Prinzip synchroner Schaltwerke

Folglich wird die Erhöhung der diskreten Automatenzeit im synchronen Schaltwerk nicht mehr durch Gatterlaufzeiten sondern ausschließlich durch den Taktgenerator bestimmt. Aufgrund der zeitlichen Entkopplung von [*Z*] und [Z^+] können keine Instabilitäten oder ungewollte Zwischenzustände auftreten, wenn die Verzögerungszeiten im Schaltnetz für *f* ([*Z*], [*X*]) = [*Y*] oder *g* ([*Z*], [*X*]) = [Z^+] kleiner sind als eine Taktperiode. Zum problemlosen Betrieb eines synchronen Schaltwerks muss natürlich auch gewährleistet sein, dass die Eingangsvariablen sich während der Entscheidungsintervalle nicht ändern. Es ist sinnvoll, auch die Änderung der Ein- und Ausgangsvariablen eines synchronen Schaltwerks vom zentralen Taktgenerator abzuleiten. Die hierdurch entstehenden zeitlichen Verschiebungen der Signale sind dann bei der Verarbeitung entsprechend zu berücksichtigen.

9.6.1. Schaltungsbeispiele

In diesem Kapitel werden einige ausgewählte Beispiele vorgestellt, an Hand derer der systematische Aufbau synchroner Systeme erläutert werden soll. Mittels synchroner Systeme werden zwar Laufzeit bedingte Fehler weitestgehend eliminiert, allerdings bedarf der Aufbau meistens eines erhöhten Bauteileaufwands gegenüber vergleichbaren asynchronen Schaltungen. Die Systematik des Zustandsdiagramms ist in der Regel jedoch deutlich übersichtlicher, was an den nachfolgenden Beispielen demonstriert werden soll. Wesentlich beim Betrieb synchroner Systeme ist die absolute Synchronität des Taktes, da stets aktuelle Zustände während der Taktflanke abgefragt werden. Es ist also zu gewährleisten, dass sich aktuelle Zustände erst nach ihrer Einflussnahme ändern.

9.6.1.1. Vorwärts- Rückwärtszähler

Betrachtet wird ein synchroner 3-Bit-Vorwärts-Rückwärts-Dual Zähler, dessen Zählrichtung mit Hilfe der Eingangsvariablen X_1 gemäß

X_1=0: Rückwärts
X_1=1: Vorwärts

gesteuert werden soll. Die Funktionsweise des Zählers wird durch das Zustandsdiagramm in Bild 9-63 beschrieben. In jedem Zustand, d. h. bei jedem Zählwert soll es also möglich sein, den Zähler vom Vorwärts- in den Rückwärtsbetrieb umzuschalten. Der Takt *CL* erscheint nicht als Variable, da er dauerhaft an den Takteingängen der Flipflops anliegt.

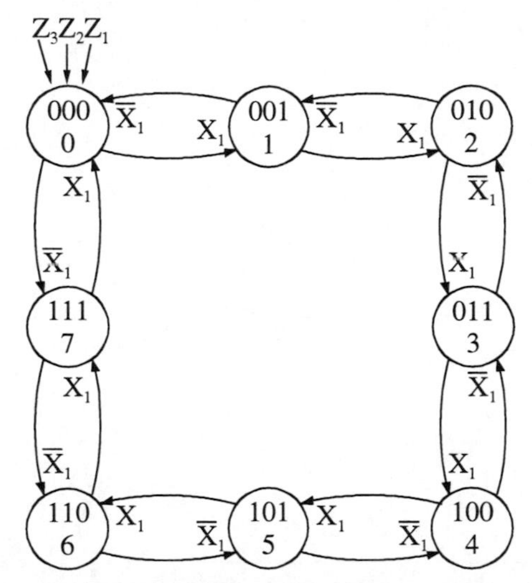

Bild 9-63: Zustandsdiagramm des synchronen 3 Bit-Vorwärts-Rückwärtszählers

Mit Hilfe der Zustandsfolgetabelle, die durch das Zustandsdiagramm in Bild 9-63 festgelegt ist, werden die Übergangsfunktionen [Z^+] ermittelt. Nach der Minimierung ergibt sich hierfür:

$$Z_3^+ = \overline{Z}_3\left(\overline{Z}_2\overline{Z}_1\overline{X}_1 + Z_2Z_1X_1\right) + Z_3\left(\overline{Z}_2Z_1 + \overline{Z}_1X_1 + Z_2\overline{X}_1\right)$$

$$Z_2^+ = \overline{Z}_2\left(\overline{Z}_1\overline{X}_1 + Z_1X_1\right) + Z_2\left(Z_1\overline{X}_1 + \overline{Z}_1X_1\right)$$

$$Z_1^+ = \overline{Z}_1$$

Es sei nun angenommen, dass der Zähler mit Hilfe von JK-Flipflops realisiert werden soll. Der Vergleich der Übergangsfunktionen [Z^+] mit der charakteristischen Gl. 9-26 des JK-Flipflops liefert die Gleichungen der Vorschaltnetze für die J- und K-Eingänge:

$$J_3 = \overline{Z}_2\,\overline{Z}_1\,\overline{X}_1 + Z_2\,Z_1\,X_1$$
$$\overline{K}_3 = \overline{Z}_2\,Z_1 + \overline{Z}_1\,X_1 + Z_2\,\overline{X}_1$$
$$K_3 = \left(Z_2 + \overline{Z}_1\right)\cdot\left(Z_1 + \overline{X}_1\right)\cdot\left(\overline{Z}_2 + X_1\right)$$
$$= \left(Z_2\,Z_1 + Z_2\,\overline{X}_1 + \overline{Z}_1\,\overline{X}_1\right)\cdot\left(\overline{Z}_2 + X_1\right)$$
$$= Z_2\,Z_1\,X_1 + \overline{Z}_2\,\overline{Z}_1\,\overline{X}_1 = J_3$$

$$J_2 = \overline{Z}_1\,\overline{X}_1 + Z_1\,X_1$$
$$\overline{K}_2 = Z_1\,\overline{X}_1 + \overline{Z}_1\,X_1$$
$$K_2 = \left(\overline{Z}_1 + X_1\right)\cdot\left(Z_1 + \overline{X}_1\right)$$
$$= \overline{Z}_1\,\overline{X}_1 + Z_1\,X_1 = J_2$$

$$J_1 = 1$$
$$\overline{K}_1 = 0$$
$$K_1 = 1 = J_1$$

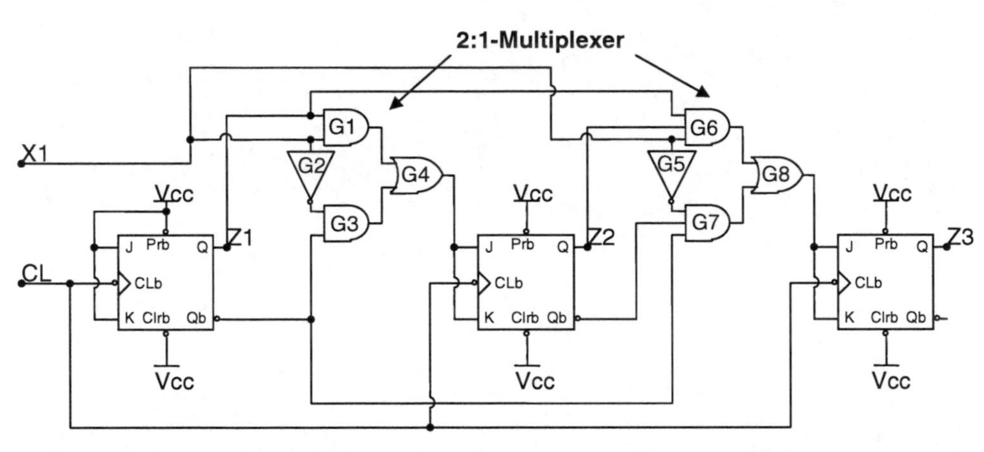

Bild 9-64: Schaltung des synchronen rückflankengesteuerten 3 Bit-Vorwärts-Rückwärtszählers

Die auf den obigen Gleichungen aufbauende Schaltung des Zählers, die in Bild 9-64 dargestellt ist, zeigt anschaulich die beiden verschiedenen Betriebsarten. Mittels der beiden 2:1-Multiplexer, die aus den Gattern *G*1, *G*2, *G*3, *G*4 und den Gattern *G*5, *G*6, *G*7, *G*8 gebildet werden, erfolgt mittels des Steuereingangs X_1 die Umschaltung zwischen der Betriebsart „Vorwärts" (X_1=1) und der Betriebsart „Rückwärts" (X_1=0). Für X_1=1 (Vorwärts) sind die Vorschaltnetze der Flipflops mit den Ausgängen Z_i und für X_1=0 (Rückwärts) mit den negierten Ausgängen $\overline{Z}_i$ verknüpft. Diese Grundbeschaltung für Vorwärts-Rückwärtszähler wurde bereits in Kapitel 9.5.2.2 für asynchrone Zähler vorgestellt. Da *Z*3 nur bei den Zählerständen 3 bzw. 7 (d. h. $Z2 \bullet Z1$ = 1) umgeschaltet wird, erfolgt die Abfrage dieser Zählerstände (*Z*2 *Z*1 (X_1=1) oder $\overline{Z_2}\,\overline{Z_1}$ (X_1=0)) durch den erweiterten 2:1-Multiplexer (*G*5, *G*6, *G*7, *G*8).

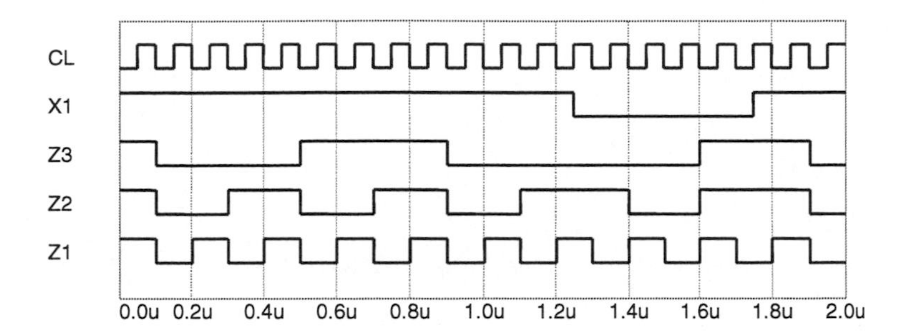

Bild 9-65: Impulsdiagramm des Zählers in Bild 9-64

Das zu der Schaltung in Bild 9-64 gehörende Impulsdiagramm ist in Bild 9-65 dargestellt. So lange X_1 = 1 bleibt, erfolgt die Vorwärtszählung. Um die Kollision bei der Umschaltung auf die Rückwärtszählung zu vermeiden, wird X_1 mit der Vorderflanke von *CL* auf 0 geschaltet, so dass ab der nächsten Rückflanke (1,3 µs) die nahtlos einsetzende Rückwärtszählung erfolgen kann.

9.6.1.2. BCD-Zähler

Als weiteres Beispiel für synchrone Schaltwerke soll ein synchroner BCD-Zähler mit J- und K-Vorschaltnetzen entworfen werden. Zunächst wird das zugehörige Zustandsdiagramm gemäß Bild 9-66 entwickelt.

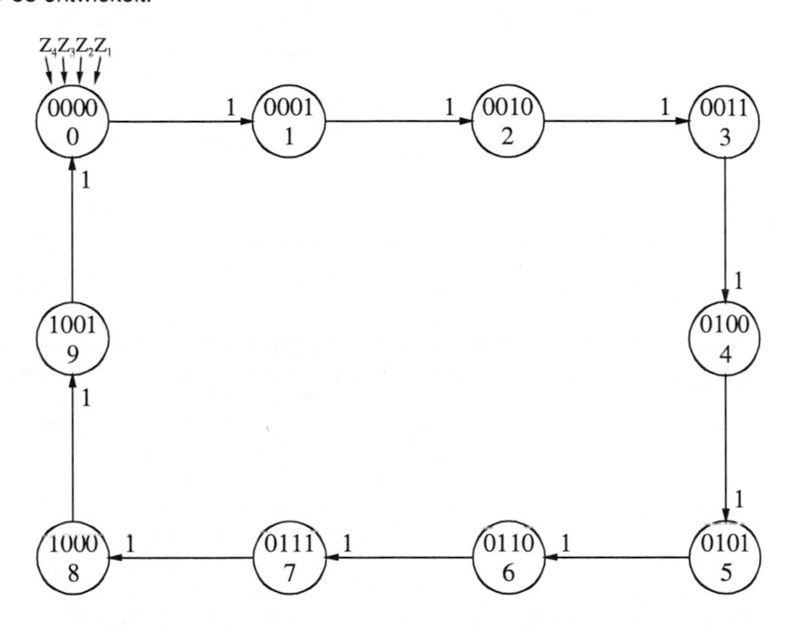

Bild 9-66: Zustandsdiagramm des synchronen BCD-Zählers mit JK-Vorschaltnetz

Die Pseudotetraden können als *-Bedingungen zur Minimierung der Vorschaltnetze verwendet werden. Für jeden der Folgezustände $[Z]^+$ werden die logischen Gleichungen in Abhängigkeit der aktuellen Zählerstände $[Z]$ ermittelt. Nach der Minimierung erhält man hierfür:

$$Z_1^+ = \overline{Z}_1$$
$$Z_2^+ = Z_2\,\overline{Z}_1 + \overline{Z}_4\,\overline{Z}_2\,Z_1 = \overline{Z}_4\,Z_1\,\overline{Z}_2 + \overline{Z}_1\,Z_2$$
$$Z_3^+ = Z_3\,\overline{Z}_1 + \overline{Z}_3\,Z_2\,Z_1 + Z_3\,\overline{Z}_2 = Z_2\,Z_1\,\overline{Z}_3 + \left(\overline{Z}_1 + \overline{Z}_2\right)Z_3$$
$$Z_4^+ = \overline{Z}_1\,Z_4 + Z_3\,Z_2\,Z_1\,\overline{Z}_4$$

Der Vergleich mit der charakteristischen Gl. 9-26 des JK-Flipflops liefert die logischen Gleichungen für die J- und K-Vorschaltnetze:

$$\begin{aligned} J_1 &= 1 & \overline{K}_1 &= 0 & & K_1 = 1 \\ J_2 &= \overline{Z}_4 Z_1 & \overline{K}_2 &= \overline{Z}_1 & \Rightarrow\ & K_2 = Z_1 \\ J_3 &= Z_2 Z_1 & \overline{K}_3 &= \overline{Z}_1 + \overline{Z}_2 & & K_3 = Z_1 Z_2 \\ J_4 &= Z_3 Z_2 Z_1 & \overline{K}_4 &= \overline{Z}_1 & & K_4 = Z_1 \end{aligned}$$

Der Ausdruck $Z_3Z_2Z_1\overline{Z}_4$ kann in Z_4^+ zwar mit Hilfe der * -Bedingungen noch zu $Z_3Z_2Z_1$ minimiert werden, jedoch würde dann nicht die Form der charakteristischen Gleichung erfüllt. Die Schaltung des synchronen BCD-Zählers mit JK- Flipflops ist in Bild 9-67 dargestellt.

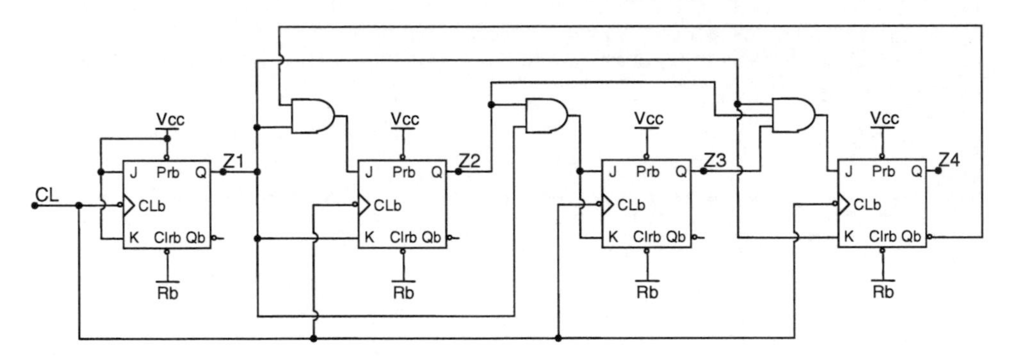

Bild 9-67: Schaltung des synchronen BCD-Zählers mit JK-Flipflops

Beim Aufbau taktsynchroner Zähler ergeben sich grundsätzlich zwei Möglichkeiten. Zum einen werden die Takteingänge der Flipflops wie bei den bisherigen Beispielen direkt mit dem Steuertakt verbunden und zum anderen wird der Steuertakt über ein logisches Schaltnetz den Takteingängen der Flipflops zugeführt. Da der Takt bei der ersten Schaltungsmöglichkeit immer anliegt, stellt er keine Eingangsvariable dar und kann bei der Zählerberechnung unberücksichtigt bleiben. Als Variablen treten nur die Zustände der Flipflops auf. Bei der zweiten Schaltungsvariante stellt der über das Schaltnetz gesperrte oder zugelassene Takt die einzige Variable des entsprechenden Flipflops dar. Im Folgenden soll nun ein synchroner BCD-Zähler mit T-Flipflops und geeignetem Takt-Vorschaltnetz entwickelt werden. Zunächst wird das in Bild 9-68 abgebildete Zustandsdiagramm entworfen, in dem die Werte der Taktvorschaltfunktionen [*CL*] als Ausgangsgrößen eingetragen sind. Der Taktvorschaltfunktion CL_i wird eine log. 1 zugewiesen, wenn Z_i ungleich Z_i^+ ist. Andernfalls ist $CL_i = 0$.

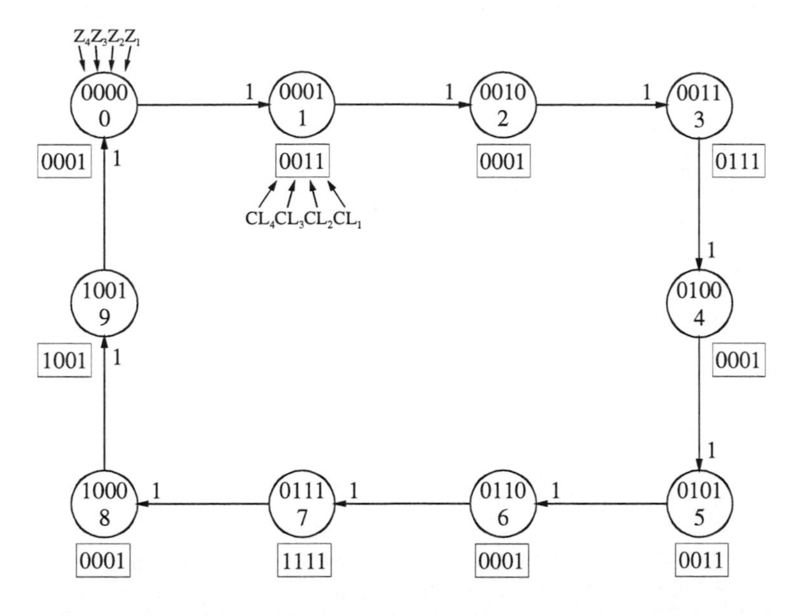

Bild 9-68: Zustandsdiagramm des synchronen BCD-Zählers mit T-Flipflops

Aus dem Zustandsdiagramm werden anschließend die Funktionen für [*CL*] bestimmt und geeignet minimiert. Als Lösung ergibt sich:

$$CL_1 = 1 \cdot CL$$

$$CL_2 = Z_1 \cdot \overline{Z}_4 \cdot CL$$

$$CL_3 = Z_1 \cdot Z_2 \cdot CL$$

$$CL_4 = (Z_4 \cdot Z_1 + Z_3 \cdot Z_2 \cdot Z_1) \cdot CL$$

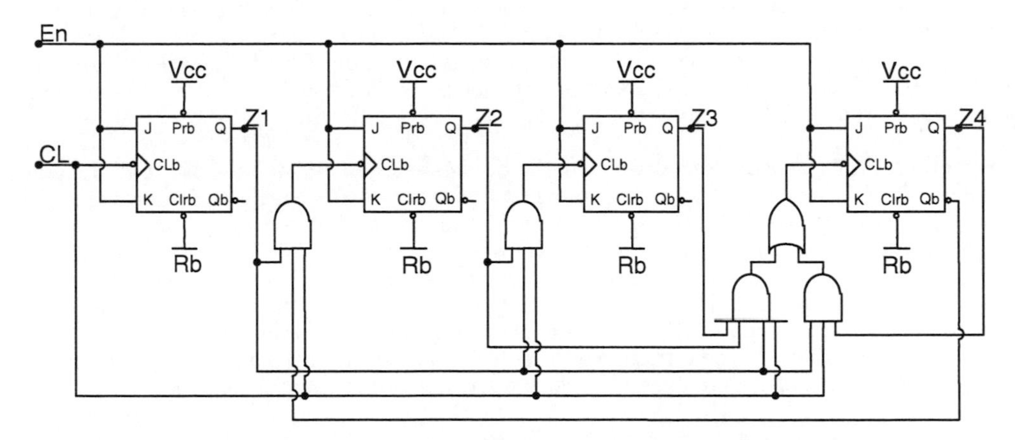

Bild 9-69: Schaltung des synchronen BCD-Zählers mit T-Flipflops (Stop für En = 0)

Der zentrale Takt *CL* muss bei den Vorschaltnetzen immer berücksichtigt werden, da die Taktsignale der Flipflops nur synchron mit *CL* auftreten sollen. Die Schaltung des synchronen BCD-Zählers mit T-Flipflops und Taktvorschaltnetz ist in Bild 9-69 dargestellt. Zusätzlich sind im

Bild 9-69 die T-Eingänge der Flipflops als gemeinsamer Enable-Eingang (Stop für En =0) herausgeführt.

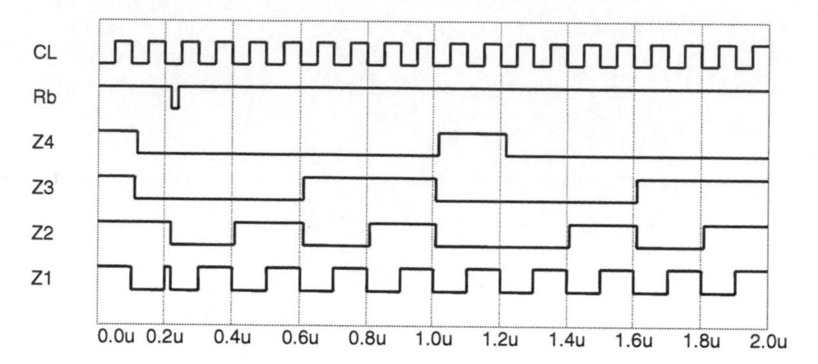

Bild 9-70: Impulsdiagramm des synchronen BCD-Zählers mit T-Flipflops

Bild 9-70 zeigt das Impulsdiagramm des synchronen BCD-Zählers aus Bild 9-69. Zur Einstellung eines definierten Ausgangszustands ist der negierte Reset-Impuls *Rb* vorgesehen, der den Zählerstand zu dem im Impulsdiagramm gezeigten Zeitpunkt (ca. 0,22 µs) auf Null setzt. Der Anfangszählwert, der nach dem Einschalten hier willkürlich zu [*Z*]=[1111] angenommen wird, ist im Zustandsdiagramm nicht definiert. Es könnte somit zu unkontrollierten Abläufen kommen, bis ein gültiger Zählstand erreicht ist. Um diese Zufälligkeit auszuschalten, sollte stets für kontrollierte Anfangsbedingungen gesorgt werden.

9.6.2. Operations- und Steuerwerk

In der Praxis werden komplexe Netzwerke nicht als ein einziges Schaltwerk realisiert, sondern als Zusammenschaltung mehrerer modularer Teilsysteme. Das hat den Vorteil, dass das Gesamtsystem übersichtlicher und wartungsfreundlicher ist. Spätere Änderungen müssen nur an den betroffenen Modulen durchgeführt werden, so dass eine deutlich schnellere Anpassung auf wechselnde Anforderungen gegeben ist. Zudem können bei der Entwicklung zunächst die Teilkomponenten separat auf einwandfreie Funktion und anschließend erst in ihrem Zusammenwirken überprüft werden. Dieses erleichtert das Auffinden von eventuellen Fehlern beträchtlich und spart Entwicklungszeiten ein.

Der elementare Aufbau eines komplexen Schaltwerks besteht aus einem oder mehreren Operationswerken OP und einem Steuerwerk ST, das den Funktionsablauf mittels der Steuergrößen [*Y*] und der Rückmeldegrößen [*X*] überwacht. In Bild 9-71 ist beispielhaft ein Steuerkreismodell mit nur einem einzigen Operationswerk dargestellt. Zum Austausch von Größen mit weiteren Operationsnetzwerken werden geeignete Eingabe- und Ausgabe-Protokolle vereinbart. Des Weiteren müssen zur Kommunikation zwischen OP und ST gesicherte Steuer- und Rückmelde-Protokolle erstellt werden. Im Allgemeinen basieren die Protokolle auf dem Quittierbetrieb (Handshake), d.h. neue Daten oder Größen werden erst dann angelegt, wenn mittels eines Steuersignals, das meistens Flag genannt wird, die Übernahme der alten Daten oder Größen signalisiert wurde.

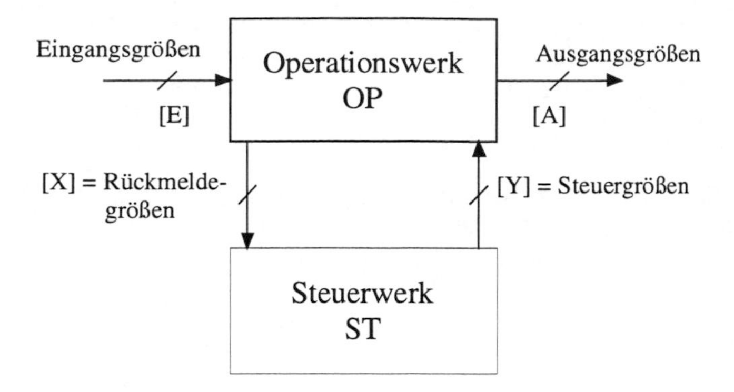

Bild 9-71: Steuerkreismodell

Die einzelnen Schritte beim modularen Entwurf eines komplexen Schaltwerks sind nachfolgend zusammengestellt:

- Schritt a) Strukturierung des Problems durch Erstellung eines Ablaufdiagramms unter Verwendung von modularen Funktionsblöcken (OP)
- Schritt b) Entwurf der Operationswerke (OP)
- Schritt c) Entwicklung des Zustandsdiagramms für das Steuerwerk (ST)
- Schritt d) Entwurf des Steuerwerks (ST)

Das Verfahren soll nun am Beispiel eines Serien-Multiplizierers für zwei 4-stellige Dualzahlen erläutert werden. Die einzelnen Schritte, die zur seriellen Multiplikation erforderlich sind, werden im Bild 9-72 beispielhaft für die Dualzahlen $[A]=[1101]_2=[13]_{10}$ und $[B]=[1011]_2=[11]_{10}$ dargestellt. Es ist ersichtlich, dass für K-stellige Dualzahlen K Operationen erforderlich sind. Für das hier vorliegende Beispiel ergeben sich demnach $K = 4$ Operationsschritte, die durch den Index k nummeriert werden.

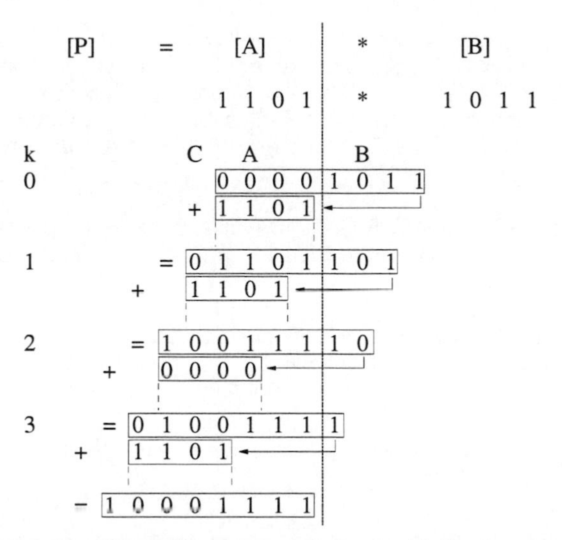

Bild 9-72: Ablaufdiagramm zur Serien-Multiplikation zweier 4-stelliger Dualzahlen

Wegen des optimierten Ablaufs in Bild 9-72, der das Prinzip einer gleitenden Speicherverwaltung beinhaltet, wird der Speicherbedarf auf $2K$ Bitstellen beschränkt. Im ersten Operationsschritt wird der Produktspeicher [P] mit dem Multiplikator [B] geladen. Nun wird je nach Wert der Bitstelle B_k entweder der Multiplikand [A] für $B_k = 1$ oder [0000] für $B_k = 0$ zu den höchstwertigen K Bitstellen von [P] hinzuaddiert, wobei durch Verschiebung des Inhaltes von [P] um eine Stelle nach rechts die gerade geprüfte Bitstelle B_k verloren geht. Nach K Operationsschritten ist die Multiplikation ausgeführt und das Ergebnis steht im Produktspeicher [P] zur Verfügung.

Das Schaltwerk des Serien-Multiplizierers mit dem Ablauf nach Bild 9-72 wird in zwei Operationswerke (Indexzähler und Speicherverwaltung) und ein Steuerwerk aufgeteilt.

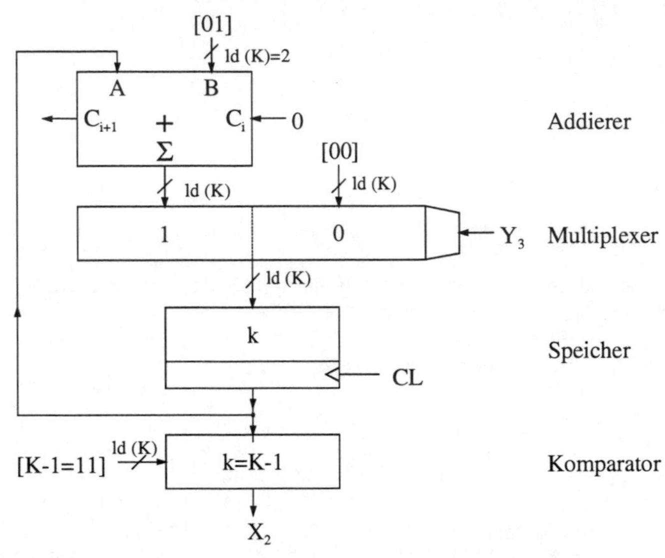

Bild 9-73: Prinzipschaltbild zum Operationswerk des Indexzählers

Das Operationswerk des Indexzählers soll an Hand von Bild 9-73 erläutert werden. Dabei sind die [X]-Signale Rückmeldegrößen (Eingänge) und die [Y]-Signale Steuergrößen (Ausgänge) des Steuerwerkes. Nachdem der k-Speicher zur Initialisierung mittels $Y_3 = 0$ über den Multiplexer mit dem Wert k=0 vorbesetzt wurde, wird $Y_3 = 1$ bei jeder Flanke des Taktes CL der Wert von k mit Hilfe des 2 Bit-Addierers um 1 erhöht. Bei Erreichen des Endwertes $k = K\text{-}1 = 3$ geht das Ausgangssignal X_2 des Komparators auf log.1.

Der Komparator in Bild 9-73 kann auf einfache Weise durch ein AND-Gatter mit zwei Eingängen realisiert werden. Wenn beide Eingänge log. 1 sind ist der Endwert K-1 = [1 1] erreicht und der Ausgang X_2 des AND-Gatters wird log. 1.

Der Addierer in Bild 9-73 wird durch so genannte Halbaddierer zusammengesetzt. Diese erfüllen die nachfolgenden logischen Gleichungen für die Summe S_i der Bitstellen A_i, B_i und für den daraus entstehenden Überlauf (Carry) C_i:

Gl. 9-34:
$$S_i = A_i \oplus B_i$$
$$C_i = A_i \bullet B_i$$

Die Zusammenschaltung zweier Halbaddierer ergibt dann einen Volladdierer mit den logischen Gleichungen:

Gl. 9-35:
$$S_i = C_{i-1} \oplus (A_i \oplus B_i)$$
$$C_i = C_{i-1} \bullet (A_i \oplus B_i) + A_i \bullet B_i$$

Im Gegensatz zum Halbaddierer berücksichtigt der Volladdierer das Carrybit C_{i-1} der nächst niederwertigen Bitstelle. In Bild 9-74 ist beispielhaft die kaskadierte Schaltung für einen 4-Bit-Volladdierer gezeigt.

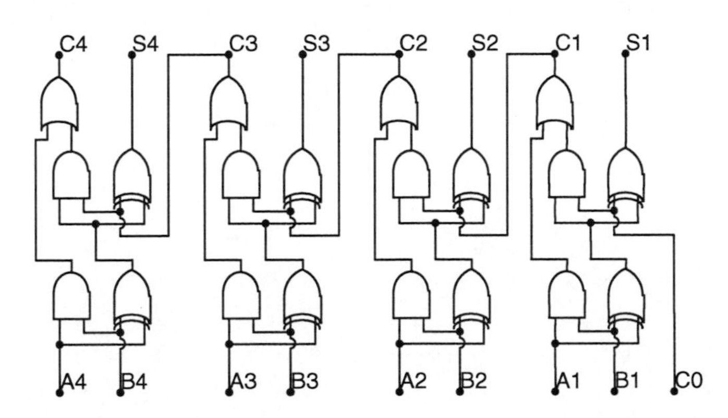

Bild 9-74: Schaltung eines 4-Bit-Volladdierers mit Eingangscarry C_0

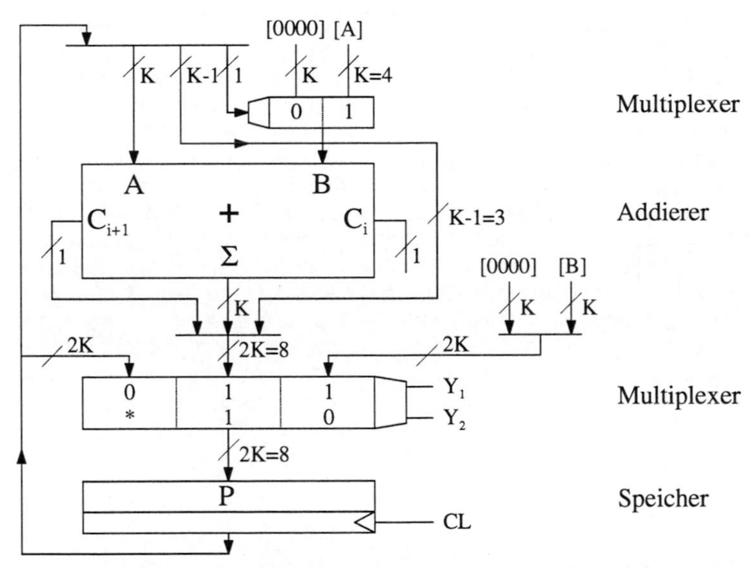

Bild 9-75: Prinzipschaltbild zum Operationswerk der Speicherverwaltung

Das Operationswerk der Speicherverwaltung, das in Bild 9-75 dargestellt ist, wird durch die Steuergröße $[Y]= [Y_2\ Y_1] = [0\ 1]$ initialisiert, d. h. der $[P]$-Speicher wird mit dem nach links mit Nullen aufgefüllten Multiplikator $[0, B]$ vorbesetzt. Anschließend wird durch $[Y] = [Y_2\ Y_1] = [1\ 1]$ auf den Multiplikationsbetrieb umgeschaltet. Hierbei wird bei jeder Flanke des Taktes *CL* ein neues $2K$-stelliges Wort, das sich aus dem Ausgangscarry C_{i+1}, der 4 Bit-Summe [S] (= Σ) des Addierers und den niedrigsten K Bitstellen von [*P*] abzüglich des LSB (Least Significant Bit = niedrigstwertige Bitstelle) zusammensetzt, in den [*P*]-Speicher übernommen. Der *A*-Eingang des Addieres wird mit den höchstwertigen *K* Bitstellen von [*P*] belegt. Das Eingangswort am *B*-Eingang des Addierers besteht je nach Wert des LSB von [*P*] entweder aus [0000] oder dem Multiplikanden [*A*]. Durch [*Y*] =[Y_2 Y_1] =[* 0] wird die Multiplikation beendet und der Inhalt des [*P*]-Speichers, der nun das Produkt von [*A*] und [*B*] enthält, konstant gehalten.

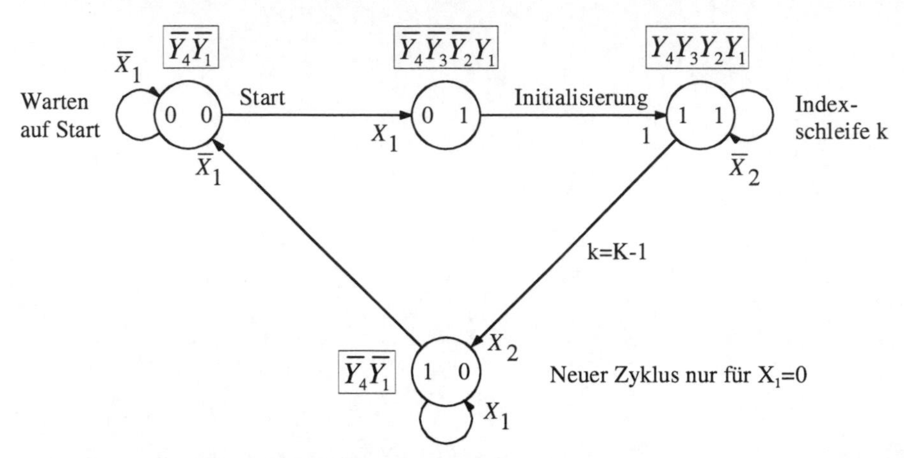

Bild 9-76: Zustandsdiagramm des Steuerwerks

Das Steuerwerk, dessen Zustandsdiagramm in Bild 9-76 als Moore-Automat wiedergegeben ist, muss auf die Rückmeldegrößen [*X*] reagieren, indem es die Steuergrößen [*Y*] zeitrichtig bereitstellt. Es soll noch vereinbart werden, dass die Multiplikation erst mit Hilfe eines externen Startsignals X_1 beginnen darf und sowohl Multiplikand [*A*] als auch Multiplikator [*B*] für die Zeit, in der ein Busy-Signal Y_4 (busy = beschäftigt) auf log. 1 ist, nicht geändert werden dürfen. Solange X_1=0 ist, bleibt das Steuerwerk im Wartezustand [*Z*]=[0 0], in dem das Busy-Signal Y_4=0 ist und der Produktspeicher [*P*] seinen alten Wert durch Y_1=0 beibehält. Sobald das Startsignal X_1 zu log. 1 geändert wird, geht das Steuerwerk in den Initialisierungszustand [*Z*]=[0 1] über. Hier wird durch [*Y*]=[Y_2 Y_1]=[0 1] der Multiplikator [*B*] in den Produktspeicher [*P*] geladen und der Indexzähler durch Y_3=0 mit 0 vorbesetzt. Anschließend wechselt das Steuerwerk in den Multiplikationszustand [*Z*]=[1 1], der erst wieder bei Erreichen des Indexzähler-Endwertes *k*=*K*-1=3, bei dem X_2 den Wert 1 annimmt, verlassen wird. Im folgenden Zwischenzustand [*Z*]=[1 0] wird auf die Zurücknahme des Startsignals X_1 gewartet. Gleichzeitig wird das Busy-Signal Y_4 zurückgesetzt und das Produkt [*P*]=[*A*]*[*B*] steht zur Verfügung. Der Zwischenzustand [*Z*]=[1 0] wurde eingeführt, um zu verhindern, dass bei zu später Zurücknahme des Startsignals X_1 irrtümlich ein neuer Multiplikationsvorgang eingeleitet wird. Erst für X_1=0 kehrt das Steuerwerk in den Ausgangszustand [*Z*]=[0 0] zurück. Aus dem Zustandsdiagramm des Steuerwerks lassen sich die folgenden logischen Gleichungen ableiten:

Gl. 9-36:

$$Z_2^+ = Z_1 + X_1 Z_2$$
$$Z_1^+ = Z_1 \overline{Z}_2 + \overline{X}_2 Z_1 + X_1 \overline{Z}_2 \overline{Z}_1$$

Gl. 9-37:

$$Y_1 = Z_1$$
$$Y_2 = Y_3 = Z_2$$

Ein Schaltungsbeispiel zum Steuerwerk und zu den Operationswerken des Serien-Multiplizierers wird in Kapitel 10.2 vorgestellt.

Das Beispiel des Serien-Multiplizierers soll aufzeigen, auf welche Weise ein komplexes System in einzelne Funktionselemente zerlegt werden kann. Wesentlich hierbei ist die eindeutige Festlegung der Steuer- und Rückmeldegrößen. Beim praktischen Aufbau ist es sinnvoll, zunächst die Operationswerke separat zu testen. Die [A]-, [B]- und [Y]-Signale müssten hierzu durch geeignete äußere Beschaltung simuliert und statisch zugeführt werden. Anschließend wird das Verhalten des Steuerwerks überprüft, wobei die Rückmelde-Signale [X] ebenfalls simuliert werden müssen. Erst bei einwandfreier Funktion können alle Teilkomponenten zusammengeschaltet und in ihrer Gesamtheit getestet werden.

10. Realisierung komplexer Digitalschaltungen

10.1. Aufbau synchroner Schaltwerke mit adressierbaren Speichern

Zur schaltungstechnischen Realisierung von Schaltwerken bietet sich neben der bisher behandelten Methode, die auf dem Entwurf von diskreten Logikschaltungen basiert, zusätzlich die Möglichkeit, die Zustandsabfolge in einem adressierbaren Speicher abzulegen. Hierzu steht eine Vielzahl von Bauelementen unterschiedlicher Technologie und Kapazität zur Verfügung. Die verschiedenen Arten der Programmierung dieser Speicher sind in Tabelle 10-1 zusammengefasst.

ROM	Read Only Memory	Nur Lese-Speicher (Production write once)
PROM	Programmable ROM	Programmierbarer Lese-Speicher (User write once)
EPROM	Erasable PROM	Löschbar durch UV-Licht (Fenster)
EEPROM	Electrically EPROM	Löschbar durch elektrischen Signalpegel

Tabelle 10-1: Adressierbare Speicher

Für die Massenproduktion von serienreifen Schaltwerken kann das Read Only Memory (ROM) herangezogen werden, das bereits beim IC (Integrated Circuit)-Hersteller mittels kundenspezifischer Masken programmiert wird. Für kleinere Stückzahlen ist es kostengünstiger, die Programmierung der Speicher vom Systemlieferanten selbst durchzuführen. Hierzu sind programmierbare ROM-Bausteine (PROM) verfügbar, die einmal vom Anwender beschreibbar sind. In der Entwicklungsphase von Schaltwerken werden löschbare und nahezu beliebig oft beschreibbare Speicherbausteine verwendet. Die Löschung der Daten kann auf zwei verschiedene Arten geschehen. Während beim löschbaren PROM (EPROM) mittels Ultra-Violett (UV)-Licht über ein auf dem Baustein befindliches Glasfenster gelöscht wird, kann der kombinierte Lösch-Schreibvorgang beim elektrisch löschbaren PROM (EEPROM) wesentlich komfortabeler und schneller mittels einer speziellen Programmierspannung definierter Zeitdauer am Write-Eingang eingeleitet werden. Bei EEPROM-Bausteinen sind der Spannungswandler und die Zeitschaltung bereits auf dem Chip integriert, so dass die Programmierung auch in der Schaltungsumgebung geschehen kann. Die Anzahl der Schreibvorgänge ist allerdings auf ca.10^4 bis 10^6 beschränkt. Die Kapazität von marktüblichen ROM-Bausteinen erstreckt sich bis zur Gigabytegrößenordnung.

Bei der direkten Realisierung, die in Bild 10-1 dargestellt ist, basiert das Schaltwerk auf einem ROM und einem Zustandsvariabelen-Speicher mit direkter Rückkopplung auf den Adresseingang. Die Programmtabelle (Tabelle 10-2) des ROM entspricht der Zustandsfolgetabelle des Schaltwerks.

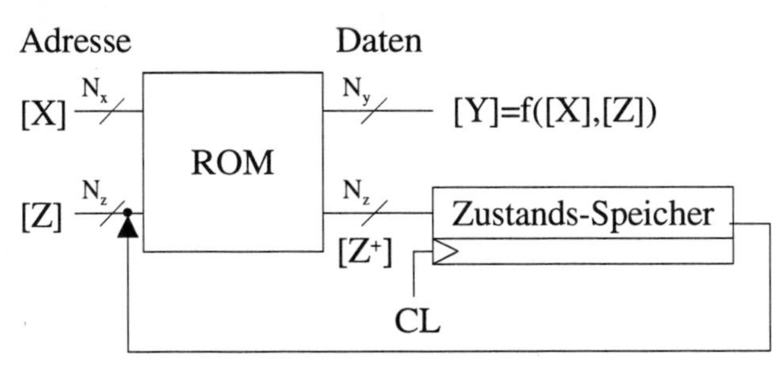

Bild 10-1: Direkte Realisierung eines synchronen ROM-basierten Schaltwerks

ROM-Adresse										Daten									
X_i	…	X_3	X_2	X_1	Z_j	…	Z_3	Z_2	Z_1	Z_j^+	…	Z_3^+	Z_2^+	Z_1^+	Y_k	Y_3	Y_2	Y_1
0	…	0	0	0	0		0	0	0	-	…	-	-	-	-	-	-	-
-	…	-	-	-	-		-	-	-	-	…	-	-	-	-	-	-	-
1	…	1	1	1	0		0	0	0	-	…	-	-	-	-	-	-	-
0	…	0	0	0	0		0	0	1	-	…	-	-	-	-	-	-	-
-	…	-	-	-	-		-	-	-	-	…	-	-	-	-	-	-	-
1	…	1	1	1	0		0	0	1	-	…	-	-	-	-	-	-	-
		„					„					„					„	

Tabelle 10-2: Programmtabelle eines ROM-basierten Schaltwerks

Stellt N_X die Anzahl der Eingangsvariablen, N_Y die Anzahl der Ausgangsvariablen und N_Z die Anzahl der Zustandsvariablen dar, so errechnet sich die benötigte Anzahl der ROM-Speicherplätze zu:

Gl. 10-1: $$S_D = 2^{(N_X + N_Z)}$$

Die erforderliche Wortlänge ergibt sich dann zu:

Gl. 10-2: $$W_D = (N_Y + N_Z) Bit$$

Soll zum Beispiel ein komplexes ROM-basiertes Schaltwerk mit N_X=7, N_Y=5 und N_Z=6 entworfen werden, so ist ein ROM mit S_D= 2^{13} = 8.192 Speicherplätzen und einer Wortbreite von W_D=11 Bit einzusetzen. Da allerdings nur ROM-Bausteine mit gestuften Wortlängen (typisch 8 oder 16 Bit) und gestufter Anzahl von Speicherplätzen (32, 256, 1K, 2K, 8K, 16K, 32K, 64K usw.) verfügbar sind, muss hier ein (8 x 2 =) 16 KByte-ROM verwendet werden. Der wesentliche Vorteil von ROM-basierten Schaltwerken gegenüber diskreten Logiklösungen ist die Flexibilität gegenüber nachträglichen Änderungen, sofern die Anzahl der [*X*]-, [*Y*]- und [*Z*]-Variablen konstant bleibt.

Da die direkte Realisierung bei vielen Eingangsvariablen [*X*] einen hohen Speicherplatzbedarf erfordert, ist es häufig günstiger, den Speicher in Programm- und Ausgabe-ROM gemäß Bild 10-2 zu trennen. Gegenüber der direkten Realisierung birgt dieses zumeist eine deutliche Speicherreduzierung, da oft bei Mealy-Automaten viele [*Y*] nicht von [*X*] abhängen und bei Moore-Automaten keine Abhängigkeit der [*Y*] von [*X*] besteht. Folglich ist in der Regel $N_X \geq N_{XY}$.

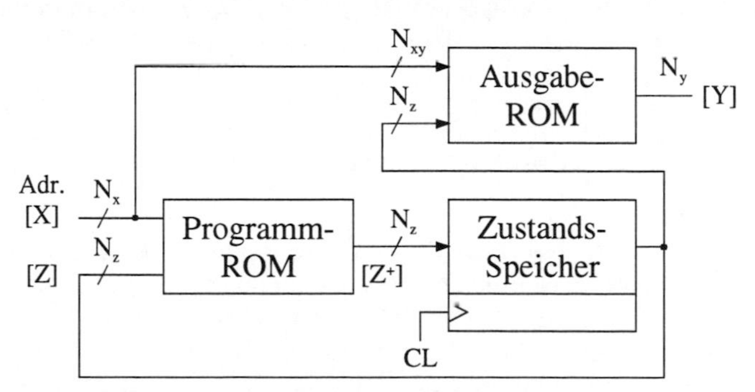

Bild 10-2: Schaltwerk mit Programm- und Ausgabe-ROM

Die Anzahl der benötigten Speicherplätze für Programm (*P*)- und Ausgabe(*Y*)-ROM errechnet sich zu

Gl. 10-3:
$$S_P = 2^{(N_X + N_Z)}$$
$$S_Y = 2^{(N_{XY} + N_Z)}$$

Die Wortlänge von *P*- und *Y*-ROM ergibt sich zu

Gl. 10-4:
$$W_P = N_Z\,Bit$$
$$W_Y = N_Y\,Bit$$

Wird zum Beispiel das betrachtete Schaltwerk mit N_X=7, N_Y=5 und N_Z=6 mit einem zusätzlichen Ausgabe-ROM versehen, so ist nun ein *P*-ROM mit S_P= 2^{13} = 8.192 Speicherplätzen mit einer Wortbreite von W_P=6 Bit einzusetzen. Wenn die Anzahl der direkt mit [*Y*] zusammenhängenden Eingangsgrößen nur N_{XY}=3 beträgt, dann sind nur S_Y=2^9 = 512 Speicherplätze für das *Y*-ROM bei einer Wortbreite von W_Y=5 Bit erforderlich. Wegen der Stufung der verfügbaren ROM-Bausteine müsste hier ein 8 KByte-ROM für den *P*-Speicher und ein 1 KByte-ROM für den *Y*-Speicher verwendet werden. Bei Anfertigung von kundenspezifischer Hardware würde sich der benötigte Speicherbedarf auf insgesamt (N_Z S_P +N_Y S_Y) Bit = (49.152 + 2.560) Bit = 51.712 Bit = 6.464 Byte noch weiter verringern lassen.

Zusätzlich zur Speicherreduzierung ist durch die Aufteilung in *P*- und *Y*-Speicher ein höherer Modularitätsgrad gegeben, was nachträgliche Änderungen erleichtern kann.

10.2. Programmierbare Logik (FPGA, CPLD)

Zum Aufbau komplexer Schaltnetze oder Schaltwerke, die mehr als einige Gatter oder Flipflops umfassen, wird vermehrt auf programmierbare Logikbausteine zurückgegriffen. Hierzu existiert für verschiedene Einsatzfelder und Geschwindigkeitsanforderungen eine Vielzahl von verfügbaren Typen unterschiedlicher Hersteller, von denen als Marktführer die Firmen ALTERA™ und XILINX™ zu nennen sind. Programmierbare Logik wird je nach Hersteller auch als Field Programmable Gate Array (FPGA) oder Complex Programmable Logical Device (CPLD) bezeichnet. Obwohl der Aufbau von FPGA und CPLD im Detail unterschiedlich sein kann, nähern sich diese Typen mit zunehmendem Integrationsgrad einander an.

Gerade die Programmierbarkeit von FPGA und CPLD erweist sich als sehr hilfreich bei der Entwicklung von Digitalschaltungen, da in der Entwicklungsphase häufige Änderungen erforderlich sind. Da marktverfügbare Logikbausteine zwischen einigen Zehn bis hin zu einigen Millionen Gatteräquivalenten enthalten können, besteht aufgrund der geringeren Störanfälligkeit und des geringeren Platzbedarfs gegenüber der Lösung mit diskreten Gattern eine hohe Akzeptanz. Programmierbare Logik kann in ihrer schnellsten Ausführung bis hin zu Gigahertz-Taktfrequenzen betrieben werden, wobei die jeweilige Geschwindigkeit des Bausteins (Chip) durch den Parameter „Speed Grade“ definiert wird.

Die Programmierbarkeit wird in der Regel durch serielle Verbindung (Serial Link) zwischen Logikbaustein und einem Programmieradapter, der an einen Personal Computer (PC) angeschlossen ist, ermöglicht. Der PC verfügt dabei über eine Programmiersoftware, die die Kontrolle über alle Programmierschritte übernimmt. Hierzu zählen:

Schritt a) Schaltungsentwurf (Design)
Schritt b) Simulation (Erzeugung von Impulsdiagrammen)

Schritt c) Pinbelegung des Logik-Chips
Schritt d) Programmtransfer zum Logik-Chip

Der Schaltungsentwurf kann auf grafischer Symbolebene (Grafic Design) oder in Form von Text (Text Design) geschehen. Beim Text Design wird in der Regel die einheitliche Sprache VHDL (Very High Speed Integrated Circuit Hardware Description Language) verwendet, die es ermöglicht, die Struktur der funktionsfähigen programmierbaren Logik als kundenspezifischen integrierten Schaltkreis unveränderbar in hoher Stückzahl zu reproduzieren.

10.2.1. Funktionsweise programmierbarer Logik

Programmierbare Logikbausteine können einige Tausend konfigurierbare Makrozellen enthalten, die gemäß Bild 10-3 aufgebaut sein können und die nahezu beliebig per Programmierung miteinander verknüpfbar sind. Eine Makrozelle enthält alle notwendigen Komponenten, um ein Schaltwerk realisieren zu können. Hierzu gehört eine Speicherzelle (D-Flipflop oder auch konfigurierbar als JK- und D-Flipflop), die wahlweise vorder- oder rückflankengesteuert werden kann. Das Vorschaltnetz wird sehr flexibel durch so genannte Product Terms aufgebaut, die eine logische Funktion in ihrer disjunktiven Normalform repräsentiert. Mittels eines Ausgangsmultiplexers (A-MUX) kann wahlweise der nicht negierte Ausgang oder der negierte Ausgang des Speichers zu einem Ein-/Ausgabe-Anschluss (I/O PIN) des Logikbausteins durchgeleitet werden, sofern er über die OE-Leitung (Output Enable) aktiviert ist. Außerdem ist es möglich, die Speicherzelle mittels Direktverbindung zu den Product Terms zu umgehen. Auf diese Weise können bei Bedarf Makrozellen um zusätzliche Product Terms erweitert werden. Zur Herstellung einer Rückkopplung kann der negierte Ausgang des Speichers oder der verknüpfte nicht negierte Ausgang des Speichers über den Rückkopplungsmultiplexer (R-MUX) an weitere Makrozellen geleitet werden.

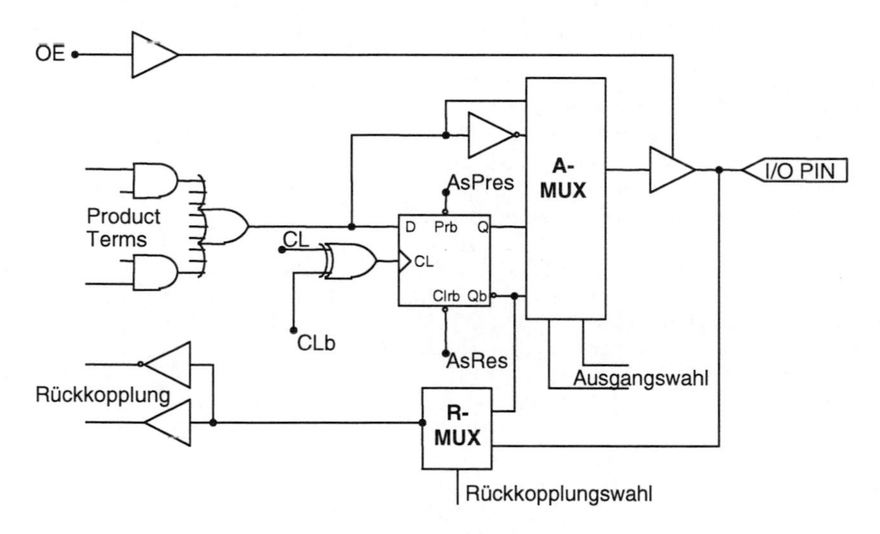

Bild 10-3: Beispiel einer Makrozelle eines programmierbaren Logikbausteins

10.2.2. Der Serien-Multiplizierer als Ausführungsbeispiel

Die Vorgehensweise zur Erstellung eines komplexen Schaltwerks mittels programmierbarer Logik soll am Beispiel des in Kapitel 9.6.2 vorgestellten Serien-Multiplizierers erläutert werden. Zur Realisierung des Schaltwerks wird der programmierbare integrierte Schaltkreis EPM 7032LC44-6 von Altera™ herangezogen, der mit der zugehörigen Programmiersoftware MAX+PLUS II™ bearbeitet wird. Zur Gewinnung eines Einblicks in den erforderlichen Programmierablauf werden nachfolgend alle wesentlichen Schritte erläutert.

Um die komplette Schaltung des Serien-Multiplizierer zu entwerfen sind noch die logischen Gleichungen Gl. 9-36 und Gl. 9-37 des Steuerwerks auszuwerten. Bei der Realisierung mittels JK-Flipflops ergeben sich für die J- und K-Vorschaltnetze die folgenden Beziehungen:

$$J2 = Z1$$

$$K2 = \overline{X1 + Z1}$$

$$J1 = X1 \cdot \overline{Z2}$$

$$K1 = X2 \cdot Z2$$

Auf der Basis dieser Gleichungen kann nun das Steuerwerk entwickelt werden. Die Schaltung des Serien-Multiplizierers soll hier auf grafischer Basis geschehen, da die Erstellung eines Texts Design Kenntnisse in VHDL voraussetzen würde. Hierauf soll im Rahmen dieser Erläuterung jedoch nicht eingegangen werden.

Bei der Bearbeitung des Projektes ist die Hierarchie der einzelnen Teilprojekte stringent einzuhalten. Zu jedem Teilprojekt gehören:

a) Projektname (File -> project -> name, Beispiel: zähler)
b) Grafic Editor Files (Endung .gdf, Beispiel: zähler.gdf)
   oder alternativ Text Editor Files (Endung .tdf, Beispiel: zähler.tdf)
c) Waveform Editor File (Endung .scf, Beispiel: zähler.scf)
d) Symbol Editor File (Endung .sym, Beispiel: zähler.sym)

Die Grafic/Text Editor Files beschreiben die Funktion der Schaltkreise für die Teilprojekte. Dabei werden Eingänge und Ausgänge mit eindeutigen Namen bezeichnet, die nur innerhalb des Teilprojekts gültig sind. Nach Erstellung des Grafic/Text Editor Files wird dieser kompiliert (Schaltfläche „Fabriksymbol"). Eventuelle Fehler werden angezeigt und Hinweise zur Fehlerbehebung gegeben. Zur Erläuterung der Fehlermeldung wird diese mit der Maus markiert und anschließend mittels Schaltfläche „Hilfe-Symbol" aktiviert. In Bild 10-4 ist die Schaltung des Steuerwerks, in Bild 10-5 die Schaltung des Operationswerks für den Indexzähler und in Bild 10-6 die Schaltung des Operationswerks für die Speicherverwaltung dargestellt.

Die Eingänge haben die Bezeichnung „input (VCC)". Hierbei bedeutet der Zusatz VCC, dass ohne weitere Festlegung (z.B. bei offenem Eingang) der Eingang als log.1 interpretiert wird (default value). Die Bedeutung der Eingänge ist:

- X1: Start Flag zur Initialisierung der Multiplizieroperation
- CLK: Clocksignal
- A[7..0]: Bus mit den Leitungen A7, A6, A5, A4, A3, A2, A1, A0 für den Multiplikand
- B[7..0]: Bus mit den Leitungen B7, B6, B5, B4, B3, B2, B1, B0 für den Multiplikator

Die Ausgänge haben die Bezeichnung „output ". Die Bedeutung der Ausgänge ist:

- Y4: Busy-Flag zur Anzeige, dass die Multiplikation ausgeführt und kein weiteres Start-Flag X1 akzeptiert wird
- P[7..0]: Bus mit den Leitungen P7, P6, P5, P4, P3, P2, P1, P0 für das Produkt aus A und B

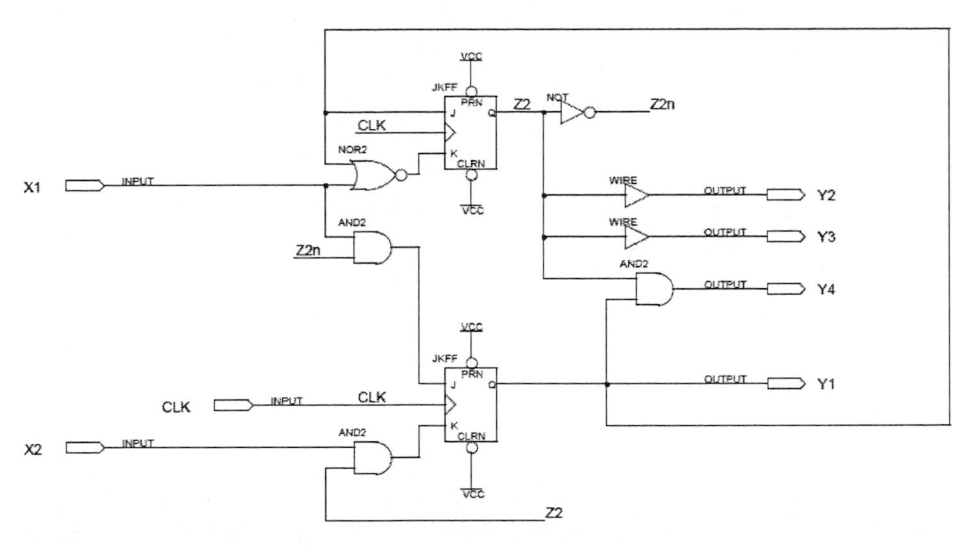

Bild 10-4: Schaltung des Steuerwerks (steuerwerk.gdf)

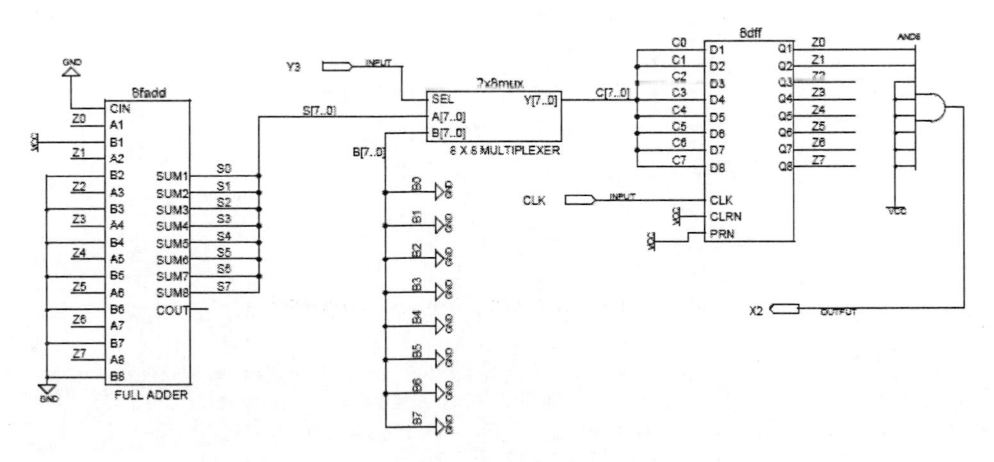

Bild 10-5: Schaltung des Operationswerks Indexzähler (indexcount.gdf)

Die Bezeichnung der Ein- und Ausgänge muss mit den optionalen Bezeichnungen der Leitungen identisch sein. Dieselben Bezeichnungen auf unterschiedlichen Leitungen kennzeichnen einen gemeinsamen Knotenpunkt (wie z. B. CLK). Sollen Leitungen, die einen gemeinsamen Knotenpunkt haben, unterschiedlich bezeichnet werden, so muss das Symbol „wire" zur Trennung zwischengeschaltet werden.

Bei Busleitungen ist die Reihenfolge der Leitungsbezeichnungen durch die Deklaration (z. B. A[7..0], A7=MSB, A0=LSB) vorgegeben.

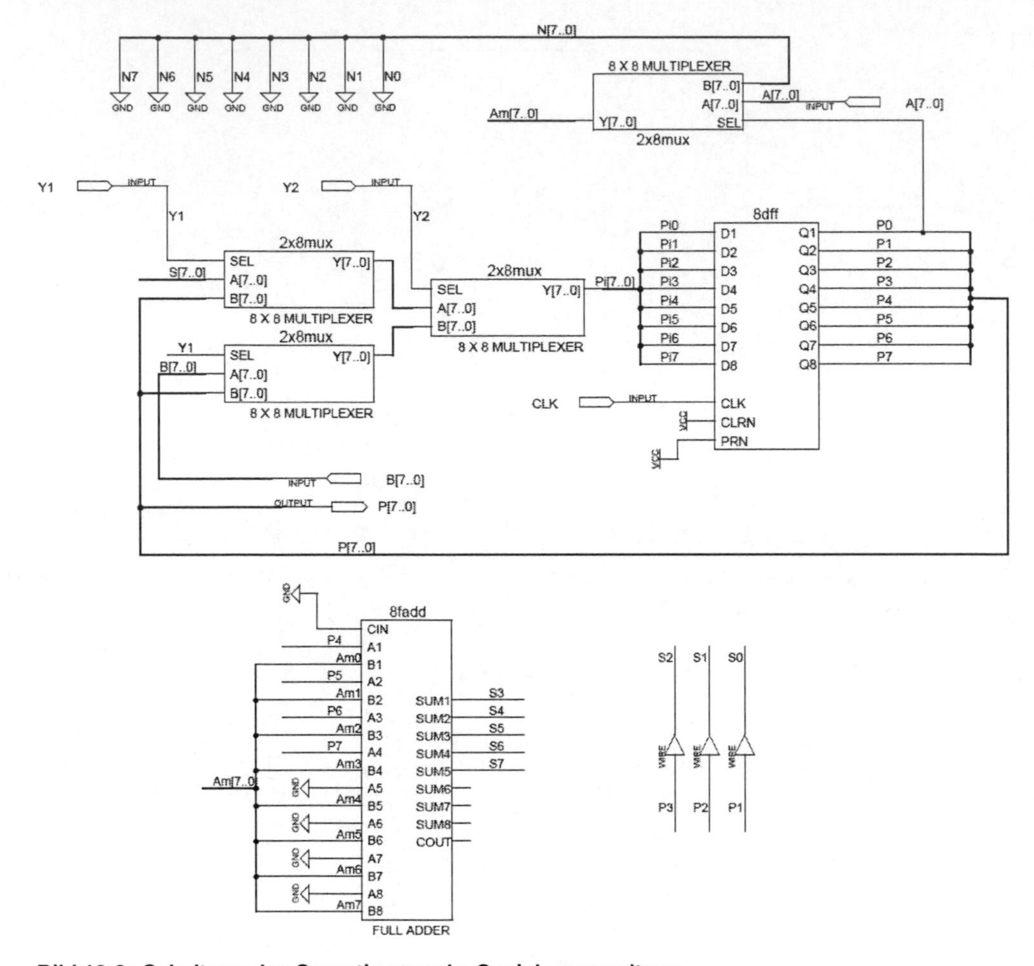

Bild 10-6: Schaltung des Operationswerks Speicherverwaltung

Die Symbole für „input", „output" und „wire" sind der mitgelieferten Bibliothek Maxplus2\max2lib\prim entnommen. In dieser Bibliothek sind u. a. auch Gattertypen (AND, OR, NOT), Flipflops (D, JK, RS, T) sowie „VCC (Versorgungsspannung gleichbedeutend mit log. 1)" und „GND (ground (Masse) gleichbedeutend mit log. 0)" enthalten.

Nach erfolgreicher Kompilierung und Simulation muss ein Symbol für jedes Projekt erstellt werden, wenn es als Teilprojekt in anderen Projekten weiter verwendet werden soll. Hierzu ist die Schaltfläche „File" zu drücken und „Create Default Symbol" auszuwählen. Auf diese Weise wird der File mit der Endung .sym erstellt (Beispiel: zähler.sym).

In Bild 10-7 ist das Gesamtprojekt (multcontroll) des Serien-Multiplizierers dargestellt, das aus der Verdrahtung der erzeugten Symbole der Teilprojekte besteht. Da die Eingänge A7, A6, A5 der Gesamtschaltung keine Funktion haben (die Ausgänge SUM8, SUM7, SUM6 des Summierers „8fadd" sind nicht verdrahtet), werden sie bei der Pinbelegung im Floorplan Editor nicht berücksichtigt. Folglich können sie später auch nicht im Waveform Editor File definiert werden.

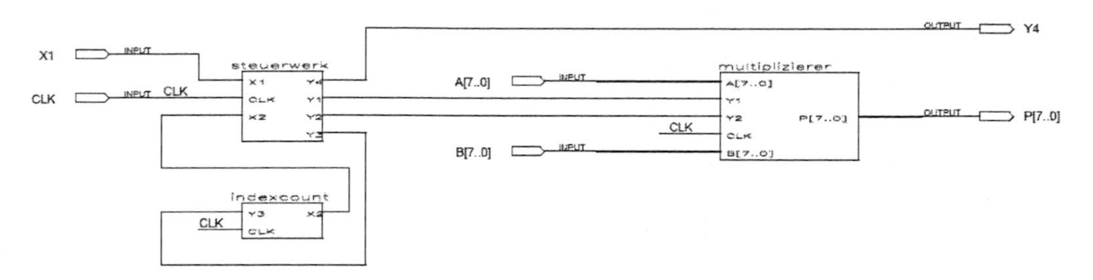

Bild 10-7: Gesamtprojekt des Serien-Multiplizierers (multcontroll.gdf)

Die File-Hierarchie des Projekts kann durch die Schaltfläche „Pyramide-Symbol" aufgestellt werden. Für den Serien-Multiplizierer (multcontroll.gdf) ergibt sich die in Bild 10-8 dargestellte File-Hierarchie. Das Gesamtprojekt besteht also aus den Teilprojekten:

- Steuerwerk (steuerwerk.gdf)
- Operationswerk des Indexzählers (indexcount.gdf)
- Operationswerk der Speicherverwaltung (multiplizierer.gdf)

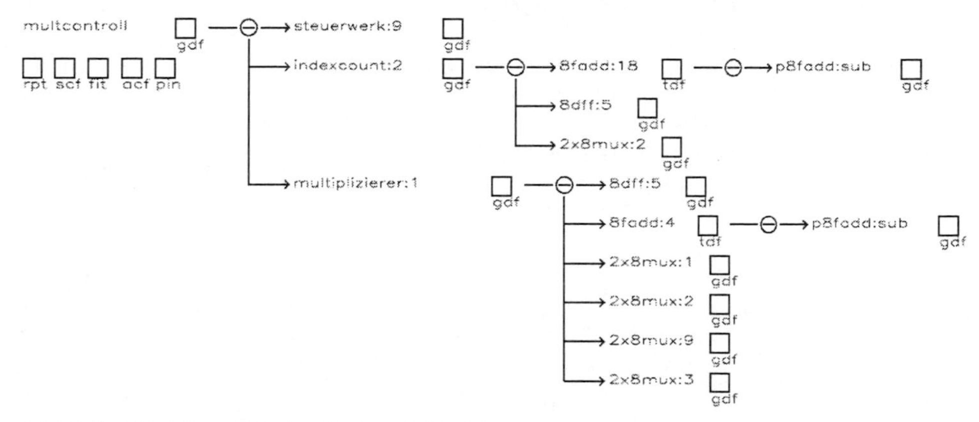

Bild 10-8: File-Hierarchie des Serien-Multiplizierers

Der Doppelklick auf die Symbole der Teilprojekte (steuerwerk, indexcount, multiplizierer) öffnet die zugehörigen Grafic oder Text Editor Files. Jedes Teilprojekt verfügt über lokal definierte Namen für die Eingänge, Ausgänge und Leitungen. Ein- und Ausgänge des Teilprojektes erscheinen als Anschlussleitungen im zugehörigen Symbol. Komplexe Makros, wie z. B. „2x8mux", „8fadd", „8dff", sind in der mitgelieferten Bibliothek Maxplus2\max2lib\mf enthalten und in der File-Hierarchie aufgeführt.

Nach einwandfreier Kompilierung wird der Waveform Editor File erstellt. Nur die verwendeten Ein- und Ausgänge sowie die im Project eingebetteten Zustände (burried states) können als Wellenform eingetragen werden. Hierzu muss per Mausklick auf die linke Seite des Wellenformblatts der jeweilige Namen aus der angezeigten Liste ausgewählt werden. Den Eingängen sind Impulszüge zuzuordnen, die entweder durch Markierung des Bereichs individuell festgelegt werden oder durch Mausklick auf den Namen mittels „Overwrite" insgesamt definiert werden (z. B. clock). Der Simulator wird durch die Schaltfläche „Bildschirm mit Impulsdiagramm-Symbol" gestartet. Fehler und Warnungen werden angezeigt. Diese sollten wie beim Compiler analysiert und behoben werden.

Die simulierten Impulszüge des Waveform Editor Files sind für das Beispiel A4=0, A3=1, A2=1, A1=1, A0=1, B[7..0]= 00001111 in Bild 10-9 dargestellt. Die Binärwerte für den Multiplikand *A* und für den Multiplikator *B* entsprechen jeweils dem Dezimalwert 15. Nach *K*=4 Vorderflanken des Taktes CLK, beginnend ab der Vorderflanke des X1-Startflags, stellt sich als Ergebnis das Produkt P[7..0]=11100001 ein, das dem zu erwartenden Dezimalwert 15 x15=225 gleichkommt.

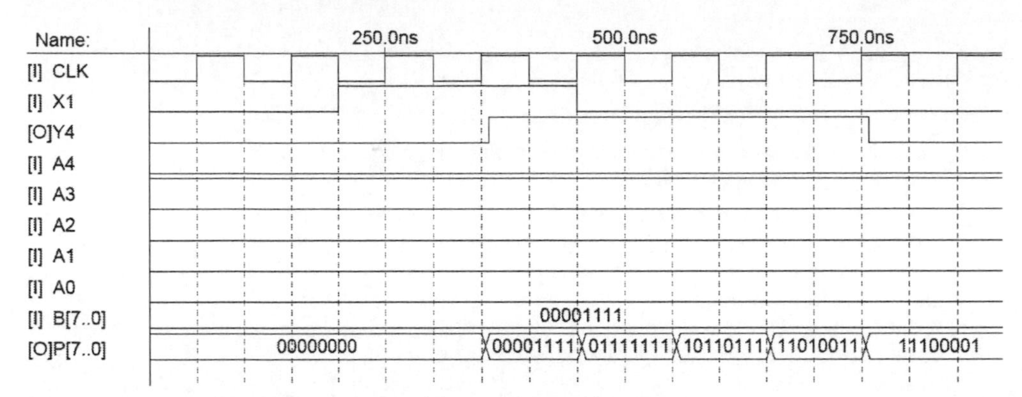

Bild 10-9: Simuliertes Impulsdiagramm des Serien-Multiplizierers

Durch „Assign" und „Device" wird der gewünschte Baustein ausgewählt (hier EPM 7032LC44-6), mit dem das Projekt ausgeführt werden soll. Auf der Basis dieses Bausteins können alle Simulationen und Pinbelegungen durchgeführt werden. Sollte sich für eine bestimmte Aufgabenstellung der Baustein als nicht leistungsfähig genug herausstellen, so wird dieses bei der Belegung automatisch angezeigt. Außerdem zeigt die Simulation die zeitlichen Zusammenhänge, so dass sich hier bereits offenbart, ob die Schnelligkeit (Speed Grade) des Bausteins der Aufgabenstellung gerecht wird.

Mittels Floorplan Editor, der durch die Schaltfläche „Blatt-Bleistift-Symbol" aktiviert wird, können die verwendeten Ein- und Ausgänge auf das gewählte Chip übertragen bzw. verändert werden. Nicht sinnvolle oder gar nicht verwendete Eingänge werden vom Compiler eliminiert und können nicht belegt werden. Die resultierende Pinbelegung des gewählten Logikbausteins EPM 7032LC44-6 ist in Bild 10-10 gezeigt.

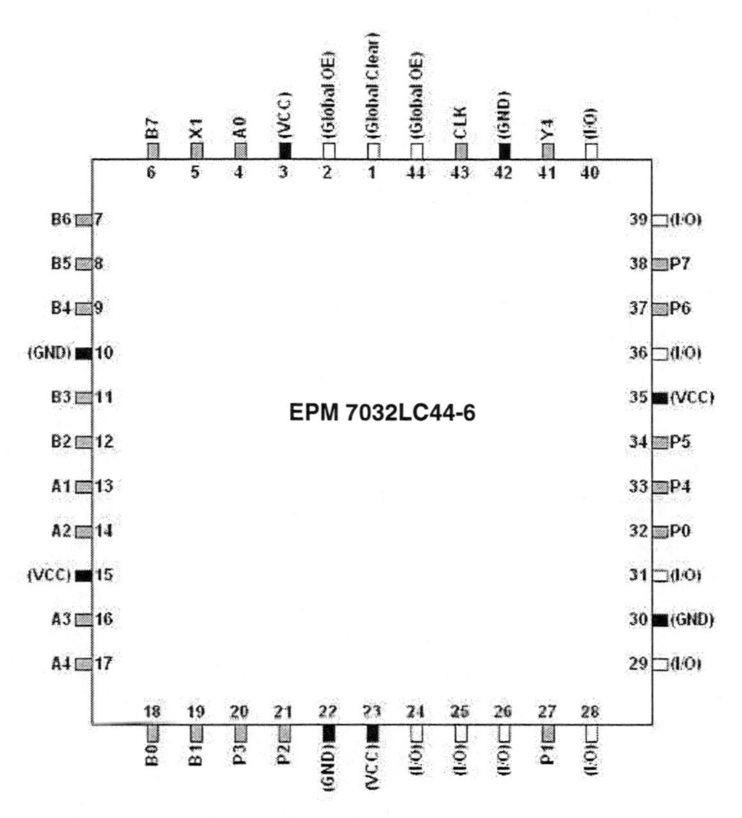

Bild 10-10: Pinbelegung des Logikbausteins

11. Übungsaufgaben

Aufgabe 1
Gegeben ist die nachstehende Schaltung mit der pn-Diode *D*, die die untenstehende Kennlinie aufweist.

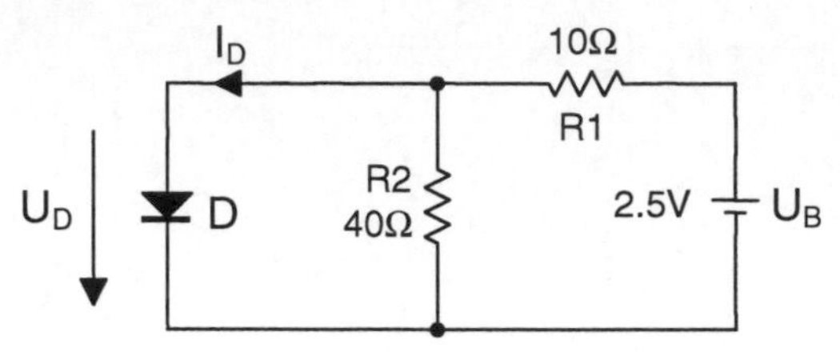

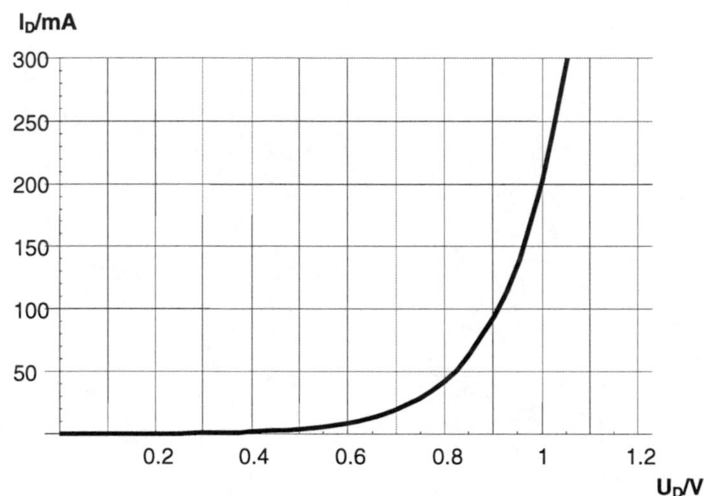

1.1 Bestimmen Sie grafisch mit Hilfe der Diodenkennlinie die sich einstellenden Werte von U_D und I_D.

1.2 Zeichnen Sie das Großsignal-Ersatzbild der Schaltung unter Angabe sämtlicher Kenngrößen.

1.3 Ermitteln Sie unter Verwendung des Großsignal-Ersatzbildes aus 1.2 die sich einstellenden Werte von U_D und I_D. Vergleichen Sie die Ergebnisse mit denjenigen aus 1.1.

1.4 Nähern Sie die Diodenkennlinie durch die Gleichung $I_D = I_{D0}\, e^{U_D/U_T}$ an. Bestimmen Sie hierzu die Kenngrößen I_{D0} und U_T.

1.5 Berechnen Sie unter Verwendung der angenäherten Kennlinie aus 1.4 die sich einstellenden Werte von U_D und I_D. Vergleichen Sie die Ergebnisse mit denjenigen aus 1.1.

Aufgabe 2
Die beiden Bipolar-Transistoren *Bn1* und *Bn2* in nachfolgender Stromspiegel-Schaltung stammen aus einer Charge und haben gleiche Kennlinien. Diese Kennlinien sind idealisiert abgebildet. Im aktiven Betrieb kann die Stromverstärkung der Transistoren mit *B=50* als konstant angenommen werden.

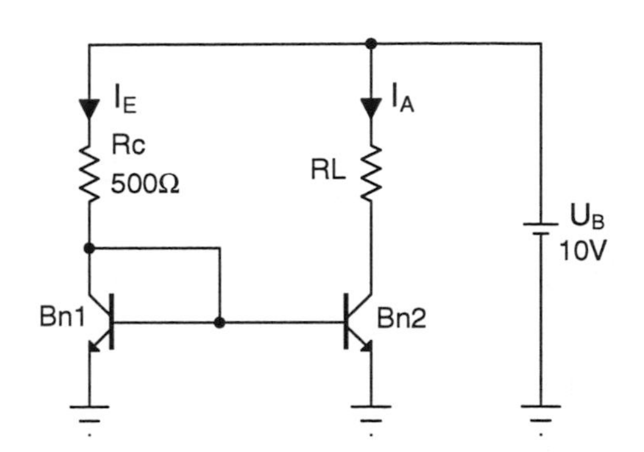

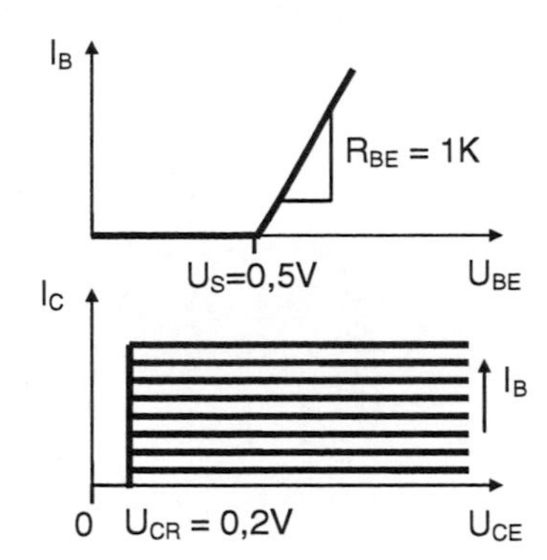

2.1 Zeichnen Sie das Großsignal-Ersatzschaltbild der Schaltung unter Angabe aller charakteristischen Größen.

2.2 Berechnen Sie die Ströme I_E und I_A mit Hilfe des Ersatzbildes aus 2.1.

2.3 Gegen welchen Grenzwert strebt das Verhältnis $V_I = I_A/I_E$ für sehr große Stromverstärkungen $B \rightarrow \infty$ der Transistoren *Bn1* und *Bn2*?

2.4 Die maximal zulässige Verlustleistung der Transistoren beträgt $P_{max} = 100\ mW$. Innerhalb welcher Grenzen darf *RL* verändert werden, ohne dass die Funktion der Schaltung verloren geht oder P_{max} überschritten wird?

2.5 Durch welche *Maßnahmen* können die *Grenzen* von *RL* erweitert werden?

2.6 Nehmen Sie nun an, dass die Kennlinie der Transistoren durch die Gleichung

$$I_C = I_{C0}\ e^{U_{BE}/U_T},\quad I_{C0} = 0{,}739\ pA,\quad U_T = 30{,}744\ mV$$

beschrieben wird. Berechnen Sie die Ströme I_E und I_A und vergleichen Sie das Ergebnis mit demjenigen aus 2.2.

2.7 Welche Werte haben R_{BE} und U_S bei Idealisierung der Kennlinie aus 2.6?

Aufgabe 3

Die unten abgebildete Schaltung soll vollständig dimensioniert werden. Für die npn-Bipolar-Transistoren *Bn1*, *Bn2* und die pnp-Bipolar-Transistoren *Bp3*, *Bp4* gilt:

$$|I_C| = I_{C0}\, e^{|U_{BE}|/U_T},\quad I_{C0} = 3\ pA,\quad U_T = 30\ mV,\quad B \approx B+1 = 200$$

Maximal zulässige Verlustleistung: $P_{vmax} = 100\ mW$
Sättigung: $|U_{CE}| < 1\,V$

3.1 Berechnen Sie R2 so, dass der Kollektorstrom I_{C2} von *Bn2* *10 mA* beträgt. Hierbei gilt $U_B >> U_{BE2}$.

3.2 Bestimmen Sie *Re1* so dass der Kollektorstrom I_{C1} von *Bn1* *100 µA* beträgt.

3.3 Ermitteln Sie die Basis-Emitter-Widerstände $R_{BE1,2}$ von *Bn1*, *Bn2*.

3.4 In welchen Grenzen muss *Rc4* liegen, so dass I_{C1} bzw. I_{C4} sich nicht ändern und P_{Vmax} nicht überschritten wird?

3.5 In welchen Grenzen muss *Rc1* liegen, so dass I_{C1} bzw. I_{C4} sich nicht ändern und P_{Vmax} nicht überschritten wird?

3.6 Berechnen Sie den Kollektor-Emitterwiderstand R_{CE1AP} von *Bn1* für *Rc1*=100 KΩ und die Early-Spannung U_{EA} = -100V.

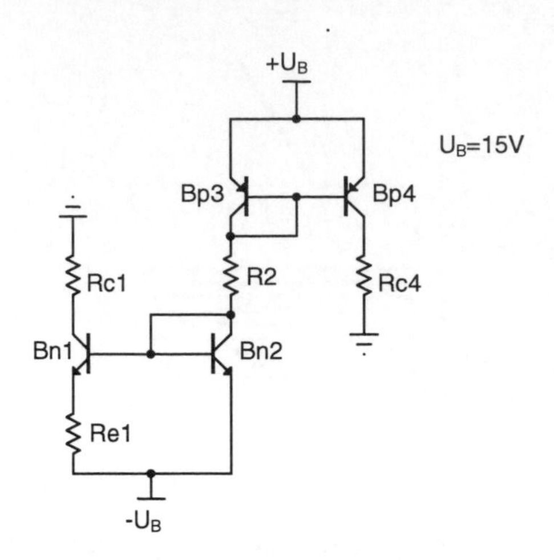

Aufgabe 4

Die nachfolgende *Kleinsignal-Verstärkerschaltung* soll vollständig dimensioniert werden. Der Bipolar-Transistor *Bn1* wird durch die angegebenen idealisierten Kennlinien beschrieben. Sämtliche Kapazitäten von *Bn1* sind zu vernachlässigen. Im aktiven Betrieb ist die Stromverstärkung mit B=50 als konstant anzunehmen.

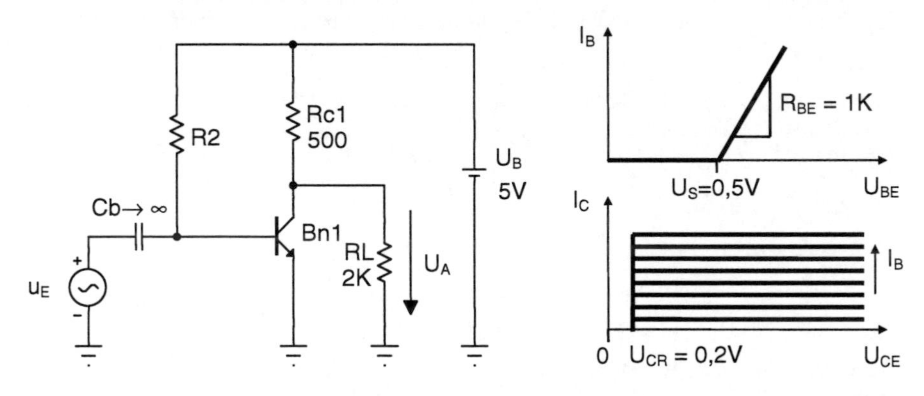

4.1 Ermitteln Sie die maximale und minimale Ausgangsspannung U_A des Verstärkers.

4.2 Bestimmen Sie $R2$ so, dass der Gleichspannungs-Arbeitspunkt des Transistors in der Mitte des aussteuerbaren Bereiches liegt.

4.3 Ermitteln Sie die Steilheit S des Transistors *Bn1*.

4.4 Welche Verlustleistung P_V nimmt der Transistor *Bn1* im Arbeitspunkt für u_E=0 auf?

4.5 Zeichnen Sie das Kleinsignal-Wechselspannungsersatzbild (K-WEB) der Verstärkerschaltung unter Angabe sämtlicher Kenngrößen.

4.6 Ermitteln Sie die Kleinsignal-Verstärkung $V_B = u_A/u_E$ unter Verwendung des Ersatzbildes aus 4.5.

4.7 Wie groß darf die Amplitude $\hat{u}_E$ der Eingangsspannung maximal werden, ohne dass der aussteuerbare Bereich des Transistors verlassen wird?

Aufgabe 5

Gegeben ist die nachfolgend abgebildete (Kaskode-)Verstärkerschaltung mit den Transistoren *Bn1* und *Bn2*, deren Stromverstärkung B, Basis-Emitterspannung U_{BE}, Basis-Emitterwiderstand R_{BE} und Kollektor-Emitter-Widerstand R_{CE} für den aktiven Betrieb als konstant mit den angegebenen Werten angenommen werden soll. Im Sättigungsbetrieb wurde die unten angegebene Kollektor-Emitter-Restspannung U_{CR} gemessen.

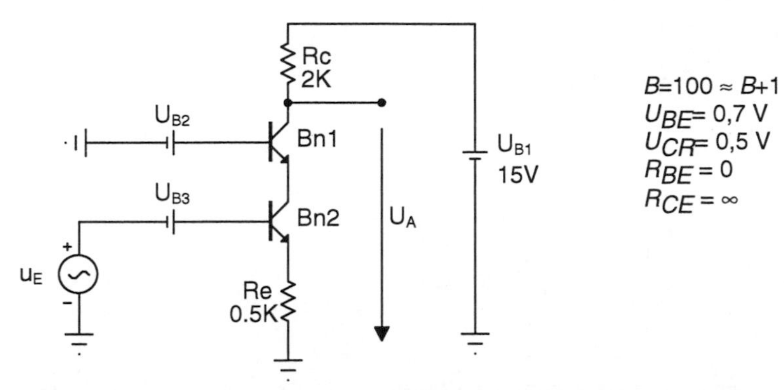

B=100 ≈ B+1
U_{BE}= 0,7 V
U_{CR}= 0,5 V
R_{BE} = 0
R_{CE} = ∞

Zunächst soll der Gleichspannungs-Arbeitspunkt der Schaltung mit Hilfe der Spannungsquellen U_{B2} und U_{B3} festgelegt werden. Dabei wird die Wechselspannungsquelle u_E auf 0V eingestellt.

5.1 Ermitteln Sie die Aussteuergrenzen U_{Amax} und U_{Amin}, d. h. die maximal und minimal möglichen Werte der Ausgangsspannung U_A.

5.2 Wie groß ist U_{B3} zu wählen, damit der Gleichspannungsarbeitspunkt U_{AP} genau in der Mitte der Aussteuergrenzen liegt?

5.3 Berechnen Sie U_{B2} so, dass keiner der beiden Transistoren *Bn1*, *Bn2* für $U_{Amin} < U_A < U_{Amax}$ in die Sättigung gerät.

Nun soll das Wechselspannungsverhalten der Schaltung analysiert werden. Die Spannungsquelle u_E ist jetzt wirksam.

5.4 Zeichnen Sie das Kleinsignal-Wechselspannungsersatzbild (K-WEB) der Schaltung mit allen charakteristischen Größen.

5.5 Ermitteln Sie die Verstärkung $V_B = u_A / u_E$.

5.6 Berechnen Sie den eingangsseitigen Innenwiderstand R_{iE} und ausgangsseitigen Innenwiderstand R_{iA} der Schaltung.

Aufgabe 6

Der selbstsperrende n-Kanal-MOSFET *Fn* in nachfolgender Verstärkerschaltung wird durch den Zusammenhang

I_D=0 für $U_{GS} \leq U_P$
$I_D = S\,(U_{GS} - U_P)$ für $U_{GS} > U_P$

idealisiert beschrieben. Der aus- und eingangsseitige Innenwiderstand des Transistors können als unendlich groß angesehen werden. Sämtliche Kapazitäten des Transistors sind vernachlässigbar. $C1$ ist als Kurzschluss für Wechselspannungen zu betrachten.

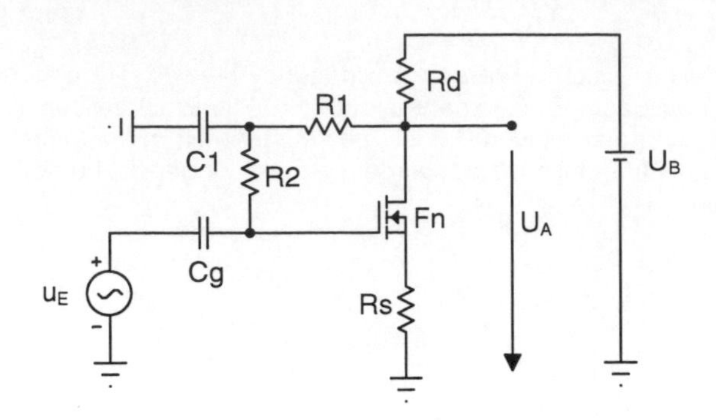

6.1 Leiten Sie eine allgemeine formelmäßige Beziehung für den Gleichspannungs-Arbeitspunkt U_{DSAP}, I_{DAP} des Transistors in Abhängigkeit von den gegebenen Größen her. Nehmen Sie dabei an, dass $U_{GS} > U_p$ ist.
6.2 Welche Voraussetzung muss zur Vermeidung des Einflusses von Exemplarstreuungen erfüllt sein, damit der Drainstrom I_{DAP} im Arbeitspunkt unabhängig von der Steilheit S des Transistors wird?

Legen Sie für alle nachfolgenden Berechnungen die Werte
$U_B = 15V$, $R1 = 150K$, $R2 = 180K$, $Rs = 2K$, $S = 5mS$, $U_P = 2V$ zu Grunde.
6.3 Berechnen Sie Rd für $U_{GSAP} = 2{,}5V$.
6.4 Zeichnen Sie das Kleinsignal-Wechselspannungsersatzbild (K-WEB) für den Arbeitsfrequenzbereich ($f > f_g$ mit f_g = 3dB-Grenzfrequenz) der Schaltung. *Cg* ist hier als Kurzschluss anzusehen.
6.5 Berechnen Sie mit Hilfe des K-WEB aus 6.4 die Kleinsignal-Verstärkung $V_B = u_A/u_E$ im Arbeitsfrequenzbereich.
6.6 Die Schaltung soll oberhalb der 3db-Grenzfrequenz $f_g = 30Hz$ als Breitbandverstärker betrieben werden. Wie groß ist *Cg* zu wählen?

Aufgabe 7
Gegeben ist die abgebildete Verstärkerschaltung mit den identischen selbstleitenden n-Kanal-Sperrschicht-Feldeffekt-Transistoren *Fn1* und *Fn2*, die durch den Zusammenhang

$$I_D = \begin{cases} 0 & \text{für } U_{GS} < U_P \\ I_{D0} \cdot \left(\dfrac{U_{GS}}{U_P} - 1 \right)^2 & \text{für } U_{GS} \geq U_P \end{cases} \qquad \text{mit: } I_{D0} = 36\ mA,\ U_P = -2{,}8V$$

idealisiert beschrieben werden. Die Aus- und eingangsseitigen Innenwiderstände der Transistoren können als unendlich groß angesehen werden. Bis auf die parasitäre Ausgangskapazität, die durch *Ca* berücksichtigt wird, sind sämtliche Kapazitäten der Transistoren vernachlässigbar. *Cg* ist als Kurzschluss für Wechselspannungen zu betrachten.

Zunächst soll der Gleichspannungs-Arbeitspunkt der Schaltung für $u_E = 0$ eingestellt werden.
7.1 Berechnen Sie U_{EAP} so, dass sich am Ausgang die Spannung $U_{AP} = 0$ V einstellt.
7.2 Dimensionieren Sie die Widerstände *R1* und *R2* unter der Voraussetzung, dass der sie durchfließende Strom 100µA beträgt.
7.3 Berechnen Sie die Gate-Sourcespannung U_{GSAP} und die Steilheit S_{AP} im Arbeitspunkt.

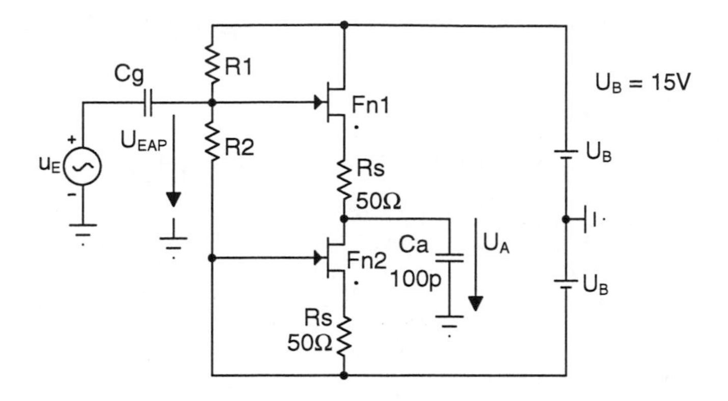

Nun soll das Wechselspannungsverhalten der Schaltung untersucht werden.

7.4 Zeichnen Sie für den oben ermittelten Arbeitspunkt das Kleinsignal-Wechselspannungsersatzbild (K-WEB) der Schaltung unter Angabe aller charakteristischen Größen.

7.5 Berechnen Sie die Betriebsverstärkung $V_B(\omega) = u_A(\omega) / u_E(\omega)$.

7.6 Ermitteln Sie die obere 3 dB-Grenzfrequenz f_{tp} der Schaltung.

Aufgabe 8

Gegeben ist die abgebildete Verstärkerschaltung mit Bandpassverhalten. Der selbstsperrende p-Kanal-MOSFET *Fp* wird durch die abgebildeten Kennlinien idealisiert beschrieben. Die aus- und eingangsseitigen Innenwiderstände des Transistors können als unendlich groß angesehen werden.

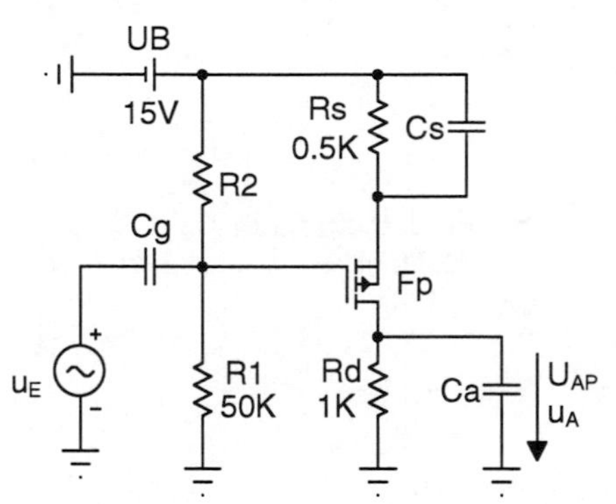

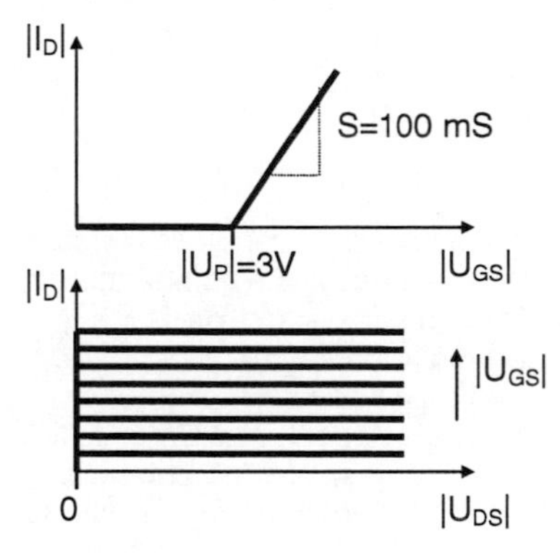

8.1 Ermitteln Sie für $u_E = 0$ den Widerstand *R2* so, dass die Ausgangsspannung im Arbeitspunkt $U_{AP} = U_B / 2$ beträgt.

8.2 Zeichnen Sie das Kleinsignal-Wechselspannungsersatzbild (K-WEB) der Schaltung unter Angabe aller charakteristischen Größen.

8.3 Ermitteln Sie die Betriebsverstärkung V_B im Betriebsfrequenzbereich.

8.4 Berechnen Sie zunächst für $Cg \rightarrow \infty$ und $Ca = 0$ die Wechselspannungsverstärkung $V_A(\omega) = u_A(\omega) / u_E(\omega)$ in Abhängigkeit von *Cs*.

8.5 Ermitteln Sie *Cs* so, dass die Größte der frequenzbestimmenden Eckfrequenzen von $V_A(\omega)$ $f_{Amax} = 50\ Hz$ beträgt.

8.6 Berechnen Sie nun für $Cs = 0$ die Wechselspannungsverstärkung $V_B(\omega) = u_A(\omega) / u_E(\omega)$ in Abhängigkeit von *Cg* und *Ca*.

8.7 Ermitteln Sie die obere 3dB-Grenzfrequenz f_{tp} von $V_B(\omega)$ für $Ca = 10\ pF$ und berechnen

Sie Cg so, dass die zugeordnete Grenzfrequenz der Kleinsten der frequenzbestimmenden Eckfrequenzen von $V_A(\omega)$ entspricht.

Aufgabe 9

Die unten abgebildete Verstärkerschaltung mit Bandpassverhalten soll vollständig für die nachfolgenden Kennwerte dimensioniert werden:

Betrag der Betriebsverstärkung	:	$V = 100$
Lastwiderstand	:	$Ra = 1\ K\Omega$
Arbeitspunktspannung	:	$U_{AP} = 17\ V$
Spannung am Emitterwiderstand	:	$U_{Re} = 2{,}5\ V$
Untere 9 dB-Grenzfrequenz	:	$f_{gu\ 3dB} = 20\ Hz$

Die Kennlinien des npn-Bipolar-Transistors Bn werden durch

$$I_C = I_{C0}\, e^{U_{BE}/U_T}, \quad I_{C0} = 2{,}5\ pA, \quad U_T = 32{,}2\ mV, \quad B \approx B + 1 = 250$$

beschrieben und Ca repräsentiert die parasitäre Ausgangskapazität von Bn für die Transitfrequenz $f_T = 500\ MHz$.

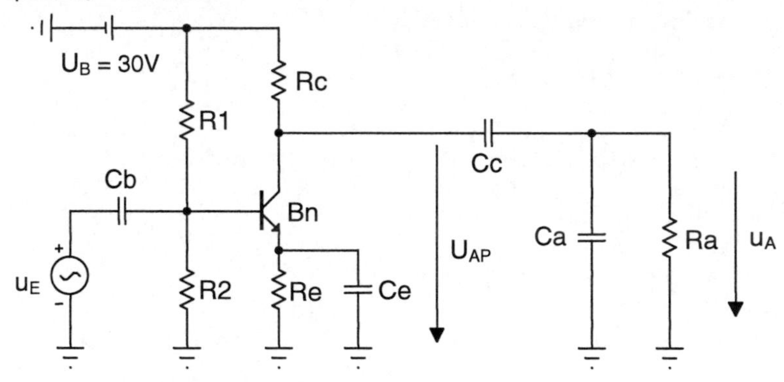

9.1 Ermitteln Sie die maximal mögliche Verstärkung V_{max} und den Widerstand Rc.
9.2 Berechnen Sie die Basis-Emitterspannung U_{BEAP} und den Kollektorstrom I_{CAP} von Bn.
9.3 Ermitteln Sie den Widerstand Re.
9.4 Ermitteln Sie die Widerstände $R2$ und $R1$.
9.5 Bestimmen Sie die Kapazität Ce.
9.6 Berechnen Sie die Kapazitäten Cb und Cc.
9.7 Ermitteln Sie die parasitäre Kapazität Ca.
9.8 Welche obere 3dB-Grenzfrequenz f_{tp} würde sich für V=200 einstellen?

Aufgabe 10

Die unten abgebildete Verstärkerschaltung mit Bandpassverhalten soll vollständig für die nachfolgenden Kennwerte dimensioniert werden:

Lastwiderstand	:	$Ra = 10\ K\Omega$
Arbeitspunktspannung	:	$U_{AP} = 2\ V$
Untere 3 dB-Grenzfrequenz	:	$f_{gu\ 3dB} = 50\ Hz$

Die Kennlinien des selbstsperrenden n-Kanal-MOSFET Fn werden durch

$$I_D=\begin{cases}0 & \text{für } U_{GS}<U_P\\ I_{D0}\cdot\left(\dfrac{U_{GS}}{U_P}-1\right)^2 & \text{für } U_{GS}\geq U_P\end{cases}$$ mit $I_{D0}=120\ mA$, $U_P=1{,}7$ V

beschrieben.

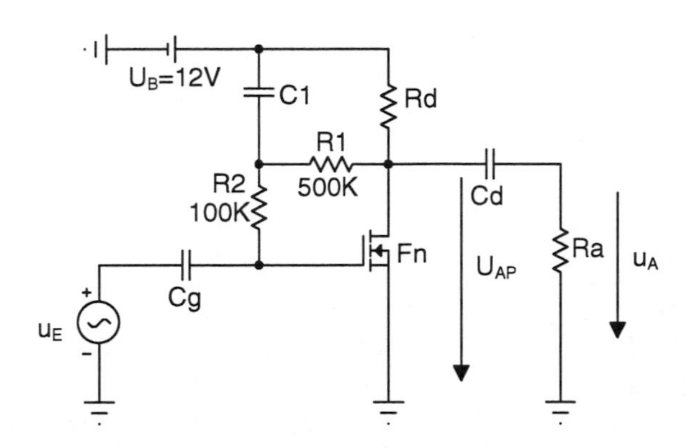

10.1 Ermitteln Sie den Widerstand *Rd*.
10.2 Berechnen Sie die Steilheit S_{AP} von *Fn*.
10.3 Ermitteln Sie die Betriebsverstärkung V_B.
10.4 Bestimmen Sie die Kapazität *C1* für *Cg* = *Cd* =0 und f_{gu3dB} /10.
10.5 Berechnen Sie die Kapazität *Cg* für $C1 \rightarrow \infty$, *Cd* =0 und f_{gu3dB} /10.
10.6 Ermitteln Sie die Kapazität *Cd* für $C1 \rightarrow \infty$, $Cg \rightarrow \infty$ und f_{gu3dB}.
10.7 Berechnen Sie den Drain-Sourcewiderstand R_{DEAP} für die Early-Spannung U_{EA} = -120V.

Aufgabe 11

Die unten abgebildete Verstärkerschaltung mit Bandpassverhalten soll vollständig für die nachfolgenden Kennwerte dimensioniert werden:

Betrag der Betriebsverstärkung	:	$V = 20$
Lastwiderstand	:	$Ra = 30\ K\Omega$
Arbeitspunktspannung	:	$U_{AP} = 5$ V
Untere 3 dB-Grenzfrequenz	:	$f_{gu\ 3dB} = 20$ Hz

Die Kennlinien des selbstleitenden n-Kanal-JFET *Fn* werden durch

$$I_D=\begin{cases}0 & \text{für } U_{GS}<U_P\\ I_{D0}\cdot\left(\dfrac{U_{GS}}{U_P}-1\right)^2 & \text{für } U_{GS}\geq U_P\end{cases}$$ mit $I_{D0}=6\ mA$, $U_P=-\ 2{,}75$ V

beschrieben. Die Gate-Source-Kapazität von *Fn* beträgt C_{GS}=10 pF.

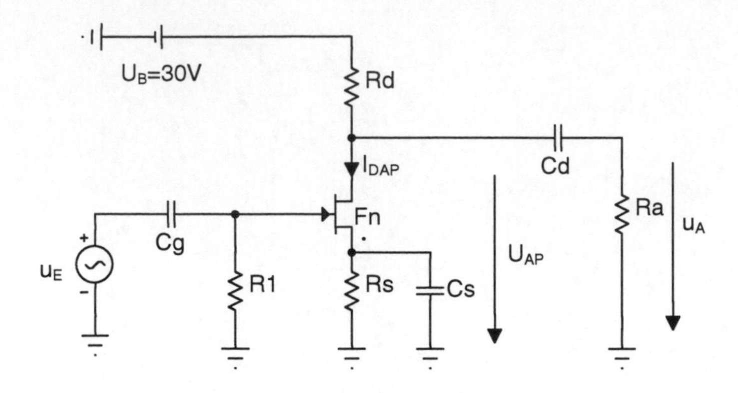

11.1 Ermitteln Sie den Widerstand *Rd*.
11.2 Berechnen Sie die Gate-Sourcespannung U_{GSAP} und den Drainstrom I_{DAP} von *Fn*.
11.3 Ermitteln Sie den Widerstand *Rs*.
11.4 Bestimmen Sie die Kapazität *Cs*.
11.5 Berechnen Sie die Kapazität *Cd*.
11.6 Ermitteln Sie den Widerstand *R1* so, dass $Cg = 1000\ C_{GS}$ ist.

Aufgabe 12

Gegeben ist die abgebildete zweistufige Verstärkerschaltung. Die Kennlinien der npn-Bipolar-Transistoren *Bn1* und *Bn2* werden durch

$$I_C = I_{C0}\ e^{U_{BE}/U_T},\quad I_{C0} = 2{,}5\,pA,\quad U_T = 32{,}2\,mV,\quad B = 250$$

beschrieben. Die Schaltung soll für folgende Kenndaten vollständig dimensioniert werden:

Betriebsverstärkung	:	$V_B = 2500$
Verstärkungsbetrag der 2. Stufe	:	$V_2 = 50$
Lastwiderstand	:	$Ra = 1\ K\Omega$
Arbeitspunktspannung	:	$U_{AP} = 9\ V$
Spannung am Widerstand *Re*	:	$U_{Re} = 2{,}5\ V$
Untere 3 dB-Grenzfrequenz	:	$f_{gu\,3dB} = 100\ Hz$

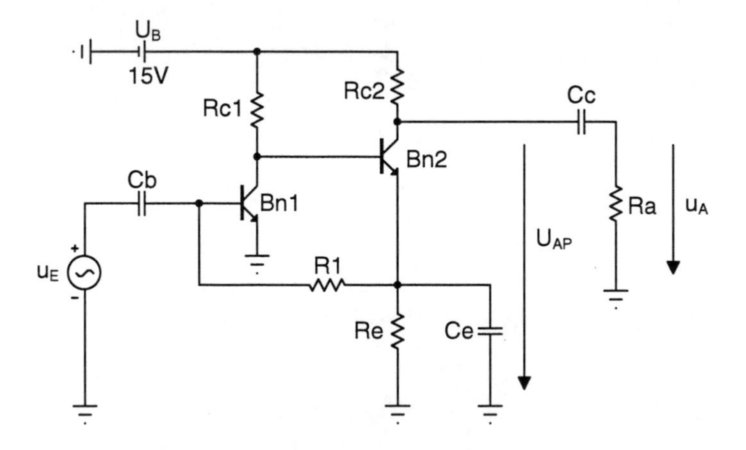

12.1 Ermitteln Sie die maximal mögliche Verstärkung V_{2max} und den Widerstand *Rc2*.

12.2 Berechnen Sie den Kollektorstrom I_{C2AP}, die Basis-Emitterspannung U_{BE2AP} und den Basis-Emitterwiderstand R_{BE2AP} von *Bn2.*
12.3 Ermitteln Sie den Widerstand *Re* und die Kollektor-Emitterspannung U_{CE1AP} von *Bn1.*
12.4 Ermitteln Sie die maximal mögliche Verstärkung V_{1max} und den Widerstand *Rc1.*
12.5 Berechnen Sie den Kollektorstrom I_{C1AP}, die Basis-Emitterspannung U_{BE1AP} und den Basis-Emitterwiderstand R_{BE1AP} von *Bn1.*
12.6 Bestimmen Sie den Widerstand *R1.*
12.7 Bestimmen Sie die Kapazität *Ce*, mit der $f_{gu\,3db}$ eingestellt werden soll.
12.8 Berechnen Sie die Kapazitäten *Cb* und *Cc.*
12.9 Ermitteln Sie den eingangsseitigen Innenwiderstand R_{iE} und den ausgangsseitigen Innenwiderstand R_{iA} des Verstärkers.

Aufgabe 13
Gegeben ist die abgebildete gegengekoppelte Verstärkerschaltung. Die Kennlinien des pnp-Bipolar-Transistors *Bp2* und der npn-Bipolar-Transistoren *Bn1, Bn3* werden durch

$$I_C = I_{C0}\, e^{U_{BE}/U_T}, \quad I_{C0} = 1{,}5pA, \quad U_T = 31mV, \quad B = 200, \quad KB_{EA} \approx 1$$

beschrieben. Die Schaltung soll für maximale innere Verstärkung V_i und für folgende Kenndaten vollständig dimensioniert werden:

Eingangswiderstand des inneren Verstärkers	:	R_{iE} = 800 KΩ
Ausgangswiderstand des inneren Verstärkers	:	R_{iA} = 150 Ω
Lastwiderstand	:	Ra = 400 Ω
Arbeitspunktspannung	:	U_{AP} = 9 V
Ideale Betriebsverstärkung	:	V_{B0} = 80
Untere 9 dB-Grenzfrequenz	:	$f_{gu\,9dB}$ = 30 Hz

Es sei vorausgesetzt, dass *Re3* << *R3* und I_{C1AP} >> I_{B2AP} sind.

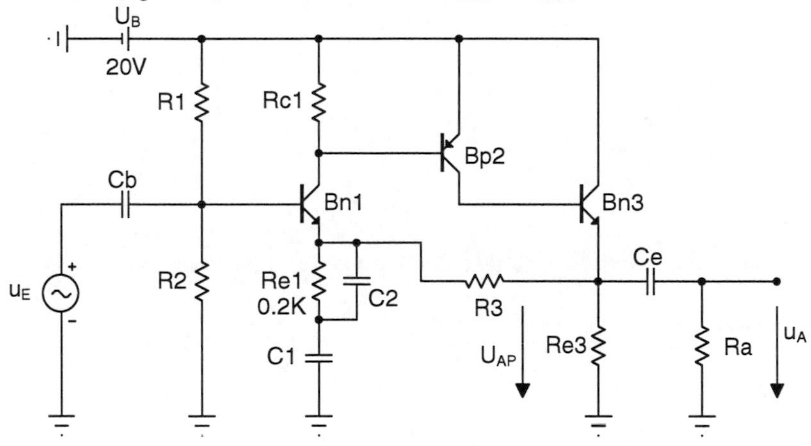

Zunächst wird mit $C2 \to \infty$ nur der innere Verstärker betrachtet.
13.1 Ermitteln Sie die Widerstände *Re3* und *Rc1* für $|U_{BE2AP}|$ = 0,5 V von *Bp2.*
13.2 Berechnen Sie nun den exakten Wert von $|U_{BE2AP}|$.
13.3 Ermitteln Sie R_{BE2AP} von *Bp2* und die innere Verstärkung V_i.
13.4 Berechnen Sie die Widerstände *R1* und *R2* für U_{BE1AP} = 0,4 V.
13.5 Berechnen Sie den exakten Wert von U_{BE1AP}.

Nun wird mit *C2* = 0 der rückgekoppelte Verstärker betrachtet.

13.6 Berechnen Sie *R3*, den eingangsseitigen Innenwiderstand R_{iEg} und den ausgangsseitigen Innenwiderstand R_{iAg}.
13.7 Ermitteln Sie die tatsächliche Betriebsverstärkung V_B.
13.8 Bestimmen Sie die Kapazitäten *C1*, *Ce* und *Cb*.

Aufgabe 14
Gegeben ist die abgebildete Differenz-Verstärkerschaltung mit den identischen selbstsperrenden n-Kanal-MOSFETs *Fn1*, *Fn2* und *Fn3*, deren Kennlinien durch

$$I_D = \begin{cases} 0 & \text{für } U_{GS} < U_P \\ I_{D0} \cdot \left(\dfrac{U_{GS}}{U_P} - 1 \right)^2 & \text{für } U_{GS} \geq U_P \end{cases} \qquad \text{mit } I_{D0} = 120\ mA,\ U_P = 1{,}7\,\text{V}$$

beschrieben werden.

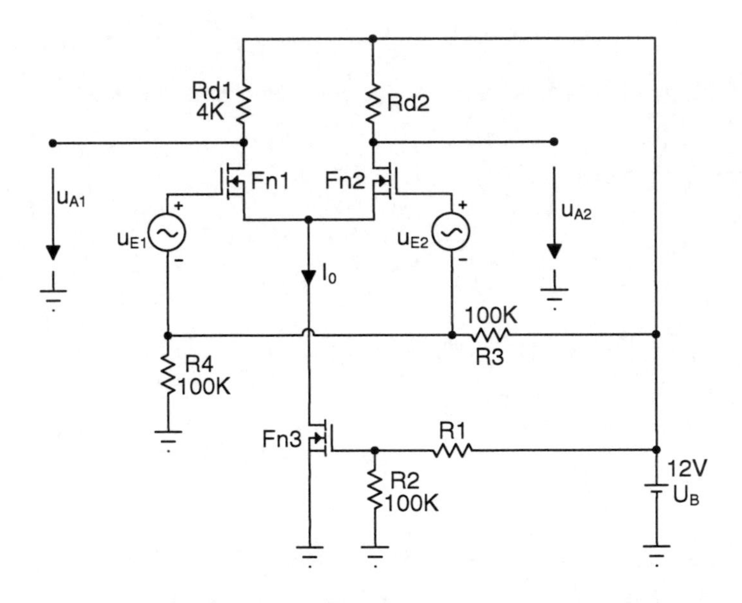

14.1 Berechnen Sie den Widerstand *R1* so, dass der Summen-Sourcestrom $I_0 = 2\ mA$ beträgt.
14.2 Ermitteln Sie für $u_{E1} = u_{E2}$ die Drainströme I_{D1}, I_{D2} von *Fn1* und *Fn2*.
14.3 Berechnen Sie die Drain-Source-Spannung U_{DS3} des Transistors *Fn3* für $u_{E1} = u_{E2} = 0$V.
14.4 Ermitteln Sie die Gegentaktverstärkung $V_{G1} = 2\, u_{A1} / (u_{E1} - u_{E2})$.
14.5 Berechnen Sie den Widerstand *Rd2* so, dass die Gegentaktverstärkung $V_{G2} = 2\, u_{A2} / (u_{E2} - u_{E1})$ ein viertel von V_{G1} beträgt.
14.6 Berechnen Sie den Drain-Sourcewiderstand R_{DS} von *Fn3* für den Ausgangskennlinienfaktor $KF_{EA} = (1 - U_{DS} / (-120\ \text{V}))$.
14.7 Ermitteln Sie die Gleichtaktverstärkung $V_{M1} = 2\, u_{A1} / (u_{E1} + u_{E2}) = u_{A1}/u_{E1}$ und die Gleichtaktunterdrückung *G*.

Aufgabe 15
Der Operationsverstärker OP in der nachfolgend abgebildeten Stromquellenschaltung kann als idealisiert mit unendlich großer Verstärkung, unendlich großen Eingangswiderständen und verschwindendem Ausgangswiderstand angenommen werden. Zur Erzeugung des Ausgangsstroms I_0 wird ein selbstsperrender n-Kanal-MOSFET *Fn* eingesetzt.

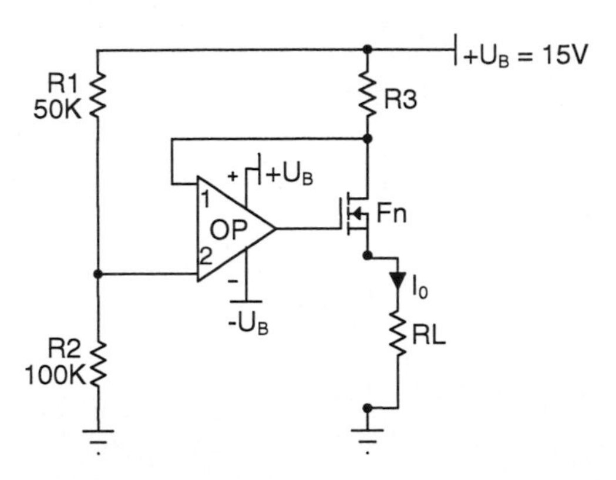

15.1 Ermitteln Sie die Ringverstärkung V_R der Schaltung und bestimmen Sie die Polarität (+ oder -) der mit 1 und 2 bezeichneten Eingänge des OP, um die stabilisierende Gegenkopplung zu erzielen.

15.2 Ermitteln Sie den Wert von *R3* für einen geforderten Konstantstrom von $I_0 = 5$ mA.

15.3 Für den erforderlichen Drainstrom von $I_0 = 5$ mA benötigt *Fn* eine Mindest-Drain-Sourcespannung von $U_{DSmin} = 1$ V. Die Verlustleistung von *Fn* darf $P_V = 45$ mW nicht überschreiten. In welchen Grenzen $RL_{min} < RL < RL_{max}$ darf sich der Lastwiderstand bewegen?

15.4 Welche Änderungen der Schaltung sind erforderlich, wenn anstatt des n-Kanal- ein selbstsperrender p-Kanal-MOSFET bei ungeänderter Polarität von I_0 verwendet werden soll?

Aufgabe 16
Die nachfolgende Operationsverstärker (OP)-Schaltung soll ein maximales Verstärkungs-Bandbreite-Produkt *VBP* aufweisen.

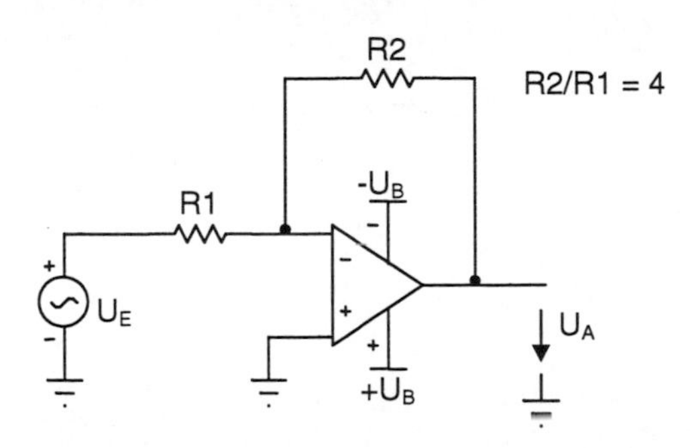

Zunächst soll ein VF-OP, der nach dem Prinzip der Spannungs-Gegenkopplung (VF) arbeitet, mit veränderlicher Korrekturkapazität C_K verwendet werden. Die innere Verstärkung V_i des OP, deren Betrags- und Phasenverlauf in den Diagrammen auf der nächsten Seite dargestellt sind, kann vereinfachend für $f < 3$ MHz durch einen Tiefpass 1. Ordnung angenähert werden.

16.1 Bestimmen Sie die Korrekturkapazität C_K für eine 0dB-Phasenreserve von 60°.
16.2 Welche Betriebsbandbreite f_{gB} ergibt sich mit der gewählten Kapazität C_K?

Betrag von V_i /dB (V_{i0} = 100 dB)

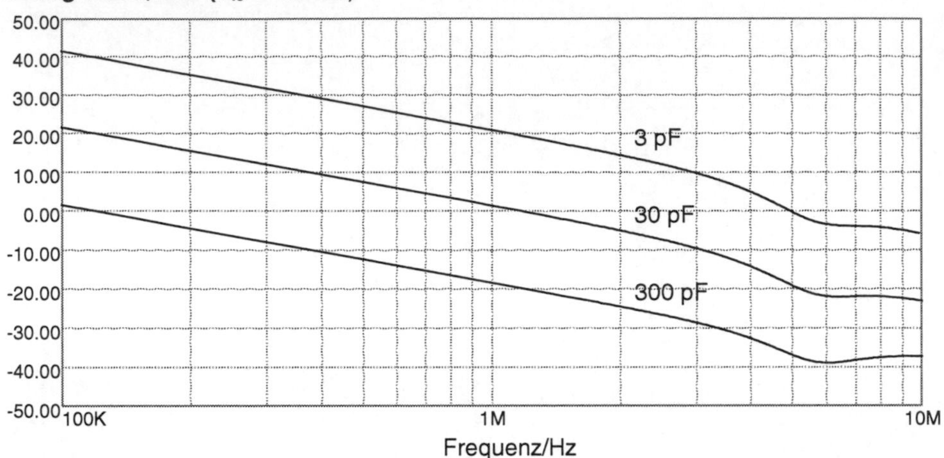

Phase von V_i /°

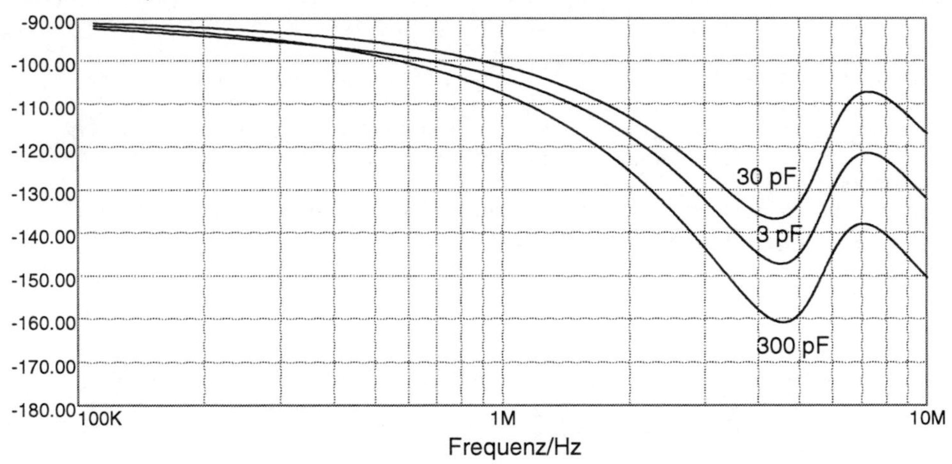

Nun soll ein CF-OP verwendet werden, der nach dem Prinzip der Strom-Gegenkopplung (CF) arbeitet. Die Transimpedanz Z_i kann vereinfachend durch einen Tiefpass 1. Ordnung mit R_{i0} = 1 MΩ >> $R2$ und f_{gi} = 100 KHz angenähert werden.

16.3 Berechnen Sie die frequenzabhängige Betriebsverstärkung $V_B(f)$.
16.4 Berechnen Sie $R2$ für die Betriebsbandbreite f_{gB} = 20 MHz.
16.5 Berechnen Sie die frequenzabhängige Ringverstärkung V_R.

Aufgabe 17

Der VF-OP in der abgebildeten Verstärkerschaltung besteht aus Bipolar-Transistoren und weist gemäß Datenblatt (abkürzende Bezeichnungen in Klammern) folgende Kenndaten auf:

Verstärkungsbandbreite-Produkt	:	*VBP* (*GBW*)= 8 MHz
Anstiegsgeschwindigkeit (Slew Rate)	:	*SR* = 2,8 V/µs

Eingangsoffsetspannung (Input Offset Voltage) bei 25°C	:	U_{EOffs} (V_{OS}) = 30 µV
Temperaturdrift der Eingangsoffsetspannung (Temperature Coefficient of Input Offset Voltage)	:	TCV_{OS} = 0,2 µV/°C
Eingangsruhestrom (Input Bias Current)	:	I_{0B} (I_B)=15 nA
Eingangsoffsetstrom (Input Offset Current)	:	I_{Offs} (I_{OS})=10 nA
Stromverstärkung der Transistoren	:	B = 500
Maximale Aussteuerung (Output Voltage Swing)	:	$\hat{u}_A$ (V_0)= ±13V

Legen Sie zur Bearbeitung der untenstehenden Fragen die Prinzipschaltung des VF-OP in Bild 5-14 zu Grunde.

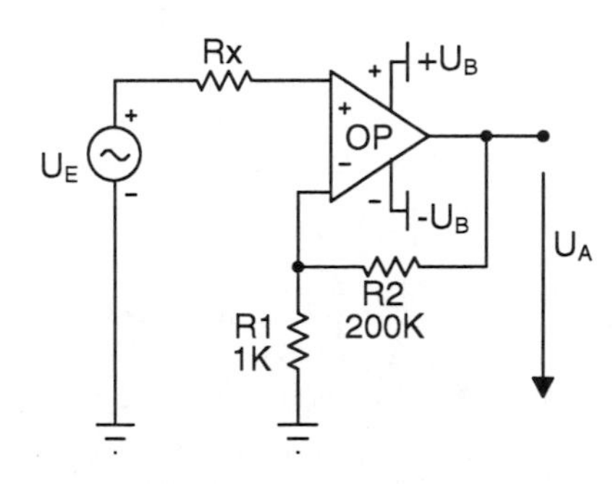

17.1 Ermitteln Sie die Korrekturkapazität *Ck* des VF-OP.
17.2 Berechnen Sie die Intermodulationsgrenzfrequenz f_0 für maximale Aussteuerung.
17.3 Berechnen Sie die Betriebsbandbreite f_{gB} der Schaltung.
17.4 Bestimmen Sie den Widerstand *Rx* zur Kompensation der Eingangsruheströme.
17.5 Wie groß ist der verbleibende durch den Offsetstrom I_{Offs} bedingte Fehler von U_A?
17.6 Wie groß ist der durch die Offsetspannung U_{EOffs} bedingte Fehler von U_A bei 25°C?
17.7 Wie groß ist der durch die Offsetspannungsdrift TCV_{OS} bedingte Fehler von U_A bei 75°C, wenn bei 25°C ein Offsetspannungsabgleich dur chgeführt wurde?

Aufgabe 18
Es ist ein Filter mit einem VF-OP zu entwickeln, dessen Betrag der Übertragungsfunktion sich wie beim Tiefpass 1. Ordnung verhält. Die Phasenrückdrehung des Filters soll allerdings größer als beim Tiefpass 1. Ordnung sein. Es sind folgende Kenndaten zu erfüllen:

3dB-Grenzfrequenz	:	$f_g = 5\ KHz$
Phasenrückdrehung bei $f_0 = f_g / 2$	:	$\phi_0 = -\pi$

18.1 Geben Sie die Schaltung des Filters an.
18.2 Ermitteln Sie die Übertragungsfunktion des Filters und dessen Phasenverlauf.
18.3 Dimensionieren Sie alle Bauelemente gemäß den obigen Kenngrößen.

Aufgabe 19
Es ist ein nicht invertierender Hochpass 2. Ordnung mit einem VF-OP für folgende Kenndaten zu entwickeln:

Dämpfung	:	D = 0,5
3dB-Grenzfrequenz	:	$f_g = 10\ KHz$

Der VF-OP weist eine Eingangskapazität von C_i = 50 pF auf und der Belastungswiderstand durch das Rückkopplungsnetzwerk sollte R_R = 10 KΩ betragen.

19.1 Geben Sie die Schaltung des Filters an.
19.2 Ermitteln Sie die Verstärkung V_0 für $f >> f_g$
19.3 Dimensionieren Sie alle Bauelemente gemäß den obigen Kenngrößen.
19.4 Welche Transitfrequenz f_T sollte der VF-OP mindestens haben, wenn die Hochpass-Charakteristik bis ca. 10 f_g gewährleistet sein soll?

Aufgabe 20

Es ist eine nicht invertierende Bandsperre 2. Ordnung für folgende Kenndaten zu entwickeln:

Relative Bandbreite	:	$B_r = 4$
Gleichspannungsverstärkung	:	$V_0 = 1$
Mittenfrequenz	:	$f_M = 10\ KHz$

20.1 Geben Sie die Schaltung des Filters an.
20.2 Ermitteln Sie die Übertragungsfunktion des Filters.
20.3 Dimensionieren Sie alle Bauelemente gemäß den obigen Kenngrößen.

Aufgabe 21

Der OP (Komparator) in der nachfolgenden Schmitt-Triggerschaltung kann als idealisiert mit unendlich großen Eingangswiderständen, unendlich großer innerer Verstärkung und verschwindendem Ausgangswiderstand angenommen werden. Die maximale Ausgangsspannung beträgt $U_A = U_{max}$ und die minimale Ausgangsspannung beträgt $U_A = U_{min}$.

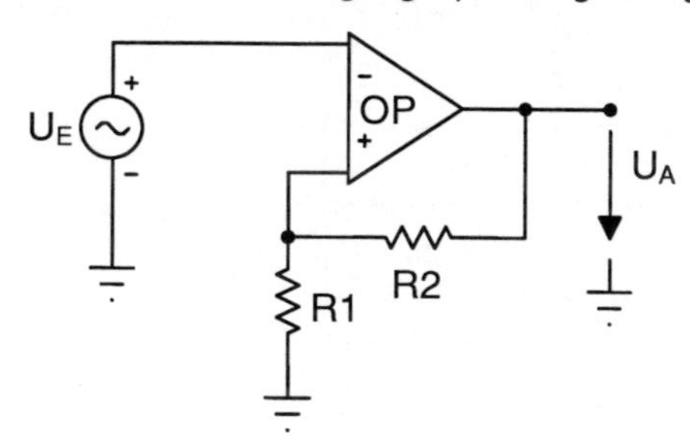

Der OP (Komparator) habe zunächst eine symmetrische Begrenzung mit:
$U_{max} = +12$ V, $U_{min} = -12$ V

21.1 Man zeichne die Aussteuerkennlinie $U_A = f(U_E)$ für folgende Fälle:
a) $R2 = \infty$
b) $R2 = 2\ R1$
c) $R1 = R2$
d) $R1 = \infty$

Der OP (Komparator) hat nun eine unsymmetrische Begrenzung mit:
$U_{max} = +5\ V$, $U_{min} = +0{,}5\ V$

21.2 Man zeichne $U_A = f(U_E)$ für $R2 = 4\ R1$.
21.3 Man ändere die Schaltung so ab, dass sie nicht invertiert, und skizziere die Aussteuerkennlinie $U_A = f(U_E)$ für R2 = 5 $R1$.
21.4 Ergänzen Sie die Schaltung zu Punkt 21.3 so, dass die Schaltschwelle in Abhängigkeit des Gleichanteils des Eingangssignals $u_E(t)$ = 3V (sin $(2\pi f_0 t)$ + A_0) mitläuft.
21.5 Dimensionieren Sie die Schaltung zu Punkt 21.4 für ein verrauschtes und im Gleichanteil schwebendes Eingangssignal $u_E(t)$, wobei bei einer Signalfrequenz von f_0 = 10 MHz eine maximale Änderungsfrequenz des Gleichanteils von f_{Glmax} = 10 KHz und eine maximale Rauschamplitude von A_R = 100 mV angenommen wird.

Aufgabe 22
Der OP (Komparator) in der nachfolgenden monostabilen Schaltung kann als idealisiert mit unendlich großen Eingangswiderständen, unendlich großer innerer Verstärkung und verschwindendem Ausgangswiderstand angenommen werden. Die Ausgangsspannung des OP beträgt in Abhängigkeit der Differenzspannung:

$$U_A = \begin{cases} U_{\max} = 4\,V & \text{für } U_D > 0 \\ U_{\min} = 1\,V & \text{für } U_D < 0 \end{cases}$$

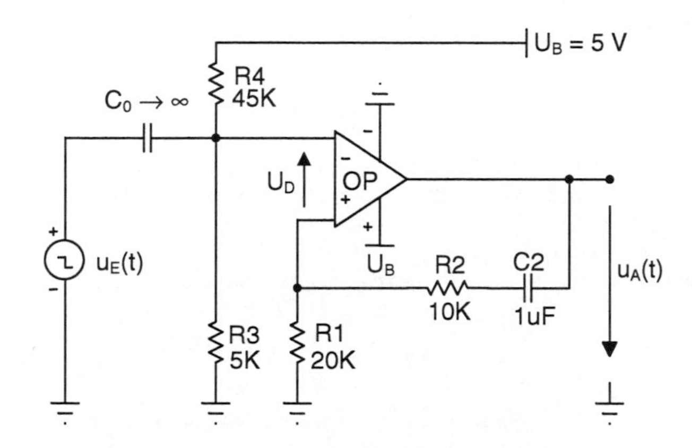

22.1 Welchen stationären Zustand nimmt die Schaltung am Ausgang an?

22.2 Welches Vorzeichen und welchen Mindestwert muss ein Spannungssprung $u_E(t)$ haben, damit ein Kippvorgang ausgelöst wird?

22.3 Skizzieren Sie unter Angabe aller charakteristischen Größen den zeitlichen Verlauf von $u_+(t)$ und $u_A(t)$, wenn zur Zeit $t = 0$ ein kurzer Nadelimpuls der aus Punkt 22.2 ermittelten Amplitude und Polarität als Eingangsspannung $u_E(t)$ anliegt.

22.4 Berechnen Sie die Länge T_0 des Ausgangsimpulses.

Aufgabe 23
Der OP (Komparator) in der nachfolgenden astabilen Schaltung (Multivibrator) kann als idealisiert mit unendlich großen Eingangswiderständen, unendlich großer innerer Verstärkung und verschwindendem Ausgangswiderstand angenommen werden. Die Ausgangsspannung des OP beträgt in Abhängigkeit der Differenzspannung:

$$U_A = \begin{cases} U_{\max} = +\,4{,}5\,V & \text{für } U_D > 0 \\ U_{\min} = -\,4{,}5\,V & \text{für } U_D < 0 \end{cases}$$

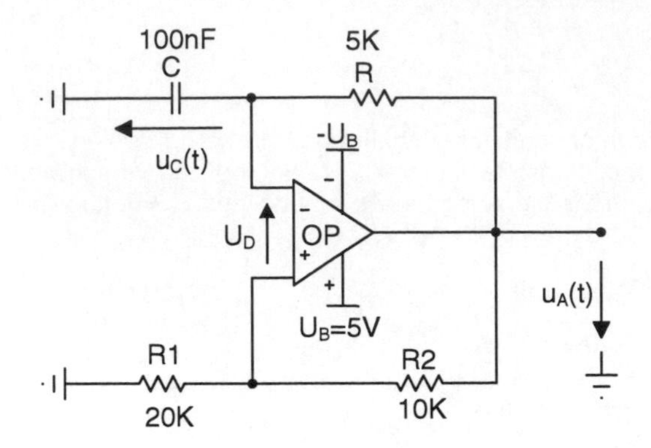

23.1 Welche Spannung $U_+(0)$ stellt sich für $t = 0$ ein, wenn die Ausgangsspannung $U_A(t = 0) = U_{max} = 4{,}5$ V beträgt?

23.2 Skizzieren Sie für $t > 0$ den zeitlichen Verlauf von $u_C(t)$, $u_A(t)$ für zwei vollständige Schwingungsperioden unter Angabe aller charakteristischen Größen, wenn der Kondensator C für $t = 0$ ungeladen ist.

23.3 Berechnen Sie die Pausendauer T_L.

23.4 Berechnen Sie die Pulsdauer T_H und die Frequenz f_0 im eingeschwungenen Zustand.

Aufgabe 24

Gegeben ist der abgebildete CMOS-Inverter mit einem selbstsperrenden p-Kanal- (*Fp*) und einem selbstsperrenden n-Kanal-MOSFET (*Fn*), die durch die abgebildeten Kennlinien idealisiert beschrieben werden. Die Aus- und eingangsseitigen Innenwiderstände der Transistoren können als unendlich groß angesehen werden.

24.1 Ermitteln Sie U_A und I_{DFp} für $U_E = 0$V.

24.2 Ermitteln Sie U_A und I_{DFp} für $U_E = U_{CC} = 5$V.

24.3 Berechnen und skizzieren Sie $U_A = f(U_E)$ für $0 \leq U_E \leq 5V$. Kennzeichnen Sie die Bereiche, in denen *Fn* und *Fp* gesperrt, im Linearbetrieb oder gesättigt sind.

24.4 Wie groß ist der maximale Strom $I_{DFn\,max}$ während des Schaltvorgangs?

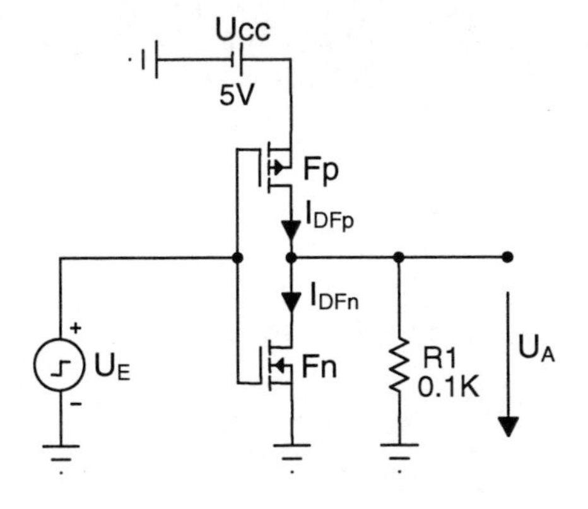

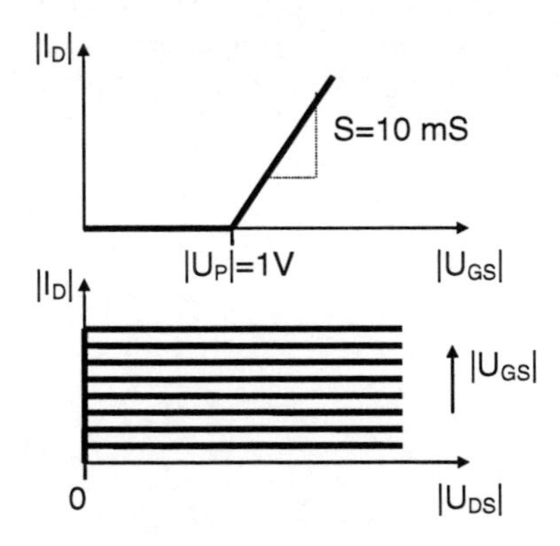

Aufgabe 25
Gegeben ist das nachfolgend abgebildete logische Schaltnetz. Es sei angenommen, dass alle Verknüpfungsglieder (Gatter) dieselbe Gatterdurchlaufzeit T_{PD} aufweisen.

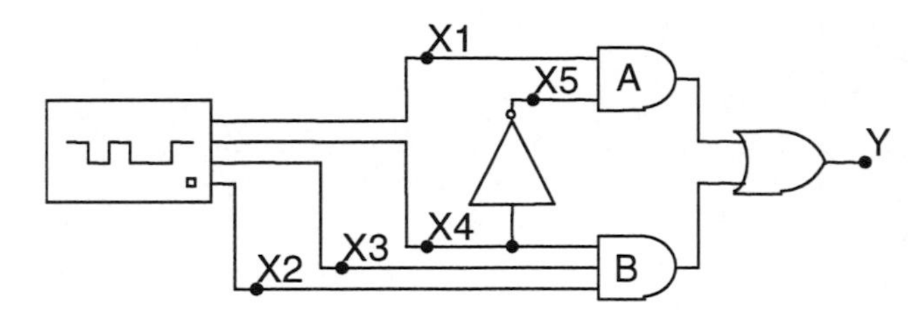

25.1 Ermitteln Sie die logischen Gleichungen für die Mimterme *A*, *B* und tragen Sie diese in das erweiterte KV-Diagramm ein.

25.2 Geben Sie alle Möglichkeiten für einen Hazard bei einer Vorderflanke von *X*4 (0 → 1) oder Rückflanke von *X*4 (1 → 0) unter der Voraussetzung an, dass der Ausgang *Y* sowohl vor als auch nach dem Schaltvorgang auf log.1 bleiben soll.

25.3 Geben Sie alle Möglichkeiten für einen Hazard bei einer Vorderflanke von *X*4 (0 → 1) oder Rückflanke von *X*4 (1 → 0) unter der Voraussetzung an, dass der Ausgang *Y* sowohl vor als auch nach dem Schaltvorgang auf log.0 bleiben soll.

25.4 Welche der oben ermittelten Hazards sind eliminierbar? Geben Sie die entsprechenden Lösungsvorschläge an.

Erweitertes KV-Diagramm:

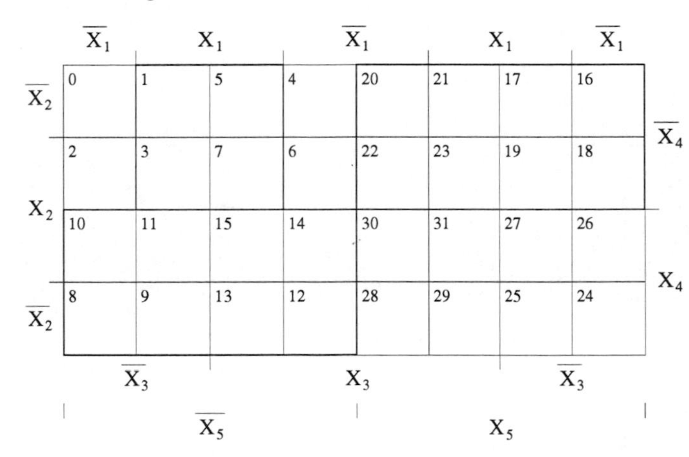

Aufgabe 26

Es soll die Schaltung eines rückflankengesteuerten JK-Flipflops entsprechend der nachfolgenden Pegeltabelle entworfen werden.

J	K	CL	Q^+
*	*	L	Q
*	*	H	Q
L	L	↓	Q
L	H	↓	L
H	L	↓	H
H	H	↓	$\overline{Q}$

26.1 Entwerfen Sie das Zustandsdiagramm unter Verwendung der Struktur des vorderflankengesteuerten D-Flipflops.

26.2 Entwickeln Sie die Zustandsfolgetabelle.

26.3 Geben Sie die logischen Gleichungen für die Folgezustände $Z3^+$, $Z2^+$, $Z1^+$ und die Ausgänge Q, $\overline{Q}$ an.

26.4 Geben Sie die Schaltung in NAND-Technik an.

KV-Diagramm:

$\overline{X}_1$ X_1 $\overline{X}_1$ X_1 $\overline{X}_1$

$\overline{X}_2$	0	1	5	4	20	21	17	16	$\overline{X}_4$
	2	3	7	6	22	23	19	18	
X_2	10	11	15	14	30	31	27	26	$\overline{X}_6$
	8	9	13	12	28	29	25	24	
$\overline{X}_2$	40	41	45	44	60	61	57	56	X_4
	42	43	47	46	62	63	59	58	
X_2	34	35	39	38	54	55	51	50	X_6
$\overline{X}_2$	32	33	37	36	52	53	49	48	$\overline{X}_4$

$\overline{X}_3$ X_3 $\overline{X}_3$

$\overline{X}_5$ | X_5

Aufgabe 27
Es soll ein asynchroner mod. 11-Zähler mit Hilfe von rückflankengesteuerten JK-Flipflops auf der Basis des nachfolgenden unvollständigen Zustandsdiagramms entworfen werden.

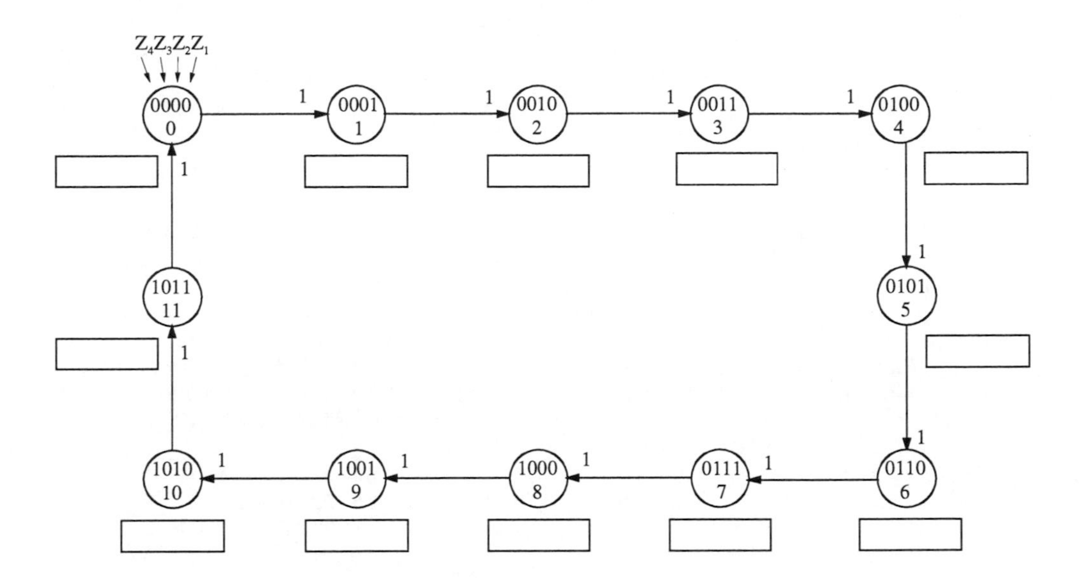

27.1 Skizzieren Sie die optimale Beschaltung der Takteingänge.

27.2 Bestimmen Sie die Werte der Zustandsübergangsfunktionen $[V] = [Z_i^+]$ der Vorschaltnetze, die den J- und K-Eingängen der Flipflops zugeordnet sind, und tragen Sie diese Werte in die rechteckigen Felder des Zustandsdiagramms ein.

27.3 Entwickeln Sie die Zustandsfolgetabelle.

27.4 Geben Sie die minimierten logischen Gleichungen der Vorschaltnetze für die J- und K-Eingänge an.

27.5 Skizzieren Sie die Schaltung.

Aufgabe 28
Gegeben sind fünf verschiedene Zeichen Z_i, die entsprechend ihrer Auftrittswahrscheinlichkeit gemäß nachfolgender Tabelle optimal codiert übertragen werden sollen:

Zeichen Z_i	Dualzahl $[X]_i$	Optimalcode
0	0 0 0	0
1	0 0 1	1 0
2	0 1 0	1 1 0
3	0 1 1	1 1 1 0
4	1 0 0	1 1 1 1

Die zu den Zeichen Z_i gehörenden dreistelligen Dualzahlen $[X]_i$ werden über den Generator *GX* synchron mit dem zentralen Takt *CL* der zu entwickelnden Encoder- und Decoderschaltung zur Verfügung gestellt.

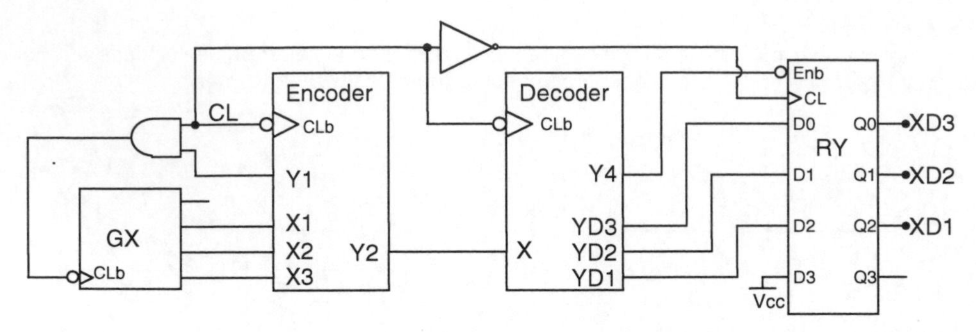

Im Schritt *A* ist zunächst der synchrone Optimal-Encoder zu entwerfen, der die parallel angebotenen Dualzahlen in einen seriell zu übertragenden Optimalcode wandelt. Dabei sollen nacheinander und synchron mit jeder negativen Taktflanke alle Bits des Optimalcodes (linkes Bit in obiger Tabelle zuerst) auf den Daten-Ausgang *Y2* gegeben werden, während die Dualzahl $[X]_i$ konstant am Eingang $[X]$ anliegt. Das letzte Bit des zu $[X]_i$ gehörenden Optimalcodes wird jeweils durch H-Pegel des *Y1*-Flags angezeigt und zur Freischaltung der nächsten Dualzahl $[X]_{i+1}$ herangezogen.

28.1 Entwerfen Sie das Zustandsdiagramm und die zugehörige Zustandsfolgetabelle.

28.2 Ermitteln Sie die minimierten logischen Gleichungen für die Folgezustände $[Z^+]$ und die Ausgänge *Y1* und *Y2*.

28.3 Berechnen Sie unter der Annahme, dass der Encoder mit JK-Flipflops realisiert werden soll, die logischen Gleichungen für die Vorschaltnetze von *J* und *K*.

28.4 Skizzieren Sie die zugehörige Schaltung. Zeichnen Sie den zeitlichen Ablauf für die Steuersignale *CL, Y1-Flag* und das Datensignal *Y2* bei aufsteigender Dualzahl $[X]_i$.

Im Schritt B ist nun der synchrone Optimal-Decoder zu entwerfen, der den seriell übertragenen Optimalcode in die zugehörigen Dualzahlen zurückwandelt. Das Ende des Wandelvorgangs wird durch L-Pegel des *Y4-Flags* angezeigt, das gleichzeitig die Gültigkeit der Ausgangsdualzahl $[YD]_i$ signalisiert. Das *Y4*-Flag soll als negiertes Enable-Signal (Enb-Eingang von RY) zur Übernahme von $[YD]_i$ in das RY-Register verwendet werden.

28.5 Führen Sie die Schritte 28.1 bis 28.4 für den Optimal-Decoder (Ausgänge $[YD]$, *Y4-Flag*) durch.

Aufgabe 29

Es ist ein 3-Bit-Analog/Digital-Wandler (A/D), der nach dem Prinzip der sukzessiven Approximation arbeitet, zu entwickeln. Wie in nachfolgender Abbildung dargestellt ist, besteht der A/D-Wandler aus einem Komparator K mit digitalem Ausgang (X = H für $U_+ > U_-$, X = L sonst), einem 3-Bit-Digital/Analog-Wandler (D/A), einem 3-Bit-Register (RW) für das Steuerwort $[W]=[W3, W2, W1]$, einem 3-Bit-Register (RY) für das Ausgangswort $[Y]=[Y3, Y2, Y1]$ und dem für die Steuerung verantwortlichen Steuerwerk (SA).

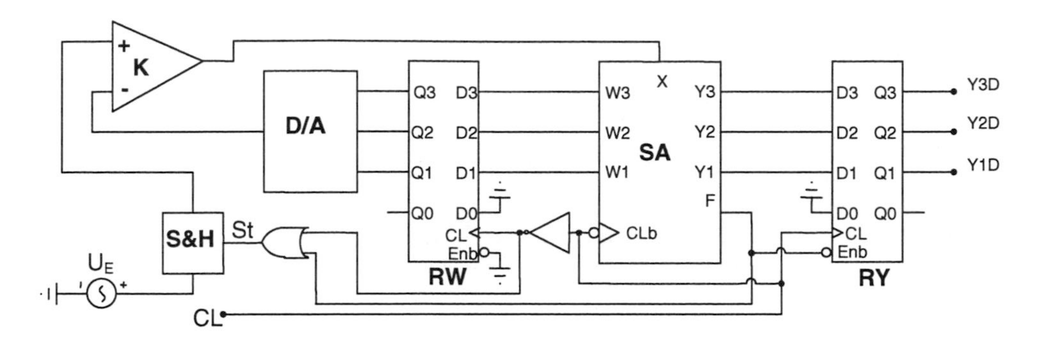

Das jeweils zu prüfende Bit wird über den [*W*]-Ausgang selektiert. Der duale Zahlenwert der Eingangsspannung U_E, die sich zwischen 0 V und 2 V bewegt und während eines kompletten Wandelvorgangs mittels des Abtasthalteglieds (Sample&Hold(S&H)) konstant gehalten wird, soll am [*Y*]- Ausgang im Anschluss an den Wandelvorgang bereitgestellt werden. Die Gültigkeit der Daten am [*Y*]-Ausgang ist durch L-Pegel des Flag-Signals (*F*) anzuzeigen. Nach Beendigung eines Wandelvorgangs, der immer 3 Perioden des Taktes *CL* dauert, soll unmittelbar ein neuer Wandelzyklus folgen. Die Taktperiode beträgt 10 µs. Als Batteriespannungen stehen nur ±5 V und ±15 V zur Verfügung. Alle benötigten Hilfsspannungen sind aus diesen Spannungen abzuleiten.

29.1 Entwerfen Sie für einen Aussteuerbereich von 2V die Schaltung des Abtasthalteglieds (S&H) unter Verwendung eines JFET-Schalters, der durch eine geeignete Pegelanpassungsschaltung für digitale Pegel steuerbar sein soll (Sample → *St* = L ≙ 0 V, Hold → *St* = H ≙ 4 V).

29.2 Entwerfen Sie die Schaltung des 3-Bit-D/A-Wandlers (D/A) unter Verwendung von MOSFET-Schaltern zur Ansteuerung für digitale Pegel und für einen Aussteuerbereich von 2 V.

29.3 Entwerfen Sie das Zustandsdiagramm für das Steuerwerk (SA) und die zugehörige Zustandsfolgetabelle.

29.4 Ermitteln Sie die minimierten logischen Gleichungen für die Folgezustände [Z^+], die Ausgänge [*W*], [*Y*] und das Flag-Signal *F*.

29.5 Berechnen Sie unter der Annahme, dass das Steuerwerk mit JK-Flipflops realisiert werden soll, die logischen Gleichungen für die Vorschaltnetze der J- und K-Eingänge.

29.6 Skizzieren Sie die gesamte Schaltung des 3-Bit-A/D-Wandlers. Bestimmen Sie den zeitlichen Ablauf der Signale $U_E(t)$, *CL*, [*W*], [*Y*] und *F* für den Fall, dass $U_E(t) = 1\,V + 1\,V \cdot \sin(2\pi \cdot 2\,KHz \cdot t)$ ist.

12. Weiterführende Literatur

Ulrich Tietze
Christoph Schenk

Halbleiter-Schaltungstechnik
Springer Verlag Berlin
1999, ISBN 3-540-64192-0

Paul Horowitz
Winfield Hill

The Art of Electronics
Cambridge University Press
2001, ISBN 0-521-37095-7

Jacob Millman
Arvin Grabel

Microelectronics
McGraw-Hill New York
1987, 0-07-100596-X

Klaus Urbanski
Roland Woitowitz

Digitaltechnik
BI-Wissenschaftsverlag Mannheim
1993, ISBN 3-411-16081-0

David Crecraft
David Gorham

Electronics
The Open University, Nelson Thornes
2003, ISBN 0-7487-7036-4

Michael Reisch

Elektronische Bauelemente
Springer Verlag Berlin
1997, ISBN 3-540-60991-1

Roland Köstner
Albrecht Möschwitzer

Elektronische Schaltungen
Carl Hanser Verlag München
1993, ISBN 3-446-16588-6

Christian Siemers
Axel Sikora

Taschenbuch Digitaltechnik
Fachbuchverlag Leipzig
2003, ISBN 3-446-21862-9

Paul Molitor
Jörg Ritter

VHDL-Eine Einführung
Pearson Studium München
2004, ISBN 3-82-73-7047-7

Günter Jorke

Rechnergestützter Entwurf digitaler Schaltungen
Fachbuchverlag Leipzig
2004, ISBN 3-446-22896-9

13. Sachwortverzeichnis

14. Abkürzungsverzeichnis

AP	Arbeitspunkt
b	Negation eines dig. Signals
B	Stromverstärkung
BCD	Binary Coded Decimal
B_r	relative Bandbreite
C	Kapazität
CF-OP	Stromgegengekoppelter Operationsverstärker
C_i	Überlauf (Carry) der i. Stelle
CL	Taktsignal (Clock)
CLPD	Complex Programmable Logical Device
D	Drain
D	Dämpfung
EEPROM	Electrically EPROM
EMV	elektromagnetische Verträglichkeit
EPROM	Erasable PROM
ε	relativer Regelfehler
f	Frequenz
FET	Feldeffekt-Transistor
FF	Flipflop
f_g	Grenzfrequenz
FPGA	Field Programable Gate Array
G	Gate
GaAs	Gallium Arsenid
GF	Glättungsfaktor
H(f)	Übertragungsfunktion
I_B	Basisstrom
I_C	Kollektorstrom
I_D	Diodenstrom
I_D	Drainstrom
I_E	Emitterstrom
I_{E0}	Emitter-Dioden-Sperrstrom
I_G	Gatestrom
I_S	Sourcestrom
J	Eingang eines JK-Flipflops
J-FET	Sperrschicht-Feldeffekt-Transistor
K	Rückkoppelnetzwerk
K	Eingang eines JK-Flipflops
KB_{EA}	Kennlinienfaktor für Bipolar-Transistoren
KF_{EA}	Kennlinienfaktor für FETs
KV-Diagramm	Karnaugh-Veitch Diagramm
K-WEB	Kleinsignal- Wechselspannungersatztbild
λ_0	Temperaturkonstante
LSI	Large Scale Integration
MOS-FET	Metalloxydschicht-Feldeffekt-Transistor
MSI	Medium Scale Integration
ω	Kreisfrequenz $2\pi f$)
ω_{PK}	Polkreisfrequenz
Ω	relative Frequenz
ϕ	Phasenverlauf
ϕ_{PR}	Phasenreserve
PROM	Programmable ROM
Q	Ausgang eines FF
Qb	invertierter Ausgang eines FF
P_V	Verlustleistung
PWM	Pulsbreitenmodulation
R	Reset-Eingang eines RS-Flipflops
R_{DS}	Drain-Source-Widerstand
R_i	Innenwiderstand
R_{iA}	Ausgangsseitiger Innenwiderstand
R_{iE}	Eingangsseitiger Innenwiderstand
ROM	Read Only Memory
R_{th}	Wärmewiderstand
S	Steilheit
S	Source
S	Set-Eingang eines RS-Flipflops
s_0	Nullstelle
s_∞	Polstelle
S_{AP}	Steilheit im Arbeitspunkt
S_H	Störspannungsabstand
Si	Summe
S_K	vereinfachte Steilheit
S_L	Störspannungsabstand
SSI	Small Scale Integration
T	Periodendauer
τ	Zeitkonstante
ϑ	Temperatur
ϑ_0	Bezugstemperatur
ϑ_S	Kristalltemperatur
ϑ_U	Umgebungstemperatur
T_H	Pulsdauer
TIM	Transiente Intermodulation
T_L	Pausendauer
T_{PD}	Gatterdurchlaufzeit (Propagation Delay Time)
TTL	Transistor-Transistor Logik
U_B	Betriebsspannung (Batteriespannung)
U_{BC}	Basis - Kollektorspannung
U_{BE}	Basis - Emitterspannung
U_D	Diodenspannung
U_D	Drainspannung
U_{Dmin}	Durchbruchspannung
U_{GS}	Gate-Source-Spannung
ULSI	Ultra Large Scale Integration
U_P	Pinch-Off-Spannung

U_S	Schwellenspannung
U_T	Temperaturspannung
U_Z	Zenerspannung
V_B	Betriebsverstärkung
VBP	Verstärkungsbandbreite - Produkt
Vcc	pos. Versorgungsspannung
Vee	neg. Versorgungsspannung
VF-OP	Spannungsgegengekoppelter Operationsverstärker
VLSI	Very Large Scale Integration
X	log. Eingang
Y	log. Ausgang
Z	Impedanz
Z_i	i. Zustand eines Automaten
Z_i^+	i. Folgezustand eines Automaten